轻松学习结构设计中的施工技术

周献祥　著

中国建筑工业出版社

图书在版编目(CIP)数据

轻松学习结构设计中的施工技术/周献祥著. —北京：中国建筑工业出版社，2014.4
ISBN 978-7-112-16338-0

Ⅰ.①轻…　Ⅱ.①周…　Ⅲ.①建筑结构-结构设计②建筑工程-施工现场　Ⅳ.①TU318②TU721

中国版本图书馆 CIP 数据核字(2014)第 015883 号

本书从一线设计人员的视角出发，全面介绍了设计与施工之间的关系、工程概念、结构设计总说明中的施工技术问题、地基基础设计活动中的施工技术问题以及钢筋混凝土结构设计活动中的施工技术问题，力求帮助结构设计工程师，特别是缺乏施工现场实践经验的结构设计新人更好地表达自己的设计意图，掌握结构验收的基本要领，做到设计与施工的密切配合。

本书可作为建筑结构设计人员和高校相关专业师生的指导用书，以及相关人员的培训教材。

责任编辑：王砾瑶
责任设计：李志立
责任校对：李美娜　刘　钰

轻松学习结构设计中的施工技术
周献祥　著

*

中国建筑工业出版社出版、发行（北京西郊百万庄）
各地新华书店、建筑书店经销
北京科地亚盟排版公司制版
北京市书林印刷有限公司印刷

*

开本：787×1092 毫米　1/16　印张：15¾　字数：380 千字
2014 年 5 月第一版　　2014 年 5 月第一次印刷
定价：**43.00** 元
ISBN 978-7-112-16338-0
(25066)

前　　言

在我国，从设计角度介绍施工技术的文献目前还相对较少，虽然有《施工手册》系统介绍施工技术，但《施工手册》的角度与设计工程师想了解的内容之间还有一定的差距，因为设计工程师对施工技术的了解不仅仅是施工技术本身，还必须与设计活动相结合，设计工程师比较关注的是设计技术指标及相应的设计表达、工程验收及技术创新，而《施工手册》中往往不具有这些特点。

设计与施工关系非常密切，虽然我从事结构设计20多年，对施工技术还算比较了解，但要系统地介绍设计活动中遇到的施工技术问题，还是觉得有一些难处，如深度、角度的把握，尤其是表述方式的选择，说它容易，也确实不难，总能写出稿件来，但要写出让人觉得易学且管用的东西，还真的不是那么容易的事。"人人承认要想制成一双鞋子，必须有鞋匠的技术，虽说每人都有他自己的脚做模型，而且也都有学习制鞋的天赋能力，然而他未经学习，就不敢妄事制作。"（《小逻辑》第42页）由于我并没有直接从事过施工工作，让我来全面而系统地撰写施工技术，对我来说就像是"闭门造车"，动笔前考虑了近一个月后，才找到写作的立足点和出发点，那就是从设计的角度来介绍设计工程师所要理解和掌握的施工技术包括现场验收的注意事项，而不是施工技术本身。即便是这样，闭门造的车要做到"出门合辙"并不容易，其最大的挑战就在于不能以"费力、费时"的行动造就"费话、费纸"而误人。

在深度方面，施工技术是既庞杂又细致的一类技术问题，说得太少、太粗，读者没能理解等于白说，说的太多太细，可读性差，读者未必能领会，所以深浅要适度，表达要有一定的艺术性。至于角度，更是见仁见智，既可以从某一体系入手，砖混、框架、框剪、剪力墙等，也可从施工的工种着眼，木工、瓦工、混凝土工等，也可以结合施工验收规范的相关内容进行逐一展开，但以我个人从事结构设计的感受来说，我认为还是从设计工程师的角度来探讨设计中遇到的施工技术问题比较好，这样可以拉近与设计工程师之间的距离，使他们感到书中所讲述的是他们所关心的问题或经常遇到且不是很容易理解的问题。

在表述方式方面，我从胡塞尔现象学的基本原理"面向事物本身"中找到了灵感。南宋陈亮说"道在物中"，理解设计中所遇到的施工技术问题的最佳途径就是从设计环节中所面对的施工问题本身去理解施工技术。本书作为个人经验的总结，个人主观的东西较多，只有"面向事物本身"，才能尽可能地将个人的主观因素降为次要的地位，才能客观地表述技术问题本身的真实情况。伽达默尔说："理解的经常任务就是作出正确的符合于事情的筹划，这种筹划作为筹划就是预期，而预期应当是'由事情本身'才得到证明"。施工技术既是相对稳定的，又是不断变革和改进的。设计中采用的施工技术既要遵守"定则"，从既往工程中找到切实可用的施工方法，又要在适当的场合敢于突破和变化。对于设计者来说，既要了解现有的施工技术，又不为已有的施工技术所困、所束缚，因为设计的目的是建造安全、经济、适用的建筑物，现有的施工技术只是工程建设的过程和手段，不是目的。马克思说"只要按照事物本来的面目及其产生的根源理解事物，任何深奥的哲学问题都会被简单地归结为某种经验的事实。"与结构设计技术相比，施工技术往往偏重于经验的总结，它不像设计理论那样可以从一套成熟的理论体系本身推导出相应的新技术。而且施工技术未经受工程实际的检验，就很难说是成熟的技术，然而任何经验的总结都免不了带有一定的主观性。俗话说"美不自美，因缘而美"，只有将工程技术问题置于"事物本身"，找到既往工程处理问题的立足点和出发点，其方法的适宜与否，就不言自明了。心理学家杜威在《我们怎么思考》一书中提出了人类创造性思维的"五步骤"经典模式：①感到某种困难的存在；②认清是什么问题；③收集资料，进行分类，并提出假说；④接受或抛弃试验性的假说；⑤得出结论并加以评价。这五点可谓道出施工技术创新的真谛，施工技术之所以需要变革和创新，首要的是遇到某种困难，这种困难有可能是施工工艺，也可能是经济性因素，也可能是出于抢进度的需要。"面向事物本身"意味着结论是非唯一的，答案是开放。虽然我在书中介绍的很多技术问题的处理和表述方式是确定和唯一的，但我希望读者将书中的施工技术作为一种假说、一种案例来看待，按照杜威的"五步骤"经典模式进行筛选，来决定接受或扬弃，在接受中有改进，在扬弃中实现超越。

基于上述考虑，本书选取了一些设计者经常需要了解和注意的技术要点，并对其背景作一些阐述，其中自然融入了作者本人的一些经验和对工程的理解，这些内容的价值为在于其独特性和个人经验的不可复制性。本书共分四大部分，第一部分介绍工程概念，工程概念是把握工程设计和施工的灵魂。我国古代兵法中有"常山蛇阵"，其特点是"击其首则尾应，击其尾则首应，击其中则首尾俱应"。把握住工程概念的本质内涵，就应如"自衔其尾"的蛇一样圆转灵活，富于变化，生出无穷情趣。有工程概念的施工技术人员，一定明白双向板板底钢筋最下层沿短跨布置，也一定清楚混凝土浇筑后一定要湿养 5～7d 才能确保混凝土不出现早期收缩裂缝；工程概念清楚的设计人员也一定明白，现浇楼板混凝土等级大于 C40 时，尽管养护措施很到位，楼板出现早期收缩裂缝几乎是不可避免的，所以说工程概念是具体的。第二部分详细介绍了设计总说明的主要内容及背景，也包括相应的施工技术。设计总说明是统领具体工程施工各环节的总纲，是设计院管理水平和设计者技术素养的综合体现，内涵十分丰富；第三部分介绍地基基础设计活动中所遇到的施工技术及设计表达、设计验收；第四部分介绍钢筋混凝土结构设计活动中常见的施工技术及其设计表达、设计验收。施工技术的内容很多，本书以一个个小专题的形式介绍包孕于各类设计作品中的施工技术及其表达艺术，其主要目的在于让读者快速掌握施工技术的设计表达，而不是施工技术的全面介绍。

感谢中国建筑工业出版社对我的信任，鼓励我结合结构设计的实际情况撰写结构设计活动中的施工技术，让我有机会系统地梳理结构设计经验和心得，使我有机会对 20 多年的结构设计活动进行系统的总结和归纳。在我长期的结构设计实践中，从国内外学者的著作中汲取了营养，本书直接或间接地引用了他们的部分成果（详见本书参考文献，有些来自网络的文献由于原创的网址不明确，就没有标注相应的文献出处），在此一并表示衷心感谢！限于作者水平，书中不妥之处，希读者指正。

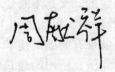

2013 年 1 月 15 日于总后建筑工程规划设计研究院

目　录

导言——设计与施工之间的关系

在我国基本建设领域，遵循着"先设计后施工"的建设程序，未经设计单位的许可，施工单位不得更改设计做法和设计意图，因此设计是施工的前提和基础，没有设计图纸，施工工作就无法开展。由于施工必须服从设计，所以设计的好坏直接关系着施工的成败，设计质量是工程质量的基本保证。有了好的设计，工程质量未必一定是合格的和优质的，然而面对劣质的设计图纸，再好的施工单位也难以建造出合格的工程，更遑论建造优质工程。因此，设计只能有合格品和优质品，不能有次品，更不能有劣质品，设计者必须对工程质量肩负起应有的责任，这一责任具体来说包含以下几方面：

（1）设计必须是安全可靠的。如果设计本身存在安全隐患，则这一隐患在施工过程中很难得到改进，从而造成建成后的工程存在"先天不足"，甚至可能为安全事故埋下隐患。设计的安全可靠性既包含工程建成后的使用安全，也包含施工过程中的施工安全，没有施工安全作保证，工程建设本身都成问题，何来工程安全？严格来说，任何安全隐患都是工程建设所不允许出现的。无论是实体上的安全隐患，还是由于工程的失误引出舆论上的消极的、负面的声音，抑或是某种给住户心理上造成负担的因素，都是应该尽量避免出现的。克劳塞维茨说："通常，人们容易相信坏的，不容易相信好的，而且容易把坏的作某些夸大。以这种方式传来的危险的消息尽管像海浪一样会消失下去，但也会像海浪一样没有任何明显的原因就常常重新出现。指挥官必须坚持自己的信念，象屹立在海中的岩石一样，经得起海浪的冲击，而要做到这一点是不容易的。"（《战争论》上卷第71页）设计作品也必须应该"象屹立在海中的岩石一样"经得起各种"海浪"的冲击。

（2）设计必须是完整的和可实施的。设计图纸必须包含工程建设的各个环节和各个要素，不能留下疏漏；设计图纸是施工的样本和依据，图面表达应该是明晰和规范的，图中的做法必须是明确的、可实施的，建设环境，施工条件，工程的各组成部分及其要素都不能含糊，不能引发歧义，更不能有施工中实施不了的内容，因此设计者必须了解相关的施工技术。

（3）设计必须是经济合理的。建设工程都是技术而经济地建造起来满足特定功能的建筑物，人们对不同建筑物的要求是不尽相同的，但在建造的经济性方面几乎都是"斤斤计较"的，每一工程的造价都不能太离"谱"。英国约翰.S.斯科特在他的《土木工程》一书中说[14]："一个言谈粗俗的美国人，他可能是一位土木工程师，曾经说过：'工程师就是能用一元钱做出任何傻瓜要花两元钱才能做的事的人'这句话对于土木工程或房屋结构来说是特别恰当的。"（An earthy American，who was probably a civil engineer，said 'An engineer is a man who can do for one dollar what any fool can do for two.' This is particularly true for civil engineering or building structures.）可以说经济合理性是工程建设的最为本质的特征之一。

（4）设计必须是先进的。作为一种特殊的日用品，建筑物是我们日常生活中少见的、不是批量设计和批量生产的产品，而是根据其自身的使用要求、环境特点等单独设计、单独施工而建成的。这就决定了建筑物具体强烈的个性，这种个性就注定了建筑物必须具有区别于他者的特性，赋予这一特征的历史使命就必然地由设计来承担。因此，先进性是设计工作的根本。这种先进性不一定要求设计必须选用新颖的造型，采用以前工程上还没有用过的新材料、新技术、新工艺，尤其是不必为了先进性而标新立异，为了先进性而勉强求新。但先进性的要求使得设计不得采用劣质的和国家政策、规范所不允许使用的材料（如实心黏土砖、钢材及混凝土等级不满足《建筑抗震设计规范》GB 50011—2010 第 3.9.2 条要求等）、淘汰的工艺和过时的技术，也就是说设计不一定要多么"新"，但不能循"旧"，也不容"旧"。这种求新适变能力的培养与工程师的心态和思维习惯有关。工程师有时需要有幼儿般的天真，但同时应常保青年人的激情，常怀中年人的责任，常备老年人的沉稳，因为设计工作需要丰富的幻想、拼搏的活力、踏实的本质以及丰厚的经验。

上述四个方面的内涵是很丰富的，但都离不开施工这一关键的，也是决定性的环节。虽然从工程建设环节和相关管理机构的设立来说，设计与施工企业是互不隶属的，设计是一个单位和部门，施工又是另一个单位和部门，但设计与施工之间是相互联系、相互制约，不仅施工单位在看设计图纸时，随时都在理解设计意图；设计者在每一设计过程中也都一直关注着施工的过程和环节，设计中的技术问题好像还真难找出与施工一点都不相关的。同时，设计与施工也是相互促进、相互提高的，这种关系具体来说表现在以下几个方面：

（1）设计是施工的先导和技术源头。设计包含了工程的全部内涵，包括建筑平立面及其布局，建筑风格、材料、工艺及相应的工序等。在施工过程中，除了纯属施工本身的技术和工艺外，工程上要采用以前工程界尚未采用的施工技术和工艺，则必须在设计图纸中交代了，成为设计文件的一部分，才有可能在工程施工中实施，即便这一技术是从事该工程施工的施工企业的"独门绝技"，也必须在设计文件中体现才有可能付诸实施。正是基于这一程序，设计的施工技术的"源头"含义既可能是技术创新的源头源于设计单位的创意，即从设计的角度提出可实施的施工新技术；也可能设计方仅仅是施工新技术得以应用的推介者，即设计者将施工行业发明的新技术引入某一特定的工程中。如预应力技术中的缓粘结预应力技术、灌注桩桩基施工中的后注浆技术等，均是设计院将施工和研究单位的专项研究成果直接应用于工程设计实践中，并通过设计院的推广，这些技术目前已得到较广的应用。

（2）施工是设计的技术保障。广义地说，没有混凝土浇筑与成型技术，现代钢筋混凝土结构就不可能在各国的现代化进程中得到如此广泛的应用，它或许还停留在法国花匠的发明专利上，作为花盆等小构件的主材；没有混凝土泵送技术、大体积混凝土施工技术，高层钢筋混凝土建筑就很难变成现实；没有桩基技术、强夯等地基处理技术，"万丈高楼平地起"就不可能普遍实现，软弱地基、不均匀地基上就不可能建造高层建筑。

钱塘江大桥是由我国著名桥梁专家茅以升设计和主持施工的第一座现代化的铁路和公路联合两用双层桥。该桥为上下两层钢结构桁梁桥，全长 1453m，宽 9.1m，是中国铁路桥梁史上的一个里程碑。钱塘江大桥的成功建造结束了中国人无力建造铁路大桥的历史，展现了中华民族屹立于世界民族之林的自信和能力。作为杰出的桥梁工程师，茅以升在发挥了自己的聪明才智的同时，注重充分调动和激发建桥队伍的智慧，在技术人员和工人酝酿的不少技术改革的创造性意见和办法的帮助下，提出了许多新的技术方法，克服了重重困难。其中，"浮运法"架钢梁就是成功的一例[27]。钱塘江大桥钢梁的整体制造是在英国完成的，如何拼装，如何架到桥墩上去是问题的关键。为了抢工期，施工的时候采取"上下并进、一气呵成"的办法，传统的"伸臂法"（从岸边装好的一孔把钢梁拼好伸出桥墩，逐步伸到迎面来的钢梁）不适用。因为要等桥墩先建好才能装梁，不能同时并进，而且桥墩完工要有一定的次序，钢梁才能从两岸逐步伸入江心，但在赶工时，各墩争先完成，这种次序就被打乱了。为了实现"上下并进、一气呵成"的施工原则，钱塘江桥的钢梁用的是"浮运法"。所谓"浮运法"就是指利用潮水的涨落，将拼接好的整孔钢梁用浮船运送到两个桥墩之间，然后再降落就位。这样只要邻近的两个桥墩一完成，就可以立即架运钢梁，不管桥墩在什么位置。

要使"浮运法"能够顺利实施，需要解决施工进度的衔接问题。首先，需要尽快将钢梁一孔拼装好，储存起来，一遇有两个邻近桥墩完工，就马上浮运一孔。这就需要一套既灵活而又高强度的机械设备以保证能将装配好的整孔钢梁抬起搬动，从装配场地搬到储放地，浮运时再搬到江边码头上船。搬运杆件组成的大型钢孔结构，最大的问题在于防止杆件的扭曲，为此特别建造了一种"钢梁托车"，可将钢梁托起，在轨道上搬运。其次，浮运时要趁每月的大潮，因为涨潮时不仅能使船顶起钢梁，脱离支架，而且潮水顶托江流，也增加船行的平稳度。钢梁运到两墩之间，候潮一退，即可安然落在墩上。所有这一切动作都需要安排得非常准确，需要钢梁和桥墩两方工作队伍的充分合作协调，才不致错过这个潮水涨落的最大的机会。因此每月的潮汛便控制了施工程序，必须尽一切可能来保持这个程序，程序不误，工期才能得到保证[27]。

（3）设计与施工是互帮互助的。自20世纪90年代初以来，随着我国泵送流态混凝土的施工工艺的逐步推广，工程中出现早期收缩裂缝的比例逐渐增多，基础底板、地下室外墙及现浇楼板出现早期收缩裂缝的比例有较大幅度的增加。这些裂缝一般在拆模时就发现，常常是贯通缝，而且开裂部位的混凝土强度一般均不低于设计要求的等级。这类裂缝的最大危害在于观感差、引起渗漏而影响正常使用，其中楼板裂缝对正常使用的影响最大。由于结构的破坏和倒塌往往是从裂缝的扩展开始的，所以裂缝常给人一种破坏前兆的恐惧感，对住户的精神刺激作用不容忽视。有无肉眼可见的裂缝是大部分住户评价住宅质量好坏的主要标准，而墙体和楼板裂缝是住户投诉住房质量的主要缘由之一。但要减少和控制混凝土结构的早期收缩裂缝，仅靠施工单位本身是很难彻底解决问题的，必须设计和施工联合才能取得较好的成效，如混凝土等级的合理选取、洞口的补强措施等。

作者曾经设计过一个工程，是某沿街招待所要在屋顶加一广告牌，为支承广告牌支架，须在屋顶板上新加一道 500mm×500mm 的钢筋混凝土现浇梁，而屋顶为预制预应力空心板，空心板允许荷载为 6.50kN/m²，允许弯矩为 18.10kN·m，允许剪力为 23.10kN。当混凝土还没凝固时，后加梁为板的外加荷载，这部分荷载已超出板的允许荷载范围，因此在施工期间必须在板底增加支撑。但顶层招待所在施工期间仍须正常营业，增加支撑是不可能的。为此，设计时根据钢筋混凝土叠合梁的原理，将该梁设计成分两次浇筑混凝土的叠合梁，先浇筑 250mm 高的混凝土，待该部分混凝土达到一定的强度后，再浇筑余下 250mm 高的混凝土，见图 0-1。这就较好地解决了板承载力不足而施工条件又不允许增加支撑的矛盾。这一实例说明，

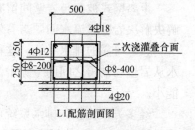

L1配筋剖面图

图 0-1　叠合梁配筋模式

施工环节的合理安排和使用也能很好地解决设计遇到的问题，施工工艺是设计的技术依托之一。

作者设计的某地下工程，更能体现设计与施工之间的互动关系，以及设计在施工技术创新中的主导作用。该地下工程濒临大海，毛洞开挖后局部岩石裂隙水较丰富。据统计，原毛洞的月积水高度约200mm，折合每天渗水量约8t，见图0-2。由于开挖后实际岩壁凹凸较大，如采用常规的贴壁式被覆，则被覆的渗水问题不好解决，影响使用，见图0-4；如采用离壁式被覆，离壁式被覆的被覆层与岩石之间需留出不小于700mm的间隙，造成实际有效空间小于原设计值，而且毛洞开挖成型后，很难再进行扩挖，只能面对现实，见图0-3。为此，经技术经济比较，兼顾施工的可行性和便利性，提出了介于贴壁式被覆与离壁式被覆之间的"半离壁式被覆"新型式。

图 0-2　岩壁岩石裂隙水流水照片　　　　图 0-3　毛洞侧壁凹凸不规则情况照片

图 0-4　贴壁式被覆洞库被覆层漏水和渗水照片

半离壁式被覆与岩壁间留有空腔，但间距小于离壁式被覆，构筑这种被覆的目的是要解决解决岩壁渗流水问题与有效容积问题之间的矛盾，它由以下几个要素组成：

（1）可靠的排水系统。这种被覆型式必须与岩壁相脱离，形成排水通道，让岩壁渗流水从岩壁与被覆之间的空隙中流出。为有效利用毛洞空间，岩壁与被服之间的空隙应尽可能小。

经多方案比较，排水系统可由两部分组成：一是岩壁与被覆层之间的空腔；二是底板下满铺180mm厚碎石滤水层和排水暗沟，见图0-5。这样岩壁裂隙水可以通过排水暗沟流入集水井由泵定期抽出或由排水沟自然排出。

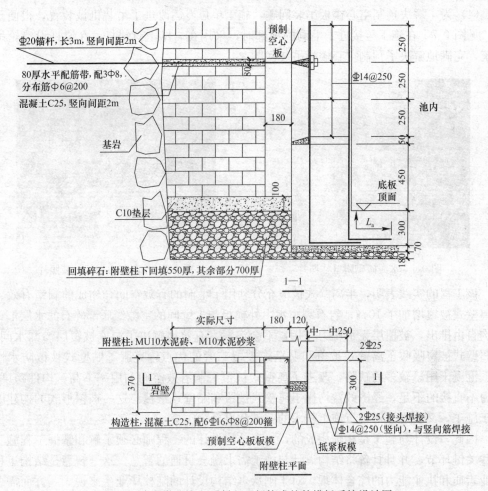

图 0-5　砖砌附壁柱和预制空心板构成的外模板系统设计图

（2）构筑适宜的现浇钢筋混凝土被覆的外模板系统。为了充分利用毛洞的有效空间，减小岩壁与被覆之间的空隙，增大洞室的长度、宽度和高度，尽可能地增大洞室的有效空间，减小填充侧壁凹凸面的混凝土用量，应在被覆层的外侧设置外模板。经过反复研究论证和市场调研，在满足经济性和施工便利性的前提下，半离壁式被覆的外模板可采用预制空心板。预制空心板的固定由三部分组成：一是每隔 3m 左右设置沿岩壁砌筑的砖砌附壁柱（图 0-6），作为预制空心板的支撑系统；二是在附壁柱外侧、钢筋混凝土被覆层位置处设置 4 根直径 25mm 的钢筋与焊接箍筋组成钢筋骨架，预制空心板插入相邻附壁柱位置处的钢筋骨架内，构成混凝土浇筑前的预制空心板的固定系统；三是在附壁柱处竖向每隔 2m 设置直径 20mm 的锚杆，锚杆进入岩壁 2.0m，锚杆外侧设螺丝扣，待预制空心板吊装进入钢筋骨架内后，锚杆外侧加垫片和螺母，拧紧螺母将预制空心板夹紧，也就形成了预制空心板的夹紧系统。

（3）在被覆层适当部位设置附壁柱与岩壁连接，以减小被覆层的受力跨度同时又对不规则的岩壁起规则化的作用，便于外模板的安装。附壁柱又是被覆层的支撑系统。为便于预制空心板的安装就位，砖砌附壁柱的间距以 3m 左右为宜。

（4）为了解决预制空心楼板吊装问题，施工单位专门改进了吊装机械装置，很便于操作，见图 0-7。在施工至接近于毛洞的顶部时，采用在岩壁上打锚杆，在锚杆设滑轮吊装系统，完满地解决了预制空心楼板吊装问题。

图 0-6　水泥砖砌附壁柱照片　　　　　图 0-7　预制空心楼板吊装照片

该工程的实践表明，半离壁式被覆充分利用了毛洞的有效空间，建成的洞室有效容积比离壁式被覆增加了 10％；岩石裂隙水由外模板与岩壁间的空隙经底部碎石滤水层汇集到暗沟自由排出，被覆层无水压力作用，不会渗漏，有效地解决了洞库被覆层渗漏水问题。半离壁式被覆吸收了离壁式被覆和贴壁式被覆二者的优点，克服了贴壁式被覆防水性能差、混凝土用量较多的缺陷，改进了离壁式被覆毛洞有效空间利用率不高、构件跨度大、传力不直接的不足，经济效益均优于离壁式被覆和贴壁式被覆。这一被覆形式的构建既立足于施工，又实现了对现有施工技术的突破和更新。

因此，设计与施工是相辅相成的，从事结构设计的工程师必须了解和掌握工程施工的一些关键环节，并且具备将结构设计与施工需求融会贯通的智慧。这一智慧是结构工程师职业素质和执业能力的综合体现。对于刚从事结构设计的院校毕业生来说，一方面需要了解全面而系统的施工现场技术细节及其对设计的要求、设计表达方式，另一方面实际设计工作环境决定了他们只能在"边学边干"中了解和积累施工技术。因此，在设计过程中学习施工基本知识是间断的、以实用为主的，要求设计人员从头到尾系统地学习量大面广的施工技术是很难的，也是没必要的，这主要是因为：

（1）设计人员所要了解的施工技术及其对设计的要求只是施工过程的一部分，并不要求设计者了解和掌握施工的全部内容和全过程。克劳塞维茨说："统帅不必通晓车辆的构造和火炮的挽曳法，但是他必须能正确地估计一个纵队在各种不同情况下的行军时间。所有这些知识都不能靠科学公式和机械方法来获得，只能在考察事物时和在实际生活中依靠理解事物的才能通过正确的判断来获得。因此，职位高的人在军事活动中所需要的知识，可以在研究中，也就是在考察和思考中通过一种特殊的才能来取得（这种才能作为一种精神上的本能，像蜜蜂从花里采蜜一样，善于从生活现象中吸取精华）。"（［德］克劳塞维茨《战争论》第一卷 P105）结构工程师对施工技术的通晓程度与军事统帅对兵器的了解是类似的。例如，钢结构中的焊接连接，是典型的施工工艺，设计图纸中的表达，一般只涉及焊缝的形式（对接焊还要区分是部分焊透还是全熔透焊）、焊缝高度、焊缝的质量等级及检验要求等技术指标，至于具体的施焊过程，尤其是消除焊接应力的措施等，一般的设计图纸中也不需要涉及，只有有特殊要求的才予以明确。而焊缝高度源自计算和焊缝最小厚度的构造要求；焊缝的质量等级的确定，根据《钢结构设计规范》GB 50007—2003 第7.1.1条，焊缝主要考虑结构的重要性、荷载特性、焊缝的形式、工作环境和应力状态等因素，而不是焊接工艺。至于是否采用全熔透焊，《建筑抗震设计规范》GB 50011—2010 第8.3.6条指出："梁与柱刚性连接时，柱在梁翼缘上下各500mm的范围内，柱翼缘与柱腹板间或箱形柱壁板间的连接焊缝应采用全熔透坡口焊缝。"《钢结构设计规范》GB 50007—2003 第8.2.5条则要求："在直接承受动力荷载的结构中，垂直于受力方向的焊缝不宜采用部分焊透的对接焊缝。"这些条文的内容也不是直接来源于施工工艺本身的要求。实际上，焊接连接的施工工艺要求是比较高的，只是不是直接体现在设计图纸中，这就是社会分工的一种体现。退一步说，即使你是对焊接施工工艺很熟悉，你从施工工艺本身并不能得出焊缝高度等设计技术指标。将施工技术与设计指标结合起来的是院校和科研单位的研究者。因此，设计工程师对施工工艺的了解和掌握是在理解基础上的超越，是名副其实的"得鱼忘筌"。王国维先生说："诗人对宇宙人生，须入乎其内，又须出乎其外。入乎其内，故能写之。出乎其外，故能观之。入乎其内，故有生气。出乎其外，故有高致。"(《人间词话》六〇) 这种量"出"为"入"的为学境界值得工程师学习。

（2）施工是一个很具体的工作，脱离具体的工程实际的照本宣科式间接传习，虽然传授的知识信息量大，但抽象的知识能记住的仅仅是一小部分，而且可能不得要领，也不一定能融会贯通。知识是对各种事物的认识和理解，它可以考证，可以传授，可以通过多年学习生涯积累，可以通过"头悬梁、锥刺股"的苦攻苦读获取。但"大匠能予人规矩不能予人技巧"，技能，尤其是工程技能则需要实践锻炼和培养，需要有一个过程。《淮南子》中说："输子阳谓其子曰：'良工渐乎矩凿之中。'矩凿之中，固无物而不周。"（"凿"指卯眼，可以指代圆孔，"矩凿"就是"方圆"之意，引申为工程建造技术，"渐"是浸染的意思）这句话的意思是良工的技能是逐渐培养起来的。在民间，师傅带徒弟都有一个固定的时间，"三年出徒"是常态。工程师具有知识和技能两大优势，能够把多个学科、多种技术和多要素在具体的工程背景上进行选择、组织和集成优化，创造出现实的作品或提出解决问题的方案。当然，有些事情是"知行合一"的，人们对没遇到、没见过的事情常觉得很神秘、很复杂，一旦见到、遇到就可能"恍然大悟"，原来如此！很多施工技术问题，在边设计边学习或直接到施工现场验收时，一旦你融入施工环节和过程中，就自然明白了，就像"恶恶臭"，"好好色"一样，人们在闻到"臭"与"恶臭"之间、第一眼看到"美色"与"好色"之间均不需要严密的逻辑推理和繁复的分析比较，像直觉般自然。

（3）所读的内容太多了，影响读者的阅读效果和阅读兴趣。古希腊哲学家亚里士多德说："人们往往获致一大堆的知识，而他所实际追求的那一部分确真摸不着头绪。"（《形而上学》卷二章一）从事设计工作是比较辛苦的，日常事务繁杂，留给设计者系统学习的机会和时间均不多，读一些精炼而管用的知识也许更可取、更现实。薛暮桥在文章中这样剖析自己："经济学家有价值的学术观点，既不可能产生于书斋里的冥思苦想，也不可能产生于忙忙碌碌而毫无思考的实际工作，而只能产生于扎实理论同艰苦实践之间的结合。"（中国青年报2005年8月2日）工程师在工作中的学习就是这种理论同艰苦实践之间的结合。

（4）创造能力和创新品质是工程师必须具备的基本素质之一，如果设计工程师依据以往的经验完全拘泥于施工条件，则有可能影响其创新能力的发挥和培养。从某种意义上说，设计是一种思维方式、认知途径和做事方法。作为一名设计师，他必须具备创造性地处理多重约束问题的能力，能够应对模糊性和不确定性的决断能力，会切合实际地提出问题、分析问题，懂得做事的基本方法。胡塞尔认为："在任何地方我们都不可放弃彻底的无前见性（Vorurteilslosigkeit），例如不可从一开始就将这样一些'事情'（Sachen）等同于经验的'事实'（Tatsachen），即在那些以如此大的范围在直接的直观中绝对被给予的观念面前佯装盲目。"就设计与施工关系来说，对于某些工程，设计者往往需要提出一些源于现有施工技术条件但又要突破现有施工技术的固定模式的束缚，改进现有施工技术。茅以升在设计和组织钱塘江大桥施工过程中，遇到了许多困难，其中最大困难是基础工程，最严重的问题是流砂。所谓流砂就是颗粒极细的砂子，遇水冲刷，就会漂流移动。江水在桥址处一般仅5m，最深时不过9m多，但是在江底被水流冲刷时，可下陷9m多。在一个桥墩围堰旁边，24h内可冲刷到7.6m的深度，甚至江中木桩旁边的细砂，水一冲就被刷深了。这样，一般的桥墩结构在钱塘江是不能适用的，因为桥墩阻遏水流，就会加剧水流对江底的冲刷，以致愈刷愈深，最后招致建筑物倾塌。对于钱塘江大桥工程而言，流砂底下的风化岩又是一个重大问题。此风化岩很特殊，因石块浸水过久，软化成土块，故承载力不大。为此，茅以升在设计中计划建15个桥墩，有6个建在岩石层埋深较浅的地方，全用钢筋混凝土筑成；有9个因岩石层埋深很深，就先打30m长的木桩，木桩上面再做钢筋混凝土的桥墩。为减轻石层的负荷，15个桥墩都是空心的，下面有墩座，上面有承托钢梁的墩帽。因此，桥梁基础工程的关键就在于如何打桩、如何建桥墩等问题。根据当时的施工技术条件和经济状况，30m长的桩，钢桩太昂贵，混凝土桩要建这样长有困难，而木桩确是最轻最便宜的最佳建材，系美国进口，每墩用桩160根，每桩长度大约30m，每根最大载重35t。钱塘江底泥砂有41m深，而桩长是30m，桩脚到石层时，桩头就在江底下面11m之多，如何将这长桩打进江底，而且在桩头上还留有11m的泥砂覆盖层？同时江面上茫茫一片，江水滔滔，没有其他建筑物，打桩位置如何确定？当时承包商康益特别制造了两条打桩机船，每条能起重140t。第一只在上海造好，不料驶进杭州湾时即在大风中触礁沉没了。等到第二只机船开工后，不料打得很慢，因为砂层太硬，打轻了打不下去，打重了，桩就会断。当初几乎束手无策，一昼夜只能打一根桩，全桥九个桥墩有1440根桩，照此速度，光打桩就得花四年。鉴于这一情况，茅以升领导桥工处研究出了"射水法"的改进技术。所谓"射水法"就是通过使用特别强有力的射水机等工具和设备，射水冲砂、埋桩捶打的一种打桩方法。"射水法"打桩的具体程序是这样的：首先用射水机将43m长的水管以每平方英寸250磅（1.73N/mm²）的水压由射水管口射入江底，将泥砂冲成一孔，待水管冲至相当深度时拔起；然后将吊起的木桩校正位置从速插入江底，等到木桩不能再下的时候，将预先挂起的汽锤置于桩顶，开动汽锤机击打至桩顶恰没于水面；接着将准备好的送桩置于木桩顶部，开动汽锤机再次击打木桩和送桩，直至木桩抵达硬层。采用这一方法，一昼夜能打30根桩[27]。

　　茅以升同时还总结了"射水法"实施时需要注意的问题[27]：（1）用射水管冲水，要深浅合度，太浅了桩不易打下；太深了，将泥砂全部冲垮，木桩不稳。（2）桩锤打下的高度要适宜，初打时高度宜小，以后逐渐增加，五六尺最为适宜。（3）进行的时候要小心木桩或送桩倾斜，随时设法纠正，若无法纠正，应拔出重打。（4）进行的时候要对落锤高度、捶击次数及每锤打入深度作详细记录，还要仔细观察木桩是否均匀下降，以便于计算木桩的载重力量。

作者设计的某办公楼，基础落在大块石弃渣层上，见图0-8。由于弃渣层下卧层为海滩淤泥，承载力很低，不处理建筑容易产生不均匀沉降。为此，设计上可行的办法就是采用桩基，而桩基施工遇到的最大问题就是如何穿越大块石弃渣层，因为块石弃渣层阻力很大，钻孔桩和预制桩均难以穿越大块石弃渣层。经调研，采用"冲抓桩"这一特殊的成孔工艺，见图0-9。通过冲击成孔技术，将块石击碎，因而可以顺利穿越大块石弃渣层的阻碍，通过泥浆将被冲击击碎的碎石从孔中"抓"或"捞"出来，这也许就是这种工艺，当地人称之为"冲抓桩"。采用这种工艺，桩基就可支撑在基岩上，从而成功地解决了地基不均匀沉降的问题。

图0-8 大块石层弃渣层现状

图0-9 冲抓桩成孔设备及其泥浆照片

设计是一项社会实践活动，工程设计是在一系列限制或约束条件下，寻求最佳解。这些约束包括经济的、社会的、人性化的、精神的、美学的、环境的等，所以设计者在从事设计活动中潜移默化地改变了自己的很多方面，既有技术方面的，也有价值观方面的。当然，这种改变是因人而异的，"大学毕业生初次和社会接触，容易感觉理想与事实相去太远，容易发生悲观和失望……渺小的个人在那强烈的社会炉火里，往往经不起长时期的烤炼就熔化了，一点高尚的理想不久就幻灭了。抱着改造社会的梦想而来，往往是弃甲抛兵而走，或者做了恶势的俘虏。回想那少年气壮时代的种种理想主义，好像都成了自误误人的迷梦！从此以后，就甘心放弃理想人生的追求，甘心做现在社会的顺民了。"（胡适《赠与今年的大学毕业生》）黑格尔在《美学》中也十分痛心社会对于艺术的影响，他说："人们也可以把现时代的困难归咎于社会政治生活中的繁复情境，说这种情境使人斤斤计较琐屑利益，不能把自己解放出来，去追求艺术的较崇高目的，连理智本身也随着科学只服务于这种需要和琐屑利益，被迫流放到这种干枯空洞的境地。"（《美学》第一卷第14～15页）所以胡适告诫刚大学毕业生说："要防御这两方面的堕落，一面要保持我们求知识的欲望，一面要保持我们对人生的追求。"工程是复杂的，工程设计经常需要处理不确定性的问题，从事工程设计切忌从零开始，但也很难完全照搬前人的经验，每一工程都有新的问题需要面对。90年多前，茅以升提出工程师成功有六个要素：品行、决断、敏捷、知人、学识和技能。六项素质概括起来讲就是实事求是，既要有实践的能力和实干的精神，又要有创业精神和忧患意识。实事求是既强调理论，又为强调实践，解决问题的过程当中强调实践，更强调理论与实际结合。克劳塞维茨说："要想不断地战胜意外事件，必须具有两种特性：一是在这种茫茫的黑暗中仍能发出内在的微光以照亮真理的智力；二是敢于跟随这种微光前进的勇气。前者在法语中被形象地称为眼力，后者就是果断。"（［德］克劳塞维茨《战争论》第一卷第51页）希望本书能激发出刚毕业的大学生们身上内在的、洞彻虚灵的"微光"，引导他们果断而从容地迈入设计行列，开创人生的新境界。

第一章　工程概念是结构设计的灵魂

世界是人类活动的结果。工程理念或工程观是工程活动的出发点和归宿，是工程设计和施工活动的灵魂。工程理念中，工程概念具有思辨性和内在逻辑性，它来源于经验，但高于经验。对于施工人员来说，工程概念不等于经验，经验是知道如何做，而良好的工程概念不仅要知道如何做，还要做得好、做得快、做得有成效，达成进度、质量控制和经济效益的综合提升。工程概念也是决策的灵魂，许多工程在正确的工程理念指导下留名青史；但也有不少工程由于工程理念的落后殃及后世。结构工程师在设计技术交流中，除了设计计算外，概念是经常被提及的主题词。"人一开口说话，他的话里就包含着概念；概念是不可抑制的，在意识中再现的东西总是包含着些微普遍性和真理。"（列宁《哲学笔记》第二版，第 223 页）在现今一体化计算软件普及的时代，在结构设计中，计算虽然仍很重要，但它的作用已降至次要的地位，而工程概念则成为决定工程设计好坏的关键因素甚至是决定性因素，也是事关工程建设成败的重要环节。人们对结构设计的评价主要还是分析其概念的正确与合理性，计算结果是否准确、工程施工是否顺利，是否会遇到技术瓶颈，很大程度上取决于是否有能准确反映和概括工程属性的工程概念，工程概念已成为工程设计的方向性问题。"理解就是用概念的形式来表达"（《哲学笔记》第二版，第 217 页），只有具体地理解概念，才能正确地掌握概念。概念分析和判断对提高结构设计的可靠性，改进设计质量有着十分重要的作用。

第一节　工程概念是具体的

人们的认识有一个从抽象概念到具体概念的深化过程。在人类认识的过程中，抽象概念和具体概念都是理性认识，但前者是比较肤浅的、低级的认识，而后者是比较深刻的、高级的认识。黑格尔认为概念不只是抽象的，而且是具体的，它体现着特殊东西的全部丰富性。具体概念的具体是指任何一个概念都具有的真实本性，就是说它是一个包含不同规定的、具有丰富层次和多样性环节的对立面的统一体，而不是一个片面抽象的道理；或者说它是内部矛盾的统一，是一个全面性的东西，是一个全体，是各种环节、规定、概念的统一，它里面贯串着的是对立面的统一。因此，人们不能停留在抽象概念阶段，而必须掌握概念的全部丰富内容，上升到具体概念的阶段。十几年前，我参与某工程钢筋隐检验收，有一位甲方代表对某一根梁的钢筋绑扎有异议。这根梁支座最上一排设有 5 根纵向受力钢筋，实际绑扎出来的钢筋间距不相等，他认为主筋间距不等有可能造成梁实际惯性矩偏置一侧与原设计的位置不一致，对受力不利，要求返工。这种机械理解工程概念就是一种典型的抽象概念，而不是具体概念。克劳塞维茨认为"理论是以概念方式展示的艺术"，具体概念中的"具体"是指思维中的具体，即在思维中所再现的对象的整体。这种"具体"和感性的"具体"不同，它已经不是事物表面的外部的形象，而是对象的本质、规律、对象的各种属性、特征、关系的有机统一体，即对象的多样性的统一。客观事物既有确定性的一面，又有其变动性的一面。考虑到梁、柱纵筋之间的相互穿插，以及梁箍筋（4 肢箍）加工的误差，要使梁的 5 根钢筋均匀布置是很难的，有时甚至几乎是不可能的。由于抽象概念在反映客观事物时，撇开了事物的运动、发展与变化，割裂了对象的确定性与变动性的统一关系，只反映了事物的确定性，这就是抽象概念在反映对象上的局限性。

一般认识要和具体实际的条件相联系，不能抽象地把握概念，即概念不能停留在抽象的认识上，而要上升为具体的认识。具体概念就是在抽象概念的基础上，为了克服抽象概念在反映对象上的局限性，把握整体，实现对目标的正确认识而形成的。无论在什么场合，科学的概念总是具体的，要正确地掌握它，就必须具体地去理解它。现举例说明如下。

一、河面宽度与具体概念

《清稗类钞》中记载的关于河面宽度论争的故事是说明具体概念本质特征的绝妙例子。

清朝末年，湖广总督张之洞与湖北巡抚谭继洵（即谭嗣同的父亲——引者）关系不太融洽，遇事多有龃龉。有一天，张之洞和谭继洵等人在长江边的黄鹤楼聚会，当地不少官员都在座。座客里有人谈到了江面宽窄的问题，谭继洵非常肯定地说他在某本书里读到过是五里三分。张之洞沉思了一会，故意说自己也曾经在另外一本书中见过，是七里三分。督、抚二人借着酒劲儿戗了起来，相持不下，在场僚属也难置一词，双方谁也不肯丢自己的面子。于是张之洞就派了一名随从，快马前往当地的江夏县衙，召县令来断定裁决。

时任江夏知县是陈树屏，听来人说明情况后，急忙整理衣冠飞骑前往黄鹤楼。他到了以后，一进门，还没来得及开口，张、谭二人同声问道："你管理江夏县事，在你管辖境内的汉水江面到底是多宽，是七里三分，还是五里三分？"

陈树屏知道他们这是借题发挥，对两个人这样搅闹十分不满，但是又怕扫了众人的兴；再说，这两方都是谁也得罪不起的大人物。他灵机一动，从容不迫地一拱手，言语平和地说："江面在水涨时就宽到七里三分，而水落时便是五里三分。张制军是指涨水而言，而中丞大人是指水落而言。两位大人都没有说错，这有何可怀疑的呢？"张、谭二人本来就是信口胡说，听了陈树屏这个圆场，抚掌大笑，一场僵局就此化解。

陈树屏的可贵之处在于认识到江面的宽度这一概念是具体概念。在哲学上，具体概念具有普遍、特殊和个别这三个环节，任一具体概念都是这三个环节的有机统一。具体概念又是多样性的统一，具有全面性的特点。黑格尔指出："每一被规定的概念，当它不包含总体而只包含片面规定性时，它就总之是空洞的。即使它也另有具体内容，例如人、国家、动物等，当它的规定性不是它的区别的原则时，那么，它就仍然是空洞的。"（《逻辑学》下卷第 278 页）对于汉水江面的宽度来说，它是随着水的涨落而变化的，而在张之洞和谭继洵的观念里，江面的宽度是抽象的、固定的。陈树屏正就是借助于概念的具体性巧妙地化解了这场无谓的论争。

由此可以看出，具体概念的具体同一性是一种内在地包含差异与对立的同一性，这种具体同一性不仅包括了对象领域内的事物之间的共同点，而且包括了对象领域内的事物之间的差异点；同时，它不是与对象领域内的事物的个别性、特殊性无关的独立存在的纯粹普遍性，而是与个别性、特殊性统一在一起的并且是通过个别性、特殊性体现出来的普遍性。掌握运用概念的艺术，就是要求概念具有具体性。人们的思维中要形成具体概念，就应力求反映对象的多样性，力求反映对象的各种内在矛盾和各种对立规定，这就是这一故事给予我们的启示。

二、混凝土及其概念的多样性

1. 混凝土的定义及其相关概念

混凝土是当代基础设施建设用量最多的人造材料，因其原料储量大、易于原地成型、制造方便，且成本低廉、操作简单、耐久性较好而得到广泛应用。混凝土顾名思义是由多种材料混合制成的，而且混凝土的概念也不是三言两语就能说清楚的，还真有点"混"，正是其"混"得有特色、有内涵，混凝土的概念才是多样性的统一。

结构设计图纸中常有"混凝土强度等级 C25"等类似的表述。"C25"看似简洁直白，其实它是以约定俗成的方式表达出丰富的内涵，C25 绝不仅仅是指混凝土强度指标为C25，它还必须同时达到一定的密实度，满足外观质量、耐久性以及与钢筋的共同工作等性能要求，其概念是典型的"多样性的统一"。

首先，混凝土的组成成分是复杂、多样的。《混凝土强度检验评定标准》GB/T 50107—2010 第 2.1.1 条将混凝土定义为："由水泥、骨料和水等按一定配合比，经搅拌、成型、养护等工艺硬化而成的工程材料。"这一定义规定了混凝土的基本组成和生产工艺，但由于定义中有一个"等"字，对其组分的界定是不完备的。随着混凝土技术的发展，现代的混凝土组成往往还包括外加剂和矿物掺合料，泵送剂、防冻剂、粉煤灰等已成为混凝土不可或缺的组成部分。混凝土既然是多种材料拌合而成的，它必然是不均匀的、内含微观裂缝等缺陷的，其材料成型、水化、凝固过程中伴随着出现一系列的反应，这些反应影响甚至决定着混凝土材料的基本性能。由此而衍生出混凝土配合比设计、浇筑工艺、养护、裂缝控制、强度评定、浇筑成型后构件的外观质量等等一系列问题，这些问题还真的不是很容易说清楚的，但其关键性的概念必须是清楚的，不能含糊。例如对于图 1-1 所示的楼板，混凝土强度等级符合设计要求，但拆模板时发现楼板开裂了，如何评定楼板的施工质量？原则上混凝土结构是允许带裂缝工作的，但裂缝的形式和宽度等必须在一定的范围内。判定带裂缝楼板是否存在安全隐患是一个复杂的问题。

其次，作为一种结构尤其是承重结构的主要材料，混凝土的主要用途是作为混凝土结构的主要组成部分。《混凝土结构设计规范》GB 50010—2010 第 2.1.1 条给出了混凝土结构（concrete structure）的定义："以混凝土为主制成的结构，包括素混凝土结构、钢筋混凝土结构和预应力混凝土结构等。"这里最重要概念是钢筋（含预应力钢筋、型钢）与混凝土的共同工作机理。钢筋为何要有一定的混凝土保护层厚度、在钢筋混凝土结构中，钢筋为何要搭接和锚固？这些均是混凝土作为一种钢筋混凝土结构材料必须具备的条件。

第三，混凝土的强度评定、裂缝控制及耐久性等，是影响混凝土结构可靠性的重要因素，这些因素之间的关系也是很复杂的。

对于上述问题，初涉工程的人员还真的难以一时把握住，但只要概念清楚了，就有思路了，处理起来就会得心应手。黑格尔说："科学固然也可以从个别的感性事物出发，对于个别事物如何以它的特殊颜色、形状、大小等直接呈现出来，先获得一个观念。但是这种孤立的感性事物，就其为孤立的感性事物而言，对心灵就没有进一步的关系，因为理智

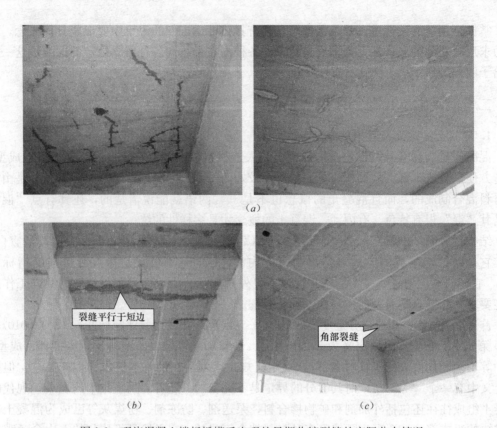

图 1-1 现浇混凝土楼板拆模后出现的早期收缩裂缝的实际分布情况
(*a*) 拆模后楼板出现无序的收缩裂缝；(*b*) 拆模后楼板收缩裂缝平行于短边；(*c*) 拆模后楼板角部收缩裂缝

所探求的是对象的普遍性，规律，思想和概念，所以它不仅把个别事物丢在后面，而且把它转化为内在的，从一个感性的具体的东西转化为一种抽象的思考的东西，这就是把它转化为和感性现象根本不同的东西。"（《美学》第一卷第 47 页）对于混凝土，结构设计者需要将与混凝土有关的感性的具体转化为"具体概念"，只有这样才能找出它的普遍性和规律性。

2. 混凝土强度的评定方法

为保证结构的可靠性，必须进行混凝土的生产控制和合格性评定。根据《混凝土强度检验评定标准》GB/T 50107—2010，混凝土的强度等级按立方体抗压强度标准值来划分，混凝土强度等级采用符号 C 与立方体抗压强度标准值（以 N/mm² 计）表示，而立方体抗压强度标准值为："按标准方法制作和养护的边长为 150mm 的立方体试件，用标准试验方法在 28d 龄期测得的混凝土抗压强度总体分布中的一个值，强度低于该值的概率应为 5％。"而在《混凝土结构设计规范》GB 50010—2010 第 4.1.1 条中的表述为："混凝土强度等级应按立方体抗压强度标准值确定。立方体抗压强度标准值系指按标准方法制作养护的边长为 150mm 的立方体试件，在规定龄期用标准试验方法测得的，具有 95％保证率的抗压强度值。"两者用词不一，其意义是相同的。

《混凝土强度检验评定标准》GB/T 50107—2010 第 3.0.3 条指出："混凝土强度应分批进行检验评定。一个检验批的混凝土应由强度等级相同、试验龄期相同、生产工艺条件和配合比基本相同的混凝土组成"。这一规定的理论基础是概率论中的大数定理。该定理指出，假如我们要测量某一物理量 a，在不变的条件下重复测量 n 次，得到的结果 x_1，

x_2，…，x_n是不完全相同的（显然，x_1，x_2，…，x_n要求服从同一分布，并且具有数学期望 a），当 n 充分大时，我们取 n 次测量结果 x_1，x_2，…，x_n 的算术平均值作为 a 的近似值

$$a \approx \frac{x_1 + x_2 + \cdots + x_n}{n} \tag{1-1}$$

所产生的误差是很小的[22]。

混凝土强度的分布规律，不但与统计对象的生产周期和生产工艺有关，而且与统计总体的混凝土配制强度和试验龄期等因素有关，大量的统计分析和试验研究表明：同一等级的混凝土，在龄期相同、生产工艺和配合比基本一致的条件下，其强度的概率分布可用正态分布来描述。因此，《混凝土强度检验评定标准》GB/T 50107—2010 第3.0.3条规定检验批应由强度等级和试验龄期相同、生产工艺条件和配合比基本相同的混凝土组成，以保证所评定的混凝土的强度基本符合正态分布，这是由于该标准的抽样检验方案是基于检验数据服从正态分布而制定的，其中的生产工艺条件包括了养护条件。

客观世界中，有一些现象并不呈现正态分布规律，但中心极限定理已经证明，即使现象的总体并不呈现正态分布，而从这个整体随机抽取足够多的单位作为样本，那么，样本统计量的样本分布都接近于正态分布[23]。这是一个非常重要的规律，对理解混凝土强度判定的规范规定尤为重要。《混凝土强度检验评定标准》GB/T 50107—2010 第3.0.4条规定，对大批量、连续生产的混凝土强度应按统计方法评定。对小批量或零星生产的混凝土强度应按非统计方法评定。

（1）统计方法评定

根据《混凝土强度检验评定标准》GB/T 50107—2010，采用统计方法评定时，应符合下列规定：

1）当连续生产的混凝土，生产条件在较长时间内能保持一致，且同一品种、同一强度等级混凝土的强度变异性保持稳定时，应按下列规定进行评定。

① 一个检验批的样本容量应为连续的三组试件，其强度应同时满足下列要求：

$$m_{f_{cu}} \geq f_{cu,k} + 0.7\sigma_0 \tag{1-2}$$

$$f_{cu,min} \geq f_{cu,k} - 0.7\sigma_0 \tag{1-3}$$

当混凝土强度等级不高于C20时，其强度的最小值尚应满足下式要求：

$$f_{cu,min} \geq 0.85 f_{cu,k} \tag{1-4}$$

当混凝土强度等级高于C20时，其强度的最小值尚应满足下式要求：

$$f_{cu,min} \geq 0.90 f_{cu,k} \tag{1-5}$$

式中　$m_{f_{cu}}$——同一检验批混凝土立方体抗压强度的平均值（N/mm²），精确到0.1（N/mm²）；

　　　$f_{cu,k}$——混凝土立方体抗压强度标准值（N/mm²），精确到0.1（N/mm²）；

　　　σ_0——检验批混凝土立方体抗压强度的标准差（N/mm²），精确到0.01（N/mm²）；按式（1-6）计算。当 σ_0 计算值小于 2.5N/mm² 时，应取 2.5N/mm²；

　　　$f_{cu,min}$——同一检验批混凝土立方体抗压强度的最小值（N/mm²），精确到0.1（N/mm²）。

② 检验批混凝土立方体抗压强度的标准差 σ_0，应根据前一个检验期内同一品种混凝

土试件的强度数据，按下列公式计算：

$$\sigma_0 = \sqrt{\frac{\sum\limits_{i=1}^{n} f_{cu,i}^2 - nm_{f_{cu}}^2}{n-1}} \qquad (1-6)$$

式中　$f_{cu,i}$——第 i 组混凝土试件的立方体抗压强度代表值（N/mm²），精确到 0.1（N/mm²）；

　　　　n——前一检验期内的样本容量。

注：上述检验期不应少于 60d 也不宜超过 90d，且在该期间内样本容量不应少于 45。

2）当样本容量不少于 10 组时，其强度应同时满足下列要求：

$$m_{f_{cu}} \geqslant f_{cu,k} + \lambda_1 \cdot s_{f_{cu}} \qquad (1-7)$$

$$f_{cu,min} \geqslant \lambda_2 \cdot f_{cu,k} \qquad (1-8)$$

式中　$s_{f_{cu}}$——同一检验批混凝土立方体抗压强度的标准差（N/mm²），精确到 0.01（N/mm²）；按式（1-9）计算。当 $s_{f_{cu}}$ 计算值小于 2.5N/mm² 时，应取 2.5N/mm²；

　　　λ_1，λ_2——合格判定系数，按表 1-1 取用。

混凝土强度的合格评定系数　　　　　　表 1-1

试件组数	10～14	15～19	≥20
λ_1	1.15	1.05	0.95
λ_2	0.90	0.85	

3）同一检验批混凝土立方体抗压强度的标准差，应按下列公式计算：

$$s_{f_{cu}} = \sqrt{\frac{\sum\limits_{i=1}^{n} f_{cu,i}^2 - n \cdot m_{f_{cu}}^2}{n-1}} \qquad (1-9)$$

式中　n——本检验期内的样本容量。

（2）非统计方法评定

根据《混凝土强度检验评定标准》GB/T 50107—2010，当用于评定的样本容量小于 10 组时，可采用非统计方法评定混凝土强度。按非统计方法评定混凝土强度时，其强度应同时满足下列要求：

$$m_{f_{cu}} \geqslant \lambda_3 \cdot f_{cu,k} \qquad (1-10)$$

$$f_{cu,min} \geqslant \lambda_4 \cdot f_{cu,k} \qquad (1-11)$$

式中　λ_3，λ_4——合格判定系数，按表 1-2 取用。

混凝土强度的非统计法合格评定系数　　　　　　表 1-2

混凝土强度等级	＜C60	≥C60
λ_3	1.15	1.10
λ_4	0.95	

3. 混凝土强度的合格性评定

当检验结果满足上述规定时，则该批混凝土强度应评定为合格；当不能满足上述规定时，该批混凝土强度应评定为不合格。

对于加速养护试块的混凝土强度推定，原城乡建设环境保护部于1983年4月14日发布的《早期推定混凝土强度试验方法》JGJ 15—83是根据加速养护的混凝土试件强度的实测值R_j推定28d标准养护的混凝土试件强度的推定值的一种试验方法，该标准包括沸水法、80℃热水法及55℃温水法三种加速养护试验方法。推定的混凝土强度适用于混凝土生产中的质量控制以及混凝土配合比的设计和调整。该标准适用于符合国家标准规定的各种硅酸盐水泥拌制的普通混凝土。2008年，该标准作了修订，即《早期推定混凝土强度试验方法标准》JGJ/T 15—2008，增加了用早期龄期3d或7d强度推定混凝土28d强度的方法。

JGJ 15—83第4.1条规定："用加速养护混凝土试件强度推定标准养护28d（或其他龄期）强度时，应先通过专门试验建立两者之间的强度关系式。"JGJ/T 15—2008第5.0.5条规定："采用早期龄期标准养护混凝土强度推定标准养护28d强度时，应事先通过专门试验建立二者的强度关系式。"

为建立混凝土强度关系式而进行专门试验时，应采用与工程相同的原材料制作试件。试样拌合物的坍落度或工作度应与工程所用的相近。每一混凝土试样应成型两组试件，组成一个对组。其中一组应按该标准规定进行加速养护，测得加速养护强度；另一组应按有关标准规定进行标准养护，测得28d（或其他龄期）标准养护强度。混凝土试件的尺寸、成型方法和拌合物的坍落度、工作度、立方体抗压强度的测试方法，以及不同尺寸试件强度的换算系数，均应按有关标准规定执行。

4. 实配混凝土水泥用量偏大的原因

我国目前工程质量参差不一，由于个别工程存在人为减少材料用量等现象（如在验收完后在打混凝土前人为抽出梁板中的部分钢筋），公众普遍担忧混凝土和钢筋用料不足，但建设部副部长仇保兴在2005年2月23日国务院新闻办举行的新闻发布会上披露了一组惊人的数据："我国建筑业物耗水平与发达国家相比，钢材消耗高出$10\%\sim25\%$，每拌和$1m^3$混凝土要多消耗水泥80kg"（《北京青年报》2005年2月24日）。实际工程中，实配混凝土强度等级大于设计要求的强度等级的现象比较普遍，产生这一现象的主要原因有三：

一是一些从业人员尤其是质量监督者对混凝土强度检验评定方法的认识有偏颇，不允许出现强度负偏差。

混凝土的强度具有很大的离散性，对于预拌混凝土厂和现场集中搅拌混凝土的施工单位，《混凝土强度检验评定标准》GB/T 50107—2010中明确规定，混凝土的强度应分批进行统计评定。目前大部分工程均采用商品混凝土，应按标准规定的统计方法评定混凝土强度。根据上述混凝土强度评定方法，大批量混凝土按相近配合比生产的混凝土允许有5%的试件强度小于立方体抗压强度标准值，允许的最小强度要根据留样组数来确定。当留样组数在1~9组时，允许的最小强度$f_{cu,min} \geqslant 0.95 \cdot f_{cu,k}$，即最小强度为0.95倍的标准值；当留样组数在10~14组时，允许的最小强度为0.90倍的标准值；当留样组数大于15组时，允许的最小强度为0.85倍的标准值。以C30混凝土为例，对应于上述三种留样组数时的允许的最小强度分别为：28.5MPa、27.0MPa和25.5MPa。但在实际工程中，当某一组数据试件强度出现小于标准值的负偏差时，即使这组数据的强度大于规范允许的最小强度值，常常被视为不合格，这是一种概念上的错误。如果要求所有留样试件强度都大于标准值，即不允许出现负偏差，则根据混凝土强度统计方法评定，其强度等级正好超过一个等级，例如 C30 混凝土的所有留样试件强度都大于 30.0MPa 时，混凝土的实际强度等级已超过 C35。正是没有按统计方法进行强度评定，致使混凝土搅拌站不得不加大混凝土的富余量，这就是目前实际工程中，预拌混凝土的实际强度超过设计等级过多的主要原因。举例来说，表 1-3 为某住宅楼工程基础垫层～五层顶板全楼混凝土强度汇总表，现分析其混凝土厂的生产管理水平。

某住宅楼不同养护条件下的混凝土强度　　　　　　　　　　　表 1-3

部　位	设计强度等级	标养 28d 抗压强度 f_{cu}（MPa）	同条件（600℃·d）		
			天数（d）	平均抗压强度（MPa）	1.1×平均抗压强度（MPa）
基础垫层	C15	19.5			
防水保护层	C20	24.9			
基础底板	C30	39.4	22	41.9	46.1
		38.8	22	40.4	44.4
地下 1 层内墙 1 段	C25	33.8			
地下 1 层外墙 1 段	C30	37.0	21	46.0	50.6
地下 1 层内墙 2 段	C25	32.7	21	31.8	35.0
地下 1 层外墙 2 段	C30	35.0	21	35.0	38.5
地下 1 层内墙 3 段	C25	31.3			
地下 1 层外墙 3 段	C30	35.4	20	37.5	41.30
地下 1 层顶板 1 段	C30	37.4	21	41.4	45.5
地下 1 层顶板 2 段	C30	35.9	20	36.7	40.4
地下 1 层顶板 3 段	C30	35.0	22	33.9	37.3
1 层墙体 1 段	C25	33.9	22	38.5	42.4
1 层墙体 2 段	C25	27.2			
1 层墙体 3 段	C25	29.1			
1 层顶板 1 段	C25	34.3			
1 层顶板 2 段	C25	29.3			
1 层顶板 3 段	C25	36.9	22	30.4	33.4
2 层墙体 1 段	C25	28.9			
2 层墙体 2 段	C25	31.6	22	34.3	37.7
2 层墙体 3 段	C25	29.7			
2 层顶板 1 段	C25	29.3			
2 层顶板 2 段	C25	29.4			
2 层顶板 3 段	C25	31.8	24	31.8	35.0
3 层墙体 1 段	C25	31.0			
3 层墙体 2 段	C25	31.4			
3 层墙体 3 段	C25	29.0	23	24.9	27.4
3 层顶板 1 段	C25	28.8	24	31.0	34.1

部 位	设计强度等级	标养 28d 抗压强度 f_{cu}（MPa）	同条件（600℃·d）		
			天数（d）	平均抗压强度（MPa）	1.1×平均抗压强度（MPa）
3 层顶板 2 段	C25	39.3			
3 层顶板 3 段	C25	34.9			
4 层墙体 1 段	C25	30.0	26	36.4	40.0
4 层墙体 2 段	C25	31.6			
4 层墙体 3 段	C25	31.4			
4 层顶板 1 段	C25	31.4			
4 层顶板 2 段	C25	31.2			
4 层顶板 3 段	C25	28.7	23	31.4	34.6
5 层墙体 1 段	C25	31.8			
5 层墙体 2 段	C25	31.5	23	30.1	33.1
5 层墙体 3 段	C25	32.0			
5 层顶板 1 段	C25	31.5			
5 层顶板 2 段	C25	35.6	24	30.0	33.0
5 层顶板 3 段	C25	32.4			

《混凝土质量控制标准》GB 50164—2011 中以混凝土强度标准差 σ 和强度不低于规定强度等级值的百分率 P（％）作为评定商品混凝土厂的生产管理水平。以表 1-3 中设计强度等级 C25 的实际试块强度统计为例，该批混凝土试件组数 $N=33$ 组，33 组试件 28d 标养试件立方体抗压强度的平均值 $\mu_{f_{cu}} = \sum_{i=1}^{N} f_{cu,i}/N = 31.59697\text{MPa}$；

标准差 $\sigma = \sqrt{\dfrac{\sum_{i=1}^{N} f_{cu,i}^2 - N \cdot \mu_{f_{cu}}^2}{N-1}} = 2.574088 \leqslant 3.5$；

$N=33$ 组试件中强度不低于要求强度等级值（C25）的组数 $N_0=N$，故

百分率 $P = \dfrac{N_0}{N} \times 100\% = 100\% > 95\%$。

根据《混凝土质量控制标准》GB 50164—2011 中相关规定，该批混凝土实际生产管理水平达到优良水平。表明采用商品混凝土，商品混凝土厂的生产管理水平是可靠的。

二是对混凝土养护条件对其强度影响的规律存在认识上的误区，以为同条件养护混凝土强度等级低于 28d 标养的混凝土强度等级。《混凝土结构施工质量验收规范》GB 50204—2002 增加了现场实体检验的要求，一些工程中担心虽然 28d 标养强度到达设计要求，而 600℃·d 同条件养护的强度达不到设计强度，而人为地提高实配混凝土的富余量。

关于同条件养护混凝土强度与 28d 标养的混凝土强度等级之间的关系，目前有两种不同结论。根据《日本土木工程手册》（土木学会）介绍，混凝土浇筑完后，如没及时浇水养护，在水分不足的情况下，混凝土表面干燥，其强度也受影响，见图 1-2（a）。图 1-2（a）的试验条件为[21]：水灰比 0.50，坍落度 90mm，水泥用量 330kg/m³。

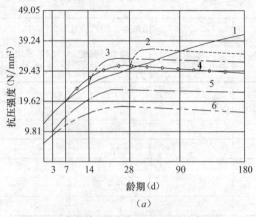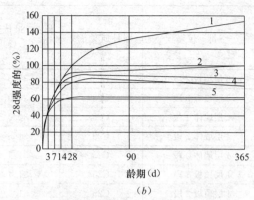

1—长期保持潮湿养护；2—28d后在大气中；3—14d
后在大气中；4—7d后在大气中；5—3d后在大气中；
6—长期置于实验室大气中（湿度50%）

1—长期保持潮湿养护；2—保持潮湿14d；3—保
持潮湿7d；4—保持潮湿3d；5—保持潮湿1d

图 1-2　养护对混凝土强度的影响

从图 1-2（a）可以看出，刚浇筑后就暴露在大气中的试件，其 6 个月龄期的抗压强度，仅为同龄期湿养抗压强度的 40%，而当混凝土潮湿养护若干天后再在空气中干燥，强度会暂时有所增加（约增加 20%～40%），但最终强度不会高于潮湿养护的强度。国内也进行过类似的试验，南京电力建设公司和北京第六建筑工程公司承担的《不同湿养龄期对混凝土性能影响的试验》课题的试验结果[21]见表 1-4。而刊载于《建筑材料》[47]教科书上的图 1-2（b）则表明，混凝土强度与保持潮湿时间成线性递增关系，保持潮湿时间越长，强度越高。从图 1-2（b）还可以看出，保持潮湿 7d 试件的强度仅为保持潮湿 28d 试件强度的 90%左右。《混凝土结构工程施工规范》GB 50666—2011 第 8.5.2 条规定：对于采用硅酸盐水泥、普通硅酸盐水泥或矿渣硅酸盐水泥配制的混凝土，浇水养护时间不得少于 7d。原施工验收规范[48]第 4.6.5 条规定："评定结构构件的混凝土强度是采用在温度 20±3℃、相对湿度为 90%以上的环境中或水中的标准条件下，养护至 28d 时，按标准试验方法测得的混凝土立方体抗压强度。"由此可推论：如果图 1-2（b）中的混凝土强度与保持潮湿时间的关系成立，则工程结构构件中的混凝土实际强度（通常为湿养 7d 左右）要普遍比标养（湿养 28d）的强度低 10%左右，果真如此，那么实际工程中岂不存在太多安全隐患？这种定性偏差通常是不会出现在规范中的，除非有其他弥补措施[49]。

混凝土不同湿养龄期与湿养 28d 强度对比　　　　　　　　　　　　　　　　　表 1-4

试验批号	水灰比	湿养 28d 强度（%）	不同湿养时间后的 28d 龄期混凝土达到的强度（%）					备 注
			湿养 1d	湿养 3d	湿养 5d	湿养 7d	湿养 14d	
北京六建	0.69～0.78	100	85.3	105.7	109.5	108.3	111.1	矿渣 325 号水泥，湿养温度 22～27℃
	0.53～0.58	100	88.4	99.8	108.1	108.9	110.0	
	0.43	100	88.6	98.6	105.6	105.6	109.5	
南京电力	0.65～0.75	100	94.7	101.5		109.6	108.6	矿渣 425 号水泥，湿养温度 10～35℃
	0.65～0.75	100	85.9	99.0		104.3	109.0	
	0.65～0.75	100	79.9	92.8		99.1	104.2	

表 1-3 所列的实际工程混凝土 28d 标养和 600℃·d 同条件养护对照结果表明：28d 标

养强度一般情况下低于相应的 600℃·d 同条件养护的强度（表中占 13/19），但也有 28d 标养强度大于 600℃·d 同条件养护的强度（表中占 6/19）。由于现场养护条件的局限性、混凝土材料自身的离散性和影响混凝土强度因素的多样性（温度、湿度、配合比等），实际工程中 28d 标养强度与 600℃·d 同条件养护的强度之间的大小关系会有所波动，但从总的趋势来说，图 1-2（a）的结论更接近实际。《混凝土结构工程施工质量验收规范》GB 50204—2002 第 D.0.3 条规定，同条件养护试件检验时，可将同组试件的强度代表值乘以折算系数 1.10 后，按 GB/T 50107 评定。根据这一规定，600℃·d 同条件养护的折算强度一般均大于 28d 标养强度，见表 1-3。因此，对 600℃·d 同条件养护的强度的过分疑虑是不必要的。由于对这两者的关系认识不充分，一些工程中为了满足现场实体检验的需要，而人为地提高实配混凝土的富余量，这是造成水泥用量增加的主要原因之一。

【实例 0-1】　北京东城区某现浇混凝土框架-剪力墙结构，抗震设防烈度为 8 度（0.2g），设计地震分组为第一组，设计使用年限为 50 年，工程抗震设防类别为丙类，剪力墙抗震等级为一级，框支框架抗震等级为一级，框架抗震等级为二级，总建筑面积 127000m^2，其中北区酒店建筑面积 37000m^2。地下 4 层～1 层剪力墙、柱混凝土强度等级为 C50，梁板混凝土强度等级为 C30；2 层～3 层剪力墙、柱混凝土强度等级为 C40，梁板以及转换梁混凝土强度等级为 C30；4 层～顶层剪力墙、柱混凝土强度等级为 C30，梁板以及转换梁混凝土强度等级为 C30。该工程 2009 年竣工交付使用。2012 年业主计划将北区酒店改造为医院门诊楼使用，抗震设防类别由丙类提高到乙类，部分房间的使用荷载也明显提高，因此需要进行全面的加固改造。2012 年 5 月，专业检测机构对该工程的全楼进行了全面的检测，包括构件实际混凝土强度等级。

现场检测混凝土强度常用的方法有回弹法、钻芯法、回弹法结合钻芯进行修正的方法。由于采用钻芯法容易对构建造成损害，在实际工作中很少大规模采用。根据现场实际情况，该工程采用回弹法检测构件的混凝土强度，并用钻芯法进行钻芯修正。地下 4 层柱、墙及梁的实测混凝土强度等级见表 1-5；A 段和 F 段 4～6 层柱、梁实测混凝土强度等级见表 1-6。

地下 4 层柱、墙及梁的实测混凝土强度等级　　　　　　　　　　表 1-5

序号	构件轴号	构件名称	平均值（MPa）	标准差（MPa）	最小值（MPa）	推定值（MPa）	设计强度等级
1	13 轴×B 轴	一4 层柱	57.5	0.69	56.6	56.4	C50
2	12 轴×B 轴	一4 层柱	57.8	0.75	56.8	56.6	C50
3	15 轴×F 轴	一4 层柱	58.0	0.51	57.5	57.2	C50
4	12 轴×A 轴	一4 层柱	—		57.6	57.6	C50
5	1-3 轴×1-P 轴	一4 层柱	57.1	0.89	55.9	55.6	C50
6	1-3 轴×1-N 轴	一4 层柱	57.4	0.67	56.5	56.3	C50
7	10 轴×H 轴	一4 层柱	57.1	0.96	55.7	55.5	C50
8	5 轴×B 轴	一4 层柱	57.4	0.47	56.8	56.6	C50
9	5 轴×C 轴	一4 层柱	56.8	0.63	55.7	55.8	C50
10	7 轴×F 轴	一4 层柱	—	—	57.5	57.5	C50
11	11 轴×C 轴	一4 层柱	57.7	1.24	55.9	55.7	C50

序号	构件轴号	构件名称	平均值（MPa）	标准差（MPa）	最小值（MPa）	推定值（MPa）	设计强度等级
12	5 轴×C 轴	一4 层柱	57.2	0.69	56.4	56.1	C50
13	3 轴×K 轴	一4 层柱	58.0	1.06	56.8	56.3	C50
14	1 轴×K 轴	一4 层柱	56.9	0.23	56.6	56.5	C50
15	3 轴×B 轴	一4 层柱	—	—	58.0	58.0	C50
16	8 轴×C 轴~E 轴	一4 层墙	58.3	0.69	57.0	57.2	C50
17	E 轴×8 轴~10 轴	一4 层墙	56.9	0.65	55.9	55.8	C50
18	3 轴×H 轴~K 轴	一4 层墙	—	—	56.9	56.9	C50
19	K 轴×3 轴~5 轴	一4 层墙	57.8	0.73	56.9	56.6	C50
20	A 轴×12 轴~13 轴	一4 层墙	57.9	0.70	57.0	56.7	C50
21	C 轴×12 轴~13 轴	一4 层墙	57.6	0.67	56.9	56.5	C50
22	C 轴×3 轴~4 轴	一4 层墙	58.2	0.98	56.5	56.6	C50
23	3 轴×A 轴~C 轴	一4 层墙	58.2	0.96	56.9	56.6	C50
24	D 轴×9 轴~11 轴	一4 层墙	57.9	0.62	56.5	56.9	C50
25	9 轴×D 轴~B 轴	一4 层墙	58.1	0.53	56.8	57.2	C50
26	B 轴×12 轴~13 轴	一4 层梁	42.6	0.75	41.6	41.4	C30
27	A 轴×10 轴~12 轴	一4 层梁	42.5	0.44	41.8	41.8	C30
28	12 轴×A 轴~B 轴	一4 层梁	42.2	0.80	41.2	40.9	C30
29	3 轴×P 轴~1/P 轴	一4 层梁	43.0	0.42	42.3	42.3	C30
30	P 轴×3 轴~3 轴	一4 层梁	42.0	0.72	40.8	40.8	C30
31	1/1×3 轴~N 轴	一4 层梁	41.8	0.54	41.2	40.9	C30
32	B 轴×3 轴~5 轴	一4 层梁	41.8	0.78	40.8	40.5	C30
33	5 轴×H 轴~B 轴	一4 层梁	42.7	0.76	41.8	41.4	C30
34	F 轴×7 轴~8 轴	一4 层梁	41.5	1.24	39.0	39.5	C30
35	7 轴×F 轴~G 轴	一4 层梁	42.0	0.73	41.3	40.8	C30
36	11 轴×A 轴~C 轴	一4 层梁	42.2	0.79	41.2	40.9	C30
37	C 轴×11 轴~12 轴	一4 层梁	41.8	0.64	40.7	40.7	C30
38	5 轴×A 轴~C 轴	一4 层梁	41.8	0.70	40.7	40.6	C30
39	1 轴×K 轴~L 轴	一4 层梁	42.9	0.70	41.8	41.7	C30
40	K 轴×1 轴~1/2 轴	一4 层梁	41.5	0.49	40.5	40.7	C30

从表 1-5 可知，地下 4 层梁的实测混凝土强度等级大于 C40，估计实际施工时，C30 可能就是按 C40 施工的，这也说明施工单位对混凝土等级的慎重态度。

4~6 层以上柱、梁的实测混凝土强度等级　　　　表 1-6

序号	构件轴号	构件名称	平均值（MPa）	标准差（MPa）	最小值（MPa）	推定值（MPa）	设计强度等级
1	1/2 轴×1/B 轴	4 层柱	39.5	0.81	37.8	38.2	C30
2	1 轴×1/C 轴	4 层柱	37.0	1.49	35.4	34.5	C30
3	1 轴×1/B 轴	4 层柱	42.4	1.09	40.5	40.6	C30
4	3/E 轴×6 轴	5 层柱	33.9	1.05	31.8	32.2	C30
5	6 轴×F 轴	5 层柱	33.8	0.88	31.9	32.4	C30
6	5 轴×A 轴	5 层柱	36.2	1.53	33.4	33.7	C30
7	1/4 轴×C 轴	5 层柱	34.4	0.61	33.6	33.4	C30

序号	构件轴号	构件名称	平均值（MPa）	标准差（MPa）	最小值（MPa）	推定值（MPa）	设计强度等级
8	5轴×A轴	6层柱	42.2	1.26	40.6	40.1	C30
9	1/4轴×C轴	6层柱	37.8	1.32	35.7	35.6	C30
10	6轴×F轴	6层柱	37.2	0.95	35.4	35.6	C30
11	3/E轴×6轴	6层柱	38.0	1.01	36.6	36.3	C30
12	11轴×A轴	4层柱	38.3	1.08	36.2	36.5	C30
13	1/1轴×C轴	4层柱	35.2	0.69	33.4	34.1	C30
14	1/3轴×1/B轴	4层柱	39.9	1.14	37.8	38.0	C30
15	15轴×1/B轴	4层柱	40.8	1.56	37.7	38.2	C30
16	15轴×1/C轴	4层柱	34.3	3.07	30.0	29.2	C30
17	10轴×F轴	5层柱	37.8	1.04	36.3	36.1	C30
18	10轴×1/E轴	5层柱	35.2	1.09	33.5	33.4	C30
19	11轴×D轴	5层柱	33.8	2.88	28.3	29.1	C30
20	11轴×A轴	5层柱	32.8	0.90	31.9	31.3	C30
21	1/11轴×C轴	5层柱	35.0	0.78	33.8	33.7	C30
22	4轴×A轴	6层柱	31.4	1.97	29.3	28.2	C30
23	1/1轴×1/E轴	6层柱	35.3	3.20	28.5	30.0	C30
24	10轴×F轴	6层柱	35.0	0.97	33.2	33.4	C30
25	11轴×1/C轴	6层柱	37.2	0.74	35.8	36.0	C30
26	11轴×D轴	6层柱	36.4	1.02	34.6	34.7	C30
27	2轴×1/2轴~C轴	4层梁	38.4	0.91	36.7	36.9	C30
28	1/2轴×B轴~C轴	4层梁	37.9	2.61	33.4	33.6	C30
29	1轴×B轴~1/C轴	4层梁	44.5	3.25	38.6	39.2	C30
30	1/B轴×1轴~2轴	4层梁	36.8	2.01	34.5	33.5	C30
31	1/C轴×1轴~2轴	4层梁	34.0	1.30	32.4	31.9	C30
32	6轴×1/6轴~F轴	5层梁	35.6	1.30	34.1	33.5	C30
33	6轴×3/E轴~F轴	5层梁	35.0	1.06	33.7	33.3	C30
34	6轴×D轴~E轴	5层梁	36.1	1.57	34.4	33.5	C30
35	1/4轴×5轴~C轴	5层梁	37.6	1.38	35.0	35.3	C30
36	1/4轴×C轴~D轴	5层梁	36.7	1.22	34.7	34.7	C30
37	1/4轴×5轴~C轴	6层梁	39.7	1.74	37.2	36.8	C30
38	1/4轴×C轴~D轴	6层梁	38.8	0.96	37.8	37.2	C30
39	1/6轴×6轴~F轴	6层梁	37.0	0.92	35.4	35.5	C30
40	6轴×3/E轴~F轴	6层梁	37.8	1.53	35.5	35.3	C30
41	3/E轴×5轴~6轴	6层梁	37.2	0.96	36.0	35.6	C30
42	1/11轴×C轴~D轴	4层梁	45.1	1.83	42.8	42.1	C30
43	C轴×10轴~11轴	4层梁	43.9	1.43	42.0	41.5	C30
44	B轴×13轴~14轴	4层梁	36.8	2.06	33.8	33.4	C30
45	C轴×14轴~15轴	4层梁	41.1	2.07	37.1	37.7	C30
46	15轴×1/B轴~C轴	4层梁	40.6	1.28	39.4	38.5	C30
47	F轴×1/9轴~10轴	5层梁	41.1	1.05	39.8	39.4	C30
48	10轴×1/E轴~F轴	5层梁	39.6	1.04	37.7	37.9	C30

序号	构件轴号	构件名称	平均值（MPa）	标准差（MPa）	最小值（MPa）	推定值（MPa）	设计强度等级
49	D 轴×11 轴~12 轴	5 层梁	38.2	2.04	35.2	34.8	C30
50	C 轴×11 轴~12 轴	5 层梁	37.3	1.00	36.3	35.7	C30
51	1/11 轴×C 轴~D 轴	5 层梁	39.7	1.97	36.0	36.5	C30
52	C 轴×11 轴~12 轴	6 层梁	40.0	3.37	35.3	34.5	C30
53	1/11 轴×C 轴~D 轴	6 层梁	41.4	2.21	38.4	37.8	C30
54	10 轴×1/E 轴~F 轴	6 层梁	37.1	1.13	35.6	352	C30
55	F 轴×9 轴—10 轴	6 层梁	35.9	0.88	34.7	34.5	C30
56	D 轴×10 轴—11 轴	6 层梁	35.8	1.75	33.5	32.9	C30

　　表 1-5、表 1-6 资料的可贵之处有二：（1）它是专业检测机构对建成使用三年以后实体的实测结果，真实地反映了混凝土强度等级的离散情况，它有别于施工单位在结构验收时提供的试块试验报告。施工单位提供的试块实测结果不一定反映混凝土的实际离散情况，也就是说如果施工单位实际留置的试块数量超过规范所要求的数量，实际强度低于设计等级的报告就可以不进入归档资料。施工单位实际提交的资料有可能是经过人为筛选的，混凝土强度等级的实际离散情况就可能被人为干扰了。当然对于大部分工程来说，个别试块强度等级低于设计等级不等于工程的混凝土等级不合格。（2）反映了高强混凝土强度等级的实际分布情况。混凝土等级大于 C45 的高强混凝土有可能因养护不当而造成实际混凝土强度等级低于设计值。本工程的实测结果表明，即使是 C50 混凝土也是可以达到设计强度等级的，而且离散性不一定很大。

　　三是没有建立水泥强度标准的修改和提高与最小水泥用量限值的对应性。我国自1953 年颁发水泥产品国家统一标准以来，先后经历了 1956 年、1962 年、1977 年、1992 年和 1999 年的五次制定修订过程，其中的 1977 年、1992 年和 1999 年三次是较大的标准修订过程。文献[50]中将我国水泥标准几次主要修订后，水泥强度换算对照关系及最低强度等级（标号）的变化作了一个简单统计，见表 1-7。以普通硅酸盐水泥为例，不难看出近四十年来由于水泥标准的变化，现在所应用的水泥与老标准的水泥强度不断攀升的过程。

我国水泥标准几次主要修订后的水泥强度换算对照关系表　　　　　　　　表 1-7

水泥标准代号	水泥标号（强度等级）划分换算对照						备　注
GB 175—1962	200 号	250 号	300 号	400 号	500 号	600 号	—
GB 175—1977	—	225 号	275 号	325 号	425 号	525 号	625 号　增加水泥品种
GB 175—1992	—	—	325 号 325R	425 号 425R	525 号 525R	625 号 625R	增加 725R
GB 175—1999	—	—	—	32.5 级 32.5R	42.5 级 42.5R	52.5 级 52.5R	增加 62.5 级 和 62.5R
GB 175—2007/ XG 1—2009	—	—	—	—	42.5 级 42.5R	52.5 级 52.5R	普通水泥强度等级中 取消 32.5 和 32.5R

　　在水泥强度不断提高的同时，我国有关规范对钢筋混凝土结构中最低水泥标号从不得低于 300 号的规定，自然演变到现在水泥最低强度等级 32.5 级的现状，即从原来的可以

使用 300 号水泥拌制混凝土，变成现在必须使用比原标准 500 号水泥还要高的水泥拌制混凝土，但相应的最小水泥用量一直没有降低，个别的还有所提高，见表 1-8、表 1-9。

混凝土最小水泥用量（GB 50010—2010）　表 1-8

项次	混凝土所处环境	最小水泥用量（包括外掺混合料）（kg/m³）	
		钢筋混凝土和预应力混凝土	无筋混凝土
1	不受雨雪影响的混凝土	225	200
2	受雨雪影响的露天混凝土、位于水中及水位升降范围内的混凝土、在潮湿环境中的混凝土	250	225
3	寒冷地区水位升降范围内的混凝土	275	250
4	严寒地区水位升降范围内的混凝土	300	275

混凝土最小水泥用量（JGJ 55—2011）　表 1-9

环　境		结构物类别	最小水泥用量（kg/m³）		
			素混凝土	钢筋混凝土	预应力混凝土
干燥环境		正常居住或办公用房屋内部件	200	260	300
潮湿环境	无冻害	高湿度的室内部件、室外部件、在非侵蚀性土（水）中的部件	225	280	300
	有冻害	经受冻害的室外部件、在非侵蚀性土（水）中且经受冻害的部件、高湿度且经常受冻害的室内部件	250	280	300
有冻害和除冻剂的潮湿环境		经受冻害和除冻剂作用的室内和室外部件	300	300	300

此外，《地下防水工程质量验收规范》GB 50208—2011、《混凝土泵送施工技术规程》JGJ/T 10—2011 等规程均要求水泥最小用量不得小于 300kg/m³，比 JGJ 55—2011 的要求更严格，造成一些混凝土结构从业人员，将混凝土配合比中最小水泥用量的限值视为控制混凝土和施工质量的一个非常重要的环节，甚至陷入水泥用量宁多勿少的认识误区。其实，目前大多数商品混凝土搅拌站都采用高效减水剂以及掺加粉煤灰、矿渣粉等活性矿物掺合料，尽可能地降低水泥用量。采取这些措施后，C30 甚至 C35、C40 的混凝土水泥用量大多数不超过 300kg/m³（P·O 42.5 级水泥），但这类配合比资料时常被一些施工单位、监理或其他单位的人员所否决，这也是造成目前混凝土配合比中水泥用量过大的主要原因之一。今后在修订相关标准的过程中，在保证混凝土的强度、工作性能、耐久性和经济性等质量要求的前提下，希望最小水泥用量的要求能充分体现混凝土材料和混凝土技术的进步和发展，更加贴近工程实践，减小强制性，提倡引导性，给先进企业和先进技术创造自由发挥的空间。

【实例 0-2】 某工程由于框架梁采用预应力技术，设计要求梁板混凝土等级 C40。施工时采用粉煤灰混凝土，配合比见表 1-10。由于理解上的原因，板混凝土按 C30 配制，实际的 28d 标准养护和同条件（600℃·d）养护条件下混凝土试块抗压强度均略低于设计要求的 C40（见表 1-11、表 1-12）。鉴于 28d 与设计要求的强度相差不大，最后经各方商议，以考虑粉煤灰混凝土的后期强度作为评定标准。采用钻心取样方法测定 90d 以后的实际强度，每一楼层测定 5 组，见表 1-13。首层 5 组平均抗压强度 39.5MPa，二层 5 组平均抗压强度 41.0MPa，达到实体检测所要求的强度，顺利通过验收。

每立方米混凝土的配合比　　　　　　　　表 1-10

水胶比	水泥（kg）	粉煤灰（kg）	砂子（kg）	石子（kg）	水（kg）	HEA 膨胀剂
0.47	287	88	799	1017	175	34

在 28d 标准养护条件下混凝土试块抗压强度试验值（MPa）　　　　表 1-11

试块编号	1	2	3	4	5	6	7	8	9	10
首层	41.3	40.6	35.3	37.4	37.3	38.4	41.0	39.1	39.0	37.7
二层	37.6	39.0	38.4	38.0	38.9	37.5	36.9	39.8	37.9	39.9

同条件（600℃·d）养护条件下混凝土试块抗压强度试验值（MPa）及龄期　　表 1-12

试块编号	1		2		3		4		5	
	抗压强度	试验龄期	抗压强度	试验龄期	抗压强度	试验龄期	抗压强度	试验龄期	抗压强度	试验龄期
首层	36.2	24d	38.1	24d	38.2	24d	38.1	24d	37.8	26d
二层	40.7	29d	41.2	30d	37.7	32d	43.8	30d	35.4	30d

注：表中混凝土强度均为边长 150mm 立方体试件的实际抗压强度，未考虑其他系数。

钻心取样实测混凝土试块抗压强度试验值（MPa）及相应的龄期（d）　　表 1-13

楼层	测点 1		测点 2		测点 3		测点 4		测点 5	
	抗压强度	龄期	抗压强度	龄期	抗压强度	龄期	抗压强度	龄期	抗压强度	龄期
首层	38.5	154	39.5	154	39.9	154	39.0	154	40.5	154
二层	42.2	129	38.1	129	41.6	129	39.1	129	44.2	129

抽象概念的局限性就在于"取同舍异"的同一性、确定性和单一性，而具体概念则具有内在的辩证本性，即"取同合异"的同一性和差异性的对立同一、确定性与灵活性的对立同一、单一性与具体性的对立同一，是"多样性的统一"。黑格尔说："事实上无论在天上或地上，无论在精神界或自然界，绝没有象知性所坚持的那种'非此即彼'的抽象东西。无论什么可以说得上存在的东西，必定是具体的东西，因而包含有差别和对立于自己本身内的东西。事物的有限性即在于它们的直接的特定存在不符合它们的本身或本性。"（《小逻辑》P258）在该实例中，在混凝土的实际强度与设计强度之间就体现出"具体同一性"和"亦此亦彼性"两大特点。如果拘泥于 28d 设计强度与实际验收时的试验报告之间"取同舍异"的同一性，则该工程必须"大动干戈"地进行加固，那样只能说劳力费钱，还耽误工期，实际效果上可能也只是获得心理安慰而已，因为梁板强度实际强度是可以满足设计要求的，经加固后只是使之更强了，增加了强度的富余量，而且有可能使梁柱间原本"强柱弱梁"的相对关系变成"强梁弱柱"的了。要克服抽象概念反映对象的局限性，从整体上把握住对象，就必须形成具体概念，坚持概念的灵活性和确定性的辩证统一。

三、转换层概念的多样性与复杂性

尽管《建筑抗震设计规范》GB 50011—2010 第 3.4.2 条要求"建筑设计应重视其平面、立面和竖向剖面的规则性对抗震性能及经济合理性的影响，宜择优选用规则的形体，其抗侧力构件的平面布置宜规则对称、侧向刚度沿竖向宜均匀变化、竖向抗侧力构件的截面尺寸和材料强度宜自下而上逐渐减小、避免侧向刚度和承载力突变。"但实际工程中，由于使用功能和建筑造型的需要，侧向刚度沿竖向在某一部位发生突变是不可避免的。在多功能公共建筑、底部商业用房上部为住宅等建筑中，当上部布置小的使用空间，下部布置大的使用空间时，由于底部大空间使用功能的需要，上部楼层部分剪力墙、框架柱等不能直接连续贯通落地，而出现带转换层的结构。

根据《高层建筑混凝土结构技术规程》JGJ 3—2010（以下简称《高规》）的定义，设置转换构件的楼层就是转换层，而转换构件就是完成上部楼层到下部楼层的结构形式转换或上部楼层到下部楼层结构布置改变而设置的结构构件。当上部为剪力墙结构，下部部分构件转换为柱时，构成部分框支剪力墙结构；当上部为密柱，通过转换构件，下部为稀柱时，形成托柱转换层结构。直接承托被转换构件的梁为转换梁，转换梁以下直接支撑转换梁的柱都是转换柱（一直延续到柱脚），转换框架是由转换梁和转换柱组成的框架。部分框支剪力墙结构中的转换梁，称为框支梁，转换柱称为框支柱。《高规》第 10.2.4 条指出："转换结构构件可采用转换梁、桁架、空腹桁架、箱形结构、斜撑等，非抗震设计和 6 度抗震设计时转换构件可采用厚板，7、8 度抗震设计的地下室的转换构件可采用厚板。"近年来工程中还涌现出搭接柱转换结构、宽扁梁转换结构、间接转换拱等新颖的转换结构结构形式[16]。

带转换层结构的设计要求在《高层建筑混凝土结构技术规程》JGJ 3—2010 中整整占了 27 条，是各类构件中内容最多、最翔实的部分。转换层结构设计和施工之所以复杂，在于其刚度、承载力突变，也由于竖向构件不连续，而产生抗震能力的变化甚至是突变。要理解《高规》这 27 条的内涵，从刚度突变结构在地震灾区的破坏情况及转换构件的应力分析结果中可以很清楚地理解这些要求的来龙去脉及其相关背景。

竖向构件刚度及承载力突变的结构最典型的是底部框架砖房，在汶川地震中，底部框架砖房发生严重破坏的较多，其破坏形态比较典型地反映出这种变化对抗震性能的不利影响，见图 1-3。

1. 转换层以下部位的设计规定

从图 1-3（a）的破坏形式可知，由于存在底部薄弱层，底层柱子破坏很严重。因此，《高规》对转换层以下部位的设计要求作了详细的规定，其目的就是防止类似图 1-3（a）底部薄弱层的破坏发生。

《高规》第 10.1.2 条："9 度抗震设计时不应采用带转换层的结构。"这从根本上界定了带转换层的结构的抗震性能，认为它是抗震性能不好的一类结构形式，不适合于在 9 度区建设。

《高规》第 3.5.4 条："抗震设计时，结构竖向抗侧力构件宜上、下连续贯通。"并在条文说明中明确指出："在南斯拉夫可比耶地震（1964 年）、罗马尼亚布加勒斯特地震（1977 年）中，底层全部为柱子、上层为剪力墙的结构大都严重破坏，因此在地震区不应采用这种结构。"这就是说，地震区的建筑必须有部分剪力墙落地，《高规》第 10.2.16 条从计算上要求"框支框架承担的地震倾覆力矩应小于结构总地震倾覆力矩的 50%"，构造方面则要求底部带转换层的高层建筑结构的布置应符合以下要求："（1）落地剪力墙和筒体底部墙体应加厚；（2）框支层周围楼板不应错层布置；（3）落地剪力墙和筒体的洞口宜

（a）　　　　　　　　　　　　　　　　　（b）

图 1-3　汶川地震中框支剪力墙结构和底部框架砖房的破坏情况照片
（a）底部框架砖房底部框架柱破坏情况；（b）底部框架砖房过渡层破坏情况

布置在墙体的中部；（4）框支梁上一层墙体内不宜设边门洞，也不宜在框支中柱上方设门洞；（5）落地剪力墙的间距 l 应符合以下规定：①非抗震设计时，$l \leqslant 3B$ 和 $l \leqslant 36m$；②抗震设计时，当底部框支层为 1～2 层时：$l \leqslant 2B$ 和 $l \leqslant 24m$；当底部为 3 层及 3 层以上框支层时，$l \leqslant 1.5B$ 和 $l \leqslant 20m$。此处 B 为落地墙之间楼盖的平均宽度。（6）框支柱与相邻落地剪力墙的距离，1～2 层框支层时不宜大于 12m，3 层及 3 层以上框支层时不宜大于 10m。"而该规程第 8.1.8 条对框架—剪力墙结构中剪力墙的距离 8 度区为 $l \leqslant 3.0B$ 和 $l \leqslant 40m$，说明落地墙的间距小于框架-剪力墙结构中的剪力墙距离。

《高规》第 10.2.18 条要求部分框支剪力墙结构的落地剪力墙墙肢不宜出现偏心受拉，"特一、一、二、三级落地剪力墙底部加强部位的弯矩设计值应按墙底截面有地震作用组合的弯矩值乘以增大系数 1.8、1.5、1.3、1.1。"而该规程第 7.2.5 条："一级剪力墙底部加强部位以上部位，墙肢的组合弯矩设计值和组合剪力设计值应分别乘以增大系数 1.2 和 1.3。"表明落地剪力墙底部加强部位的弯矩设计值比相应级别的剪力墙结构中的剪力墙大得多。

《高规》第 10.2.19 条："部分框支剪力墙结构，剪力墙底部加强部位墙体的水平和竖向分布钢筋最小配筋率，抗震设计时不应小于 0.3%，非抗震设计时不应小于 0.25%；抗震设计时钢筋间距不应大于 200mm，钢筋直径不应小于 8mm。"而该规程第 8.2.1 条："框架-剪力墙结构、板柱-剪力墙结构中，剪力墙竖向和水平分布钢筋的配筋率，抗震设计时均不应小于 0.25%，非抗震设计时均不应小于 0.20%。"

《高规》第 10.2.20 条："框支剪力墙结构剪力墙底部加强部位，墙体两端宜设置翼墙或端柱，抗震设计时尚应按本规程第 7.2.15 条的规定设置约束边缘构件。"

这些专门针对落地剪力墙的设计计算及构造要求，均高于相应的剪力墙结构或框架—剪力墙结构，其目的就是保证落地剪力墙在强震作用下的抗震性能。

同时，《高规》对框支柱或转换柱也提出了具体的设计要求：

《高规》第 10.2.10 条对转换柱的全部纵向钢筋配筋率、箍筋配箍特征值均提出具体要求，并规定："抗震设计时，框支柱箍筋应采用复合螺旋箍或井字复合箍，并应沿柱全高加密，箍筋直径不应小于 10mm，箍筋间距不应大于 100mm 和 6 倍纵向钢筋直径的较小值。"

《高规》第 10.2.11 条对转换柱柱截面宽度和截面高度、一、二级转换柱由地震作用产生的轴力的增大系数、与转换构件相连的柱上端和底层的柱下端截面的弯矩组合值的增大系数、一、二级柱端截面的剪力设计值、转换角柱的弯矩设计值和剪力设计值的增大系数、纵向钢筋间距、非抗震设计时，转换柱箍筋形式及箍筋体积配箍率、配箍要求等均给出具体规定，并要求：转换柱截面的组合最大剪力设计值应符合下列规定：

持久、短暂设计状态 $\qquad V \leqslant 0.20\beta_c f_c bh_0$ (1-12)

地震设计状态 $\qquad V \leqslant \dfrac{1}{\gamma_{RE}}(0.15\beta_c f_c bh_0)$ (1-13)

《高规》第 10.2.17 条："部分框支剪力墙结构框支柱承受的地震剪力标准值应按下列规定采用：（1）每层框支柱的数目不多于 10 根时，当框支层为 1～2 层时，每根柱所受的剪力应至少取结构基底剪力的 2%；当底部框支层为 3 层及 3 层以上时，每根柱所受的剪力应至少取几个基底剪力的 3%。（2）每层框支柱的数目多于 10 根时，当底部框支层为 1～2 层时，每层框支柱承受剪力之和应取结构基底剪力的 20%；当框支层为 3 层及 3 层以上时，每层框支柱承受剪力之和应至少取结构基底剪力的 30%。框支柱剪力调整后，应相应调整框支柱的弯矩及柱端框架梁的剪力和弯矩，但框支梁的剪力、弯矩、框支柱轴力可不调整。"

以上对框支柱或转换柱的设计要求，既是考虑到落地剪力墙发生塑性变形后，结构内力重分布的结果造成框支柱的内力增大，也考虑了框支柱"强剪弱弯"、"强柱弱梁"的要求，更重要的是控制层间位移和确保框支柱的延性和必备的承载力的基本要求。

2. 转换层以上部位的设计规定

从图 1-3（b）的破坏形式可知，即使底部刚度和承载力适宜，转换层上部也有可能发生严重破坏。因此，《高规》对转换层以上部位的设计作了详细的规定，其目的就是防止类似图 1-3（b）破坏形式的发生。

《高规》第 10.2.11 条第 9 款："部分框支剪力墙结构中的框支柱在上部墙体范围内的纵向钢筋应伸入上部墙体内不少于一层，其余柱筋应锚入梁内或板内。锚入梁内的钢筋长度，从柱边算起不应小于 l_{aE}（抗震设计）或 l_a（非抗震设计）。"

《高规》第 10.2.9 条："转换层上部的竖向抗侧力构件（墙、柱）宜直接落在转换层的主结构上。"第 10.2.16 条第 8 款："当结构竖向布置复杂，框支主梁承托剪力墙并承托转换次梁及其上剪力墙时，应进行应力分析，按应力校核配筋，并加强配筋构造措施。B级高度框支剪力墙高层建筑的结构转换层，不宜采用框支主、次梁方案。"

《高规》第 10.2.22 条对于部分框支剪力墙结构框支梁上部墙体竖向钢筋在转换梁内的锚固长度、柱上墙体的端部竖向钢筋 A_s、柱边 $0.2l_n$ 宽度范围内竖向分布钢筋 A_{sw}、框支梁上的 $0.2l_n$ 高度范围内水平分布筋 A_{sh}、转换梁与其上部墙体的水平施工缝抗滑移验算等均给出具体的规定，当框支梁上部的墙体开有边门洞时，洞边墙体宜设置翼缘墙、端柱或加厚，并应按《高规》第 7.2.15 条约束边缘构件的要求进行配筋设计；当洞口靠近梁端部且梁的受剪承载力不满足要求时，可采取框支梁加腋或增大框支墙洞口连梁刚度等措施。

3. 转换层楼盖设置要求

设置转换梁的目的及对转换层楼板的设计要求，主要来源于对震害的分析。

Holy Cross 医院主楼地上 7 层，地下 1 层，结构布置时设有框架和剪力墙，设计时，框架柱仅考虑承受竖向荷载，抗侧力体系为剪力墙。结构南北向和东西向均布置了剪力墙，墙厚 203mm，建筑物的西边 E 轴和东边 N 轴有较多剪力墙竖向不连续，不连续的墙仅由楼盖的梁支承，由楼板传递剪力。楼盖采用南北向密肋梁板体系，梁高 356mm，梁宽平均 180mm，梁间距平均 950mm，楼板厚 76mm。建筑外周边柱之间设有 200mm×1220mm 的裙梁，与柱内边齐平。1971 年 2 月 9 日美国加利福尼亚州圣费南多发生里氏 6.4 级地震，地震发生后，由于该建筑西边 E 轴剪力墙在 2 层和 3 层楼板以下不连续，需通过 2、3、4 层楼板进行水平力的重分配，致使楼板受力较大，在 E 轴与 F 轴之间产生严重裂缝，E 轴剪力墙在第 2、3、4 层出现剪切裂缝。在东边 N 轴南侧一片剪力墙在第 3 层楼面以下不连续，该片剪力墙的南端在第 4 层楼面处破坏，墙端柱混凝土破碎、箍筋断开，纵筋搭接部位脱开，见图 1-4、图 1-5。

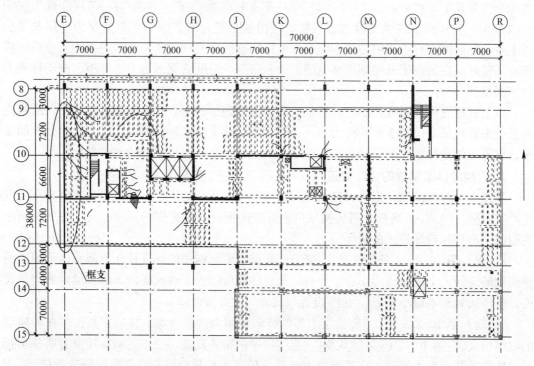

图 1-4　Holy Cross 医院二层平面及楼板裂缝[16]

由于该建筑，在 E 轴和 N 轴剪力墙竖向不连续的楼层虽然采用密肋梁板体系，但没有设置刚度和承载力较大的转换梁，使转换层及其上 2 层楼板出现剪切裂缝，转换层以上有些剪力墙和柱破坏。该建筑的震害还表明，虽然框架柱设计时仅考虑承受竖向荷载，但在地震中由于剪力墙出现大量的裂缝（图 1-5）而产生较大的非弹性变形，从而使东西向外周边柱及 E 轴中部柱承受较大的剪力和弯矩，出现剪切裂缝，个别柱子破坏严重[16]。

可见，在剪力墙竖向不连续的楼层应设置转换梁，并应加厚楼板。为此，《高规》作了相应的规定。《高规》第 10.2.23 条："部分框支剪力墙结构中，框支转换层楼板厚度不宜小于 180mm，应双层双向配筋，且每层每方向的配筋率不宜小于 0.25%，楼板中钢筋应锚固在边梁或墙体内；落地剪力墙和筒体外周围的楼板不宜开洞。楼板边缘和较大洞口

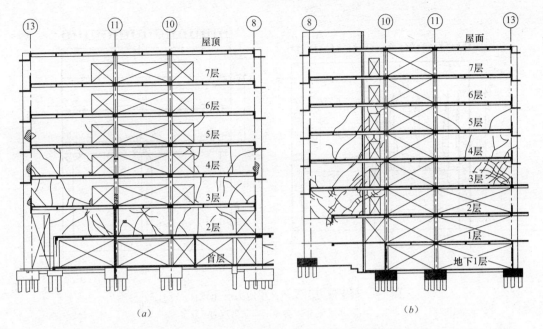

(a)   (b)

图 1-5　Holy Cross 医院墙体裂缝分布图[16]

(a) Holy Cross 医院西边 E 轴墙剖面；(b) Holy Cross 医院 N 轴墙剖面

周边应设置边梁，其宽度不宜小于板厚的 2 倍，全截面纵向钢筋配筋率不应小于 1.0%。与转换层相邻楼层的楼板也应适当加强。"

4. 转换梁的设计计算及构造要求

对于转换梁，由于其处于刚度和承载力突变的过渡部位，其受力性能与一般框架梁不同，有其特殊的应力应变规律，见图 1-6。

因此，《高规》第 10.2.7 条提出转换梁设计应符合下列要求：

(1) 转换梁上、下部纵向钢筋的最小配筋率，非抗震设计时分别不应小于 0.30%；抗震设计时，特一、一和二级分别不应小于 0.60%、0.50% 和 0.40%。

(2) 离柱边 1.5 倍梁截面高度范围内梁箍筋应加密，加密区箍筋直径不应小于 10mm、间距不应大于 100mm。加密区箍筋最小面积含箍率，非抗震设计时不应小于 $0.9f_t/f_{yv}$；抗

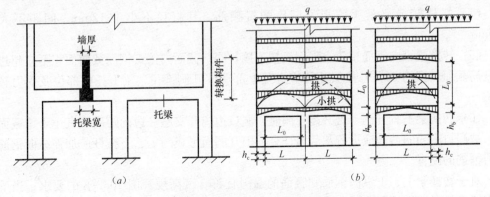

(a)   (b)

图 1-6　框支剪力墙及转换梁应力分布规律[15]（一）

(a) 框支剪力墙的转换部位；(b) 竖向应力 σ_y 分布

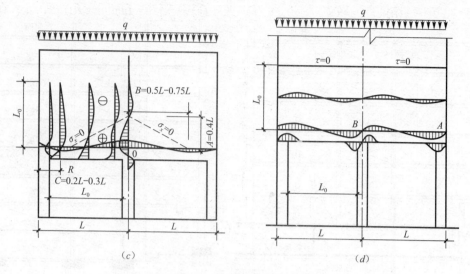

图 1-6 框支剪力墙及转换梁应力分布规律[15] （二）

(c) 水平应力 σ_x 分布；(d) 剪应力 τ 分布

震设计时，特一、一和二级分别不应小于 $1.3f_t/f_{yv}$、$1.2f_t/f_{yv}$ 和 $1.1f_t/f_{yv}$。

（3）偏心受拉的框支梁，其支座上部纵向钢筋至少应有 50% 沿梁全长贯通，下部纵向钢筋应全部直通到柱内；沿梁腹板高度应配置间距不大于 200mm、直径不小于 16mm 的腰筋。

《高规》第 10.2.8 条对转换梁设计和布置提出下列要求：

（1）转换梁与转换柱截面中线宜重合；

（2）转换梁截面高度不宜小于计算跨度的 1/8。托柱转换梁截面宽度不应小于其上所托柱子在梁宽方向的宽度。框支梁截面宽度不宜大于框支柱相应方向的截面宽度，且不宜小于其上墙体截面厚度的 2 倍和 400mm 的较大值。

（3）转换梁截面组合的剪力设计值应符合下列规定：

持久、短暂设计状况

$$V \leqslant 0.20\beta_c f_c bh_0 \tag{1-14}$$

地震设计状况

$$V \leqslant \frac{1}{\gamma_{RE}}(0.15\beta_c f_c bh_0) \tag{1-15}$$

（4）托柱转换梁沿梁腹板高度应配置腰筋，其直径不小于 12mm、间距不大于 200mm。

（5）转换梁纵向钢筋接头宜采用机械连接，同一截面内接头钢筋截面面积不应超过全部纵筋截面面积的 50%，接头位置应避开上部墙体开洞部位、梁上托柱部位及受力较大部位。

（6）转换梁不宜开洞。若必须开洞时，洞口边离开支座柱边的距离不宜小于梁截面高度；被洞口削弱的截面应进行承载力计算，因开洞而形成的上、下弦杆应加强纵向钢筋和抗剪箍筋的配置。

对于转换梁上、下纵向钢筋和腰筋的锚固宜符合《高规》图 10.2.8 的要求；当梁上部配置多排纵向钢筋时，其内排钢筋锚入柱内的长度可适当减小，但不应小于钢筋锚固长度 l_a（非抗震设计）或 l_{aE}（抗震设计）。

5. 关于高转换的问题

由于转换层上、下层结构等效刚度变化比较剧烈，当刚度相差较大时，会导致转换层上、下部结构构件内力突变，促使部分构件提前破坏；当转换层位置相对较高时，这种内力突变会进一步加剧。《高层建筑混凝土结构技术规程》JGJ 3—2010 第 10.2.5 条要求转换层的位置不要太高，"部分框支剪力墙结构在地面以上设置转换层的位置，8 度时不宜超过 3 层，7 度时不宜超过 5 层，6 度时可适当提高。"

在《建筑抗震设计规范》GB 50011—2010 和《高层建筑混凝土结构技术规程》JGJ 3—2010 中，关于部分框支剪力墙结构的规定条文，对抗震设防的结构归纳起来主要有三方面的限制条件：①落地横向剪力墙的数目；②转换层上、下的层剪切刚度比；③框支柱总剪力占结构基底总剪力的比例。从这三条限值的实质含义来综合分析，它的抗震设计概念是基于底层大空间的框支剪力墙结构。也就是说，这三条限值只适用底层（即底部一层或最多不超过两层）是大空间，转换层位于一层或二层楼面的框支剪力墙结构。这样，只要满足这三条限值，地震作用时，在转换层附近的刚度、内力、传力途径及层间位移角不易形成明显的突变[15]。近几十年，随着我国城市经济的快速发展，下面是大开间的商场或公共设施，上面是高层商品住宅的这类框支剪力墙高层建筑被广泛采用，底部带转换层的大空间剪力墙结构迅速发展，在地震区许多工程的转换层位置已较高，一般做到 3~6 层，有的工程转换层位于 7~10 层。中国建筑科学研究院的研究指出，转换层位置较高时，转换层下部的落地剪力墙及框支结构易于开裂和屈服，转换层上部几层墙体易于破坏，更易使框支剪力墙结构在转换层附近的刚度、内力发生突变，并易形成薄弱层，其抗震设计概念与底层框支剪力墙结构有一定差别。也就是说高位转换层的框支剪力墙结构的抗震设计概念和规范的底层框支剪力墙结构的设计概念有很大的差异。主要表现在三个方面[15]：一是转换层上、下层剪切刚度比不应大于 2 的限值要求已远远不能满足高位转换层框支剪力墙结构实际抗震性能的需要；二是地震对建筑物的作用是反复的，地面运动加速度的周期只有零点几秒，而地震作用的持续时间也是短暂的，一般才几十秒。高位转换层上部质量惯性所产生的内力要仅靠这一层楼板将 100% 的剪力都间接地传递给落地剪力墙是根本不可能的，因在传递的过程中地震已转变了它的振动方向。因此，其中一部分剪力将不得不由框支柱来直接承担。这就远远不是框支柱总剪力不小于 20% 的结构基底总剪力的限值所能包得住的；三是底层框支剪力墙结构的抗震设计理念是，使结构在地震作用下的屈服部位尽可能出现在转换层上部的剪力墙上。但是，转换层的位置越高，转换层下部的落地剪力墙越容易出现弯曲裂缝或弯剪裂缝。随着裂缝的出现与发展，落地剪力墙的刚度就会迅速递减，则转换层附近的剪力突变就会进一步加剧，最后导致转换层上部的剪力墙和下部框支柱所承担的剪力加大，极易遭受屈服和破坏。

由于转换层位置较高的高层建筑不利于抗震，《高规》规定 7 度、8 度地区可以采用，但限制部分框支剪力墙结构转换层设置位置。其真实含义并非指不能，或最好不要在 8 度地区建 3 层以上，在 7 度地区建 5 层以上的底部大空间部分框支剪力墙的高层建筑，而指的是该规范的条文规定与限值（或抗震设计概念）只适用于 8 度不超过 3 层和 7 度不超过 5 层的底部大空间部分框支剪力墙结构。如转换层位置超过上述规定时，应作专门分析研究并采取有效措施，避免框支层破坏。对托柱转换层结构，考虑到其刚度变化、受力情况同框支剪力墙结构不同，对转换层位置未作限制。

四、人防地下室工程内涵的丰富性

人防地下室工程是一类比较特殊的、具有预定防护功能的建筑物、构筑物。根据《人民防空法》和国家的有关规定，人防地下室工程包括：（1）结合新建或改建城市地面建筑物下面，按照一定的抗力要求修建的附建式人防工程。（2）易地建设的单建掘开式人防工程。

人防地下室工程的设计，不仅刚毕业的大学生不熟悉，就是工作多年的老工程师也不一定熟悉。造成这一局面的主要原因就是人防工程的保密性，很多资料不能公开发表，除军事院校外，一般大学里基本没有开设这方面的课，也很少能查阅到相关的技术资料，大多数工程师是在从事人防设计的时候，在与人防办的交流中才逐渐明白其中的技术内涵的。由于人防工程的这层神秘性，在不涉秘的前提下有必要揭开人防地下室工程相关的技术内涵，但相关问题及技术指标由于保密性不能展开讨论，只能介绍一些概念性的问题。

1. 人防地下室工程设防思想与抗震设防思想的异同

人防地下室工程设防思想与抗震设防思想既有相同及相通之处，又有本质的区别，由于大部分工程师对抗震设计比较熟悉，了解人防地下室工程设防思想与抗震设防思想的异同，对于深入了解人防设计的相关概念是有益的。

第一，两者的设防目标不一样。抗震设计的设防目标就是"小震不坏、中震可修、大震不倒"，但人防工程的设防目标不是"小战不坏、中战可修、大战不倒"，也不是"小当量武器打击不坏、中等当量武器打击可修、大当量武器打击不倒"，因为"小战"、"中战"和"大战"并非是界定使用武器的标准。从 20 世纪 90 年代以来的几场局部战争我们看到，在"小战"即局部冲突中，交战双方也都本着"决战决胜"的原则，尽其所能地使用武器，甚至把尚在研制阶段的新型武器也投入战场，而且即便是传统意义上的"小战"，对一些目标，尤其是重要军事目标的武器打击强度和频度也将很高，与全面战争即"大战"相比，特定目标遭受的武器打击可能更为集中和强烈，破坏力更大。此外，由于精确打击武器的广泛应用，目标的某一部位可能直接遭受多批次，中、小当量武器的同时、反复打击，作用于这一部位的能量将非常大，其破坏效果不比大当量武器逊色。动能武器、声光武器、电磁脉冲武器等新概念武器的不断面世和快速更新，使人防工程所要应对的外力破坏作用更加复杂多样。所以，用武器当量的大小来作为人防工程的设防目标是不合适的，其根本的原因是：对于大当量武器或小当量武器的过饱和反复打击来说，人防工程根本就不堪一击。以美军的 GBU-28 型"掩体粉碎机"钻地炸弹为例，它能穿透 6m 厚的钢筋混凝土或 30m 的坚硬地层，对这类武器只能借助于有利的地形，在深层地下工程中才能实现对攻击武器的设防。因此，人防地下室工程的设防目标其实很单一，就是抵抗预定武器的杀伤破坏作用，在人防规范"规定"（更准确地说是"给定"）的设防荷载作用下不失效，满足预定的防护及战时使用要求。换言之，在超越设防荷载作用下，人防工程是允许失效，否则的话，就很难理解为何 5 级人防与 6 级人防可以在同一栋建筑的地下室中同时存在，而且人防地下室的上部建筑是不考虑人防荷载的。6 级人防的抗力水准低于 5 级人防，如果在战时遭遇相当于 5 级人防的荷载的作用，那么相邻的 6 级人防区域肯定要发生某种程度的破损，甚至丧失应有的防护能力，人防地下室上部建筑则有可能倒塌，故人防荷载除了爆炸荷载外，在荷载组合时还需考虑上部建筑的倒塌荷载。也正因为人防地下室有可能局部破坏，《人民防空地下室设计规范》第 3.2.6～3.2.8 条明确要求划分人防地

34

下室的防护单元。每个防护单元是一个独立的防护空间，相当于一个独立的防空地下室，其防护设施和内部设备能自成系统。而防护单元之间的隔墙也要考虑冲击波的影响，且防护隔墙、门框墙两侧分别按单侧受力计算配筋。冲击波之所以会作用在防护单元隔墙上，就是考虑到其中的一侧的防护单元有可能受损这一情况（多层人防地下室上、下楼层之间的楼板也按隔墙考虑等效静载，但只考虑楼板上表面承受等效静载，因为下层坏了上层也就不能用了）。这些做法的根本目的就是为了降低敌方炸弹的命中率，同时也是为了减小遭破坏的范围。因此，设置人防地下室只能做到提高其战场生存概率，而不能保证其在战时不坏或不丧失其防护能力，这是人防工程的特点。

第二，人防地下室工程和民用工程抗震设防的设防目标都是为了抵御动荷载的作用，民用工程抗震设防是为了抵抗强烈地震所引发的地面振动对建筑物的影响，属于惯性力，它作用于整个结构；而人防地下室的动荷载是武器作用产生的冲击波荷载，即常规武器或核武器爆炸产生的地面空气冲击波和土中压缩波，仅考虑承受空气冲击波和土中压缩波对地下室顶板、外墙、底板和出入口的临空墙、门框墙、楼梯等构件的单独作用，而且空气冲击波超压值是人为"给定"的，并不能模拟实际战场环境。因此，《人民防空地下室设计规范》第4.6.1条明确指出："当采用等效静荷载法进行结构动力计算时，宜将结构体系拆成顶板、外墙、底板等结构构件，分别按单独的等效单自由度体系进行动力分析。"根据这一简化方法，人防地下室结构的设计就大为简化，动荷载可以简化为等效静荷载进行构件内力分析而不需要考虑上部结构的影响，这是人防和地震作用的最大不同。但必须明确指出，等效静荷载法是动力荷载作用的一种简化，实际上人防荷载是动力荷载作用，具体体现在材料综合强度提高系数、构件允许延性比 $[\beta]$ 及动力系数 K_d 等的确定上，内力分析和截面设计时，《人民防空地下室设计规范》第4.10节作了具体的规定，其中第4.10.5条、第4.10.6条体现的是"强柱弱梁"和"强剪弱弯"的设计原则，与抗震类似。这些规定大都源于试验研究。可见，人防等效静荷载虽然形式上与静力作用无多大区别，但实际上是动力荷载作用，具有动力特性。

从作用强烈程度的划分上，地震设防烈度的确定与场地发生破坏性地震的概率及建筑物的重要性（体现在抗震设防分类上）有关，而人防抗力等级的确定（一个级别的抗力等级对应于某一空气冲击波超压值）却是与一个国家的军事战略及其面临的战争风险等战备因素有关。

第三，人防地下室工程有防生化武器和早期核辐射的要求。人防地下室工程要有防生化武器和早期核辐射的能力，对维护结构、出入口、通风口要满足相应的密闭要求，在有人员活动场所需要设置防毒通道和洗消间，还得有滤毒通风设施，战时在隔绝时间内，要有足够的生存空间。为了防早期核辐射、热辐射和城市火灾，维护结构的最小防护厚度必须满足规范的要求，必要时可在顶板上覆土以满足最小防护厚度的要求。对出入通道可设置90°拐弯，并满足通道长度要求，这些都是抗震设计所没有的。对于抗震设计来说，抗震设计的性能目标比较丰富，最基本的就是"小震不坏、中震可修、大震不倒"，对于特殊的建筑，则可能还有更高的性能指标，详《建筑抗震设计规范》附录M。

总之，抗震设防的目的是在经济合理的前提下尽量减少在强震作用下人员和生命财产的损失，而人防地下室工程是国防力量的重要组成部分，是国家生存与发展的安全保障，人防工程的规模和设防水平是国防实力和国防力量的重要体现，两者的区别十分明显，不能做简单的比较，其设计指导思想和设计方法异大于同。

2. 人防地下室工程设计的主要特点

人防地下室工程的设计与普通地面建筑设计不同，应遵循以下基本原则[3]：

（1）人防地下室工程的位置、规模、战时和平时的用途，应根据城市的人防工程规划以及城市地面建设总体规划，地面建筑与地下建筑综合考虑，统筹安排。防空地下室的位置选择和战时及平时用途的确定，是关系到战备、社会、经济三个效益能否全面充分地发挥的关键，必须认真对待。

（2）人防地下室工程设计必须满足其预定的战时对核武器、常规武器和生化武器的各项防护要求。

（3）人防地下室工程除了满足武器作用下的抗力要求外，还应满足平时荷载作用下的承载力极限状态和正常使用极限状态，并应取其中控制条件作为防空地下室结构设计的依据，其荷载组合要求详见《人民防空地下室设计规范》第4.9.1条。

（4）地面建筑物对于武器爆炸冲击波及早期核辐射等破坏因素都具有一定的削弱作用，防空地下室设计可考虑这一有利因素。但地面建筑物在战时又极易发生火灾和倒塌。火灾会产生高温及二氧化碳、一氧化碳等大量有害气体，因此应重视杀伤破坏武器引起的其他次生灾害的作用。地面建筑物的倒塌会造成防空地下室出入口的堵塞，为此，核爆条件下战时使用的室外主要出入口应设置在地面建筑的倒塌范围之外；因条件限制需设在倒塌范围以内时，应设防倒塌棚架。

（5）防空地下室结构的选型，应根据防护要求、平时和战时使用要求、上部建筑结构类型、工程地质和水文地质条件以及材料供应和施工条件等因素综合分析确定。地下结构的柱网布置一般应与地面结构的底层相同，内外墙、柱等承重结构应尽量与地面建筑物的承重结构对应，以使地面建筑物自重荷载通过地下室的承重结构直接传递到地基上。

（6）防空地下室的结构设计，应根据防护要求和受力情况做到结构各个部位抗力相协调。对于防空地下室工程规定的设计标准，结构各部位存在着作用荷载、破坏形态以及可靠度等因素的差异，要防止由于存在个别薄弱环节使整个结构抗力降低，保证工程达到整体均衡防护的要求。

（7）防空地下室设计应符合战时防护功能要求，平战结合的工程还应满足平时使用的要求，充分发挥战备效益、社会效益和经济效益。当平时使用要求与战时防护要求不一致时，防空地下室设计应进行平战功能转换设计，采取的转换措施应能在规定的时限内完成防空地下室的功能转换，且能满足相应抗力的需要。

3. 人防地下室工程对武器杀伤效应的防护措施

人防地下室工程面临的主要威胁有常规武器、核武器、生化武器以及其他偶然性冲击爆炸作用。随着国际形势的变化以及军事高技术的发展，人们逐渐认识到由于核武器过于巨大的毁伤能力及其长期的生态环境效应，使它难以在战争中实际使用。核武器的主要作用是"威慑"，其实际使用受到战争目的的有限性等多种因素的制约。而高技术常规武器在现代战争中的地位和作用却不断提高，以其精确打击能力，既能最有效地打击重要目标，又能限制附带毁伤，特别适合于实现有限的战争目的，越来越受到各个国家的重视。20世纪90年代以来发生的几场高技术局部战争表明，未来的战争形式主要是运用大量的精确制导武器，在高技术侦察、电子战条件等信息化条件下，实施以空中打击为主要作战形式的核威胁条件下的高技术局部战争[3]。

（1）常规武器的破坏效应

常规武器爆炸与裸露装药爆炸不同，有壳的凝聚态弹药爆炸时产生的高压气体产物受到金属弹壳的约束，弹壳在高压气体作用下向外扩张，大约当弹壳半径增长到原始弹体半径的 1.7 倍时弹壳破裂，产生向四周飞散的破片。根据这一情况，《人民防空地下室设计规范》第 3.3.17 条要求当防护密闭门设置在直通式坡道中时，应采取使防护密闭门不被常规武器（在通道口外）爆炸破片直接命中的措施（如适当弯曲或折转通道轴线等）。这一款的规定是为了避免常规武器的爆炸破片对直通式出入口防护密闭门的破坏。按规范的这一要求，只要把通道的中心线适当弯曲或折转，当人员站在通道口的外侧，看不到防护密闭门时，就能够满足"不被（通道口外的）常规武器爆炸破片直接命中"的要求。

常规武器爆炸释放的能量和温度无法与核爆相比，既无核辐射，也无热辐射。其爆炸产生的空气冲击波的作用时间十分短促，一般仅几毫秒，最多也就十几毫秒，在传播过程中空气冲击波峰值强度衰减很快[3]。因此，常规武器空中爆炸时，主要以爆炸空气冲击波和弹片并通过普通建筑物的崩塌等次生灾害对附近的人员、设施造成较大危害，但它对地下防护结构的作用范围和破坏范围较小。常规武器对防护结构而言，具有冲击和爆炸作用。从结构响应和破坏形态来看，又可分为局部作用和整体作用，而局部作用则又分为冲击局部破坏和爆炸局部破坏两种形式。

① 冲击局部破坏。在无装药的穿甲弹命中结构或有装药的弹丸命中结构尚未爆炸前，弹体撞击结构物，使结构承受冲击作用，弹体冲击结构留下一定的凹坑后被弹开，也有可能弹丸冲击结构侵入内部，甚至产生贯穿。其破坏现象都发生在弹着点周围或结构反向临空面弹着投影点周围，故称其为冲击局部破坏[3]。局部作用与结构的材料性质直接有关（例如，炮航弹冲击钢筋混凝土产生震塌现象，而冲击木材就可能不出现震塌现象等），而与结构形式（板、刚架、拱形结构等）及支座条件关系不大。

② 爆炸局部破坏作用。装有炸药的爆破弹，侵入土壤等软介质或侵入混凝土等坚硬介质中爆炸，使下方混凝土介质被压碎、破裂、飞散而形成可见弹坑（称为爆炸漏斗坑）；而反面，随着结构厚度的减薄，开始结构无裂缝，继而出现裂缝、震塌、震塌漏斗坑，最后贯穿。由于破坏仅发生在迎爆面爆点和背爆面爆心投影点周围区域并由爆炸产生，故称为爆炸局部破坏[3]。爆炸和冲击的局部破坏现象是十分相似的，都是由于在命中点（冲击点处及爆心处）附近的材料质点获得了极高的速度，使介质内产生很大的应力而使结构破坏，且破坏都是发生在弹着点及其反表面附近区域内。

③ 整体破坏作用。结构在遭受炮航弹等常规武器的冲击与爆炸作用时，除了上述的开坑、侵彻、震塌和贯穿等局部破坏外，弹丸冲击、爆炸时还要对结构产生压力作用，一般称为冲击和爆炸动载。在冲击、爆炸动载作用下，整个结构都将产生变形和内力，这种作用就称为整体作用[3]，如梁、板将产生弯曲、剪切变形与破坏，以及柱的压缩及基础的沉陷等。整体破坏作用的特点是使结构整体产生变形和内力，结构破坏是由于承载力不够或出现过大的变形、裂缝，甚至造成整个结构的倒塌。破坏点（线）一般发生在产生最大内力的地方。结构的破坏形态与结构的形式和支座条件有密切关系。例如，等截面简支梁在均布动载作用下最大弯矩发生在梁的中间位置，如果梁破坏，那么破坏点应在梁的中部。如前所述的局部破坏作用，破坏现象只发生在弹着点附近，与支座约束及结构形式无

关，而与材料的特性有重要关系。用力学的观点来分析，局部作用是应力波传播引起的波动效应，而整体作用是动载引起的振动效应[3]。

常规武器爆炸可以分为三种情况[3]：一是直接接触结构爆炸；二是侵入到结构材料内爆炸；三是距结构一定距离爆炸。前两种情况对结构的破坏一般是以局部作用为主；而距结构一定距离爆炸时，结构可能产生局部破坏，也可能同时产生局部破坏和整体破坏，这取决于爆炸的能量、爆炸点与结构的距离以及结构特性等因素。

（2）人防地下室工程对常规武器的防护

对于防护等级较低的一般人防地下室工程，通常不考虑常规武器的直接命中，仅考虑常规武器的非直接命中[3]。在设计中常采取分散布置等措施，将常规武器可能直接命中所带来的杀伤效果降低到最低程度。为了防止孔口设备被炸坏，使工程丧失进一步抵抗爆炸冲击波和防毒的能力，防护门、防爆波活门等应尽量靠里设置。工程出入口应分散布置，以减少同时遭到破坏的可能性。此外，在人防工程内还应采用防护单元隔墙以及防爆隔墙来进行分隔等措施提高工程的生存概率。

对于常规武器爆炸产生的空气冲击波以及土中压缩波的整体作用，防护结构和口部防护设备（包括口部通道、门框墙等口部构件）必须要具有足够的抗力。防护结构设计的任务，是保证在满足一定生存概率的条件下，能够抵抗预定杀伤武器的破坏作用，即满足规定的抗力要求。

（3）人防地下室工程对核爆空气冲击波的防护

核武器空中爆炸时，核反应在微秒级时间内释放出巨大的能量，在反应区内形成几十亿至几百亿个大气压的高压和几千万摄氏度的高温。高温高压的爆炸产物强烈压缩周围空气，从而形成空气冲击波向外传播。空气冲击波的主要特征是在波阵面到达处压力骤然跃升到最大值，压力沿空间的分布是朝向爆心方向逐渐减少，并形成负压区。空气冲击波在大气中的传播包括两种压力状态的传播，即压缩区和稀疏区（负压区）。核爆空气冲击波对地下工程的破坏途径主要有以下几种[3]：

① 直接进入工程的各种孔口，破坏口部通道、临空墙以及孔口防护设备，杀伤内部人员，或者直接作用在高于室外地面的结构外墙及顶板。

② 压缩地表面产生土中压缩波，通过土中压缩波破坏地下防护结构。

③ 破坏出入口和通风口附近的地面建筑物或挡土墙造成工程口部堵塞。

④ 若防空地下室与地面结构连接牢固时，核爆空气冲击波可通过地面结构对地下室施加巨大的倾覆力矩，可能使防空地下室发生转动甚至倾覆。研究表明，对于上下整体连接的钢筋混凝土框架结构，上部结构受核爆空气冲击波作用时一般不会对地下室结构造成明显危害；而对上下整体连接的钢筋混凝土剪力墙结构，则可能对地下室造成危险后果。

因此，工程结构和口部构件要按照空气冲击波和土中压缩波的动力作用进行设计。出入口的防护门、防护密闭门和防护盖板，通风口的防爆波活门和阀门，进排水系统的消波防爆装置，以及电力通信管道的防爆密闭装置等口部防护设备，必须具有足够的抗力，并通过各种消波设施使冲击波余压低于允许值。此外，专供平时使用的出入口、通风口和其他孔洞应在临战前进行封堵。

在实际工程中，人防地下室外墙、临空墙、防护密闭门门框墙、人防单元隔墙与人防顶板、底板必须形成一个闭合系统，不能有"缺口"和"缺项"。在人防施工图专项审查中，防护系统不闭合是最容易出现的差错。

防护门的铰页装置用来连接门扇与门框，应保证门扇开启迅速、轻便，并在门扇承受少量超载作用产生微小变形时仍能开启，门扇被破坏后能迅速拆卸。闭锁装置的主要功能是抵抗冲击波负压等反向压力的作用，并使门扇关闭紧密。应当指出，铰页、闭锁和启闭装置均不得承受由门扇传来的正向冲击波荷载（图1-7），且铰页和闭锁应能承受负压及反弹作用。

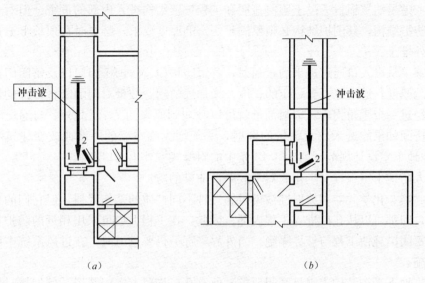

图1-7　悬板活门朝向与冲击波传播方向关系
（a）悬板活门正向冲击波；（b）悬板活门侧向冲击波
1—悬板活门；2—防护密闭门

考虑到铰页、闭锁和启闭装置不得承受由门扇传来的正向冲击波荷载的特点，2005年版《人民防空地下室设计规范》第3.4.22条，当悬板活门正向冲击波时，悬板活门嵌入深度不应小于200mm；当悬板活门侧向冲击波时，悬板活门嵌入深度不应小于300mm。《全国民用建筑工程设计技术措施（防空地下室）》（2009）和《人民防空地下室设计规范》第3.3.17条中也提出防护密闭门类似的设置要求：①当防护密闭门沿通道侧墙设置时，其关闭状态的门扇应嵌入墙内设置，且门扇的外表面不得突出通道的内墙面；或采用设置防护门垛的做法；②当防护密闭门设置于竖井内时，其关闭状态的门扇外表面不得突出竖井的内墙面，或采用设置防护门楣做法。

规范第3.3.17条条文说明中说，这些措施是专门为防止常规武器的爆炸破片对防护密闭门的破坏而设置的，其实这一规定也同时是为了防止防护密闭门铰页装置不受由正向冲击波荷载的冲击。

出入口露出地面部分宜做成破坏后易于清除的轻型构筑物，且应该设置两个以上的出入口，并保持不同朝向和一定距离以降低同时遭到破坏的可能性。直通地面的工程出入口和通风口应避开地面建筑物的倒塌范围，或设置防倒塌棚架，防倒塌棚架要能承受核爆炸动压以及地面建筑物倒塌荷载的作用。防倒塌棚架中的围护墙应采用在冲击波作用下易破碎的材料构筑，否则反而会堵塞出入口。

（4）人防地下室工程对早期核辐射的防护

早期核辐射进入工程内部的途径主要有以下两种[3]：一是透过覆土和工程结构进入室内。二是从出入口通道并穿透防护门、密闭门或穿过临空墙进入室内。

早期核辐射在穿透一定厚度的材料后会被削弱，且材料的厚度和密度越大，削弱程度越显著，如 350mm 厚的混凝土和 500mm 厚的土壤，削弱效果剩下 1/10；700mm 厚的混凝土和 1000mm 厚的土壤，削弱效果剩下 1/100[3]。因此，对于有一定埋深的地下工程，一般不必考虑早期核辐射透过土壤覆盖层和工程被覆结构进入内部的危害。但对于高出室外地面的防护结构，其围护结构必须要满足一定的厚度要求，必要时在顶板上方进行覆土或在外墙外堆土。

为了减少从出入口通道进来的核辐射，各道防护门、防护密闭门以及密闭门加起来要有一定的总厚度，通道也要有一定的长度。增加通道拐弯数量对削弱来自口部的辐射最为有效，每经过一个直角拐弯，辐射剂量就可以减弱到原来的 7%。此外，与通道临空墙紧邻的个别房间如果能透入较大剂量的辐射，必须增大临空墙的厚度或改变建筑布局，如《人民防空地下室设计规范》第 3.3.13 条中的附壁式室外出入口等。

（5）人防地下室工程对生化武器及放射性沾染的防护

生物武器、化学武器和放射性沾染虽属三种不同性质的杀伤武器，但它们的危害具有共同特点，即都可以从孔口进入工程内部。因此，在工程上均可采用相近的防护措施，即主要采用密闭措施使工程与外界隔绝。当外界染毒但仍要进风时，在进风系统中应设置滤毒通风设施。

为此，地下围护结构应满足密闭要求，所有孔口均要有密闭装置，例如战时出入口要设置密闭门、通风口要设置密闭阀门等。《人民防空地下室设计规范》第 3.1.6 条指出，专供上部建筑使用的设备房间宜设置在防护密闭区之外。穿过人防围护结构的管道应符合下列规定："（1）与防空地下室无关的管道不宜穿过人防围护结构；上部建筑的生活污水管、雨水管、燃气管不得进入防空地下室；（2）穿过防空地下室顶板、临空墙和门框墙的管道，其公称直径不宜大于 150mm；（3）凡进入防空地下室的管道及其穿过的人防围护结构，均应采取防护密闭措施。"第 3.2.13 条要求在染毒区与清洁区之间应设置整体浇筑的钢筋混凝土密闭隔墙，其厚度不应小于规定的数值，并应在染毒区一侧墙面用水泥砂浆抹光。当密闭隔墙上有管道穿过时，应采取密闭措施。在密闭隔墙上开设门洞时，应设置密闭门。第 3.2.9 条要求相邻防护单元之间应设置防护密闭隔墙。防护密闭隔墙应为整体浇筑的钢筋混凝土墙。第 4.11.4 条明确指出在防护单元内不宜设置沉降缝、伸缩缝。第 3.2.11 条，当两相邻防护单元之间设有伸缩缝或沉降缝，且需开设连通口时，在两道防护密闭隔墙上应分别设置防护密闭门，防护密闭门至变形缝的距离应满足门扇的开启要求。

为了保证防护密闭门门扇所受荷载能正常传递给门框，门扇关闭时必须与门框贴合紧密。因此，在门框墙混凝土浇筑完毕安装门扇时应当进行调整，如果门扇与门框不贴合出现缝隙，可在门框上填补环氧砂浆等材料垫平。

4. 人防地下室工程设计中几个常见问题剖析

（1）最小配筋率及双面配筋要求

承受爆炸动载的钢筋混凝土结构构件，纵向受力钢筋的最小配筋率应符合《人民防空地下室设计规范》第4.11.7条的规定，最大配筋率应符合《人民防空地下室设计规范》第4.11.7条的规定。其中，规范中的表4.11.7给出的人防构件纵向受力钢筋最小配筋百分率是根据《混凝土结构设计规范》GB 50010—2010的公式考虑材料综合提高系数后，计算取整给出的，其公式是：

$$\rho_{min} = 45 \frac{f_{td}}{f_{yd}} \qquad (1-16)$$

将$f_{td}=1.5f_t$（C55以下）或$f_{td}=1.4f_t$（C60～C80），$f_{yd}=1.35f_y$（HRB335）或$f_{yd}=1.20f_y$（HRB400）代入上式进行计算即得到表1-14的数值，其中C40以上部分引自规范条文说明，该条文中C60～C80时，仍按$f_{td}=1.5f_t$计算，而不是$f_{td}=1.4f_t$。

人防构件纵向受力钢筋最小配筋率　　　　　　表 1-14

混凝土强度等级	C25	C30	C35	C40	C45	C50	C55	C60	C65	C70	C75	C80
HRB335 级	0.21	0.24	0.26	0.29	0.30	0.32	0.33	0.34	0.35	0.36	0.36	0.37
HRB400 级	0.2	0.22	0.25	0.27	0.28	0.30	0.31	0.32	0.33	0.33	0.34	0.35
平均值	0.21	0.23	0.26	0.28	0.29	0.31	0.32	0.33	0.34	0.35	0.35	0.36
取值	0.25			0.3				0.35				

在人防工程施工图审查中，实际送审文件中常出现不满足最小配筋率的情况，这种情况的出现主要还是理解的问题。因此，在应用规范表4.11.7时，应注意以下几点：

① 表中给出的是受弯构件、偏心受压及偏心受拉构件一侧的受拉钢筋的最小配筋率，对于人防外墙、临空墙、门框墙、单元隔墙等，程序往往是按受弯或偏心受压构件来计算的，其计算出来的结果是构件一侧的受拉钢筋的配筋量，其相应的最小配筋率控制值也是构件一侧的量值，这与普通剪力墙配筋含义不同，应予注意。另外，这一最小配筋率不适用于HPB235级钢筋。由于防空地下室结构构件的截面尺寸通常较大，纵向受力钢筋很少采用HPB235级钢筋，故规范表4.11.7中未予考虑。

② 由于卧置于地基上防空地下室底板，在设计中既要满足平时作为整个建筑物基础的功能要求，又要满足战时作为防空地下室底板的防护要求，因此在上部建筑层数较多时，抗力级别5级及以下防空地下室底板配筋往往由平时荷载起控制作用。规范考虑到防空地下室底板在核武器爆炸动荷载作用下，升压时间较长，动力系数可取1.0，与顶板相比其工作状态相对有利，因此对由平时荷载起控制作用的底板截面，受拉主筋配筋率可参照《混凝土结构设计规范》GB 50010—2010予以适当降低，但不应小于0.15％且在受压区应配置与受拉钢筋等量的受压钢筋。

③ 对于人防外墙、临空墙、单元隔墙等双向受力构件，内力计算时如按单向板计算，则在垂直于受力方向的配筋是按《混凝土结构设计规范》GB 50010—2010第9.1.7条布置构造分布钢筋，还是按《人民防空地下室设计规范》表4.11.7中受弯构件最小配筋率的要求配置构造分布钢筋？这部分的做法文献未曾提及。如果从人防规范对构件最小配筋率的选取方式来看，其主要依据是在《混凝土结构设计规范》GB 50010—2010的最小配筋率的基础上，再考虑材料综合强度提高系数。既然这样，也可以认为构造分布钢筋的量值可按《混凝土结构设计规范》GB 50010—2010第9.1.7条的规定，在垂直于受力方向的单位宽度上的配筋不宜小于单位宽度上的受力钢筋的15％，且配筋率不宜小于0.15％×1.5÷1.2≈0.18％，也可如基础底板最小配筋率一样直接取0.15％，其他构造（如拉筋设

置）则应满足《人民防空地下室设计规范》GB 50038 的要求。而门框墙则必须满足《人民防空地下室设计规范》第 4.11.12 条的规定。此外，《人民防空地下室设计规范》第 4.11.9 条要求钢筋混凝土受弯构件宜在受压区配置构造钢筋，构造钢筋面积不小于按受拉钢筋的最小配筋率的计算量；在连续梁支座和框架节点处，还应不小于受拉主筋的 1/3。这是保证受弯构件具有一定的反向抗力，与双向板的非主要受力方向的构造要求不同。也即是说，双向板的受荷面和非受荷面两面都要满足受弯构件最小配筋率的要求，但受荷面或非受荷面中至少一个方向配筋必须满足受弯构件最小配筋率的要求。当然，由于人防审查的专门性和强制性，具体要求以当地人防主管部门的意见为准，这一做法只是个人看法和依据相关规范背景材料的推演，仅供参考。

《人民防空地下室设计规范》GB 50038 第 4.11.11 条规定，为提高防空地下室结构整体抗爆炸破坏的能力，除截面内力由平时设计荷载控制，且受拉主筋配筋率小于表 4.11.7 规定的卧置于地基上的较低抗力级别的防空地下室结构底板外，双面配筋的钢筋混凝土板、墙体应在上、下层或内、外层钢筋之间设置一定数量的梅花形排列的拉结筋，拉结钢筋长度应能拉住最外层受力钢筋。其目的是为保证振动环境中钢筋与受压区混凝土共同工作。另外，对防空地下室中的钢筋混凝土结构来说，处于屈服后的开裂状态仍然属于正常工作状态，设置拉结筋，对于维持屈服后开裂的板、墙的整体性非常有利。考虑到低抗力级别防空地下室卧置地基上底板若其截面设计由平时荷载控制，且其受拉钢筋配筋率小于规范表 4.11.7 内规定的数值时，基本上已属于素混凝土工作范围，因此提出此时可不设置拉结筋。但对截面设计虽由平时荷载控制，其受拉钢筋配筋率不小于表 4.11.7 内数值的底板，仍需按本条规定设置拉结筋。

（2）门框墙、基础底板等效静载取值问题

作用在门框墙上的荷载由两部分组成：一部分是门框墙直接承受的冲击波荷载，与防护门门扇所受的冲击波压力是相同的；另一部分是门扇传递给门框的力，它数值上等于防护门所受的支座动反力。门框墙承受门扇传递的荷载是一个动载。一般来说，按照动反力换算的门框墙的等效静载，与按照门扇的等效静载算得的门扇反力直接作为门框墙的等效静载是不相等的，其值和门扇与门框墙自振频率的比值以及构件受力的工作阶段有关[3]。

直接作用在门框墙及防护门门扇上的爆炸冲击波超压的等效静载标准值，按下式计算，该荷载为面荷载。

$$q_e = K_d P_e \tag{1-17}$$

式中　K_d——动力系数，可由《人民防空地下室设计规范》第 4.6.5 条确定；

　　　P_e——作用于门框墙上的动荷载最大压力（kN/m²）。

进入通道内的空气冲击波超压，一般不等于口部外面地面空气冲击波超压，其传播过程中要经过若干变化。这种超压的变化，与口部周围地形、入射冲击波传播方向与孔口轴线夹角等因素有关。无论是化爆空气冲击波，还是核爆空气冲击波，在通道内遇到防护门、门框墙等均要发生反射，此时作用在防护门、门框墙等口部构件上的荷载为按正反射计算的反射冲击波荷载。要确定不同类型的出入口第一道防护门以及门框墙上的冲击波超压峰值是十分复杂的，而且受到很多不确定因素的影响，有的影响因素使冲击波超压峰值增加，有的影响因素又使之减小。但综合影响的最终结果，仍是使得工程第一道防护门（防护密闭门）上的冲击波超压峰值大于出入口处的地面冲击波超压峰值。对于一般的防护工程，作用于防护门上的核爆空气冲击波超压峰值与地面空气冲击波超压峰值的比值约为2～3.5倍[3]。在工程设计中，《人民防空地下室设计规范》根据工程的抗力标准和出入口类型，直接给出了第一道防护门（防护密闭门）上作用的核爆冲击波超压设计值。据此，可以确定防护门和门框墙以及出入口通道临空墙的核爆动载。

《人民防空地下室设计规范》中直接作用在门框墙上的等效静载比相临部位临空墙上的等效静载要大得多，而在规范第4.5.8条中作用于门框墙、临空墙上的动荷载最大压力P_c是相同的，其主要区别在于动力系数K_d不同，而K_d主要与构件允许延性比$[\beta]$、构件自振圆频率ω和升压时间t_{oh}等有关。其中最大的差别在于构件允许延性比$[\beta]$，在核爆炸动力荷载作用下，门框墙的允许延性比$[\beta]=1.0$，而临空墙为大偏心受力构件，允许延性比的取值可以比门框墙的要大一些，规范取允许延性比$[\beta]=3.0$，也就是说设计时要求门框墙在给定的核爆炸动力荷载作用下处于弹性工作阶段，而临空墙则处于弹塑性工作阶段，这一要求不仅体现在等效静载的取值上，在计算简化、构件截面设计及配筋构造方面，均要体现弹性与弹塑性的区别，这是很多设计所容易忽略的。例如，施工缝和后浇带不能设在防护密闭门门框墙上。

核爆条件下，作用在结构底板上的动载主要是由结构受到顶板动载后往下运动从而使地基产生的反力，以及核爆炸波在侧墙与底板拐角处的绕射荷载组成。通常对于非饱和土，绕射荷载较小，即结构底部压力由地基反力构成。由于惯性的影响，底板动载的升压时间应该比顶板动载的升压时间长，可根据不同情况加以估计。通常，可将底板动载近似视为静载作用。因此，在计算人防地下室工程底板反力时，就不需要再考虑顶板等效静载传至底板部分的力了，因为底板等效静载本身就是顶板动载使地基产生的反力，不必再叠加。

（3）门框墙设计构造问题

从人防工程施工图专项审查的实际情况看，门框墙的设计是人防地下室工程设计中问题最多的，其主要原因是设计者对防护密闭门门框墙的作用及相关要求不了解。《人民防空地下室设计规范》第4.10.12条是专门针对防护密闭门门框墙的，但该条文中的文字表述如不仔细体会，不易理解。条文中说："当门洞边墙悬挑长度大于1/2倍该边边长时，宜在门洞边设边梁或柱；当门洞边墙悬挑长度小于或等于1/2倍该边边长时，可按悬臂构件进行设计。"这里"该边边长"的含义没说清楚，易引起误读。为此，需了解门框墙的基本组成。门框墙是受弯工作的开孔平板（拱门的上挡墙则为拱板），由于门洞尺寸相对较大，因此往往将它分成侧墙、上挡墙、门槛等几部分独立计算，见图1-8。

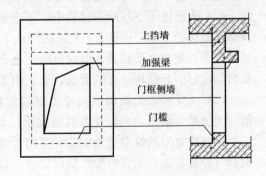

图1-8　门框墙墙面组成示意图

通常，门洞两边的侧墙宽度与其门洞高度相比较窄，当门洞边墙悬挑长度小于或等于1/2倍门洞高度时，侧墙的计算图形可取为一端固定的悬臂构件；当门洞边墙悬挑长度大于1/2倍门洞高度时，侧墙不能视作悬臂构件，宜在门洞边设边柱（端柱），将侧墙转化为四边支承的板计算，该板等效静载可按临空墙取值。平板门的上挡墙也分两种情况，上挡墙高度和宽度比小于1/2时，可按上端嵌固在楼顶的悬臂构件计算；当上挡墙高度和宽度比大于 1/2 时，平板门的上挡墙可在紧挨门洞的上方设置一个横向的加强梁（见图 1-8），将其看作四边支承的板进行计算，加强梁以上部分可按临空墙设计。对于抗力等级比较低的人防工程，考虑到上挡墙的墙厚较厚，上挡墙的下缘可采用暗梁代替加强梁。这就是这一条文的具体含义。当门洞边墙悬挑长度大于 1/2 倍门洞高度或上挡墙高度和宽度比大于 1/2 时，既不在洞边设边柱，又不在上挡墙设加强梁，此时的门框墙相当于开洞平板，受力状况比较复杂，需采用有限元法等方法进行详细的力学分析。

当门框墙按悬臂构件设计时，门框墙在门孔两侧部分的受力情况比较复杂，既有门扇传来的动载，又有冲击波荷载的直接作用。其受力性态既类似于一般钢筋混凝土结构的实腹牛腿，但又有不同之处。一般牛腿的剪跨比通常在 0.1～0.75 的范围内，而防护门门框墙的剪跨比通常介于 0.5～2.0 之间（门框墙厚度一般为 300～500mm）。结构静力试验表明，门框结构主要是弯曲破坏和斜剪破坏两种破坏形态，多数又由受弯破坏控制[3]。因此，当平板门门框墙按悬臂构件计算时，与门框相连的邻接构件要能够承受悬臂根部的弯矩、剪力与轴力，这是配筋时必须注意的，详见《人民防空地下室设计规范》第 4.11.12 条，尤其是边墙水平筋和上挡墙、门槛的竖筋锚固方式也与一般工程做法不同，因为边墙的水平筋、上挡墙和门槛的竖筋均为受力钢筋，满足抗弯承载力的需要，与柱子箍筋和梁箍筋受力性质不同，不能做成箍筋的形式，应采用该条文中的做法。还要注意的是，如通道墙过薄时，就不能保证门框侧墙按固端工作，这时应将侧墙荷载的全部或一部分向上、下方向传到顶板和底板。此时，可按极限荷载分析的板带法进行内力分析和配筋设计。通常，门槛可按两端支承的梁计算。此外，位于承重墙处的门框上挡墙和门槛还应验算在竖向荷载作用下的承载能力。

5. 人防地下室工程的特殊规定和特殊的设计要求

《人民防空地下室设计规范》根据人防工程的特点及试验结果，提出了一系列规定，常见的有：

（1）《人民防空地下室设计规范》采用允许延性比来控制动荷载作用下结构变形极限，由于在确定各种结构构件允许延性比时，已考虑了对变形的限制和防护密闭要求，因而对结构变形、裂缝开展可不进行验算。

（2）人防地下室基础在试验中，不论整体基础还是独立基础，均未发现其地基有剪切或滑动破坏的情况。因此，《人民防空地下室设计规范》规定人防地下室工程可不进行地基承载力与地基变形验算。但对自防空地下室引出的各种刚性管道，应采取能适应由于地基瞬间变形引起结构位移的措施，如采用柔性接头。

（3）无梁楼盖的板内纵向受力钢筋的配筋率不应小于 0.3% 和 $0.45 f_{td}/f_{yd}$ 中的较大值。无梁楼盖的板内纵向受力钢筋宜通长布置，间距不应大于 250mm，并应符合下列规定：①邻跨之间的纵向受力钢筋宜采用机械连接或焊接接头，或伸入邻跨内锚固；②底层钢筋宜全部拉通，不宜弯起；顶层钢筋不宜采用在跨中切断的分离式配筋；③当相邻两支座的负弯矩相差较大时，可将负弯矩较大支座处的顶层钢筋局部截断，但被截断的钢筋截面面积不应超过顶层受力钢筋总截面面积的 1/3，被截断的钢筋应延伸至按正截面受弯承载力计算不需设置钢筋处以外，延伸的长度不应小于 20 倍钢筋直径。无梁楼盖的其他要求和构造见《人民防空地下室设计规范》附录 D。

（4）人防地下室顶板、基础底板常采用反梁和无梁楼盖中的反托板，这时的受力状态与正梁和正托板有所不同，反梁应满足《人民防空地下室设计规范》附录 E 的计算和构造规定。反托板的构造应符合下列规定：

① 反托板底层钢筋最小配筋率应大于 0.3‰，间距不应大于 150mm，直径不应小于 12mm；

② 反托板底层吊筋和弯起钢筋伸入板内锚固的水平段长度不应小于钢筋直径的 30 倍，见图 1-9。

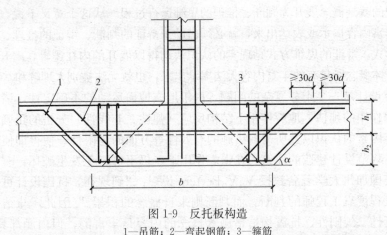

图 1-9　反托板构造
1—吊筋；2—弯起钢筋；3—箍筋

（5）室外通道结构大多与岩体或土体接触。因此，在爆炸动载作用下，室外出入口通道结构，外部受土中压缩波作用，内部受自口部直接进入的冲击波作用，这时《人民防空地下室设计规范》第 4.7.11 条给出了以下规定：①对有顶盖段通道结构，虽然这两种压力分别作用在构件的内外两侧，并且方向相反，但是，两种荷载一般认为不是同时作用在结构上，所以不能简单地相互抵消。由于所受内侧的空气冲击波压力是使通道向外侧变形，而外侧有土体或岩体产生弹性抗力，土中通道结构通常只出现裂缝，不会向通道内侧倒塌而使通道堵塞。所以，当通道有顶板时，按承受土中压缩波的外压计算，等效静载与主体结构计算相同。②对无顶板敞开段通道结构，试验表明，仅按外部土压和地面堆积物超载设计的结构在爆炸动载作用下，没有出现破坏堵塞的情况。因此，开口段通道可以按民用的挡土墙设计，不考虑爆炸荷载作用。③土中竖井结构，无论有无顶板，均按土中压缩波产生的法向均布荷载计算，等效静载与主体结构外墙相同。根据这一规定，穿越非人防层（如地下 2 层为人防层，地下 1 层为普通地下室）的通风竖井、主要出入口楼梯四周墙体应按临空墙的要求设计，但无相应密闭要求。

（6）由于混凝土强度提高系数中考虑了龄期效应的因素，人防地下室工程混凝土材料的强度提高系数为 1.2～1.3，故对不应考虑后期强度提高的混凝土如蒸气养护或掺入早强剂的混凝土应乘以 0.9 折减系数。

第二节　工程概念的内涵是凝缩而深刻的

从第一节的讨论中，我们已经感受到具体概念内容的丰富性和多样性。具体概念是通过既分析又综合的方法将对象的诸方面或诸因素按其本来的面目统一起来而形成的概念。这种概念是贯穿于一切特殊性之内，并包括一切特殊性于其中的普遍性。因此具体概念所具有的无比丰富的内容是凝缩的、隐含的。黑格尔说："科学知识的基础是内在的内容、内蕴（于万物）的理念，和它们激动精神的生命力。"（《小逻辑》第12页）无论从纵向还是从横向看，具体概念都存在于同其他概念的联系中，或本身就是一个概念体系。我们从一个科学的理论体系中去把握具体概念，从本质上说就是把握概念间的逻辑联系；而这一概念体系所展现的就是概念展开为判断、推理的思维运行过程。从这个意义上说，要把具体概念所具有的丰富内容揭示或表达出来，就必须借助于辩证的判断、辩证的推理、辩证的理论等辩证思维形式。辩证的思维方式是现实的认识活动得以展开的内在逻辑，离开了这些辩证思维形式，具体概念所具有的丰富内容无法揭示出来，也就无法被别人理解和掌握。

结构抗震设计是一个十分复杂的问题，由于地震地面运动的不确定性，诸如抗震设防水准及对地震作用的预估、地震作用下结构反应（弹性、非线性）分析的正确性、对影响结构抗震性能因素的认识以及所采取措施的有效性等方面的局限性，使得即使是按各国最新的抗震设计规范设计建造的建筑，在强震作用下，仍不可避免发生破坏，有的甚至产生严重破坏。美国加州大学著名教授 V. V. Bertero 说[6]："到现在，抗震设计可以说仍是一种艺术，很大程度靠工程师的判断，而判断则来自概念的积累。"因此，与结构抗震相关的概念，如延性、规则性、抗震构造措施等概念的内容是丰富的，但内涵都具有凝缩的、隐含的特征，它们既有直观、感性的因素，也有相应的技术指标，必须通过理论分析才能作出相应的判断；其要求和需要达到的目标是明确的，但其内涵和界定标准是模糊的，甚至是不确定的，是确定性和灵活性的辩证统一。所谓概念的确定性，指概念在一定的具体条件下具有相对不变性、固定性，也就是对它的内涵和范围给予严格而明确的规定，并保持相对稳定。概念的相对稳定性也就是客观事物特殊的质的规定性的表现。概念的确定性是事物的本质和规律相对稳定性的反映。无论在概念的形成过程中，还是在对概念的理解和表达的过程中，概念的确定性都是重要的，必不可少的。但概念又必须是灵活的，"概念的全面性、普遍的灵活性，达到了对立面同一的灵活性——这就是实质所在。"（《哲学笔记》第二版，第91页）抽象概念的特点，就在于它的坚定性和确定性。当概念发展到具体概念的阶段时，不但保留了这种有限范围内的确定性，而且更进一步要求差异、矛盾与同一相结合的明确性，即按照分析与综合统一的方法，将事物的各个成分按事物的原样统一起来。形式逻辑引导人们对一个概念进行理解，主要在"同异分立"方面，是事物与事物相区别、与自身相同一的确定性，让对象确定地反映一定对象，因此这种理解只适用于认识的初级阶段。然而在从抽象到具体的过程中就要过渡到辩证地理解概念的阶段，这样就必须掌握概念的联系、发展等等灵活性，以便深入具体事物的本质，真正理解复杂的现实。黑格尔在《逻辑学》中曾以"文法"来说明这个问题。他说，文法本是一个具体概念，它反映的是文法这一对象的具体同一性。但对于初学语言者而言，文法乃是一种脱离了特殊性的普遍性，脱离了多样性的统一性，亦即脱离了具体内容的结论和原则，因为他还未学具体的语言，文法对于他还是一个抽象概念，是僵死的、空洞的骨骼，他"只会在文法形式和法则中发现枯燥的抽象、偶然的规则，总而言之，一大堆孤立的规定。"但等到学习了这种语言之后，"一个人要是擅长一种语言，同时又知道把它和别的语言比较，他才能从一个民族的语言的文法，体会这个民族的精神和文化；同样的规则和形式此时就有了充实的、生动的价值。"（《逻辑学》上卷第 40 页）换言之，文法对于他已不再是一个抽象概念，而是一个具体概念了。这说明，同样一个概念，对于具有不同认识水平的人来说，可以是抽象概念、也可以是具体概念。具体概念都是普遍、特殊和个别这三个环节的有机统一。对于延性、规则性、抗震构造措施等概念来说，普遍、特殊和个别这三个环节上均有所体现，它们是互补的，缺一不可。具体概念这种内在的结构，是辩证演绎推理、辩证归纳推理的直接依据，也是我们把握工程概念内涵的立足点和出发点。我们只有深刻认识现有设计理论、规范条文和构造措施的本质内涵及其相互关系，才能理解和掌握工程概念的具体含义，才能正确和灵活地应用规范和设计理论。

一、扭转不规则概念及内涵

关于规则与不规则的区分，《建筑抗震设计规范》GB 50011—2010 第 3.4.2 条、第 3.4.3 条规定了一些定量的界限，但实际上引起建筑结构不规则的因素还有很多，特别是复杂的建筑体型，很难一一用若干简化的定量指标来划分不规则程度并规定限制范围，需要设计人员的分析和判断。国内外历次大地震震害表明，平面不规则、质量与刚度偏心和抗扭刚度太弱的结构，地震作用下容易诱发并放大地震作用未知的扭转分量，致使结构受到扭转而发生脆性破坏。国内一些振动台模型试验结果也表明，过大的扭转效应会导致结构的严重破坏。在工程设计实践中，扭转不规则不像凹凸不规则、楼板不连续那样直观和容易宏观把握，结构扭转特性的两项指标——扭转变形指标（位移比）和扭转刚度指标（周期比），既有直观的因素，也有对应的计算方法，而且两项指标不仅性质和作用不一，而且其计算模型也不一致：计算位移比时要考虑偶然偏心和刚性楼板假定，而计算周期比则不需考虑偶然偏心和刚性楼板假定。另外，由于 SATWE 等程序计算结果将位移比和楼层层间位移角列在同一输出文件中，而实际上两者的作用、性质和意义是完全不同的，楼层层间位移角反映的是结构侧向刚度，而位移比表征的是结构扭转性能。再则，《高层建筑混凝土结构技术规程》JGJ 3—2010 第 4.3.3 条条文说明中明确指出："当计算双向地震作用时，可不考虑偶然偏心的影响，但应与单向地震作用考虑偶然偏心的计算结果进行比较，取不利的情况进行设计。"给人的感觉好像是"双向地震作用"和"考虑偶然偏心的影响"是可以二选一的，其实并不是那么一回事。只有通过位移比计算才能判断是否为扭转不规则，只有扭转不规则才需要根据《建筑抗震设计规范》GB 50011—2010 第 5.1.1 条的要求"计入双向水平地震作用下的扭转影响"。这些因素的混杂，使得扭转不规则这一问题变得更复杂、易混淆了，正像黑格尔所指出的："有的学科开端本身是理性的，但在它把普遍原则应用到经验中个别的和现实的事物时，便陷于偶然而失掉了理性准则。"（《小逻辑》第 57 页）然而，在实际工程设计实践中，扭转不规则的危害性，还没有引起足够的重视，有的工程设计者对位移比、周期比超限视而不见，甚至出现设计计算人员为了蒙混施工图审查人员，人为编辑位移比计算结果，将超过规范允许值直接修改为在规范允许范围之内的现象。在承载力计算方面这种情况好像还难得一见，很少有设计者敢于人为减少构件配筋，设计者对程序数据检查中出现超筋现象通常也能自觉对模型进行调整，使之满足规范要求。但质优胜于量足，从危害性来说，个别构件配筋不足或超筋充其量只是使个别构件开裂或产生不希望的破坏，而扭转不规则则有可能引起整体结构的垮塌，其危害性更严重。为加深印象对扭转不规则危害性的认识，举 3 个典型的震害实例来说明。

【实例 1-1】 1972 年尼加拉瓜的马那瓜地震，位于市中心的两幢相邻高层建筑，一幢是 18 层的美洲银行，有两层地下室，采用对称布置的钢筋混凝土框架—核心筒结构（图 1-10a）。另一幢是 15 层的马那瓜中央银行，有一层地下室，采用框架体系，两个钢筋混凝土电梯井和两个楼梯间均集中布置在平面右端，同时，右端山墙还砌有填充墙，造成很大偏心（图 1-10b）。地震时 15 层的马那瓜中央银行的强烈扭转振动，造成较严重的破坏，一些框架节点损坏，个别柱子屈服，围护墙等非结构部件破坏严重，修复费用高达房屋原造价的 80%。而 18 层的美洲银行地震后，仅 3~17 层连梁上有细微裂缝，几乎没有其他非结构部件的损坏。两幢相邻建筑的震害对比，说明楼层质量中心偏离刚度中心较大是造成建筑物在地震中破坏的主要因素[20,16]。

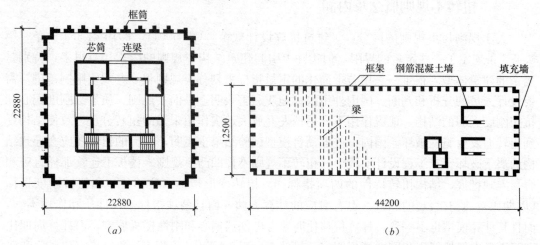

图 1-10　1972 年马那瓜地震中两栋相邻建筑的结构平面简图
(a) 美洲银行结构平面；(b) 中央银行结构平面

【实例 1-2】 美国阿拉斯加州安格雷奇市（Anchorage）第五大街 5 层商业建筑（J. C. Penney Building），其南立面、西立面及东立面北侧 2 跨外墙采用通高现浇钢筋混凝土剪力墙，仅首层局部开设门洞；其东立面南侧 2 跨设 3 层高剪力墙，框架柱 500mm×500mm，该建筑首层平面见图 1-11。在 1964 年 3 月 28 日阿拉斯加地震（Alaska earthquake）

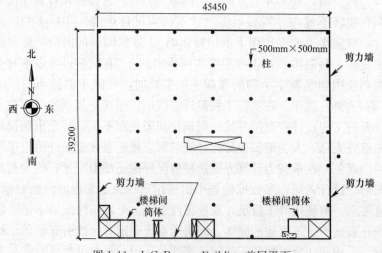

图 1-11　J. C. Penney Building 首层平面

48

中，由于剪力墙布置不对称诱发扭转破坏，东、北立面100mm厚预制填充墙板破坏，东立面北侧2跨剪力墙朝内倾倒破坏，东北角坍塌，东南角外墙二层外移。震后该建筑被判定为不可修复[16]。

【实例1-3】 1976年唐山地震时，天津754厂11号车间（图1-12），为高25.3m的5层钢筋混凝土框架体系，全长109m，在房屋的中央设双柱伸缩缝，将房屋分成两个独立区段。房屋两端的楼梯间为490mm厚的砖承重墙，是框架和砌体混合承重结构。就一个独立区段而言，因为伸缩缝处是开口的，无填充砖隔墙，结构偏心很大。地震时由于强烈扭转振动导致2层有11根中柱严重破坏，柱身出现很宽的X形裂缝。

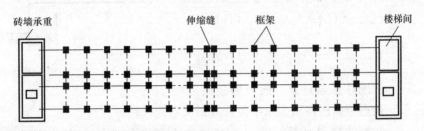

图1-12 唐山地震中天津754厂11号车间结构平面简图

从这些实例可见，结构布置不对称在强震作用下所诱发的扭转破坏是很严重的。结构在地震作用下发生扭转破坏的最主要因素是结构的质量重心和结构的刚度中心存在较大的偏心和结构抗扭刚度太弱。引起结构的质量重心与结构的刚度中心不一致的原因很多，主要有：（1）建筑平面布置和结构抗侧力构件设置时，结构非对称，结构平面不规则、质量中心偏离刚度中心；（2）地震作用的扭转分量实际存在而目前对地面运动扭转分量的强震实测记录很少，地震作用计算中还不能考虑输入地面运动扭转分量；（3）结构计算手段局限和结构计算模型与实际结构工作状况出入，相对于计算假定值的偏差较大；（4）地震作用的不确定性，实际地震作用较大，在弹塑性反应过程中各抗侧力结构刚度退化程度不同等原因引起的扭转反应增大；（5）实际建筑结构施工、使用会引起质量中心偏离刚度中心。因此，《建筑抗震设计规范》GB 50011—2010第3.4.3条的条文说明中明确扭转不规则的判断，可依据楼层质量中心和刚度中心的距离用偏心率的大小作为参考方法。日本规范要求[6]：刚度偏心比≤0.15。《全国民用建筑工程设计技术措施——结构（结构体系）》[35]第1.3.7条也指出，当任一层的偏心率大于0.15时为平面不规则，并在其附录E中给出估算偏心率计算公式，供方案设计阶段使用。

扭转不规则这一概念的辩证性在于实际工程设计中并不是以直观意义上的偏心率大小作为判定其不规则的依据。《建筑抗震设计规范》GB 50011—2010第3.4.3条和《高层建筑混凝土结构技术规程》JGJ 3—2010第3.4.5条以"位移比"和"周期比T_t/T_1"两项指标作为表征结构扭转特性的指标。因为震害表明，地震作用下结构扭转破坏，主要是表现在变形受力较大而又薄弱的边缘部位竖向构件率先受到冲击损坏，地震作用效应随之不断积聚，造成边缘部位竖向构件较快进入破坏状态，严重者造成结构局部倒塌，甚至引起整体结构破坏倒塌。这种扭转破坏机制较难实现整体结构耗能延性，对建筑结构抗震是十分不利的。因此，采用位移比这一指标可以较好地反映边缘部位竖向构件的受力变形情况。《建筑抗震设计规范》GB 50011—2010第3.4.3条及文献[16]均介绍了位移比的计算分析情况，为加深对规范背景的理解，现作一详细的介绍。

1. 位移比的计算方法及扭转不规则的判定

图 1-13 中，结构水平转动扭转角记为 θ，两端部水平位移 U_{max}、U_{min}，当 θ 角绝对值较小时，结构平动变形（平均水平位移）记为 $\overline{U}$，则 $\overline{U}$ 可表达为：

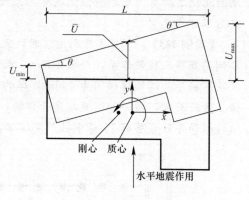

$$\overline{U} = \frac{U_{max} + U_{min}}{2} \qquad (1-18)$$

$$U_{max} = \overline{U} + \frac{\theta L}{2} \qquad (1-19)$$

$$U_{min} = \overline{U} - \frac{\theta L}{2} \qquad (1-20)$$

图 1-13　平面扭转不规则示例

式中　U_{max}——按刚性楼盖计算，同一侧楼层角点竖向构件最大水平位移或最大层间位移；

U_{min}——按刚性楼盖计算，同一侧楼层角点竖向构件最小水平位移或最小层间位移；

$\overline{U}$——该楼层平均水平位移或平均层间位移。

则位移比 ξ 可表达为

$$\xi = \frac{U_{max}}{\overline{U}} \qquad (1-21)$$

由式 (1-18)、式 (1-21) 可得

$$\xi = \frac{2U_{max}}{U_{max} + U_{min}} \qquad (1-22)$$

$$\frac{U_{max}}{U_{min}} = \frac{\xi}{2 - \xi} \qquad (1-23)$$

$$\xi = 1 + \frac{\theta L}{2\overline{U}} \qquad (1-24)$$

根据式 (1-23)，将角点最大位移与角点最小位移之比的关系 U_{max}/U_{min} 随角点最大位移与平均位移之比 ξ 变化的情况列于表 1-15 中。

U_{max}/U_{min} 与 $\xi = U_{max}/\overline{U}$ 的关系表[16]　　　　表 1-15

$\xi = U_{max}/\overline{U}$	1.0	1.1	1.2	1.3	1.4	1.5	1.6	1.7	1.8	1.9	2.0
U_{max}/U_{min}	1.00	1.22	1.50	1.86	2.33	3.00	4.00	5.67	9.00	19.00	∞

为直观起见，根据式 (1-23)，可绘制 U_{max}/U_{min} 与 $\xi = U_{max}/\overline{U}$ 的关系曲线，如图 1-14 所示。由图 1-14 可见，当 $\xi \geqslant 1.8$ 后，U_{max}/U_{min} 急剧增大呈发散状态，整个结构变形受力不均匀性急剧增大，结构易在地震作用下被"一点突破"而引发破坏，结构抗震性能较差[16]。

式 (1-19) 中，$\frac{\theta L}{2}$ 为水平扭转角引起的水平扭转变形，控制 $\xi = \frac{U_{max}}{\overline{U}}$，实质就是控制

50

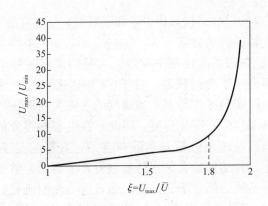

图 1-14 U_{max}/U_{min} 与 $\xi=U_{max}/\bar{U}$ 的关系曲线[16]

扭转变形与平动变形之比 $\dfrac{\theta L}{2\bar{U}}$。由式（1-24），将角点最大水平位移与平均水平位移之比 ξ 和水平扭转变形与水平平动变形之比 $\dfrac{\theta L}{2\bar{U}}$ 的变化情况列于表 1-16 中。

水平扭转变形与水平平动变形之比与 ξ 的关系[16]　　　　　　表 1-16

$\xi=\dfrac{U_{max}}{\bar{U}}$	1.0	1.1	1.2	1.3	1.4	1.5	1.6	1.7	1.8	1.9	2.0
$\dfrac{\theta L}{2\bar{U}}$	0.0	0.1	0.2	0.3	0.4	0.5	0.6	0.7	0.8	0.9	1.00

由上述扭转不规则的扭转变形指标分析可以看到，$\xi=U_{max}/\bar{U}=2$ 时，$U_{max}/U_{min}=\infty$，$\theta L/2\bar{U}=1$，这自然只是理论结果，实际上水平扭转变形与水平平动变形之比等于 1 是可以理解的，而 $U_{max}/U_{min}=\infty$ 则只是表明结构变形受力不均匀性很严重。

由表 1-15，对于结构扭转不规则，按刚性楼盖计算，当最大层间位移与其平均值的比值为 1.2 时，相当于一端为 1.0，另一端为 1.50；当比值 1.5 时，相当于一端为 1.0，另一端为 3，这就是《建筑抗震设计规范》GB 50011—2010 第 3.4.3 条文说明中的数值。

由扭转变形指标分析可知，不计附加偶然偏心影响，结构扭转变形达到 $\xi=U_{max}/\bar{U}>$ 1.2 的时候，结构质量和刚度分布已处于明显不对称状态[16]。因此，《建筑抗震设计规范》GB 50011—2010 第 3.4.3 条将位移比 $\xi=U_{max}/\bar{U}>1.2$ 作为判定结构是否为扭转不规则的界限。当位移比 $\xi>1.2$ 时，属于扭转不规则结构，应计入双向地震作用影响。扭转不规则结构，《建筑抗震设计规范》GB 50011—2010 第 3.4.4 条规定位移比不应大于 1.5。《高层建筑混凝土结构技术规程》JGJ 3—2010 第 3.4.5 条规定 A 级高度高层建筑位移比不应大于 1.5，而 B 级高度高层建筑、混合结构及复杂高层建筑的位移比不应大于 1.4，比《建筑抗震设计规范》GB 50011 的规定更加严格，但与国外有关标准（如美国规范 IBC、UBC，欧洲规范 Eurocode-8）的规定相同。而且《高层建筑混凝土结构技术规程》JGJ 3—2010 规定，当计算的楼层最大层间位移角不大于本楼层层间位移角限值的 40% 时，该楼层的扭转位移比的上限可适当放松，但不应大于 1.6。由表 1-15，扭转位移比为 1.6 时，该楼层的扭转变形已很大，相当于一端位移为 1，另一端位移为 4。

2. 周期比的计算方法及扭转特别不规则控制指标的确立

结构扭转振型及其周期是其扭转刚度、扭转惯量分布大小的综合反映。由于地震动是一种随机矢量，在地震动测量和结构分析中，都需要将它分解为沿 3 个相互正交的平移分量 u_i 和绕 3 个相互垂直轴的转动分量 θ_i（$i=x$，y，z）。3 个平移分量（两个水平 u_x、u_y 和一个竖向分量 u_z），已在很多次地震中取得了大量的实际时程记录。至于地震动的转动分量，日本柴田碧等设计了专门仪器，自 1972 年以来取得了近 100 个地震动转角的实际记录，发现最大地震动角速度与水平加速度的平方大约成正比[2]。不过，关于地震动的转动分量，目前尚未达到实用化程度。因此，在工程抗震分析中，仍仅考虑地震动的三个平移分量，但地震动转角分量是实际存在的，其影响是不容忽略的。任何情况下，当结构扭转刚度小，转动惯量大，扭转振型发育丰富成为整个结构第一振型时，对结构抗震和抗风均十分不利，都是不允许的。而且进一步的研究分析表明，结构扭转为主的第一自振周期 T_t 与平动为主的第一自振周期 T_1 之比比较大时，结构的扭转效应（计及附加偶然偏心扭转作用）将受到激励而急剧增加[16]。《高层建筑混凝土结构技术规程》JGJ 3—2010 将 A 级高度高层建筑的周期比 $T_t/T_1>0.9$ 或 B 级高度高层建筑、钢筋混凝土混合结构及复杂高层建筑 $T_t/T_1>0.85$ 时作为界定扭转特别不规则的控制指标。《建筑抗震设计规范》GB 50011—2010 第 3.4.1 条条文说明中将混合结构 $T_t/T_1>0.85$、一般建筑 $T_t/T_1>0.9$ 界定为扭转特别不规则的建筑。规范这些措施就是为了限制结构的抗扭刚度不能太弱。

（1）第一扭转振型周期 T_t 的确定

判别平动振型、扭转振型的计算方法可采用振型方向因子判别振型的方法。其主要原理是[16]：

j 平动振型方向因子

$$D_{pj} = \sum_i m_i x_{ij}^2 + \sum_i m_i y_{ij}^2 \qquad (1-25)$$

j 扭转振型方向因子

$$D_{\theta j} = \sum_i J_i \theta_{ij}^2 \qquad (1-26)$$

式中　m_i、J_i——分别为 i 层质量、i 层转动惯量；

　　　　x_{ij}——i 层质点 j 振型 x 向位移；

　　　　y_{ij}——i 层质点 j 振型 y 向位移；

　　　　θ_{ij}——i 层质点 j 振型转角位移。

同一振型 j 中，当 D_{pj}、$D_{\theta j}$ 同时出现时，水平地震作用下，结构 j 振型将同时产生平动振动与扭转振动。结构为不对称结构，扭转振动耦联效应明显。

同一振型 j 中，当 D_{pj}、$D_{\theta j}$ 不同时出现时，水平地震作用下，结构 j 振型将只产生平动振动或扭转振动，结构为对称结构。此时，如果 j 平动振型与 r 扭转振型周期很接近时，在附加偶然偏心扭转作用下，平动振型与扭转振型耦联效应也会比较大。

（2）平动、扭转振型的判别

扭转耦联振动的主振型，可通过计算振型方向因子来判断。在两个平动和一个扭转方向因子中，①当 $D_{pj}/(D_{pj}+D_{\theta j})>0.5$ 时，j 振型为平动为主振型（平动振型），其物理意义可理解为转动中心与质量中心距离大于回转半径；②当 $D_{\theta j}/(D_{pj}+D_{\theta j})>0.5$ 时，j 振型为扭转为主振型（扭转振型），其物理意义可理解为转动中心与质量中心距离小于回转半径。

（3）第一平动振型周期 T_1 的确定

若 j 振型为平动为主的振型（平动振型），两个正交主轴方向（x，y）振型判别：

① 当 $\sum_i m_i x_{ij}^2 > \sum_i m_i y_{ij}^2$ 时，j 振型为 x 向为主平动振型（x 向平动振型）；

② 当 $\sum_i m_i x_{ij}^2 < \sum_i m_i y_{ij}^2$ 时，j 振型为 y 向为主平动振型（y 向平动振型）。

对于正交结构，两个主轴方向平动第一振型的自振周期长者，即为 T_1。高层结构沿两个正交方向各有一个平动为主的第一振型周期，规范规定的 T_1，是指刚度较弱方向的平动为主的第一振型周期，对刚度较强方向的平动为主的第一振型周期与扭转为主的第一振型周期 T_t 的比值，规范未规定限值，主要考虑对抗扭刚度的控制不致过于严格。有的工程如两个方向的第一振型周期与 T_t 的比值均能满足限值要求，其抗扭刚度更为理想。对于非平行斜交复杂结构，需注意增加斜向振型计算比较确定，取其中平动第一振型的自振周期长者，即为 T_1。

（4）周期比对扭振效应的影响

在结构设计实践中往往比较注意减少结构刚度不对称引起的偏心，而对减少结构周期比 T_t/T_1 值的重视不够，其主要原因是周期比对结构的危害是潜在的、隐含的、不直观的，有的工程结构布置虽然对称，但由于抗扭刚度弱，仍有可能造成周期比偏大，而位移比的影响规范有明确条文作为判定结构扭转不规则的依据。其实，结构的扭振效应不仅与相对偏心距 e_0 有关，也与周期比有必然联系，周期比比较大时，往往引起扭振效应的动力增大。为直观显示周期比对扭振效应的影响，图 1-15 给出了一组 $\theta r/u$ 与 T_t/T_1 的关系曲线（θ、r 分别为扭转角和结构的回转半径，θr 表示由于扭转产生的离质心距离为回转半径处的位移，u 为质心位移）。这组曲线综合反映了周期比 T_t/T_1 及相对偏心距 e/r 对相对扭振效应的影响。由图可见，若周期比 T_t/T_1 小于 0.5，则相对扭转振动效应 $\theta r/u$ 一般较小，即使结构的刚度偏心很大，偏心距 e 达到 $0.7r$，其相对扭转变形 $\theta r/u$ 值亦仅为 0.2。而当周期比 T_t/T_1 大于 0.85 以后，相对扭振效应 $\theta r/u$ 值急剧增加。即使刚度偏心距 e 仅为 $0.1r$，当周期比 T_t/T_1 等于 0.85 时，相对扭转变形 $\theta r/u$ 值可达 0.25；当周期比 T_t/T_1 接近 1 时，相对扭转变形 $\theta r/u$ 值可达 0.5。

由此可见，抗震设计中应采取措施减小周期比 T_t/T_1 值，使结构具有必要的抗扭刚度。如周期比 T_t/T_1 不满足规范规定的上限值时，应调整抗侧力结构的布置，增大结构的抗扭刚度。

3. 计算扭转变形、周期比 T_t/T_1 的若干概念分析

计算扭转变形、周期比时隐含若干重要概念，由于实际工程千差万别，分析和计算扭转变形、周期比时，应注意以下几点[16]：

（1）结构两端的水平平动变形中所包含的水平扭转变形是有正负号的，也即此扭转变形是矢量，是有方向性的，宜采用第一振型模拟

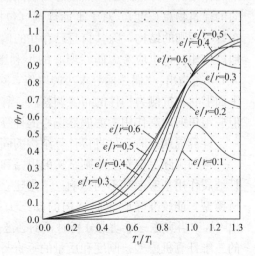

图 1-15　$\theta r/u$—T_t/T_1 关系曲线[16]

水平地震作用计算；若采用振型效应组合（SRSS 或 CQC），则由于随机振动理论取最不利效应组合，将使端部 U_{min} 被放大，从而使 $\bar{U}$ 被放大，$\xi=U_{max}/\bar{U}$ 相应减小，没有真实反映扭转特性的实际情况。有鉴于此，《建筑抗震设计规范》GB 50011—2010 根据国外的规定，扭转位移比计算时，楼层的位移不采用各振型位移的 CQC 组合计算，改为取"给定水平力"计算，可避免有时 CQC 计算的最大位移出现在楼盖边缘的中部而不在角部的情况，由此得到的位移比与楼层扭转效应之间存在明确的相关性。而且对无限刚楼盖、分块无限刚楼盖和弹性楼盖均可采用相同的计算方法处理。"规定水平地震力"一般可采用振型组合后的楼层地震剪力换算的水平作用力，并考虑偶然偏心。水平作用力的换算原则是：每一楼面处的水平作用力取该楼面上、下两个楼层的地震剪力差的绝对值；连体下一层各塔楼的水平作用力，可由总水平作用力按该层各塔楼的地震剪力大小进行分配计算。结构楼层位移和层间位移控制值验算时，仍采用 CQC 的效应组合。

（2）位移比 $\xi=U_{max}/\bar{U}$ 是对结构整体工作特性的判断，应采用刚性楼盖假定。若采用弹性楼盖假定，由于局部振荡变形（包括结构边缘部位），将可能使此扭转变形指标放大或缩小，不能对结构整体扭转特性作出正确的判断[16]。对于刚性楼盖假定，《建筑抗震设计规范》GB 50011—2010 第 3.4.3 条条文说明中指出，根据国外的有关规定，楼盖周边两端位移不超过平均位移 2 倍的情况称为刚性楼盖，超过 2 倍则属于柔性楼盖。因此，这种"刚性楼盖"，并不是刚度无限大。计算扭转位移比时，在可以排除局部振荡变形的情况下，楼盖刚度可按实际情况确定而不限于刚度无限大假定。

由于周期比 T_t/T_1 反映的是结构固有的振动特性，因此计算周期比时，可不强制采用刚性楼盖假定。

（3）扭转不规则的变形指标计算，应附加计入偶然偏心的影响。附加偶然偏心的引入，适当加大地震扭转作用，有利于更好地控制结构扭转变形指标，提高结构抗震性能。尤其对质量刚度分布均匀对称的结构，附加偶然偏心的引入，有利于揭露其扭转刚度是否满足要求，有利于避免这类结构因扭转惯量过大、扭转刚度过弱而造成的扭转破坏震害。采用附加偶然偏心作用计算是一种实用方法。美国、新西兰和欧洲等抗震规范都规定计算地震作用时应考虑附加偶然偏心，偶然偏心距的取值多为 $0.05L$（L 为垂直于地震作用方向的建筑物总长度）。对于平面规则（包括对称）的建筑结构需附加偶然偏心；对于平面布置不规则的结构，除其自身已存在的偏心外，还需附加偶然偏心。采用底部剪力法计算地震作用时，也应考虑偶然偏心的不利影响。《建筑抗震设计规范》GB 50011—2010 第 3.4.3 条指出："偶然偏心大小的取值，除采用该方向最大尺寸的 5%外，也可考虑具体的平面形状和抗侧力构件的布置调整。"当计算双向地震作用时，可不考虑偶然偏心的影响，但应与单向地震作用考虑偶然偏心的计算结果进行比较，取不利的情况进行设计。

计算周期比时，可直接计算结构的固有自振特征，不必附加偶然偏心。

目前国际上应对不规则结构的思路和方法有两种：一是采用较简化的方法，但加大设计地震作用来考虑其不利影响；二是建立较少假定的、符合结构实际情况的三维计算机分析模型，能较准确地捕捉结构的动态力分布，比较有代表性是美国学者 Wilson，他指出[45]："当实施三维动力分析时，不必区分规则结构与不规则结构。如果建立了一个精确的三维计算机模型，刚度和质量的垂直与水平的不规则性及已知的偏心率将会引起振型的位移和旋转分量进行耦合。基于这些耦合振型上的三维动力分析会产生较大的力且产生远比一般结构更复杂的反应，有可能以规则结构相同的精确度和可靠度对一个非常不规则的结构预测动态力的分布。因此，如果一个不规则的结构设计是基于一个实际的动态力分布，那么在逻辑上就没有理由认为它将会比使用相同的动态荷载设计的规则结构具有任何更低的抗震能力。资料记载表明，许多不规则的结构在地震期间显示了较差的性能，这是因为它们的设计通常是基于近似二维静力分析的。"这种思路和方法，理论上是可行的，但实际上还有很多障碍需要排除。如实际存在的地震作用的扭转分量的模拟，由于目前对地面运动扭转分量的强震实测记录到的很少，地震作用计算中怎么输入地面运动扭转分量？填充墙计算模型的选取，以及实际使用过程中可能拆除或新砌部分填充墙对刚度和质心的影响如何考虑？施工误差、钢筋混凝土抗侧力构件因开裂而造成刚度退化等怎么考虑？都很难有一个合理的解决方案。附加偶然偏心的概念虽然其造成偏心的原因有点含糊，但其作用和地位是不可替代的。具体概念是普遍、特殊和个别三个环节的有机统一在这里得到了充分的体现。

（4）对于一般无错层、无边角区楼板抽空的结构，U_{max}、U_{min}应取层间水平位移计算。对于含错层、含边角区楼板抽空的结构，U_{max}、U_{min}可取水平位移计算，如图 1-16 所示。而《建筑抗震设计规范》GB 50011—2010 第3.4.3 条条文说明中则认为，"对于较大错层，如超过梁高的错层，需按楼板开洞对待。"

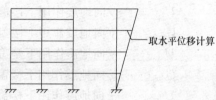

图 1-16　错层结构 U_{max}、U_{min} 取值[16]

（5）U_{max}、U_{min}应该是取角点竖向构件同一方向最大、最小水平位移值，由此计算得到 $\overline{U}=\dfrac{U_{max}+U_{min}}{2}$ 不能取该楼层所有竖向构件同一方向水平位移平均值 $\overline{U}$，否则有可能由于竖向构件不均匀布置而造成偏差。

（6）正交结构扭转变形取两个主轴方向单独分别计算；斜交结构需补充斜向计算。一个方向扭转变形指标达到扭转不规则指标，即为扭转不规则。

（7）对于无斜向布置竖构件的对称结构，沿 x（或 y）方向地震的作用，仅使平行于地震方向的纵向（或横向）竖构件，沿其所在平面产生侧移；垂直于地震作用方向的横向（或纵向）竖构件，并不产生沿其所在平面的侧移。因此，双向水平地震的作用，仅使对称结构体系中的纵向或横向平面竖构件，同时产生平面内侧移，并不使竖构件的侧移值和地震内力增大[2]。

偏心结构的情况则不同，地震将使结构发生平移—扭转耦联振动。一个方向地震的作用，不仅使平行于地震方向的竖构件产生较大侧移，由于楼盖的转动，还使垂直于地震方向的竖构件产生侧移，并将与另一方向地震引起的构件侧移相叠加。因此，双向地震分量的输入，将使结构体系中纵向和横向竖构件的相对侧移增大，从而加大构件的地震内力。当结构存在双向偏心时，地震动双向水平分量的同时作用，进一步加剧结构的扭转振动，也就进一步加大纵、横向竖构件的相对侧移，使结构处于更不利的受力和变形状态。所以，对于偏心结构，特别是存在双向偏心时，应该考虑双向地震输入所产生的正交效应[2]。因此，《建筑抗震设计规范》GB 50011—2010 第 5.1.1 条规定，"质量和刚度分布明显不对称结构，应计入双向水平地震作用下的扭转影响。"对于结构质量刚度分布明显不对称的结构，其平动振型与扭转振型耦联振动反应较大，双向水平地震作用将进一步增大结构扭转变形。由于双向地震作用同时作用而最大值不同时发生，为计及水平位移矢量方向的影响，考虑到《建筑抗震设计规范》GB 50011—2010 给出的两向水平地震峰值加速度之比为 1∶0.85，文献［16］参考《美国建筑规范》（IBC 2003）第 1620.3.2 款，给出了双向地震作用下结构 2 个方向 2 端角点最大、最小水平位移 U_{xmax}，U_{xmin}，U_{ymax}，U_{ymin} 计算方法，即

x 向为主时

$$\begin{cases} U_{xmax} = U_{xxmax} + 0.3U_{xymax} \\ U_{xmin} = U_{xxmin} - 0.3U_{xymin} \end{cases}$$

y 向为主时

$$\begin{cases} U_{ymax} = U_{yymax} + 0.3U_{yxmax} \\ U_{ymin} = U_{yymin} - 0.3U_{yxmin} \end{cases}$$

式中　U_{xxmax}——x 向地震作用下楼盖角点竖向构件 x 向最大水平位移或层间水平位移；
　　　U_{xxmin}——x 向地震作用下楼盖角点竖向构件 x 向最小水平位移或层间水平位移；
　　　U_{yymax}——y 向地震作用下楼盖角点竖向构件 y 向最大水平位移或层间水平位移；
　　　U_{yymin}——y 向地震作用下楼盖角点竖向构件 y 向最小水平位移或层间水平位移；
　　　U_{xymax}——y 向地震作用下楼盖角点竖向构件 x 向最大水平位移或层间水平位移；
　　　U_{xymin}——y 向地震作用下楼盖角点竖向构件 x 向最小水平位移或层间水平位移；
　　　U_{yxmax}——x 向地震作用下楼盖角点竖向构件 y 向最大水平位移或层间水平位移；
　　　U_{yxmin}——x 向地震作用下楼盖角点竖向构件 y 向最小水平位移或层间水平位移。

将上述计算结构代入式（1-18）、式（1-21）即可得到双向水平地震作用下结构扭转变形指标。

计入双向水平地震作用下的扭转影响时，我国规范没有对楼层层间位移角、位移比等是否要按双向水平地震作用下结构扭转变形指标进行控制作出具体的规定，但由于我国《建筑抗震设计规范》GB 50011—2010 对结构尤其是钢筋混凝土结构在多遇地震作用下的层间位移角限制比日本、美国等国规范严格得多[45]，一般认为不需要按双向水平地震作用计算结构扭转变形，否则位移限制更严了，结构的层间位移角限值过于严格造成建筑物尤其是低层及多、高层建筑的刚度需求偏大，其直接后果就是结构的地震反应增大，除造成投资的浪费外反而对结构抗震不利。按性能设计或超限工程有特殊要求者除外。

我国著名的逻辑学家冯契在《逻辑思维的辩证法》中指出，相对于对象来说，一切概念都具有双重作用："一方面摹写现实，即反映客观现实；另一方面规范现实，即还治客观现实之身"。"从摹写现实来说，概念的认识总有被动的一面……从规范现实来说，概念的认识又有能动的一面。"依据概念双重作用的思想，冯契提出了运用具体概念把握对象具体真理的一般进程：一是"要客观地全面地审查已有的理论，进行观点的分析批判"；二是"要把已经获得的思想规定、科学范畴联系起来进行研究，揭示出所要研究领域里的基本范畴，即这个领域中具有最大统一性的范畴"；三是系统阐明基本范畴，在思维行程中再现具体。而这一进程正是具体概念的展开过程、分析与综合相结合的过程，也是对立统一规律在思维领域中的自觉体现。由于质量和刚度分布明显不对称结构，计入双向水平地震作用下的扭转影响计算方法的复杂性，我们需要采用这一进程对位移比、双重地震作用及层间位移角等的计算方法进行进一步的梳理，解决目前设

计中百家争鸣的局面。

（8）由图 1-15 可知，扭转刚度指标周期比与扭转变形指标位移比之间的关系是比较复杂。《高层建筑混凝土结构技术规程》JGJ 3—2010 第 3.4.5 条条文说明中指出："高层建筑结构当偏心率较小时，结构扭转位移比一般能满足本条规定的限值，但其周期比有的会超过限值，必须使位移比和周期比都满足限值，使结构具有必要的抗扭刚度，保证结构的扭转效应较小。当结构的偏心率较大时，如结构扭转位移比能满足规范规定的上限值，则周期比一般都能满足限值。"

（9）工程实践表明，结构分析得到的结构自振周期往往较实测为长，也即结构的计算刚度较实际为小，其主要原因是在结构分析时未考虑非承重墙、楼梯以及非结构构件等的影响。计算刚度偏小会导致结构的地震反应偏小，因此，《建筑抗震设计规范》和《高规》均要求对计算周期乘以小于 1 的系数来加以修正，用折减后的周期来确定地震影响系数，而在计算抗侧力构件的位移时，却没有考虑非结构构件等提供的实际刚度，结构分析得到的位移并没有作相应修正[45]。因此，位移比、周期比的计算中自然也没有考虑填充墙等非结构构件的影响。这就大大降低了规范对位移比和周期比限制的约束程度，因为如果严格按照规范的要求限制位移比和周期比，但一旦考虑实际存在的填充墙等非结构构件的影响，其真实情况与计算结果之间差别较大，或偏小、或偏大，太执着就没意义了。所以设计时，原则上能满足规范要求应尽量满足规范的要求，在某些特殊情况下，位移比和周期比的限制还应以概念设计的思想和方法，分析具体工程的实际情况。《建筑抗震设计规范》GB 50011—2010 第 13.3.2 条要求："刚性非承重墙体的布置，应避免使结构形成刚度和强度分布上的突变；当围护墙非对称均匀布置时，应考虑质量和刚度的差异对主体结构抗震不利的影响。"第 3.7.4 条："框架结构的围护墙和隔墙，应估计其设置对结构抗震的不利影响，避免不合理设置而导致主体结构的破坏。"对这些规定不能视而不见。长期以来，在人们的观念中，框架结构的填充墙就是可以随便拆除，可以随意增设的。结构工程师对填充墙非对称均匀布置造成的不利影响也较少关注，这些因素都是工程安全隐患的源头，需引起重视。

例如一栋 20 层的纯框架结构旅馆，在四层以上有砖砌隔墙，四层以下空旷。砌隔墙前自振周期 $T_1 = 1.96s$，基底剪力为 $Q_0 = 21000kN$，砌隔墙后 $T_1 = 1.2s$，$Q_0 = 31000kN$。图 1-17 表示各层框架承担的地震剪力，可以看出四层以上砖墙承受大部分地震剪力，四层以下由于隔墙引来了较大地震作用但没有砖隔墙因此增加了主体框架的负担而且沿竖向也造成刚度突变[6]。

（10）目前对扭转效应的计算分析一般都是线弹性分析，实际上，当扭转变形较大的那部分构件首先出现裂缝或屈服后，结构的扭转效应接着增大，而且这种增大比弹性分析的估计要大得多。国外的研究表明[6]：当非对称结构较大程度进入非弹性阶段时，结构偏心的概念和弹性阶段有显然的不同。弹性阶段的偏心是指刚度与质量二者的偏心矩。塑性偏心是指结构进入非弹性阶段后，抗侧力构件达到极限承载力，抗侧力构件的屈服承载力中心与质量中心的偏心矩称为塑性偏心。非对称结构的非弹性扭转反应与塑性偏心有直接的对比关系。当非对称结构进入非弹性阶段的程度较小时，则单独弹性偏心概念或单独塑性偏心概念都不能真实的表达扭转反应。因此，对扭转效应的分析和认识，不宜仅仅建立在弹性分析的基础上，对扭转效应进行非线性分析将更为适宜。

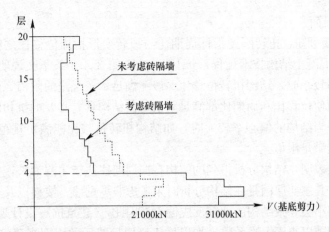

图 1-17　考虑填充墙和未考虑填充墙时各层框架承担的地震剪力[6]

在强震作用下延性结构有较大程度进入非弹性，扭转效应在非对称结构中产生抗侧力构件的附加剪力，此时结构的非对称效应采用附加延性，比采用附加剪力来表达更为适宜。通过动力分析，得到以下几点概念[6]：

① 位于非对称结构的转角及边缘的抗侧力构件有较大的附加延性要求。

② 非对称短周期结构当屈服承载力比要求的弹性承载力相差较大时，附加延性的要求也较高。因此对于刚度较大的非对称结构，其设计承载力不宜比要求的弹性反应承载力过多地降低。

③ $T_1>0.5$ 秒的非对称长周期结构的附加延性要求较低。

④ 利用塑性偏心概念可以有效的减小由于非对称引起附加延性要求。如将承载力设计成与质量相对应，此时非对称结构只是边角构件的位移最多比对称结构的位移增大100%。

(11)《建筑抗震设计规范》GB 50011—2010 第 3.4.1 要求"建筑设计应根据抗震概念设计的要求明确建筑形体的规则性。不规则的建筑应按规定采取加强措施；特别不规则的建筑应进行专门研究和论证，采取特别的加强措施；严重不规则的建筑不应采用。"但由于业主、建筑师对使用功能及建筑平、立面的多样化要求，不可避免地造成结构复杂和建筑体型的不规则，不规则现象在实际工程中普遍存在，只是不规则的程度各不相同而已。如何最大限度地满足业主、建筑师的要求，同时又确保结构的抗震安全性，是结构工程师必须面对的挑战。

二、框架-剪力墙结构相关概念

框架-剪力墙结构是一种常见的结构形式。虽然它是以构件组成来命名的，但框架-剪力墙结构绝不是框架与剪力墙两种构件的简单组合和拼凑，而是由两种结构受力特点和变形性质都不相同的抗侧力结构组成的，实质上是性能上的组合。构成框架-剪力墙结构的内涵是很丰富的，既有直观的、构件布置上的因素，也有相应的通过计算获得的控制技术指标。框架-剪力墙结构作为一个具体概念，框架与剪力墙均是指思维中的"具体"，即能够在思维中所再现的对象的整体。它是最能体现具体概念的概念内涵的一类结构体系。

在框架-剪力墙结构的并联体中，如果记 H 为房屋的高度、C_k 为综合框架的剪切刚度、EI_w 为综合剪力墙的平均等效刚度，则有 $\lambda = H\sqrt{\dfrac{C_k}{EI_w}}$，$\lambda$ 为表征房屋刚性特征的系数，反映综合框架与综合剪力墙刚度之间的比例关系。

λ 大，表示综合框架的抗侧刚度较大（相对于综合剪力墙的等效抗弯刚度），反之则小。λ 值的大小对综合框架及综合剪力墙的内力将产生很大影响。当 λ 值很小（例如 $\lambda \leqslant 1$），即综合框架的抗侧刚度比综合剪力墙的等效抗弯刚度小很多时，房屋的侧移曲线像独立的悬臂梁一样，曲线凸向原始位置，呈弯曲变形的形状，侧移较大。反之，当 λ 值较大（例如 $\lambda \geqslant 6$），即综合框架的抗侧刚度比综合剪力墙的等效抗弯刚度大很多时，房屋的侧移曲线凹向原始位置，呈剪切变形的形状，侧移较小。当 $\lambda = 1 \sim 6$ 时，侧移曲线的形状界于弯曲与剪切变形之间，呈现出弯剪型变形特征[1]，见图 1-19。弯剪型变形曲线的层间变形沿建筑高度比较均匀，既减小了框架，也减小了剪力墙单独抵抗水平力的层间变形，并减小了顶点侧移。随着 λ 值的增大，综合框架逐渐更多地承担外荷载，侧移曲线的形状也逐渐接近于框架的变形曲线。这就是剪力墙与框架协同工作的一些重要特点。

在图 1-18 简图中，对于框架来说，上部连杆的拉力与水平荷载方向一致，增大了框架上部的水平剪力，下部连杆的压力与水平荷载方向相反，又减小了框架下部的水平剪力。而原来框架按刚度分配所得水平荷载产生的水平剪力是上部小、下部大，连杆内力对框架剪力所产生的一加一减，正好使框架所受水平剪力上、下分布比较均匀，框架的梁、柱截面，从上到下不致有过大变化；对于剪力墙来说，上部连杆的拉力与水平荷载的方向相反，又由于它的作用位置高，引起的反向弯矩使剪力墙下部的最大弯矩值得以较大幅度地减小，从而有利于剪力墙底部截面和配筋量的减小，以及裂缝开展的推迟。

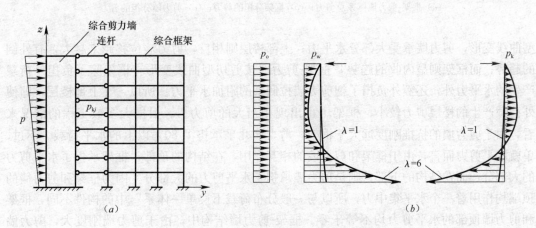

图 1-18　框架-剪力墙结构计算简图及荷载分布特征[1]

（a）计算简图；（b）荷载分布特征

图 1-20 表示框架-剪力墙结构在均布水平荷载作用下，框架和剪力墙所分担的水平剪力分布曲线。图中，V 表示作用于整个框架-剪力墙体系各水平截面总剪力；V_f 表示体系中综合框架共同承担的水平剪力，V_w 表示体系中综合剪力墙共同承担的水平剪力。

由图 1-20 可看出，当框架的刚度较小即 λ 较小时，综合剪力墙承担了大部分的剪力；反之，则综合框架承担较多的剪力。在下部楼层，剪力墙的位移较小，它拉着框架按弯曲

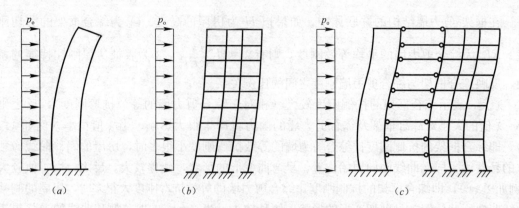

图 1-19　框架-剪力墙结构变形曲线[1]

（a）框架剪切型变形曲线；（b）剪力墙弯曲型变形曲线；（c）框剪结构弯剪型变形曲线

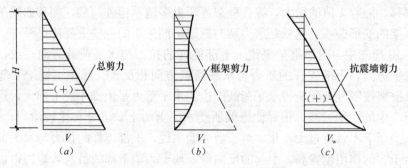

图 1-20　框-墙体系中框架和剪力墙分担的水平剪力[2]

（a）框架-剪力墙体系总剪力；（b）框架分担的剪力；（c）剪力墙分担的剪力

型曲线变形，剪力墙承受大部分水平力；上部楼层则相反，剪力墙位移越来越大，有外倒的趋势；而框架则呈内收的趋势，框架-剪力墙按剪切型曲线变形，框架除了负担外荷载产生的水平力外，还额外负担了把剪力墙拉回来的附加水平力。所以，在上部楼层，即使外荷载产生的楼层剪力较小，框架中也出现相当大的剪力[2]。根据大多数工程的情况来看，由于剪力墙的抗推刚度远大于框架，剪力墙几乎承担了 80% 以上的水平荷载。不过，单就水平剪力而言，由于框架和剪力墙的相互作用，在结构的顶部，框架承担了水平剪力的大部分，而在结构的下部，则是剪力墙承担了水平剪力的大部分。因为框架和剪力墙的顶端均作用着一个水平集中力，所以与一般分布荷载下"单一体系"中的构件不同，框架和剪力墙顶部的水平剪力均不等于零。框架-剪力墙结构中，由于剪力墙刚度大，剪力墙将承担大部分水平力（有时可达 80%～90%），是抗侧力的主体，整个结构的侧向刚度大大提高。框架则承担竖向荷载，同时也承担少部分水平力。

前述的结论是在平面布置和立面布局比较规则的前提下得出，如果平面不规则或竖向刚度和承载力有突变，结构的抗震性能将受到严重的影响。分析表明，对于规则结构剪力墙与框架的延性要求是相同的，对于不规则结构则剪力墙或框架的延性要求将增大一倍以上。框架不连续则剪力墙的延性要求增大，剪力墙不连续，框架的延性要求增大[6]。

由于框架-剪力墙结构比框架结构的刚度和承载能力都大大提高了，在地震作用下层

60

间变形减小，因而也就减少非结构构件（隔墙及外墙）的损坏，适用于建造较高的高层建筑，目前在我国得到广泛的应用。在实际设计实践中，相对于复杂高层等结构来说，框架-剪力墙结构是比较简单的一种结构形式，但与框架结构或剪力墙结构相比，它确实又是比较复杂的一种结构，它的复杂性在于它的概念，即什么样的结构才可算是框架-剪力墙结构？哪些计算指标反映出框架-剪力墙的本质特征？由于配置少量剪力墙框架结构的出现，使得框架-剪力墙的概念更不容易说清楚。有经验设计者都清楚，框架-剪力墙结构的墙体布置是比较费事的。首先在何处布置墙体，得与建筑及其他专业商量，不是结构工程师想在哪布就在哪里布置的；其次，设计计算指标不容易通过，常见如与墙相交的梁和连梁容易超筋、位移比和周期比超过规范限值、剪跨比不满足要求、层间位移过大或过小、剪力墙施工缝验算不满足规范要求、框架部分承受的地震倾覆力矩大于50％等。要调好一个模型，有时需要好几天反复试算。在设计过程中最让人惋惜的是一旦在平面某处布置一道甚至一小段剪力墙后，计算模型就顺利通过了，可恰巧建筑使用功能上不允许这么布置，但这就是设计！无论计算怎样复杂、不管时间有多急迫，模型调整时，框架-剪力墙结构的基本概念还是必须把握，计算指标必须满足，且概念也不能含糊，背离框架-剪力墙结构的基本概念，就不是框架-剪力墙结构了。以下几个基本概念和做法大体上是与框架-剪力墙结构的体系构成，也就是保证框架与剪力墙协同工作息息相关的。

1. 结构布置的基本原则

剪力墙布置应与建筑使用要求相结合，在进行建筑初步设计时就要考虑剪力墙的合理布置，既不影响使用，又要满足结构的受力要求。首先，《建筑抗震设计规范》第6.1.5条明确指出："框架-剪力墙结构中，框架和剪力墙均应双向设置"，也就是说框架-剪力墙结构应设计成双向抗侧力体系（注意：不一定是双重抗侧力体系，也就是可以比双重抗侧力体系放松些）。抗震设计时，结构两主轴方向均应设置一定数量的剪力墙，即使计算结果表明仅在一个方向（如纵向）设置剪力墙，其层间位移角、位移比和周期比等均满足规范要求且在合理的范围内，也必须在另一个方向布置一定数量的剪力墙，这是实际工程中比较容易引起误解的，现特作说明。

其次，框架-剪力墙结构兼有框架结构布置灵活、延性好的优点和剪力墙结构刚度大、承载力大的优点，剪力墙的布置是框架-剪力墙结构设计的核心内容。《建筑抗震设计规范》第6.1.8条对框架-剪力墙结构中剪力墙的布置提出了5点要求，但对于经验不多的设计者来说，这些规定还是比较笼统，因为剪力墙布置的合理性既决定了计算指标是否能满足规范要求，也是决定框架-剪力墙结构承受竖向荷载和抗震、抗风性能是否能够得到充分发挥的关键。框架-剪力墙结构中剪力墙的布置宜符合下列要求：

（1）框架-剪力墙结构中剪力墙通常按"均匀、分散、对称、周边"的基本原则布置。均匀、分散是要求剪力墙的片数多，每片的刚度不要太大；不要只设置一两片刚度很大、连续很长的剪力墙，因为片数太少，地震中万一个别剪力墙破坏后，剩下的一两片墙难以承受全部地震作用，截面设计也困难（特别是连梁）。相应地基础承受过大的剪力和倾覆力矩，尤为难以处理。所以，在方案阶段宜考虑布置多片剪力墙，在楼层平面上均匀布开，在建筑物的周边附近、平面形状变化、平面形状凸出部分的端部附近宜布置剪力墙，以增强结构的抗扭刚度，但房屋纵（横）向区段较长时，刚度较大的纵（横）向剪力墙不宜设置在房屋的端开间，以减少两片墙之间构件的热胀冷缩和混凝土收缩而产生的温度收缩作用；纵、横向剪力墙宜合并布置为 L 形、T 形或布置成筒形，使之互为翼墙，以提高其刚度和承载能力；楼（电）梯间宜设置剪力墙，以形成安全通道。在满足这些要求的前提下，剪力墙宜布置在竖向荷载较大处，因为剪力墙承受竖向荷载能力较强，让剪力墙承受大的竖向荷载，可以避免设置截面尺寸过大的柱子，满足建筑布置的要求，而且剪力墙是主要抗侧力结构，承受很大的弯矩和剪力，需要较大的竖向荷载来避免出现轴向拉力，提高截面承载力，也便于基础设计。

对称、周边布置是对高层建筑抵抗扭转的要求，剪力墙的刚度大，它的位置对楼层平面刚度分布起决定性的作用。剪力墙对称布置，就基本上保证了建筑物的对称性，避免和减少建筑物刚度中心与质量中心的偏置量值。另一方面，剪力墙沿建筑平面的周边布置可以最大限度地加大抗扭转的内力臂，提高整个结构的抗扭能力。当然，沿周边布置有困难时，往里面进来一两个开间也是可以的，希望剪力墙的距离尽可能拉开。

（2）剪力墙之间的距离不宜过大。在两片剪力墙（或两个筒体）之间布置的框架只有当楼盖具有足够的平面内刚度，才能将水平剪力传递到两端的剪力墙上去，发挥剪力墙为主要抗侧力结构的作用。否则，楼盖在水平力作用下将产生弯曲变形，导致框架侧移增大，框架水平剪力也将成倍增大。通常以限制剪力墙间距与长度比值作为保证楼盖刚度的主要措施。这个数值与楼盖的类型和构造、抗震设防烈度有关。无大洞口的楼、屋盖剪力墙间距不宜超过表 1-17 的要求，当两墙之间的楼、屋盖有较大开洞时，该段楼、屋盖的平面内刚度更差，剪力墙的间距应适当减小。

框架-剪力墙结构中剪力墙的最大间距（m）　　　　　　　　　　　　　　　　表 1-17

楼盖类别	非抗震设计（取较小值）	抗震设防烈度		
		6 度、7 度（取较小值）	8 度（取较小值）	9 度（取较小值）
现浇	5.0B，60m	4.0B，50m	3.0B，40m	2.0B，30m
装配整体	3.0B，50m	3.0B，40m	2.5B，30m	不应采用

注：1. 表中 B 为楼面的宽度；
2. 装配整体式楼盖现浇层应符合《高层建筑混凝土结构技术规程》JGJ 3—2010 第 3.6.2 条的要求；
3. 现浇层厚度大于 60mm 的叠合楼板可按现浇楼板考虑；
4. 当房屋端部未布置剪力墙时，第一片剪力墙与房屋端部的距离不宜大于表中剪力墙间距的 1/2。

（3）根据不同的高宽比，钢筋混凝土剪力墙通常分为三种类型：一是高宽比大于 2.0 的高等剪力墙，其破坏状态一般为弯曲破坏，具有较好的变形能力；二是高宽比不大于 2.0 且大于 1.0 的中等高剪力墙，中等高剪力墙的破坏状态为弯剪破坏，具有一定的变形能力；三是高宽比小于 1.0 的低矮墙，低矮墙的破坏状态一般为剪切破坏，其变形能力比较差。因此，为了保证剪力墙具有足够的延性，不发生脆性的剪切破坏，每一道剪力墙（包括单片墙、小开口墙和联肢墙）不应过长，总高度与总长度之比 H/L 不宜小于 2（《高层建筑混凝土结构技术规程》JGJ 3—2010 第 7.1.2 条规定 H/L 不宜小于 3，要求更高），使其成弯剪破坏。各片墙的长度不宜相差过大，单片墙肢长度不宜大于 8m，以免因剪切而破坏。而且，墙肢过长，中间部分的分布钢筋还未达到屈服，端部钢筋早就因变形过大而断开。连梁宜在梁端塑性屈服，且有足够的变形能力，在墙段充分发挥抗震作用前不失效；较长的单片墙可以留出结构洞口，划分成联肢墙的两个墙肢，两片墙肢通过框架梁（实际上是连梁）组成联肢墙也可以大大提高其刚度。

（4）单片剪力墙底部承担的水平剪力不宜超过结构底部总水平剪力的30%。

（5）剪力墙宜贯通建筑物的全高，宜避免刚度突变；剪力墙开洞时，洞口宜上下对齐，且洞口面积不宜大于墙面面积的1/6。

（6）楼（电）梯间、竖井等使楼面开洞的竖向通道，不宜设在结构单元端部角区及凹角处，且这种竖向通道不宜独立设在柱网之外的中间位置。尽可能避免在剪力墙两侧楼板全部开洞。无法避免时，首先应采取有效的构造措施，保证水平力能可靠地传递至该片剪力墙上。同时应通过正确的计算分析，适当折减其抗侧力刚度以符合实际抵抗侧向变形的能力。

（7）剪力墙的两端（不包括洞口两侧）宜设置端柱、翼墙或与另一方向的剪力墙相连。剪力墙相邻洞口之间以及洞口与墙边缘之间要避免小墙肢。试验表明，墙肢宽度与厚度之比小于3的小墙肢在反复荷载作用下，比大墙肢早开裂，即使加强配筋，也难以防止小墙肢的较早开裂和破坏。因此，墙肢宽度不宜小于$3b_w$（b_w为墙厚），且不应小于500mm。这是比较理想的情况，实际工程中可能做不到，但应尽量争取。

（8）抗震设计时，剪力墙的布置宜使结构各主轴方向的侧向刚度接近。

（9）框架-剪力墙结构中的剪力墙通常有两种布置方式：一种是剪力墙与框架分开，剪力墙围成筒，墙的两端没有柱；另一种是剪力墙嵌入框架内，有端柱、有边框梁，成为带边框剪力墙。框架-剪力墙结构中的剪力墙，是作为该结构体系第一道防线的主要的抗侧力构件，需要比一般的剪力墙有所加强。在现行《建筑抗震设计规范》GB 50011—2010出台前，一般认为带边框剪力墙抗震性能好，要求框架-剪力墙结构中的剪力墙设计成周边有梁、柱的带边框剪力墙。这时，如果梁的宽度大于墙的厚度，则每一层的剪力墙有可能成为高宽比较小的矮墙，强震作用下易发生剪切破坏，同时，剪力墙给柱端施加很大的剪力，使柱端剪坏，这对抗地震倒塌是非常不利的。《建筑抗震设计规范》第6.5.1条条文介绍了2005年，日本完成的一个1/3比例的6层2跨、3开间的框架-剪力墙结构模型的振动台试验，试验模型采用剪力墙嵌入框架内的带边框剪力墙。最后，首层剪力墙剪切破坏，剪力墙的端柱剪坏，首层其他柱的两端出现塑性铰，首层倒塌。2006年，日本完成了一个足尺的6层2跨、3开间的框架-剪力墙结构模型的振动台试验。与1/3比例的模型相比，除了模型比例不同外，嵌入框架内的剪力墙采用开缝墙。最后，首层开缝墙出现弯曲破坏和剪切斜裂缝，没有出现首层倒塌的破坏现象。根据这一试验结果，《建筑抗震设计规范》GB 50011—2010第6.5.1条对于有端柱的框剪结构并不要求一定设置边框梁，仅要求"墙体在楼盖处宜设置暗梁，暗梁的截面高度不宜小于墙厚和400mm的较大值。"设置暗梁后，一旦某一楼层剪力墙腹板出现斜向裂缝，暗梁可以阻止斜裂缝向相邻楼层延伸，即使墙腹板破坏后丧失承受竖向荷载的能力，暗梁也能起到承担重力荷载的作用。另外，楼板中有次梁与墙相交时，暗梁可以作为次梁的支座将垂直荷载传到墙上，减少支座下剪力墙内的应力集中。

对于带边框剪力墙，剪力墙宜设在框架梁、柱轴线平面内，保持对中。如果剪力墙设在柱边，应加强柱的箍筋以抵抗扭转的影响。

2. 框架-剪力墙结构中框架部分承受的地震倾覆力矩所占的比值及其意义

震害调查发现框架-剪力墙结构随剪力墙数量的增加而震害相对减轻。日本曾分析过福井地震中钢筋混凝土多层框架-剪力墙结构的震害，发现当以楼面面积统计的剪力墙平均长度小于 50mm/m² 时，震害严重；剪力墙平均长度大于 150mm/m² 时，破坏轻微，甚至无震害。从而得出含墙率不少于 50mm/m² 的要求。当然，这个统计是粗略的，它虽没有反映墙厚、层数、重量等因素，却说明了在框架－剪力墙结构中，剪力墙越多，震害越轻。对日本十胜冲地震震害用双指标来控制进行重新分析。一是以 $\sigma=G/(A_c+A_w)$ 即楼层以上重量 G 除以墙截面面积 A_w、柱截面面积 A_c，反映了层数、重量以及结构截面面积等因素；二是以剪力墙截面面积表示的含墙率，反映了墙厚的因素。分析表明，当平均压应力 σ 小于 1.2MPa、含墙率大于 5000mm/m² 时，无震害；两个条件均不满足时，严重震害。1978 年日本宫城冲地震震害调查结果也是类似的，只不过含墙率控制指标变为 3000mm/m²，说明从 1968 年十胜冲地震后，抗震设计技术有了很大的进步，在加强构造措施的基础上，剪力墙数量可以适当减少。

因此，框架-剪力墙结构设计的关键是剪力墙的布置和数量控制。剪力墙的数量不必太多，以满足规范的侧移限制为好。剪力墙太多不仅加大地震作用，而且使结构重量加大，施工工程量相应增加等。还应当注意的是，在地震作用下，侧向位移与剪力墙抗弯刚度并不成反比关系。根据某实际工程计算[15]，在其他条件不变的情况下，剪力墙抗弯刚度增加 1 倍，顶点侧移和建筑物总高的比值减少仅 13%～19%。这是因为增加剪力墙的数量及抗弯刚度时，结构刚度加大，地震作用就会加大，实例分析表明，当剪力墙抗弯刚度增加 1 倍时，地震作用将增大 20%。因此，过多增加剪力墙的数量是不经济的。在一般工程中，以满足位移限制作为设置剪力墙数量的依据较为适宜。实际工程设计时，剪力墙的数量多寡还是确定构件抗震等级的主要依据。《建筑抗震设计规范》第 6.1.3 条指出："设置少量剪力墙的框架结构，在规定的水平力作用下，底层（指计算嵌固端所在的层）框架部分所承担的地震倾覆力矩大于结构总地震倾覆力矩的 50% 时，其框架的抗震等级应按框架结构确定，剪力墙的抗震等级可与其框架的抗震等级相同。"根据这一规定，通常将底层框架部分所承担的地震倾覆力矩不大于结构总地震倾覆力矩的 50% 作为判别框架-剪力墙结构体系是否成立的主要依据，只要地震倾覆力矩指标满足要求了，结构的最大使用高度、构件的抗震等级和轴压比限值等就可以按规范中的"框架-剪力墙"项查取，但实际上，这一指标只是框架-剪力墙结构体系是否成立的必要条件，只有当其他条件（如位移比、剪力墙间距等）相应得到满足时才能确定结构为框架-剪力墙结构。规范这一条的前提是"设置少量剪力墙的框架结构"（即常说的少墙框架），对于剪力墙数量比较多时，《全国民用建筑工程设计技术措施——结构（结构体系）（2009 年版）》第 2.6.5 条指出：抗震设计的框架-剪力墙结构，在规定的水平力作用下，框架部分承受的地震倾覆力矩大于结构总地震倾覆力矩的 50% 时，"其框架部分的抗震等级应按框架结构采用，柱轴压比限值宜按框架结构的规定采用；剪力墙部分的抗震等级一般可按框架-剪力墙结构确定，当结构高度较低时，也可随框架。"根据这一要求，剪力墙的抗震等级要比框架高一级，只有当结构高度较低时，才可取与框架同一等级。相对来说，《高层建筑混凝土结构技术规程》JGJ 3—2010 第 8.1.3 条的要求比较明确："抗震设计的框架-剪力墙结构，应根据在规定的水平力作用下结构底层框架部分承受的地震倾覆力矩与结构总地震倾覆力矩的比值，确定相应的设计方法，并应符合下列规定：（1）框架部分承受的地震倾覆力矩不大于结构总地震倾覆力矩的 10% 时，按剪力墙结构进行设计，其中的框架部分应按框架-剪力墙结构的框架进行设计；（2）当框架部分承受的地震倾覆力矩大于结构总地震倾覆力矩的

10％但不大于50％时，按框架-剪力墙结构进行设计；（3）当框架部分承受的地震倾覆力矩大于结构总地震倾覆力矩的50％但不大于80％时，按框架-剪力墙结构进行设计，其最大适用高度可比框架结构适当增加，框架部分的抗震等级和轴压比限值宜按框架结构的规定采用；（4）当框架部分承受的地震倾覆力矩大于结构总地震倾覆力矩的80％时，按框架-剪力墙结构进行设计，但其最大适用高度宜按框架结构采用，框架部分的抗震等级和轴压比限值应按框架结构的规定采用。"相比之下，《高规》的规定最严格，因为除第一种情况外，其他三种情况均要求按框架-剪力墙结构进行设计。具体来说，在框架结构中设置少量剪力墙的目的往往是出于纯框架层间位移角不满足规范1/550要求，通过设置少量剪力墙来增加抗侧刚度，减小结构层间位移。但如果少墙框架的层间位移角限值由框架的1/550提升到框架-剪力墙结构的1/800，则所增设少量剪力墙可能还是难以满足层间位移1/800的要求，失去设少量剪力墙的作用。《高规》第8.1.3条条文说明对这一规定作了说明："对于这种少墙框剪结构，由于其抗震性能较差，不主张采用，以避免剪力墙受力过大、过早破坏。当不可避免时，宜采取将此种剪力墙减薄、开竖缝、开结构洞、配置少量单排钢筋等措施，减小剪力墙的作用。"相对来说，对少墙框架的层间位移角限值，《建筑抗震设计规范》GB 50011—2010第6.1.3条条文说明中："层间位移角限值需按底层框架部分承担倾覆力矩的大小，在框架结构和框架-剪力墙结构两者的层间位移角限值之间偏于安全内插"的规定比较合理，也与设计增设少量剪力墙的初衷比较一致。由于规范条文的不一致设计时应注意各规范规定的差异，并根据规范的权限合理应用规范。

3. 任一层框架所承担的地震剪力调整

框架-剪力墙结构是框架和剪力墙共同承担竖向和水平作用的结构体系，由于框架结构具有侧向刚度差，水平荷载作用下的变形大，剪力墙结构则具有强度和刚度大，抵抗水平荷载能力较强的优点，在框架-剪力墙结构中，结构的抗侧刚度主要由剪力墙的抗弯刚度确定，顶点位移和层间变形都随剪力墙抗弯刚度的增大而减小，在水平地震作用下，剪力墙为第一道防线，框架为第二道防线，框架部分计算所得的剪力一般都较小。根据框架-剪力墙结构中框架和剪力墙协同工作的分析结果，在给定的侧向力作用下，由于墙体沿高度呈弯曲变形而框架呈剪切变形的特征，在一定高度以上，框架按侧向刚度分配的剪力与墙体的剪力反号，两者相减等于给定的楼层剪力，此时，框架承担的剪力与底部总剪力的比值基本保持某个比例。同时，按多道防线的概念设计要求，墙体是第一道防线，在设防地震、罕遇地震作用下先于框架破坏，由于塑性内力重分布，框架部分按侧向刚度分配的剪力会比多遇地震作用下加大。因此，适当增大框架部分承担的剪力，将使框架和剪力墙承担的地震剪力的总和大于弹性阶段的总地震剪力，提高整个结构在大震下的安全性。

1964年美国阿拉斯加地震中，一幢6层高的四季公寓大楼完全倒塌了[36]。这是一幢由升板结构和两个钢筋混凝土井筒组成的板柱—筒体结构，升板部分采用无粘结预应力楼板，柱子是型钢柱。地震时，钢筋混凝土井筒由于底层加固钢板失效而首先倒塌，升板部分几乎没有什么抵抗水平力的能力而随之倒塌。四季公寓大楼的倒塌说明，非常弱的框架起不到第二道防线的作用。我国20世纪80年代1/3比例的空间框架-剪力墙结构模型反复荷载试验及该试验模型的弹塑性分析结果表明：保持楼层侧向位移协调的情况下，弹性阶段底部的框架仅承担不到5％的总剪力；随着墙体开裂，框架承担的剪力逐步增大，当墙体端部的纵向钢筋开始受拉屈服时，框架承担大于20％的总剪力；墙体压坏时，框架承担大于33%的总剪力。因此，《建筑抗震设计规范》第6.2.13条要求："侧向刚度沿竖向分布基本均匀的框架-剪力墙结构，任一层框架部分承担的剪力值，不应小于结构底部总地震剪力的20%和按框架-剪力墙结构、框架-核心筒结构计算的框架部分各楼层地震剪力中最大值1.5倍二者的较小值。"这一规定，工程上简称$0.2Q_0$调整，它既体现了多道抗震设防的原则，又考虑了经济条件。这是因为框剪结构中的框架和剪力墙承担的地震剪力是按楼层弹性刚度对楼层总地震剪力进行分配的，由于框架刚度小，在弹性阶段，协同工作不足以改变剪力墙的变形曲线，结构整体仍呈现弯曲型变形。在中等以上的地震作用下，结构进入弹塑性工作阶段，剪力墙底部和各层剪力墙的连梁都可能不同程度地进入非弹性，剪力墙基础也可能出现一定程度的相对转动，这些因素都可能引起结构塑性内力重分布，而使框架的内力增加。基于这些考虑，规范给出了增大框架承担的层剪力的计算方法。对于这种计算方法，胡庆昌认为[52]："这种忽视各层剪力分布规律的做法显然不合理，再用不大于各层框架分配的最大值$V_{f,max}$的1.5倍进行双控，更使概念模糊。"1982年美国加州大学伯克利分校曾对钢筋混凝土框剪结构抗震性能进行一系列分析和实验研究，将Pacoima地震反应分别作用于剪力墙模型和框剪模型进行对比试验。试验结果表明[52]，当框剪模型的框架部分对结构刚度和耗能的贡献约为25%时，框剪结构表现出很好的抗倒塌能力。因此，美国UBC 97规范对框剪结构作为双重结构的要求是："框架至少应能承担底部设计剪力的25%。"美国哥伦比亚大学教授、UBC的参编人Dr. S. K. Ghosh对该条文的解释是[52]："框剪结构中，框架应满足不考虑剪力墙，单独承受各层侧力设计值的25%进行设计。侧力设计值是框剪结构体系按规范求出的底部剪力设计值，再按规范规定的方法沿建筑高度分配到各层。规范要求对框架进行第二次分析并不需要计算周期和底部剪力。框架每层的侧力至少应为框剪结构对应楼层的25%。框剪结构在侧力作用下的分析表明，邻近底部几乎全部楼层剪力都被剪力墙所承受，框架则沿楼层向上负担的越来越多，接近高层建筑顶部，剪力墙的剪力可能与作用力的方向相同，也就是框架承受的力大于楼层剪力。假如框架柱按以上分析结果进行设计，结构底部的柱将过于薄弱。按侧力设计值的25%的要求是为了保证底部柱有足够的强度和刚度。按侧力设计值的25%进行二次分析，主要对下部各层框架柱的设计起控制作用。"这一解释是作者所见到的各类解释和说明中最全面，也是最透彻的。

规范关于$0.2Q_0$调整的规定适用于竖向布置基本均匀的情况，当塔楼类结构出现分段规则的情况，可分段按每一段的底部分别调整；对有加强层的结构，不含加强层及相邻上下层的调整。随着建筑形式的多样化，框架柱的数量沿竖向有时会有较大的变化，框架柱的数量沿竖向有规律分段变化时可分段调整的规定，对框架柱数量沿竖向变化更复杂的情况，设计时应专门研究框架柱剪力的调整方法。由于地下室外墙周圈均设置混凝土墙，使地下室剪力墙的数量比地上部分增加很多，一般也不对地下室进行$0.2Q_0$调整。

此外，国内某些程序对$0.2Q_0$的调整给出了上限限值2，而规范中并没有这一规定。从实际计算的结果看，有些楼层的$0.2Q_0$的调整系数远大于2，如果按2调整，造成这些楼层的框架承担的地震剪力偏小，使得框架有可能起不到第二道防线的作用。

三、构造柱的概念及其在多层砖砌体结构中的应用

构造柱是我国工程技术人员在分析总结唐山地震震害的基础上提出的一种既经济，又

能显著改善砌体结构抗震性能，提高墙体的抗倒塌能力的"概念性"、辅助性构件，它不是独立的构件，只有与圈梁和楼板连接在一起约束墙体，才能发挥作用。因此，构造柱的概念先天具有辩证的性质，它的内涵既是凝缩，也是灵动的，是典型的具体概念。

1. 构造柱设置的基本要求

汶川地震中，没有设置圈梁和构造柱的非约束砌体结构破坏率较高，设置构造柱的墙体破坏相对较轻，其抗倒塌能力的也得到体现，图 1-21 中的两个实例充分证实了设置构造柱的作用。图 1-22 中的两个工程均为设置圈梁和构造柱的约束砌体，虽然在大震作用下发生了严重破坏，但基本上没有倒塌，这进一步说明了构造柱提高了墙体和结构的抗倒塌能力。

（a）　　　　　　　　　　　　　　　　（b）

图 1-21　汶川地震中设置构造柱的墙肢严重开裂而未坍塌的实例
（a）有构造柱窗间墙严重开裂而未倒；（b）有、无构造柱窗间墙开裂情况对比

（a）　　　　　　　　　　　　　　　　（b）

图 1-22　汶川地震中设置圈梁和构造柱的约束砌体结构裂而不倒的破坏实例
（a）某砖混结构破坏情况；（b）什邡某砖混结构破坏情况

根据历次大地震的震害调查分析和大量试验研究，学术和工程界得到了比较一致的结论，即：（1）构造柱能够提高砌体的受剪承载力 10％～30％左右，提高幅度与墙体高宽比、竖向压力和开洞情况有关；（2）构造柱主要是对砌体起约束作用，使之有较高的变形能力；（3）构造柱应当设置在震害较重、连接构造比较薄弱和易于应力集中的部位。因此，《建筑抗震设计规范》GB 50011—2010（以下简称《抗规》）第 7.3.1 条及第 7.3.2 条根据房屋的用途、结构部位、烈度和承担地震作用的大小等，提出了设置构造柱的具体要求，详见表 1-18（引自《抗规》表 7.3.1）。对于横墙较少且房屋总高度和层数接近或达

到《抗规》规定限值时，应按《抗规》第7.3.14条采取加强措施。现行规范给出的构造柱设置要求只是基本规定和最低要求，对较长的纵、横墙，需设构造柱来加强墙体的约束和抗倒塌能力。构造柱作为一种辅助性构件，它的设置更多地体现设计者对房屋整体抗震性能目标的把握以及对构造柱作用的深层次认识，具有较大的灵活性，它的活用体现出设计的艺术性。

多层砖砌体房屋构造柱设置要求 表 1-18

房屋层数				设置部位	
6度	7度	8度	9度		
四、五	三、四	二、三		楼、电梯间四角、楼梯斜梯段上下端对应的墙体处；外墙四角和对应转角；错层部位横墙与外纵墙交接处；较大洞口两侧	隔12m或单元横墙与外纵墙交接处；楼梯间对应的另一侧内横墙与外纵墙交接处
六	五	四	二		隔开间横墙（轴线）与外墙交接处；山墙与内纵墙交接处
七	≥六	≥五	≥三		内墙（轴线）与外墙交接处；内横墙的局部较小墙垛处；内纵墙与横墙（轴线）交接处

注：较大洞口，内墙指不小于2.1m的洞口；外墙在内外墙交接处已设置构造柱时应允许适当放宽，但洞侧墙体应加强。

为保证钢筋混凝土构造柱的施工质量，构造柱须有外露面。一般利用马牙槎外露即可。由于钢筋混凝土构造柱的作用主要在于对墙体的约束，构造上截面不必很大，但需与各层纵横墙的圈梁（含地圈梁）或现浇楼板（含屋面板）连接，才能发挥约束作用。图1-23中的两例均为构造柱的设置不符合规范要求的结构破坏情况。图1-23（a）所示结构虽然设置了构造柱，但构造柱自地圈梁开始设置，而地圈梁高出室外地面，未按规范要求将构造柱伸入室外地坪下500mm，造成墙体在地圈梁底部整体错台约50mm，地圈梁以上部位墙体基本完好。图1-23（b）所示为一排架结构，其外墙角部构造柱未伸至压顶圈梁，顶部墙体破坏加重。这两例说明构造柱设置不到位同样起不到改善和提高结构抗震性能的作用。

（a） （b）

图1-23 汶川地震中构造柱设置不当加重墙体破坏程度的实例
（a）构造柱未伸入室外地坪下的墙体错台；（b）构造柱未伸至压顶圈梁的墙体破坏

2. 强震作用下构造柱的不足

汶川地震中，对于设置构造柱的大部分砌体结构来说，无论是整体结构还是局部墙肢均实现了"裂而不倒"的设防目标,但也有部分结构发生了构造柱主筋断裂及其他较严重的损坏,值得我们深思,为此先分析以下两个实例。

【实例1】 图1-24为汶川地震中什邡某三层框架结构办公楼外立面及位于窗间填充墙中的构造柱破坏情况的照片,该工程2006年竣工,隔开间设框架柱,未设框架柱子的窗间墙中部设置了构造柱,在地震中框架柱完好而填充墙中设置的构造柱(图1-24b)发生严重破坏。

(a)   *(b)*

图1-24 什邡2006年竣工的某三层框架结构填充墙破坏照片
(a) 三层框架结构办公楼南立面;*(b)* 南立面东侧构造柱开裂

从破坏形态看,南、北立面填充墙的损毁部位集中在首层的窗间墙上,且窗间墙中部设置的构造柱随墙体的剪切破坏而破坏,表明构造柱成了框架结构的第一道防线且阻止了填充墙倒塌,对框架主体起到了保护作用。该工程窗间墙的破坏形态与图1-21(a)所示的砌体结构窗间墙的破坏形态类似,其主要原因是填充墙采用黏土空心砖与实心砖混砌,墙体刚度较大。

【实例2】 图1-25为汶川地震中绵竹市某2007年8月竣工的砖混结构宿舍楼的破坏照片。该工程位于山脚下(图1-25a),据当地人介绍,它距汶川县城直线距离约为20km,周边地段农房全部倒塌,房后一空白沙地原为平地,震后沙地呈凹、凸起伏状,呈现出明显的地震波波形。

该建筑内、外墙墙体均明显开裂(图1-25e、f),东北角的构造柱主筋断裂处呈现明显的颈缩现象(图1-25g),南面走廊地面隆起(图1-25h),整栋建筑向南面倾斜,但没有倒塌,也就没有人员伤亡。

该工程最明显的特点是东北角首层的构造柱主筋断裂,从图1-25(g)可以看出出现了颈缩现象,这在工程上比较少见,即使是倒塌的框架柱中也很少出现纵筋颈缩的。笔者分析,其可能的破坏方式是:在竖向地震作用下使得构造柱主筋率先被拉断,在随后的水平地震中,房屋整体平移,墙体错位,使得拉断的构造柱主筋外露。由于楼梯间设在东侧尽端开间,东山墙既是整栋建筑的外墙,又是楼梯间的横墙且楼梯间局部五层,而其他部位为四层,这几项不利因素的叠加使得东北角成为不利的部位,因而其构造柱和墙体损毁程度比其他部位严重些有一定的必然性,但主筋被拉断成颈缩状而墙体没有倒塌则是其特殊性。

图 1-25　汶川地震中绵竹某四层砖混结构破坏情况

(a) 食堂、宿舍楼的地理位置；(b) 食堂填充墙及吊顶破坏照片；(c) 宿舍楼北立面照片（局部）；
(d) 宿舍楼南面照片（局部）；(e) 宿舍楼东山墙墙体裂缝；(f) 宿舍楼内墙横裂缝；(g) 宿舍楼东
北角构造柱主筋呈颈缩断裂；(h) 宿舍楼南面走廊地面 S 形隆起

3. 强震作用下非约束砌体严重破坏而结构未倒塌的原因分析

汶川地震中，一些建筑中某一面的墙体或部分墙肢已失去竖向承载能力，也难以保持自身的稳定性，但结构仍然未倒塌或局部坍塌，其中的主要原因可能是楼板对墙体起到一定的约束作用，见图 1-26。从图 1-26 右图中可以明显看出该工程板底无圈梁，说明楼板的整体性可代替圈梁。我国"78 规范"根据震害调查结果，明确现浇钢筋混凝土楼盖不需要设置圈梁。"89 规范"和"2001 规范"均规定，现浇或装配整体式钢筋混凝土楼、屋盖与墙体有可靠连接的房屋，允许不另设圈梁，但为加强砌体房屋的整体性，楼板沿抗震墙体周边均应加强配筋并应与相应的构造柱钢筋可靠连接。说明规范的这些要求是有一定的根据的。

图 1-26　汶川地震中墙肢严重破坏已失去承载能力但房屋未坍塌的两个实例

图 1-27 中的外纵墙虽然已局部坍塌，但其原来支承的楼板未倾斜、洞口上方的墙体也未开裂，其中的原因除了楼板起的整体性作用外，钢窗框可能也起到一定的支撑作用。

图 1-27　汶川地震中墙肢严重破坏已失去竖向承载能力但房屋未坍塌的住宅

4. 从性能设计的角度改进构造柱的设置

由前述图 1-21～图 1-27 可知，在汶川地震中，无论是低层还是多层，砌体结构和框架结构填充墙的破坏集中在首层窗间墙、外墙四角、楼梯间和局部薄弱部位的墙肢，而且绝大多数墙肢属于剪切型破坏，表现出比较强的规律性。按照规范的要求设置构造柱的建筑，整体结构和局部墙肢的抗倒塌能力得到显著改善，但构造柱对于提高墙肢的抗震承载能力，防止墙肢在大震作用下不发生破坏的作用并不十分明显，这些房屋虽然没有倒塌，但由于损毁严重，有的只能拆除重建，有的即使加固，改造量也很大。芦山地震中，芦山县人民医院主楼因采用隔震技术，填充墙破坏轻微，而与芦山县人民医院主楼同一院子里的两栋普通抗震房屋隔墙破坏较严重，需加固后才能使用。这一实例进一步表明框架结构填充墙损坏所造成的影响也是不容忽视的。因此，从以经济的手段减轻地震灾害的角度出发，笔者认为现行抗震设计规范对砖混结构和框架填充墙中的构造柱的设置要求应作相应的调整和修改，其具体的设想和建议是：

（1）加强砖混结构外墙四角的构造柱。加强的目的有二：一是通过构造柱提供的销键作用，防止墙体发生错台。在地震作用下，砌体结构外墙转角处有可能发生错台，错台的部位一般在建筑的底部，也有在中部和上部的，见图1-28和图1-23（a）。

图 1-28　地震作用下砌体结构外墙转角处的错台的照片

二是增强砖混结构角部墙体的承载能力和抗倒塌能力。砖混外墙四角在剪切、扭转、拉（压）等复杂应力作用下容易发生严重破坏甚至局部坍塌，见图1-29。加强砖混外墙四角的构造柱很有必要。为安全起见，建议无论是低层还是多层砖混结构，从首层至女儿墙顶在外墙的四角宜设置L形构造柱，以加大构造柱的截面，配筋也适当加强，在6、7度地区纵筋不小于8Φ14，箍筋间距不大于150mm；8度及以上地区纵筋不小于8Φ16，箍筋间距不大于100mm，且构造柱纵筋不得在柱根搭接，见图1-30。

图 1-29　砌体结构外墙转角处局部坍塌的照片

（2）加强砖混结构和框架结构的填充墙首层外墙窗间墙中的构造柱。

由于工程上只有当墙肢抗剪承载力计算不足时，才考虑构造柱对墙体抗剪能力的提高作用，大部分情况设置构造柱都是为了约束墙体，只是一种构造措施，也就是说设置构造柱的最根本目的就是防倒塌。由于国际上目前的地震预测技术水平还难以准确预测地震发生的时间和强度，即使在 6 度设防区，也有可能发生类似唐山、汶川那样的强烈地震。因此，从性能设计的角度分析，设防烈度 6、7、8 度区的砌体结构，其设置构造柱的最大性能目标或者说底线都是一样的，即避免在强震甚至是极震作用下墙体倒塌。《建筑抗震设计规范》GB 50011—2010 第 7.3.1 条条文说明中指出，当 6、7 度房屋的层数少于该规范表 7.2.1 规定时，如 6 度二、三层和 7 度二层且横墙较多的丙类房屋，只要合理设计、施工质量好，在地震时可到达

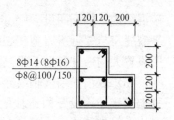

图 1-30　外墙（240 厚）四角 L 形构造柱截面及配筋

预期的设防目标。但在汶川地震中，二、三层的房屋也出现严重的破坏，见图 1-31，而且砖混结构和框架结构的填充墙中的外墙窗间墙破坏程度，首层比二层以上的楼层要严重得多，即使是二层的房屋也同样，见图 1-31 及图 1-24、图 1-27。

图 1-31　地震作用下砌体结构外墙破坏的照片

　　因此，有必要加强首层外墙窗间墙中的构造柱，其目的是防止首层外墙窗间墙中的构造柱在强震作用下发生破坏。鉴于构造柱有利于提高砌体房屋抗震能力和强震下的抗倒塌能力，从减轻首层墙体破坏的角度分析，无论是低层还是多层建筑，无论 6、7 度区还是 8 度区，砖混结构和框架结构的填充墙首层窗间墙的构造柱均应加强。如果窗间墙中只设置一个构造柱，构造柱截面长度可取略低于框架柱最小截面尺寸的下限值，即不小于 300mm，其纵筋和箍筋的配置可根据不同设防烈度参照《建筑抗震设计规范》GB 50011—2010 第 6.4.5 条中的剪力墙底部加强部位构造边缘构件要求设置，6、7 度地区按抗震等级三级考虑，且窗间墙高度范围内的箍筋应加密，间距不大于 150mm；8 度及以上地区按抗震等级二级考虑，且窗间墙高度范围内的箍筋间距不大于 100mm。可能有人担心构造柱截面加大后刚度增大，地震作用也随之加大，但笔者在什邡的调查发现有一

砖混结构，隔开间设 500mm×500mm 构造柱，在两个大构造柱之间的横墙发生细微的水平裂缝，与邻近房屋剪切裂缝有明显的区别，且该建筑的破坏程度比邻近建筑轻得多，说明设置大构造柱有助于提高墙体的抗震能力。

（3）取消横墙（轴线）与外墙交接处隔开间设置构造柱的做法，改为内墙（轴线）与外墙交接处均设置构造柱的做法。现行《建筑抗震设计规范》GB 50011—2010 第 7.3.1 条中，对于 6 度区 6 层、7 度区 5 层、8 度区 4 层、9 度区 2 层的房屋，在横墙与外墙交接处可以隔开间设置构造柱，见表 1-16。图 1-21（b）就是一个横墙与外墙交接处隔开间设置构造柱的典型实例，从图中可以看出，未设构造柱的外纵墙发生了严重的破坏，几近坍塌，且其上层墙体严重下垂，也几近坍落。从图 1-32 也可以看出未设构造柱的窗间墙可能局部坍塌或折断。这些实例说明构造柱隔开间布置方式仍不能避免房屋发生严重破坏甚至是局部坍塌，没有达到通过设置构造柱防止结构和墙体出现严重破坏和局部坍塌的目的。从图 1-31 还可以看出，即使是两三层的规则砖混结构，在强震作用下其底层墙体破坏仍很严重，说明按层数来确定构造柱设置的间距也未必合理。从造价来说，加密构造柱间距对房屋造价的增加很有限，是值得花的代价。

图 1-32　汶川地震中未设构造柱的窗间墙局部坍塌或折断的照片

（4）较大洞口（指不小于 2.1m 的洞口）在洞口两侧窗间墙设双构造柱。由图 1-21 和图 1-24 可知，对于砖混和框架填充墙中较大洞口处的窗间墙，在窗间墙中设置构造柱后，窗间墙虽免于倒塌，但墙体破坏仍很严重，需加强。建议在洞口两侧设双构造柱，见图 1-33。外墙在内外墙交接处已设置构造柱时应允许适当放宽，但洞两侧墙体应采取抱框等措施加强。

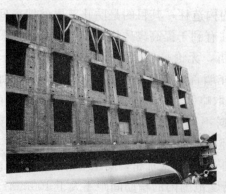

图 1-33　四层框架和四层砖混结构的震害对比照片（引自王亚勇的技术资料）

（5）调整或加密某些特殊部位构造柱的箍筋间距。虽然规范第7.3.2条要求"构造柱在柱上下端应适当加密箍筋"，但由于未明确加密区的间距，国家标准图集12G614-1第15页给出的箍筋加密区间距为200mm，这一间距在很多情况下明显偏大，建议：①对于首层窗间墙中的构造柱箍筋按前述（2）中的要求加密，二层以上窗间墙中构造柱箍筋间距不大于200mm；②对于位于门窗洞口边缘及墙体转角处的构造柱应设箍筋加密区，在主筋搭接部位也应设置箍筋加密区，加密区间距100mm。③对于位于女儿墙的构造柱，其箍筋间距不大于150mm。④构造柱与现浇过梁形成事实上的刚性连接的，也应参照框架柱的要求设置箍筋加密区，以防止形成类似于图1-24（b）的破坏形式。

第二章　结构设计总说明中的施工技术

2008 年版《建筑工程设计文件编制深度规定》第 4.4.3 条要求"每一单项工程应编写一份结构设计总说明，对多子项工程应编写统一的结构设计总说明。当工程以钢结构为主或包含较多的钢结构时，应编制钢结构设计总说明。当工程较简单时，亦可将总说明的内容分散写在相关部分的图纸中。"结构设计总说明内容必须齐全，但不是越长、内容越多越好，言贵简洁（Brevity is the soul of wit），它展现的是设计者设计水平和能力，也是一个设计单位管理水平的集中体现，它当然是设计风格的一种展现，有的追求简约，有的倾向于完整，好的说明简约而无漏项，完整、细致而不烦冗，条理清晰，这就是风格的展现。结构设计总说明是概括性、准确性、条理性、叙述性和逻辑性的综合体现，更集中体现出设计者的文字表达能力和工程设计水平。

为了保持结构设计总说明内容的完整性，本章对结构设计总说明中的各项内容都作统一说明，与施工关系不密切的内容也作相应的介绍。

第一节　结构设计总说明的主要内容及背景详释

根据 2008 年版《建筑工程设计文件编制深度规定》，结构设计总说明应包括以下内容。

一、工程概况

1. 工程地点、工程分区、主要功能

这一条是很重要的内容。工程地点和主要功能与抗震设防烈度、基本风压、基本雪压、环境类别、使用活荷载等有关，是施工图审查时审核这些基本参数的依据。同时，建设地点、工程分区、主要功能更是施工单位参与投标时的关键信息，因为建设地点是在北京还是上海，是在城市中心还是郊区，是建办公楼还是住宅楼，其施工工艺、工期和报价是不同的，所以这些内容必须明确，不能省略。

2. 各单体（或分区）建筑的长、宽、高，地上与地下层数，各层层高，主要结构跨度，特殊结构及造型，工业厂房的吊车吨位等

这一条可能有人认为是多余的，因为这些数据在平面、立面和剖面图中有明确而具体的数值，何必在总说明中特别强调？其实，这一条是确定结构设计指标的主要技术指标，也是施工招标、投标重要的信息，尤其是地上与地下层数，各层层高及檐口高度，是确定建筑物是多层，还是高层的依据，也与施工工艺和报价有关，因为根据概预算编制的规定，由于人工降效和机械降效对结构造价的影响，出现建筑物总高度的三个限值（表 2-1）、条形基础及有地下室满堂基础基槽、基坑开挖深度的三个限值（表 2-2、表 2-3），对结构工程造价的影响较显著。当结构构件的几何尺寸正好位于这些限值的交界处时，对结构构件的几何尺寸稍作调整，结构的工程造价便可明显降低，从而取得较好的经济效益。现在由于推行清单计价办法，在实际招标投标中，人工降效和机械降效的作用逐渐弱化，投标报价时不一定与概预算定额相对应，但其概念还是存在的。

（1）檐高对建设工程造价的影响

建筑工程的造价是随着建筑物高度的增加而提高的，高层建筑物的造价要比多层建筑物高许多。国家或地区的定额对建筑物的有关费用是以用建筑物的檐高来确定的，如1996年北京市《建设工程间接费及其他费用定额》对建筑物的其他直接费和间接费按建筑物的檐高高度划分了三个限值：25m以内、45m以内、45m以外。随着建筑物檐高的增加，费用相应增多，详见表2-1。

檐高对建设工程间接费及其他费用的影响[8]　　　　　表 2-1

序号	工程类别	费用项目		企业管理费（元）	利润（元）	税金（元）	综合费率（%）
		费率（%）	取费基数	直接费			
4	住宅建筑	檐高	45m以上	15.34	10	4.26	29.60
5			45m以下	14.12	8	4.15	26.27
6			25m以下	13.28	7	4.09	24.37
7	公共建筑	檐高	45m以上	17.41	11	4.37	32.78
8			45m以下	16.23	9	4.26	29.49
9			25m以下	13.73	7	4.10	24.83

注：摘自1996年北京市《建设工程间接费及其他费用定额》。

当建筑物的总高度位于限值附近时，建筑檐高度的小幅度波动，虽然对结构安全度和建筑使用功能的影响都不大，但结构工程造价却有明显的降低。以下一组数据表明实际工程中，建筑物的总高度位于限值附近的可能性是较多（计算建筑物檐高时，室内外高差按0.9m考虑）。

7层办公楼，底层层高3.90m，其余层层高3.40m，则：0.9m＋3.9m＋6×3.4m＝25.20m；

7层办公楼，底层3.90m，其余层3.35m，则：0.9m＋3.9m＋6×3.35m＝24.90m；

8层商住楼，底层商场3.90m，其余层住宅2.90m，则：0.9m＋3.9m＋7×2.90m＝25.10m；

8层商住楼，底层商场3.90m，其余层住宅2.85m，则：0.9m＋3.9m＋7×2.85m＝24.75m；

9层住宅，每层层高2.70m，则：0.9m＋9×2.70m＝25.20m；

12层办公楼，底层3.90m，其余层3.70m，则：0.9m＋3.9m＋11×3.7m＝45.50m；

12层办公楼，底层3.90m，其余层3.650m，则：0.9m＋3.9m＋11×3.65m＝44.95m；

16层住宅，每层层高2.80m，则：0.9m＋16×2.80m＝45.70m；

16层住宅，每层层高2.75m，则：0.9m＋16×2.750m＝44.90m。

（2）基槽深度对结构工程造价的影响[9]

基础选型是造价分析的依据之一。工程实践中，结构工程师对基础选型比较重视，而在确定基槽深度时，人工降效和机械降效对结构造价的影响却没引起应有的重视。

条形基础槽深限值：对于大多数多层住宅及公共建筑，由于荷载较轻，通常采用条形基础，基底落在承载能力适宜的土层上。根据概预算计算规则的有关规定，条形基础槽深有三个限值：2m 以内、2.5m 以内、2.5m 以外。当基础槽深位于这三个限值交界处时，如结构设计者心中有这些限值意识，将基础槽深减少 0.05～0.10m，即可节约土方费用 40% 以上，详见表 2-2。

基槽深度对结构工程造价的影响[8]　　　　表 2-2

定额编号	项　目			单位	概算单价（元）	其中（元）			人工（工日）	主要工程量	
						人工费	材料费	机械费		挖土（m³）	回填土（m³）
1-22	砖基础	槽深	2m 以内	m³	61.93	44.89		17.04	2.22	2.87	2.06
1-23			2.5m 以内	m³	107.80	32.08		75.72	1.59	3.15	2.33
1-24			2.5m 以外	m³	202.33	24.52		177.81	1.21	4.23	3.34
1-25	混合基础		2m 以内	m³	71.36	51.17		20.19	2.54	3.39	2.43
1-26			2.5m 以内	m³	129.37	38.51		90.86	1.91	3.78	2.8
1-27			2.5m 以外	m³	238.62	28.92		209.7	1.43	4.99	3.93

注：摘自 1996 年北京市《建设工程概算定额》（土建上册）。

箱形和筏形基础槽深限值：对于大、中型公共建筑，特别是有地下室和人防工程的大中型建筑物，通常采用此类基础。箱形和筏形基础基槽开挖深度也有三个限值：5m 以内、10m 以内、10m 以外。当基底标高为 −5.05m 时，将其调整为 −4.95m，也不是一件不容易的事，而基槽开挖的定额费用却随之有明显的降低，详见表 2-3。

此外，在确定基础埋深时，应仔细研究地质勘察报告和场地季节地下水位的变化，尽量避免将基础底面设置在地下水位以下，因为地下降水的费用是白白浪费掉的。

箱形和筏形基础槽深对结构工程造价的影响[8]　　　　表 2-3

定额编号	项　目			单位	概算单价（元）	其中			人工（工日）	主要工程量（m³）	
						人工费	材料费	机械费		挖土	回填土
1-2	有地下室挖土方	槽深 5m 内	500 以内	m³	68.75	4.60		64.15	0.23	1.52	0.47
1-3			1000 以内	m³	65.48	4.22		61.26	0.21	1.46	0.42
1-4			2000 以内	m³	54.88	3.18		51.7	0.16	1.31	0.28
1-5			4000 以内	m³	45.87	2.29		43.58	0.11	1.18	0.16
1-6			4000 以外	m³	44.31	2.14		42.17	0.11	1.16	0.40
1-7		槽深 10m 内	500 以内	m³	86.22	6.34		79.88	0.31	1.74	0.71
1-8			1000 以内	m³	80.23	5.74		74.49	0.28	1.66	0.63
1-9			2000 以内	m³	65.29	4.25		61.04	0.21	1.45	0.43
1-10			4000 以内	m³	52.37	2.97		49.40	0.15	1.27	0.26
1-11			4000 以外	m³	49.80	2.71		47.09	0.15	1.23	0.30
1-12		槽深 10m 外	500 以内	m³	108.42	8.59		99.83	0.43	2.05	1.02
1-13			1000 以内	m³	97.99	7.54		90.45	0.37	1.91	0.88
1-14			2000 以内	m³	75.76	5.31		70.45	0.27	1.59	0.58
1-15			4000 以内	m³	58.40	3.57		54.83	0.18	1.35	0.34
1-16			4000 以外	m³	55.16	3.25		51.91	0.16	1.30	0.29

（说明：地下室外墙轴线内保面积在（m²））

注：摘自 1996 年北京市《建设工程概算定额》（土建上册）。

可见，这些数值在总说明中作一说明还是有意义的，可以让施工单位和施工图审查人员在还没有详细查阅其后的平面、立面和剖面图纸的情况下，对工程有一个总体认识和把握，有助于下一步工作的开展。

二、设计依据

1. 主体结构设计使用年限

设计使用年限是设计规定的一个时期，在这一时期内，只需正常维修（不需大修）就能完成预定功能，即房屋建筑在正常设计、正常施工、正常使用和维护下所应达到的使用年限。设计使用年限与可靠度指标有关，更与施工合同中的保修年限有关，因为主体结构的保修年限等同于主体结构的设计使用年限。结构在规定的设计使用年限内应具有足够的可靠度。《建筑结构可靠度设计统一标准》GB 50068—2001 第 1.0.5 条、《工程结构可靠性设计统一标准》GB 50153—2008 附录 A 均给出了常见结构的设计使用年限示例，例如：临时性建筑 5 年、易于替换的结构构件 25 年、普通房屋和构筑物设计使用年限为 50 年、纪念性建筑和特别重要的建筑结构 100 年。

《建筑地基基础设计规范》GB 50007—2011 第 3.0.7 条："地基基础的设计使用年限不应小于建筑结构的设计使用年限。"该规范第 9.1.4 条条文说明指出："基坑支护结构设计时，应规定支护结构的设计使用年限。基坑工程的施工条件一般均比较复杂，且易受环境及气象因素影响，施工周期宜短不宜长。支护结构设计的有效期一般不宜超过二年。"

2. 自然条件：基本风压、基本雪压、气温（必要时提供）、抗震设防烈度等

这些条件是结构设计的主要依据，基本风压、基本雪压与重现期相对应，一般工程重现期与设计使用年限一致，其取值可按《建筑结构荷载规范》GB 50009—2012 第 E.3.3 条确定。应注意基本风压≠风荷载，风荷载还与建筑体形系数、地面粗糙度、建筑物高度等有关。

"抗震设防烈度"项包括抗震设防烈度、场地类别、设计地震分组、地面下是否存在饱和砂土和饱和粉土等。我国主要城镇（县级及县级以上城镇）中心地区的抗震设防烈度、设计基本地震加速度值和所属的设计地震分组，可按现行国家标准《建筑抗震设计规范》GB 50011—2010 采用。地震影响的特征周期应根据建筑所在地的设计地震分组和场地类别确定。现行国家标准《建筑抗震设计规范》GB 50011—2010 的设计地震共分为三组，其特征周期应按该规范第 5 章的有关规定采用。《北京地区建筑地基基础勘察设计规范》DBJ 11—501—2009 第 12.1.1 条要求"在北京地区进行场地和地基地震效应评价的岩土工程勘察，应根据《中国地震动参数区划图》GB 18306 和《建筑抗震设计规范》GB 50011，提出勘察场地的抗震设防烈度、设计基本地震加速度、设计特征周期，并对场地的地震破坏效应进行评价。"因此，这些数据，一般在勘察报告中也能查到。

抗震设防烈度的规范表述为：6 度、7 度（0.10g）、7 度（0.15g）、8 度（0.20g）、8 度（0.30g）、9 度，也就是说"抗震设防烈度 7 度或 8 度"都是不严谨的表述，要区分 7 度（0.10g）与 7 度（0.15g）以及 8 度（0.20g）与 8 度（0.30g）。

3. 工程地质勘察报告

我国的基本建设制度是"先勘察后设计，先设计后施工"。《北京地区建筑地基基础勘察设计规范》DBJ 11—501—2009 第 1.0.3 条："各项工程建设在设计和施工之前，必须按

基本建设程序进行地基勘察。"严格来说没有工程地质勘察报告就不能出图，因为地基基础设计参数，乃至于抗震设防参数均来自勘察报告。

当然，工程地质勘察报告也是基坑开挖、降水或排水，边坡支护设计等的主要依据。《建筑地基基础设计规范》GB 50007—2011 第 9.1.8 条："基坑工程设计应具备以下资料：(1) 岩土工程勘察报告；(2) 建筑物总平面图、用地红线图；(3) 建筑物地下结构设计资料，以及桩基础或地基处理设计资料；(4) 基坑环境调查报告，包括基坑周边建（构）筑物、地下管线、地下设施及地下交通工程等的相关资料。"

4. 场地地震安全性评价报告（必要时提供）

这一条一般工程不需要，只有当做了场地地震安全性评估时，才需要注明场地地震安全性评价报告及其对设计的要求，如设防烈度或设计地震动参数（特征周期、相应于 50 年超越概率 63.2%、10%、2%～3%时的加速度数值，甚至是反应谱）等。

地震安全性评估，应符合《地震安全性评价管理条例》（国务院 323 号令，2002 年 1 月 1 日起施行）。下列工程必须进行地震安全性评价：(1) 国家重大建设工程；(2) 地震破坏可能引发水灾、火灾、爆炸、剧毒、强腐蚀物质大量泄露或其他严重次生灾害的工程；(3) 地震破坏可能引发放射性污染的核电站和核设施工程；(4) 省、自治区、直辖市认为有重大价值或重大影响的其他建设工程。

此外，《高层建筑混凝土结构技术规程》JGJ 3—2010 第 4.3.1 条：甲类高层建筑的地震作用，"应按批准的地震安全性评价结果且高于本地区抗震设防烈度的要求确定。"《北京地区建筑地基基础勘察设计规范》DBJ 11—501—2009 第 12.3.7 条："对于特别不规则的建筑、甲类建筑和超限高层建筑，需要采用时程分析法进行抗震设计时，宜进行场地地震反应分析，提供相应场地的设计地震动参数。"

《中国地震动参数区划图》GB 18306—2001 第 4.3 条："下列工程或地区的抗震设防要求不应直接采用本标准，需做专门研究：(1) 抗震设防要求高于本地震动参数区划图抗震设防要求的重大工程、可能发生严重次生灾害的工程、核电站和其他有特殊要求的核设施建设工程；(2) 位于地震动参数区划分界线附近的新建、扩建、改建建设工程；(3) 某些地震研究程度和资料详细程度较差的边远地区；(4) 位于复杂工程地质条件区域的大城市、大型厂矿企业、长距离生命线工程以及新建开发区等。"

5. 风洞试验报告（必要时提供）

风洞（Wind Tunnel）实际上是一种能在其中按需要造成一定速度的气流并能在其中进行各种空气动力学模拟试验的装置，它广泛应用于航空、气象、工程等领域。风洞其实不是个洞，而是一条大型隧道或管道，里面有一个巨型扇叶，能产生一股强劲气流。气流经过一些风格栅，减少涡流产生后才进入试验室。风洞试验虽然是抗风设计的重要研究手段，但必须满足一定的条件才能得出合理可靠的结果。这些条件主要包括：风洞风速范围、静压梯度、流场均匀度和气流偏角等设备的基本性能；测试设备的量程、精度、频响特性等；平均风速剖面、湍流度、积分尺度、功率谱等大气边界层的模拟要求；模型缩尺比、阻塞率、刚度；风洞试验数据的处理方法等。目前国内的行业标准《建筑工程风洞试验方法标准》正在制订中，在该标准尚未颁布实施之前，可参考国外相关资料确定风洞试验应满足的条件，如美国 ASCE 编制的《Wind Tunnel Studies of Buildings and Structures》（《建筑结构的风洞研究》）、日本建筑中心出版的《建筑风洞实验指南》（中国建筑工业出版社，2011，北京）等。

在结构设计中，只有特殊的建筑才需要做风洞试验，一般建筑不需要，其体型系数查荷载规范即可。《建筑结构荷载规范》GB 50009—2012 第 8.3.1 条明确指出，对于重要且体型复杂的房屋和构筑物的风荷载体型系数，"应由风洞试验确定"。《高规》第 4.2.7 条则明确指出："房屋高度大于 200m 或有下列情况之一时，宜进行风洞试验判断确定建筑物的风荷载：平面形状或立面形状复杂、立面开洞或连体建筑以及周围地形和环境较复杂。"

风荷载体型系数是指风作用在建筑物表面一定面积范围内所引起的平均压力（或吸力）与来流风的速度压的比值，它主要与建筑物的体型和尺度有关，也与周围环境和地面粗糙度有关。《建筑结构荷载规范》GB 50009—2012 表 8.3.1 中提供的风荷载体型系数是有局限性的，风洞试验仍应作为抗风设计重要的辅助工具。

6. 建设单位提出的与结构有关的符合有关标准、法规的书面要求

这一条一般工程中均没有，随着建筑抗震性能化设计的逐步推广，如果建设单位提出抗震性能化设计目标或类似的设计要求，则必须在总说明中作一交代，作为设计依据。此外，对于加固改造工程，建设单位对后续使用年限有特殊要求的，也应在总说明中注明。

7. 初步设计的审查、批复文件

从施工图设计文件的完整性来说这一条还是很重要的，因为如果初步设计没有通过审查，施工图设计就不能进行，但从施工图审查的经历来看，大部分结构施工图中都没有反映初步设计审批情况，有的只在建筑施工图中说明了，其他专业图中就不提了，有的干脆就不提。

8. 对于超限高层建筑，应有超限高层建筑工程抗震设防专项审查意见

这一条是专门针对超限高层建筑的。中华人民共和国建设部第 111 号令《超限高层建筑工程抗震设防管理规定》第十四条："未经超限高层建筑工程抗震设防专项审查，建设行政主管部门和其他有关部门不得对超限高层建筑工程施工图设计文件进行审查。超限高层建筑工程的施工图设计文件审查应当由经国务院建设行政主管部门认定的具有超限高层建筑工程审查资格的施工图设计文件审查机构承担。施工图设计文件审查时应当检查设计图纸是否执行了抗震设防专项审查意见；未执行专项审查意见的，施工图设计文件审查不能通过。"因此，超限高层建筑工程必须在施工图中说明超限高层建筑工程抗震设防专项审查意见。

建设部第 111 号令第二条明确了超限高层建筑范围："本规定所称超限高层建筑工程，是指超出国家现行规范、规程所规定的适用高度和适用结构类型的高层建筑工程，体型特别不规则的高层建筑工程，以及有关规范、规程规定应当进行抗震专项审查的高层建筑工程。"超限高层建筑工程的主要范围参见 2010 年《超限高层建筑工程抗震设防专项审查技术要点》附录一。

建设部第 111 号令第八条明确了超限高层建筑工程的抗震设防专项审查内容包括："建筑的抗震设防分类、抗震设防烈度（或者设计地震动参数）、场地抗震性能评价、抗震概念设计、主要结构布置、建筑与结构的协调、使用的计算程序、结构计算结果、地基基础和上部结构抗震性能评估等。"

9. 采用桩基础时，应有试桩报告或深层平板载荷试验报告或基岩载荷板试验报告（若试桩或试验尚未完成，应注明桩基础图不得用于实际施工）

这一条要求比较严格，是否需要静载试桩应根据地基基础设计等级区别对待，不是所有的工程都必须进行桩基础静载试验的。

《建筑地基基础设计规范》GB 50007—2011 第8.5.6条："单桩竖向承载力特征值的确定应符合下列规定：（1）单桩竖向承载力特征值应通过单桩竖向静载荷试验确定。在同一条件下的试桩数量，不宜少于总桩数的1%且不应少于3根。（2）当桩端持力层为密实砂卵石或其他承载力类似的土层时，对单桩竖向承载力很高的大直径端承型桩，可采用深层平板载荷试验确定桩端土的承载力特征值；（3）地基基础设计等级为丙级的建筑物，可采用静力触探及标贯试验参数结合工程经验确定单桩竖向承载力特征值。"也就是说除设计等级为丙级的建筑物外，单桩竖向承载力特征值应采用竖向静载荷试验确定，而设计等级为丙级的建筑物可根据静力触探或标准贯入试验方法确定单桩竖向承载力特征值。该条条文说明指出"用静力触探或标准贯入方法确定单桩承载力已有不少地区和单位进行过研究和总结，取得了许多宝贵经验。其他原位测试方法确定单桩竖向承载力的经验不足，规范未推荐。确定单桩竖向承载力时，应重视类似工程、邻近工程的经验。"

《北京地区建筑地基基础勘察设计规范》DBJ 11—501—2009 第9.2.1条："单桩竖向承载力应按下列规定确定：地基基础设计等级为一级的建筑物单桩竖向承载力标准值应通过现场静载荷试验确定，在同一条件下的试桩数量宜取总桩数的1%，且不应少于3根。地基基础设计等级为二、三级的建筑物可根据原位测试和经验关系估算单桩竖向承载力标准值。当需要提高单桩竖向承载力、采用新的施工机械或桩型，以及缺乏工程经验的地区，则宜进行单桩竖向静载荷试验。"这体现了该规范第3.0.11条："对于尚缺乏实践经验的地基基础设计方案，设计前应进行现场试验"的精神。

《建筑地基基础设计规范》GB 50007—2011 第10.2.16条："竖向承载力检验的方法和数量可根据地基基础设计等级和现场条件，结合当地可靠的经验和技术确定。"该条的条文说明指出："工程桩竖向承载力检验可根据建筑物的重要程度确定抽检数量及检验方法。对地基基础设计等级为甲、乙级的工程，宜采用慢速静荷载加载法进行承载力检验。对预制桩和满足高应变法适用检测范围的灌注桩，当有静载对比试验时，可采用高应变法检验单桩竖向承载力，抽检数量不得少于总桩数的5%，且不得少于5根。超过试验能力的大直径嵌岩桩的承载力特征值检验，可根据超前钻及钻孔抽芯法检验报告提供的嵌岩深度、桩端持力层岩石的单轴抗压强度、桩底沉渣情况和桩身混凝土质量，必要时结合桩端岩基荷载试验和桩侧摩阻力试验进行核验。"

10. 本专业设计所执行的主要法规和所采用的主要标准（包括标准的名称、编号、年号和版本号）

这一条看似简单，实际施工图审查中相关内容的差错率还是比较高，主要是所列出的标准不全、过期等。容易遗漏的规范主要有：《建筑工程抗震设防分类标准》GB 50223、《地下工程防水技术规范》GB 50108、《建筑地基处理技术规范》JGJ 79 以及有人防地下室时的《人民防空地下室设计规范》等。

常见的规范有：《工程结构可靠性设计统一标准》GB 50153、《建筑结构可靠度设计统一标准》GB 50068、《建筑地基基础设计规范》GB 50007、《建筑结构荷载规范》GB 50009、《混凝土结构设计规范》GB 50010、《钢筋焊接及验收规程》JGJ 18、《建筑基坑支护技术规程》JGJ 120 等。《建筑设计防火规范》GB 50016 照理也应该列入，但实际施工图中结构专业总说明中列入的很少，建筑专业肯定是必列的。

根据工程实际情况增补的规范有：《建筑抗震设计规范》GB 50011、《建筑工程抗震设防分类标准》GB 50223 在有设防要求的地区必须列入；对于高层建筑，《高层建筑混凝土结构技术规程》JGJ 3、《高层建筑筏形与箱形基础技术规范》JGJ 6 一般是少不了的，有桩基础时《建筑桩基技术规范》JGJ 94 必选。其他的如《砌体结构设计规范》GB 50003、《钢结构设计规范》GB 50017、《型钢混凝土组合结构技术规程》JGJ 138、《高层民用建筑钢结构技术规程》JGJ 99、《门式刚架轻型房屋钢结构技术规程》CECS 102、《空间网格结构技术规程》JGJ 7、《建筑地基处理技术规范》JGJ 79—2012、《湿陷性黄土地区建筑规范》GB 50025、《膨胀土地区建筑技术规范》GB 50112、《无粘结预应力混凝土结构技术规程》JGJ 92、《钢绞线、钢丝束无粘结预应力筋》JG 3006、《预应力筋用锚具、夹具和连接器》GB/T 14370、《玻璃幕墙工程技术规范》JGJ 102、《钢筋机械连接技术规程》JGJ 107、《建筑工程冬期施工规程》JGJ 104、《预拌混凝土》GB/T 14902 等根据具体过程的实际情况选用，有则选，无则可不选。《混凝土结构耐久性设计规范》GB/T 50476 是推荐标准，如果设计者按照该规范设计，则必须列入，如果混凝土保护层厚度等是根据《混凝土结构设计规范》GB 50010—2010 第 8.2.1 条确定的，则建议不要列入，以免因规范标准不一而造成理解上的矛盾。

三、图纸说明

1. 图纸中标高、尺寸的单位

设计图中标高和尺寸一般均不注单位，因此设计图中标高、尺寸的单位应统一说明。工业与民用建筑中，通常标高单位的米（m）、尺寸单位为毫米（mm），也有特殊行业施工图尺寸单位为厘米（cm）。

2. 设计±0.000 标高所对应的绝对标高值

设计图中采用的是相对标高，其±0.000 标高所对应的绝对标高值对应于建筑总图上的坐标，也对应于勘察报告中的坐标，所以它既是施工现场定位的依据，也是确定持力层标高、抗浮设计水位等主要依据。设计时，根据建筑专业的总图来确定建筑±0.000 的绝对标高和地质报告中绝对标高的相对关系，这样才能合理地确定基础的埋深和基础的处理情况。

3. 当图纸按工程分区编号时，应有图纸编号说明

现在工程规模越来越大、越来越复杂，而且各分区、分段之间的工程体型、布局等可能相差不大，当图纸按工程分区或分段编号时，图纸编号说明可以让施工图审查机构和施工单位等第三方准确、快速了解工程的实际情况，以防出错。

4. 常用构件代码及构件编号说明

基础（J）、墙（Q）、柱（Z）、梁（L）、板（B）的代码及编号，不同的设计者，有不同的习惯，应予说明，建议主要构件的代码及编号采用 G101 系列图中的编号规定，个别构件可单独编制，但应说明其含义。

常见构件编号有：板 B、空心板 KB（预应力空心板 YKB）、盖板或沟盖板 GB、槽形板 CB、折板 ZB、密肋板 MB；梁 L、框架梁 KL、框支梁 KZL；柱 Z、框架柱 KZ；剪力墙暗柱 YAZ 或 GAZ、连梁 LL；基础 J、桩 ZH、承台 CT、基础梁 JL、设备基础 SJ、挡土墙 DQ；圈梁 QL、构造柱 GZ、过梁 GL、雨篷 YP、阳台 YT、楼梯梁 TL、楼梯板 TB、

梁垫 LD；吊车梁 DL、垂直支撑 ZC、水平支撑 SC、车挡 CD、檩条 LT、屋架 WJ、地沟 DG、天沟板 TGB、挡雨板或檐口板 YB、墙板 QB、刚架 GJ、托架 TJ、天窗架 CJ、吊车安全走道板 DB、单轨吊 DDL、轨道连接 DGL、预埋件 M 等。

5. 各类钢筋代码说明，型钢代码及截面尺寸标记说明

钢筋代码应规范书写，不宜采用"Ⅰ级钢"、"Ⅱ级钢"、"Ⅲ级钢"的俗称，而应用规范的术语"HPB300 级钢"、"HRB335 级钢"和"HRB400 级钢"。

H 型钢是一种截面面积分配更加优化、强重比更加合理的经济断面高效型材，因其断面与英文字母"H"相同而得名。由于 H 型钢的各个部位均以直角排布，因此 H 型钢在各个方向上都具有抗弯能力强、施工简单、节约成本和结构重量轻等优点，已得到广泛应用。H 型钢分为宽翼缘 H 型钢（HW）、中翼缘 H 型钢（HM）、窄翼缘 H 型钢（HN）、薄壁 H 型钢（HT）、H 型钢桩（HU）。H 型钢截面尺寸的表示方法：高度 $h×$ 宽度 $b×$ 腹板厚度 $t_1×$ 翼板厚度 t_2。

C 形钢经热卷板冷弯加工而成，壁薄自重轻，截面性能优良，强度高，与传统槽钢相比，同等强度可节约材料 30%。C 形钢广泛用于钢结构建筑的檩条、墙梁，也可自行组合成轻型屋架、托架等建筑构件。此外，还可用于机械轻工制造中的柱、梁和臂等。C 形钢檩条按高度不同分为（mm）：80、100、120、140、160 五种规格，长度可根据工程设计确定，但考虑到运输和安装等条件，全长一般不超过 12m。以 C80×40×20×2.5 为例，其截面尺寸的含义：截面高度 $h=80$mm、截面宽度 $b=40$mm、卷边宽度 $c=20$mm、厚度 $t=2.5$mm，见图 2-1。

Z 形钢是一种常见的冷弯薄壁型钢，厚度一般为 1.6～3.0mm 之间，截面高多为 120～350mm 之间，见图 2-2。加工材料为热轧（喷漆），镀锌。加工标准按《冷弯薄壁型钢结构技术规范》GB 50018—2002 执行。Z 形钢通常应用在大型钢结构厂房中。加工长度及孔为按加工要求生产。

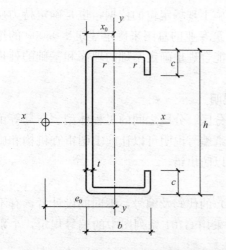

图 2-1 卷边槽形冷弯型钢的截面特性

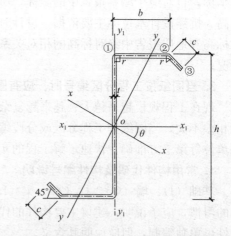

图 2-2 斜卷边 Z 形冷弯型钢的截面特性

6. 混凝土结构采用平面整体表示方法时，应注明所采用的标准图名称及编号或提供标准图

国家标准图集 G101 系列（主要有：11G101-1、11G101-2（更正说明 2012-05-22）、

11G101-3 及 11G902-1）是平面整体表示方法时主要依据，其法律效率等同于施工图，因此，施工图中必须注明其所引用的标准图集名称，设计者应准确理解标准图集的编制依据、详图和节点做法的含义，以免误用。更正说明版见国家建筑标准设计网服务与咨询栏目。此外，11G329-1（更正说明 2011-09-02 和 2011-10-14）、11G329-2、11G329-3、12G614-1 及人防地下室工程国家标准图集为《防空地下室结构设计（2007 年合订本）》FG01～05 等也是与之配套的图集，一般在总说明中也常引用。现浇混凝土空心楼盖构造及详图见国家标准图集《现浇混凝土空心楼盖》05SG343。

四、建筑分类等级

根据 2008 年版《建筑工程设计文件编制深度规定》，应说明下列建筑分类等级及所依据的规范或批文：

1. 建筑结构安全等级

一般工程均为二级。工程结构的安全等级应符合现行国家标准《工程结构可靠性设计统一标准》GB 50153—2008 第 3.2.1 条和 3.2.2 条或《建筑结构可靠度设计统一标准》GB 50068—2001 第 1.0.8 条和 1.0.9 条的规定。《混凝土结构设计规范》GB 50010—2010 第 3.1.5 条："混凝土结构中各类结构构件的安全等级，宜与整个结构的安全等级相同。对其中部分结构构件的安全等级，可根据其重要程度适当调整。对于结构中重要构件和关键传力部位，宜适当提高其安全等级。"

《工程结构可靠性设计统一标准》GB 50153—2008 表 A.1.1 注中指出："房屋建筑结构设计中的甲类建筑和乙类建筑，其安全等级宜规定为一级；丙类建筑，其安全等级宜规定为二级；丁类建筑，其安全等级宜规定为三级。"这一条与《混凝土结构设计规范》GB 50010—2010 第 3.3.2 条："结构重要性系数……对于地震设计状况下取 1.0"的规定不一致。作者建议按《混凝土结构设计规范》的规定执行，因为地震的重要性已在抗震分类设防标准中体现了，不必在结构重要性系数上再调整一次，而且分类设防标准的调整幅度比较大。

2. 地基基础设计等级

建筑地基基础设计等级是按照地基基础设计的复杂性和技术难度确定的，划分时考虑了建筑物的性质、规模、高度和体型；对地基变形的要求；场地和地基条件的复杂程度；以及由于地基问题对建筑物的安全和正常使用可能造成影响的严重程度等因素。《建筑地基基础设计规范》GB 50007—2011 第 3.0.1 条根据地基复杂程度、建筑物规模和功能特征以及由于地基问题可能造成建筑物破坏或影响正常使用的程度，将地基基础分为甲级、乙级和丙级三个设计等级。

引用地区勘察设计规范时，应依据各自规范的约定来分类，如《北京地区建筑地基基础勘察设计规范》DBJ 11—501—2009 第 3.0.1 条："根据地基复杂程度、建筑物规模和功能特征以及由于地基问题可能造成建筑物破坏或影响正常使用的程度，将地基基础设计分为一级、二级和三级三个设计等级。"

3. 建筑抗震设防类别

抗震设防的所有建筑应按现行国家标准《建筑工程抗震设防分类标准》GB 50223—2008 确定其抗震设防类别及其抗震设防标准。

4. 钢筋混凝土结构抗震等级

钢筋混凝土房屋应根据设防类别、烈度、结构类型和房屋高度确定构件的抗震等级，详见《建筑抗震设计规范》GB 50011—2010 第 6.1.2 条和《高层建筑混凝土结构技术规程》JGJ 3—2010 第 3.9.1～3.9.6 条，注意：（1）丙类建筑的抗震等级按《建筑抗震设计规范》GB 50011—2010 表 6.1.2 确定，甲、乙类建筑须作相应的调整；（2）Ⅲ、Ⅳ类场地上 7 度（0.15g）和 8 度（0.30g）建筑抗震等级及相关构造的调整问题。《建筑抗震设计规范》GB 50011—2010 第 3.3.3 条："建筑场地为Ⅲ、Ⅳ类时，对设计基本地震加速度为 0.15g 和 0.30g 的地区，除本规范另有规定外，宜分别按抗震设防烈度 8 度（0.20g）和 9 度（0.40g）时各抗震设防类别建筑的要求采取抗震构造措施。"

5. 地下室防水等级

地下室工程应根据建筑物的性质、重要程度、使用功能、水文地质状况、水位高低以及埋置深度等，将其防水分为三个等级，并按不同等级进行防水设防。地下工程的防水等级划分标准为：

1 级：不允许渗水，结构表面无湿渍；

2 级：不允许漏水，结构表面可有少量湿渍；工业与民用建筑：湿渍总面积不大于总防水面积的 1‰，任意 $100m^2$ 防水面积不超过 1 处，单个湿渍面积不大于 $0.1m^2$；其他地下工程：湿渍总面积不大于总防水面积的 6‰，任意 $100m^2$ 的防水面积不超过 4 处，单个湿渍面积不大于 $0.2m^2$。

3 级：有少量漏水点，不得有线流和漏泥砂；任意 $100m^2$ 防水面积不超过 7 处，单个湿渍面积不大于 $0.3m^2$，单个漏水点的漏水量不大于 2.5L/d。

4 级：有漏水点，不得有线流和漏泥砂，整个工程平均漏水量不大于 2L/（m^2·d），任意 $100m^2$ 防水面积的平均漏水量不大于 4L/（m^2·d）。

地下室工程防水应采取刚性防水与柔性防水相结合的设防措施。结构混凝土自防水的厚度和强度等级由结构设计选定，其抗渗等级不应小于 P6，详见《地下工程防水技术规范》GB 50108—2008 及《高层建筑筏形与箱形基础技术规范》JGJ 6—2011。

6. 人防地下室的设计类别、防常规武器抗力级别和防核武器抗力级别

详见人防规划审批意见书及《人民防空地下室设计规范》有关条文。

7. 建筑防火分类等级和耐火等级

按照我国现行国家标准《建筑设计防火规范》GB 50016，建筑物的耐火等级分为四级。建筑物的耐火等级分为四级，其构件的燃烧性能和耐火极限不应低于《建筑设计防火规范》GB 50016 的规定。

建筑物的耐火等级是由建筑构件（梁、柱、楼板、墙等）的燃烧性能和耐火极限决定的。一般说来：一级耐火等级建筑是钢筋混凝土结构或砖墙与钢混凝土结构组成的混合结构；二级耐火等级建筑是钢结构屋架、钢筋混凝土柱或砖墙组成的混合结构；三级耐火等级建筑物是木屋顶和砖墙组成的砖木结构；四级耐火等级是木屋顶、难燃烧体墙壁组成的可燃结构。建筑保温材料防火等级分为 A 级不燃型，B1 级难燃型，B2 级可燃型，也称阻燃型，B3 级易燃型。

高层建筑应根据使用性质、火灾危险性、疏散和扑救难度等进行分类。高层建筑的耐火等级应分为一、二两级，其建筑构件的燃烧性能和耐火极限不应低于现行国家标准《高

层民用建筑设计防火规范》GB 50045 的规定。当高层建筑的建筑高度超过 250m 时，建筑设计采取的特殊的防火措施，应提交国家消防主管部门组织专题研究论证。

其他涉及防火等级的规范有：

(1)《图书馆建筑设计规范》JGJ 38—99

第 6.1.2 条：图书馆藏书量超过 100 万册的图书馆、书库，耐火等级应为一级。

第 6.1.3 条：图书馆特藏库、珍善本书库的耐火等级均应为一级。

第 6.1.4 条：建筑高度超过 24.0m，藏书量不超过 100 万册的图书馆、书库，耐火等级不应低于二级。

第 6.1.5 条：建筑高度不超过 24.0m，藏书量超过 10 万册但不超过 100 万的图书馆、书库，耐火等级不应低于二级。

第 6.1.6 条：建筑高度不超过 24m，建筑层教不超过三层，藏书量不超过 10 万册的图书馆，耐火等级不应低于三级，但其书库和开架阅览室部分的耐火等级不得低于二级。

(2)《文化馆建筑设计规范》JGJ 41—87

第 4.0.2 条：文化馆的建筑耐火等级对于高层建筑不应低于二级，对于多层建筑不应低于三级。

(3)《电影院建筑设计规范》JGJ 58—2008 及 JGJ 58—88

JGJ 58—88 第 7.1.2 条：任何等级电影院的放映室均不应低于二级耐火等级。而《电影院建筑设计规范》JGJ 58—2008 第 6 节中没有给出具体的耐火等级，但给出材料的燃烧性能及构件的耐火极限和防火分区。

(4)《汽车客运站建筑设计规范》JGJ 60—2004

第 7.1.2 条：公路汽车客运站的耐火等级，一、二、三级站不应低于二级，四级站不应低于三级。

(5)《港口客运站建筑设计规范》JGJ 86—92

第 6.0.2 条：各级港口客运站的站房耐火等级均不应低于二级。

(6)《殡仪馆建筑设计规范》JGJ 124—99

第 7.1.1 条：殡仪馆建筑的耐火等级不应低于二级。

(7)《铁路旅客车站建筑设计规范》GB 50226—2007

第 7.1.1 条：各型铁路旅客车站的站房、站台雨篷及地道、天桥的耐火等级均不应低于二级。

(8)《汽车库修车库停车场设计防火规范》GB 50067—97

第 3.0.2 条：汽车库、修车库的耐火等级应分为三级。

第 3.0.3 条：地下汽车库的耐火等级应为一级。甲、乙类物品运输车的汽车库、修车库和Ⅰ、Ⅱ、Ⅲ类的汽车库、修车库的耐火等级不应低于二级。Ⅳ类汽车库、修车库的耐火等级不应低于三级。其中，甲、乙类物品的火灾危险性分类应按现行的国家标准《建筑设计防火规范》GB 50016 的规定执行。

8. 混凝土构件的环境类别

混凝土结构的环境类别可分为以下 5 类：

一类：室内正常环境。

二类 a：室内潮湿环境；非严寒和非寒冷地区的露天环境、与无侵蚀性的水或土壤直接接触的环境。

二类 b：严寒和寒冷地区的露天环境、与无侵蚀性的水或土壤直接接触的环境。其中，严寒和寒冷地区的划分应符合现行行业标准《民用建筑热工设计规程》JGJ 24 的规定。

三类：使用除冰盐的环境；严寒和寒冷地区冬季水位变动的环境；海岸环境。

四类：海水环境。

五类：受人为或自然的侵蚀性物质影响的环境。

详见《混凝土结构设计规范》GB 50010—2010 第 3.5.1～3.5.7 条。需说明的是，一个构件只对应一种环境类别，地下室外墙虽然内、外侧环境条件不同，但只能是二 a 类（非严寒和非寒冷地区）或二 b（严寒和寒冷地区）类，有的设计将地下室外墙钢筋保护层厚度内外侧分开：内侧 15mm、外侧 20mm 或 25mm，是不适当的。

五、要荷载（作用）取值

1. 楼（屋）面面层荷载、吊挂（含吊顶）荷载

目前房屋装修越来越精细，使用功能转换的年限越来越短，给出这些数据，主要目的是告诉使用者在装修和使用阶段控制面层做法的厚度和吊顶的重量。

2. 墙体荷载、特殊设备荷载

为施工阶段及投入使用后的改造阶段，明确墙体材料容重和设备自重控制值。固定隔墙荷载取值见《建筑结构荷载规范》GB 50009—2012 第 4.0.4 条。

3. 楼（屋）面活荷载

常用使用房间的楼（屋）面活荷载由《建筑结构荷载规范》GB 50009—2012 查取，特殊的如直升机平台活荷载见《高层建筑混凝土结构技术规程》JGJ 3—2010 第 4.1.5 条，非人防±0.000 处地下室顶板活荷载等，可由其他资料，如《北京市建筑设计技术细则——结构专业》等查取。

4. 风荷载（包括地面粗糙度、体型系数、风振系数等）

这些参数一般由《建筑结构荷载规范》GB 50009—2012 查取，一般的工程只需给出基本分压、地面粗糙度。

5. 雪荷载（包括积雪分布系数等）

由《建筑结构荷载规范》GB 50009—2012 查取，一般工程只需给出基本雪压。

6. 地震作用（包括设计基本地震加速度、设计地震分组、场地类别、场地特征周期、结构阻尼比、地震影响系数等）。

这一条可以与自然条件中的"抗震设防烈度"项合并。

7. 温度作用及地下室水浮力的有关设计参数

温度作用是新版《建筑结构荷载规范》GB 50009—2012 第 9 章新增的内容，现在大部分工程中均没提及。抗浮设计水位是确定基础抗浮措施和人防底板、外墙等效静载的依据，勘察期间的最高水位则是确定施工降水、排水措施的依据。

六、设计计算程序

1. 结构整体计算及其他计算所采用的程序名称、版本号、编制单位

结构计算所采用的程序，必须是经过鉴定的，程序名称、版本号、编制单位是判定计算程序公认性、计算结果可靠性的必不可少的信息。此外，各个程序都有它自己设定和内定的输入、输出规定及参数等，只有阅读程序使用说明、用户手册才能了解其含义，图中说明程序名称、版本号、编制单位，是为了方便第三方必要时查阅相对应的程序使用说明、用户手册。

2. 结构分析所采用的计算模型、高层建筑整体计算的嵌固部位等

这一条目前的施工图中很少提及。主要原因是国内一体化计算程序的计算模型、嵌固部位在输出结果中有明确的交代，不易引起误读。如果计算所采用的程序不是大家所熟悉的通用程序，则应予说明，尤其是构件计算，如现浇板和连续梁，是采用弹性模型还是塑性模型计算应明确，目前人防构件的计算更是五花八门。

七、主要结构材料

1. 混凝土强度等级、防水混凝土的抗渗等级、轻骨料混凝土的密度等级；注明混凝土耐久性的基本要求

基础、墙、梁、板、柱等主要构件的混凝土强度等级、防水混凝土的抗渗等级、轻骨料混凝土的密度等级一般均采用在总说明中统一说明。这样，一方面不容易遗漏，另一方面便于施工单位统一订货和备料，因为目前绝大部分工程均采用预拌商品混凝土。混凝土耐久性的基本要求详见《混凝土结构设计规范》GB 50010—2010 第 3.5.3 条，注意处于严寒和寒冷地区的二 b、三 a 类环境中的混凝土应使用引气剂。构件混凝土等级必须满足最低强度等级要求，除《混凝土结构设计规范》GB 50010—2010 第 3.5.3 条从耐久性角度提出最低混凝土等级的要求外，《建筑抗震设计规范》GB 50011—2010 第 3.9.2 条、第 6.1.14 条等也提出了相应的最低强度等级要求。同时也应注意，混凝土等级也不是越高越好，《建筑抗震设计规范》GB 50011—2010 第 3.9.3 条："混凝土结构的混凝土强度等级，抗震墙不宜超过 C60，其他构件，9 度时不宜超过 C60，8 度时不宜超过 C70。"

《混凝土结构耐久性设计规范》GB/T 50476—2008 是推荐标准，它对耐久性的要求高于《混凝土结构设计规范》GB 50010—2010，是否选用该标准，根据基础实际环境情况及设计单位的技术质量管理要求自行确定。

2. 砌体的种类及其强度等级、干容重，砌筑砂浆的种类及等级，砌体结构施工质量控制等级

由于大、中城市限制黏土类制品的使用，砌块材料必须明确，目前替代原实心烧结黏土砖的有烧结页岩砖和烧结煤矸石砖，蒸压灰砂砖、蒸压粉煤灰普通砖，规格与实心黏土砖相同的混凝土普通砖也可选用，蒸压灰砂砖、蒸压粉煤灰普通砖、混凝土普通砖的最低强度等级 MU15，其他砖最低强度等级 MU10。±0.000 以下部位一般采用水泥砂浆，±0.000 以上部位一般采用混合砂浆，从绿色和环保的角度，砂浆要采用预拌砂浆。砌体结构施工质量控制等级一般为 B 级。

3. 钢筋种类、钢绞线或高强钢丝种类及对应的产品标准，其他特殊要求（如强屈比等）

根据《混凝土结构设计规范》GB 50010—2010 第 4.2.1 条，混凝土结构的钢筋应根据对强度、延性、连接方式、施工适应性等的要求，选用下列牌号的钢筋：

(1) 普通纵向受力钢筋宜采用 HRB400、HRB500、HRBF400、HRBF500 钢筋；也可采用 HRB335、HRBF335、HPB300 和 RRB400 钢筋；

（2）预应力筋宜采用预应力钢丝、钢绞线和精轧预应力螺纹钢筋；

（3）普通箍筋宜采用 HRB400、HRBF400、HRB500、HRBF500 钢筋；也可采用 HRB335、HRBF335 和 HPB300 钢筋。

普通纵向钢筋、普通箍筋总称钢筋。钢筋是指：现行国家标准《钢筋混凝土用钢第 1 部分：热轧光圆钢筋》GB 1499.1 的光圆钢筋、《钢筋混凝土用钢第 2 部分：热轧带肋钢筋》GB 1499.2 中的各种热轧带肋钢筋及现行国家标准《钢筋混凝土用余热处理钢筋》GB 13014 中的 KL400 带肋钢筋；

预应力筋是指：现行国家标准《预应力混凝土用钢丝》GB/T 5223 和《中强度预应力混凝土用钢丝》YB/T 156 中光面、螺旋肋的消除应力钢丝；现行国家标准《预应力混凝土用钢绞线》GB/T 5224 中的钢绞线；现行国家标准《预应力混凝土用螺纹钢筋》GB/T 20065 中的精轧螺纹钢筋；

余热处理钢筋 KL400 不宜焊接；不宜用作重要受力部位的受力钢筋；不应用作抗震结构中的主要受力钢筋；不得用于承受疲劳荷载的构件。

《建筑抗震设计规范》GB 50011—2010 第 3.9.2 条："抗震等级为一、二、三级的框架和斜撑构件（含梯段），其纵向受力钢筋采用普通钢筋时，钢筋的抗拉强度实测值与屈服强度实测值的比值不应小于 1.25；钢筋的屈服强度实测值与屈服强度标准值的比值不应大于 1.3，且钢筋在最大拉力下的总伸长率实测值不应小于 9%。"第 3.9.4 条："在施工中，当需要以强度等级较高的钢筋替代原设计中的纵向受力钢筋时，应按照钢筋受拉承载力设计值相等的原则换算，并应满足最小配筋率要求。"

4. 成品拉索、预应力结构的锚具、成品支座（如各类橡胶支座、钢支座、隔震支座等）、**阻尼器等特殊产品的参考型号、主要参数及所对应的产品标准**

预应力锚具应根据现行国家标准《预应力筋用锚具、夹具和连接器》GB/T 14370、现行行业标准《预应力筋用锚具、夹具和连接器应用技术规程》JGJ 85 的有关规定选用，并满足相应的质量要求。

成品拉索的种类较多，相应的标准也较多，如中华人民共和国交通运输行业标准《大跨度斜拉桥平行钢丝斜拉索》JT/T 775、《塑料护套半平行钢丝拉索》CJ 3058、《斜拉索热挤聚乙烯高强钢丝拉索技术条件》GB/T 18365—2001、《桥梁拉索用热镀锌钢丝》GB/T 17101 等。《VSL SSI 2000 无粘结钢绞线斜拉索体系技术规范》是参照美国预应力学会斜拉桥后张技术委员会技术规范 "Recommendations for Stay Cable Design, Testing and installation, Feb 2001 edition" 编制。

《混凝土结构工程施工质量验收规范》GB 50204—2002 第 6.2.1 条："预应力筋进场时，应按现行国家标准《预应力混凝土用钢绞线》GB/T 5224—2003 等的规定，抽取试件作力学性能检验，其质量必须符合有关标准的规定。"

《建筑抗震设计规范》GB 50011—2010 第 12.1.5 条，隔震和消能减震设计时，"设计文件上应注明对隔震装置和消能部件的性能要求，安装前应按规定进行检测，确保性能符合要求。"第 12.3.1 条："消能减震设计时，应根据多遇地震下的预期减震要求及罕遇地震下的预期结构位移控制要求，设置适当的消能部件。消能部件可由消能器及斜撑、墙体、梁等支承构件组成。消能器可采用速度相关型、位移相关型或其他类型。"其中，速度相关型消能器指黏滞消能器和黏弹性消能器等；位移相关型消能器指金属屈服消能器和摩擦消能器等。

阻尼器的行业标准《建筑消能阻尼器》JG/T 209—2012，自 2012 年 9 月 1 日起实施。

橡胶支座的现行国家标准有：《橡胶支座第 1 部分：试验方法》GB 20688.1、《橡胶支座第 2 部分：桥梁隔震橡胶支座》GB 20688.2、《橡胶支座第 3 部分：建筑隔震橡胶支座》GB 20688.3，以及《橡胶支座第 4 部分：普通橡胶支座》GB 20668.4；建筑隔震橡胶支座还有产品标准《建筑隔震橡胶支座》JG 118。

《城镇桥梁球形钢支座》为城镇建设行业产品标准，编号为 CJ/T 374—2011，自 2012 年 2 月 1 日起实施。

5. 钢结构所用的材料

钢材的种类繁多，碳素钢有上百种，合金钢有 300 余种，性能差别很大，符合钢结构要求的钢材只是其中的小部分。结构钢材的选用原则是：既要使结构安全可靠地满足使用要求，又要尽最大可能地节约和合理使用钢材，降低造价。根据这一原则，选用钢材应考虑的因素主要有：结构或构件的重要性，承载特征（静力荷载或动力荷载），连接方法（焊接、螺栓或铆接连接），结构所处的工作条件（温度、腐蚀介质情况、构件内的应力性质）等。

承重结构的钢材应具有抗拉强度、伸长率、屈服点和硫、磷含量的合格保证，对焊接结构尚应具有碳含量的合格保证，并应满足下列要求：

（1）抗拉强度和屈服强度较高。必要的强度是确保钢结构满足承载力极限状态的主要指标，强度高可减轻结构自重，节约钢材和降低造价。

（2）塑性和韧性好。塑性和韧性好的钢材，在静载和动载作用下有足够的应变能力，避免钢结构发生脆性破坏，又能通过较大的塑性变形调整局部应力，使应力得到重分布，提高构件的延性，从而提高结构的抗震能力和抵抗重复荷载作用的能力。

（3）良好的加工性能。钢材应适合冷、热加工，具有良好的可焊性，不致因加工而对结构的强度、塑性和韧性等造成较大的不利影响。用于吊车梁、吊车桁架、有振动设备或有大吨位吊车厂房的屋架、托架、大跨度重型桁架以及需要弯曲成型的构件等的钢材，应具有冷弯试验的合格保证。

（4）耐久性好。

除上述要求外，根据结构的具体工作条件，有时还要求钢材具有适应低温、高温等环境的能力。

根据上述要求，现行国家标准《钢结构设计规范》GB 50017 主要推荐碳素结构钢中的 Q235 钢、低合金结构钢中的 Q345 钢（16 锰钢）、Q390 钢（15 锰钒钢）和 Q420 钢（15MnVN 钢），可作为结构用钢。

对于地震区，《建筑抗震设计规范》GB 50011—2010 第 3.9.2 条："钢结构的钢材应符合下列规定：（1）钢材的屈服强度实测值与抗拉强度实测值的比值不应大于 0.85；（2）钢材应有明显的屈服台阶，且伸长率不应小于 20%；（3）钢材应有良好的焊接性和合格的冲击韧性。"第 3.9.3 条："钢结构的钢材宜采用 Q235 等级 B、C、D 的碳素结构钢及 Q345 等级 B、C、D、E 的低合金高强度结构钢；当有可靠依据时，尚可采用其他钢种和钢号。"第 3.9.5 条："采用焊接连接的钢结构，当接头的焊接拘束度较大、钢板厚度不小于 40mm 且承受沿板厚方向的拉力时，钢板厚度方向截面收缩率不应小于现行国家标准

《厚度方向性能钢板》GB/T 5313 关于 Z15 级规定的容许值。"

建筑钢结构材料技术标准主要有：（1）《碳素结构钢》GB/T 700；（2）《优质碳素结构钢》GB/T 699；（3）《低合金高强度结构钢》GB/T 1591；（4）《耐候结构钢》GB/T 4171；（5）《耐热钢钢板和钢带》GB/T 4238；（6）《桥梁用结构钢》GB/T 714。

八、基础及地下室工程

1. 工程地质及水文地质概况，各主要土层的压缩模量及承载力特征值等；对不良地基的处理措施及技术要求，抗液化措施及要求，地基土的冰冻深度等

这几项指标是地基基础设计和施工的重要参数，是勘察报告中的核心内容，可从勘察报告中查到。《建筑地基基础设计规范》GB 50007—2011 第 3.0.4 条指出，岩土工程勘察报告应提供下列资料："（1）有无影响建筑场地稳定性的不良地质作用，评价其危害程度；（2）建筑物范围内的地层结构及其均匀性，各岩土层的物理力学性质指标，以及对建筑材料的腐蚀性；（3）地下水埋藏情况、类型和水位变化幅度及规律，以及对建筑材料的腐蚀性；（4）在抗震设防区应划分场地类别，并对饱和砂土及粉土进行液化判别；（5）对可供采用的地基基础设计方案进行论证分析，提出经济合理、技术先进的设计方案建议；提供与设计要求相对应的地基承载力及变形计算参数，并对设计与施工应注意的问题提出建议；（6）当工程需要时，尚应提供：深基坑开挖的边坡稳定计算和支护设计所需的岩土技术参数，论证其对周边环境的影响；基坑施工降水的有关技术参数及地下水控制方法的建议；用于计算地下水浮力的设防水位。"

《北京地区建筑地基基础勘察设计规范》DBJ 11—501—2009 第 6.1.3 条："建筑地基勘察应符合下列要求：（1）查明不良地质作用及其分布范围、发展趋势、危害程度，提出治理方案建议；（2）查明建筑场地地层的结构、成因年代、各岩土层的物理力学性质，并对地基的均匀性和承载力作出评价。（3）对于第 3.0.3 条规定的需要进行变形验算的建筑，应提供计算参数，预测建筑物的变形特征。（4）满足对地下水的勘察要求。（5）提出经济合理、技术可靠的地基基础方案建议，分析评价设计、施工、运营中应注意的问题。（6）对场地地震效应进行评价。（7）岩石地基的勘察应查明岩石的地质年代、名称、风化程度及其空间分布特征，岩体结构面类型、性质、组合特征和发育程度，评价岩体基本质量等级，如存在断裂构造时，应评价断裂构造对工程的影响。（8）当工程需要时尚应解决下列问题：①提供深基坑开挖的边坡稳定计算参数和支护方案的建议，论证基坑开挖对周围已有建筑和地下设施的影响；②提供基坑施工中地下水控制方案的建议，论证基坑施工降水对周围环境的影响。③山区地基的边坡，当进行开挖时，提供边坡开挖的坡角。"

2. 注明基础形式和基础持力层；采用桩基时应简述桩型、桩径、桩长、桩端持力层及桩进入持力层的深度要求，设计所采用的单桩承载力特征值（必要时尚应包括竖向抗拔承载力和水平承载力）**等**

这几项要求是很明确。基础选型及持力层的选择对施工、沉降变形控制、造价均有重大影响，应在参照同类工程经验的基础上，作比选。桩基项的表述应准确与完整，即桩型、桩径、桩长、桩端持力层及桩进入持力层的深度、单桩承载力特征值等均需描述，不得遗漏。由于土层分布的不均匀性，桩端持力层的深度不可能完全位于同一标高，桩长可能有变化，不太好确定具体数值，可给出一个参考值。

3. 地下室抗浮（防水）设计水位及抗浮措施，施工期间的降水要求及终止降水的条件等

抗浮设防水位是很重要的地基基础设计参数。地下水是比较复杂的问题，影响因素众多。它不仅与气候、水文地质等自然因素有关，也与地下水开采、上下游水量调配、跨流域调水以及大量地下工程建设等因素有关。对于复杂的重要工程，要在勘察期间预测建筑物使用期间水位可能发生的变化和最高水位有时相当困难。因此，现行国家标准《岩土工程勘察规范》GB 50021 规定，对情况复杂的重要工程，需论证使用期间水位变化，提出抗浮设防水位时，应进行专门研究。

《北京地区建筑地基基础勘察设计规范》DBJ 11—501—2009 第 5.1.1 条："岩土工程勘察应根据场地特点和工程要求，通过搜集资料和勘察工作，查明下列水文地质条件，提出相应的工程建议：（1）地下水的类型和赋存状态；（2）主要含水层的分布和岩性特征；（3）区域性气候资料，如年降水量、蒸发量及其变化规律和对地下水的影响；（4）地下水的补给排泄条件、地表水与地下水的补排关系及其对地下水位的影响；（5）勘察时的地下水位、近 3～5 年最高地下水位，并宜提出历年最高地下水位、水位变化趋势和主要影响因素；（6）当场区存在对工程有影响的多层地下水时，应分别查明每层地下水的类型、水位和年变化规律，以及地下水分布特征对地基评价和基础施工可能造成的影响；（7）当地下水可能对基坑开挖造成影响时，应对地下水控制措施提出建议；（8）当地下水位可能高于基础埋深时，应提出建筑设防水位建议；当可能存在基础抗浮问题时，应提出与建筑抗浮有关的建议；（9）查明场区是否存在对地下水和地表水的污染源及其可能的污染程度，提出相应工程措施的建议。"其中，抗浮措施源于建筑抗浮设计水位，而施工期间的降水要求及终止降水的条件则主要参照勘察时的地下水位并考虑水位变化趋势和主要影响因素综合考虑。

在高地下水位地区，深基坑工程设计施工中的关键问题之一是如何有效地实施对地下水的控制。地下水控制失效也是引发基坑工程事故的重要源头。为此，《建筑地基基础设计规范》GB 50007—2011 第 9.9.2 条提出了地下水控制设计的要求："（1）地下工程施工期间，地下水位控制在基坑面以下 0.5～1.5m；（2）满足坑底突涌验算要求；（3）满足坑底和侧壁抗渗流稳定的要求；（4）控制坑外地面沉降量及沉降差，保证临近建、构筑物及地下管线的正常使用。"《高层建筑混凝土结构技术规程》JGJ 3—2010 第 13.3.3 条也提出原则性的措施："基坑和基础施工时，应采取降水、回灌、止水帷幕等措施防止地下水对施工和环境的影响。可根据土质和地下水状态、不同的降水深度，采用集水明排、单级井点、多级井点、喷射井点或管井等降水方案。"

此外，在填土施工过程中，应切实做好地面排水工作。《建筑地基基础设计规范》GB 50007—2011 第 6.3.10 条："填土地基在进行压实施工时，应注意采取地面排水措施，当其阻碍原地表水畅通排泄时，应根据地形修建截水沟，或设置其他排水设施。设置在填土区的上、下水管道，应采取防渗、防漏措施，避免因漏水使填土颗粒流失，必要时应在填土土坡的坡脚处设置反滤层。"

4. 基坑、承台坑回填要求

基坑、承台坑回填要求主要是要明确三项要求：（1）回填的时间，需要结合施工的工序安排合理确定，原则上是越快越好；（2）回填的范围应大致明确。对于地下室外墙的肥槽回填，通常要采用 2：8 灰土作为外墙防水的一道防线考虑（或作为防水层的保护层），这时建筑剖面图上有表示，通常就是 500mm 厚，不是所有的超挖部分都要用灰土处理，那样费用太高；（3）回填土施工要求，主要是填料及压实系数等。压实填土的填料见《建筑地基基础设计规范》GB 50007—2011 第 6.3.6 条，压实填土地基压实系数控制值见该规范第 6.3.7 条，肥槽填土压实系数不应小于 0.94。《北京地区建筑地基基础勘察设计规范》DBJ 11—501—2009 第 13.4.1 条："压实填土地基的施工过程中，应分层检验压实填土的施工质量，并在每层的压实系数符合设计要求后铺填上层土。"《建筑地基基础设计规范》GB 50007—2011 第 10.2.3 条条文说明："在压（或夯）实填土的过程中，取样检验分层土的厚度视施工机械而定，一般情况下宜按 200～500mm 分层进行检验。"

《建筑桩基技术规范》JGJ 94—2008 第 4.2.7 条："承台和地下室与基坑侧壁间隙应灌素混凝土或搅拌流动性水泥土，或采用灰土、级配砂石、压实性较好的素土分层夯实，其压实系数不小于 0.94。"第 8.1.9 条："在承台和地下室外墙与基坑侧壁间隙回填土前，应排除积水，清除虚土和建筑垃圾，填土应按设计要求选料，分层夯实，对称进行。"这两条都是《建筑桩基技术规范》对承台间回填土做出的明确要求。承台桩的竖向荷载可以通过柱-承台-桩的路径传到地基土中，而水平荷载则依靠承台与填土间挤压产生侧限，承台底部与土的摩擦、桩基的自身抗剪等共同承担，因此，承台间填土的密实度是传递上部竖向荷载以及水平剪力给基础的重要保证措施。

5. 基础大体积混凝土的施工要求

根据《大体积混凝土施工规范》GB 50496—2009 第 2.1.1 条，大体积混凝土是指："混凝土结构物实体最小几何尺寸不小于 1m 的大体量混凝土，或预计会因混凝土中胶凝材料水化引起的温度变化和收缩而导致有害裂缝产生的混凝土。"而《普通混凝土配合比设计规程》JGJ 55—2000 则定义大体积混凝土为："混凝土结构物实体最小尺寸等于或大于 1m，或预计会因水泥水化热引起混凝土内外温差过大而导致裂缝的混凝土。"两者文字表述略有不同，前者包含了混凝土胶凝材料水化引起的收缩，更全面些。

大体积混凝土由于截面大、水泥用量多、内外温差大、温度收缩应力大，很容易导致大体积混凝土裂缝产生。依据大体积混凝土施工规范，做好大体积混凝土测温记录、大体积混凝土养护，是保证大体积混凝土施工质量的关键因素。

大体积混凝土工程施工应符合《大体积混凝土施工规范》GB 50496—2009 的规定，其施工工艺和技术要求主要包含以下几个部分：

（1）大体积混凝土的浇筑方案

大体积混凝土浇筑时，混凝土浇筑宜从低处开始，沿长边方向自一端向另一端进行。当混凝土供应量有保证时，亦可多点同时浇筑。为保证结构的整体性和施工的连续性，采用分层浇筑时，应保证在下层混凝土初凝前将上层混凝土浇筑完毕。一般有三种浇筑方案。

1）全面分层。在整个模板内，将结构分成若干个厚度相等的浇筑层，浇筑区的面积即为基础平面面积。浇筑混凝土时从短边开始，沿长边方向进行浇筑，要求在逐层浇筑过程中，第二层混凝土要在第一层混凝土初凝前浇筑完毕。全面分层方案一般适于平面尺寸不大的结构。

2）分段分层。当采用全面分层方案时浇筑强度很大，现场混凝土搅拌机、运输和振捣设备均不能满足施工要求，可采用分段分层方案。浇筑混凝土时结构沿长边方向分成若干段，浇筑工作从底层开始，当第一层混凝土浇筑一段长度后，便回头浇筑第二层，当第二层浇筑一段长度后，回头浇筑第三层，如此向前呈阶梯形推进。分段分层方案适于结构厚度不大而面积或长度较大时采用。

3）斜面分层。采用斜面分层方案时，混凝土一次浇筑到顶，由于混凝土自然流淌而形成斜面。混凝土振捣工作从浇筑层下端开始逐渐上移。斜面分层方案多用于长度较大的结构。

（2）大体积混凝土的振捣

混凝土振捣应采用振捣棒振捣。振捣棒操作，要做到"快插慢拔"。在振捣过程中，宜将振动棒上下略有抽动，以便上下均匀振动。分层连续浇筑时，振捣棒应插入下层50mm，以消除两层间的接缝。每点振捣时间一般以 10～30s 为宜，还应视混凝土表面呈水平不再显著下沉、不再出现气泡、表面泛出灰浆为宜。在振动界线以前对混凝土进行二次振捣，排除混凝土因泌水在粗集料、水平钢筋下部生成的水分和空隙，提高混凝土与钢筋的握裹力，防止因混凝土沉落而出现的裂缝，减少内部微裂，增加混凝土密实度，使混凝土的抗压强度提高，从而提高抗裂性。

（3）大体积混凝土的养护

1）大体积混凝土的养护方法，分为保温法和保湿法两种。在每次混凝土浇筑完毕后，除应按普通混凝土进行常规养护外，尚应及时按温控技术措施的要求进行保温养护。

2）养护时间。为了确保新浇筑的混凝土有适宜的硬化条件，防止在早期由于干缩而产生裂缝，大体积混凝土浇筑完毕后，应在 12h 内加以覆盖浇水。普通硅酸盐水泥拌制的混凝土养护时间不得少于 14d；矿渣水泥、火山灰水泥等拌制的混凝土养护时间不得少于21d，应经常检查塑料薄膜或养护剂涂层的完整情况，保持混凝土表面湿润。

（4）大体积混凝土防裂技术措施

在施工中为避免大体积混凝土由于温度应力作用而产生裂缝，宜优化混凝土配合比、选用合理施工顺序，采取以保温、保湿养护为主体，抗放兼施为主导的大体积混凝土温控措施。由于水泥水化热引起混凝土浇筑体内部温度剧烈变化，使混凝土浇筑体早期塑性收缩和混凝土硬化过程中的收缩增大，使混凝土浇筑体内部的温度-收缩应力剧烈变化，而导致混凝土浇筑体或构件发生裂缝。因此，应在大体积混凝土工程设计、设计构造要求、混凝土强度等级选择、混凝土后期强度利用（《高层建筑混凝土结构技术规程》JGJ 3—2010 第13.9.3 条指出，当采用粉煤灰混凝土时，可采用 60d 或 90d 强度进行配合比设计）、混凝土材料选择、配比的设计、制备、运输、施工，混凝土的保温、保湿养护以及在混凝土浇筑硬化过程中浇筑体内温度及温度应力的监测和应急预案的制定等技术环节，采取下列的技术措施：

1）大体积混凝土工程施工前，宜对施工阶段大体积混凝土浇筑体的温度、温度应力及收缩应力进行试算，并确定施工阶段大体积混凝土浇筑体的升温峰值、里表温差及降温速率的控制指标，制定相应的温控技术措施。温控指标符合下列规定：

① 混凝土浇筑体在入模温度不宜大于 $30℃$，混凝土浇筑体最大温升值不宜大于 $50℃$；

② 混凝土浇筑块体的里表温差（不含混凝土收缩的当量温度）不宜大于 $25℃$；

③ 混凝土浇筑体的降温速率不宜大于 $2.0℃/d$；

④ 混凝土浇筑体表面与大气温差不宜大于 20℃；

⑤ 可预埋冷却水管，通入循环水将混凝土内部热量带出，进行人工导热。

2）大体积混凝土配合比的设计除应符合工程设计所规定的强度等级、耐久性、抗渗性、体积稳定性等要求外，尚应符合大体积混凝土施工工艺特性的要求，并应符合合理使用材料、减少水泥用量、降低混凝土绝热温升值的要求。

3）在确定混凝土配合比时，应根据混凝土的绝热温升、温控施工方案的要求等，提出混凝土制备时粗细骨料和拌合用水及入模温度控制的技术措施。如降低拌合水温度（拌合水中加冰屑或用地下水）；骨料用水冲洗降温，避免暴晒等。

4）在混凝土制备前，应进行常规配合比试验，并应进行水化热、泌水率、可泵性等对大体积混凝土控制裂缝所需的技术参数的试验；必要时，其配合比设计应当通过试泵送。

5）大体积混凝土应选用中、低热硅酸盐水泥或低热矿渣硅酸盐水泥，大体积混凝土施工所用水泥其 3d 的水化热不宜大于 240kJ/kg，7d 的水化热不宜大于 270kJ/kg。

6）大体积混凝土配制可掺入缓凝、减水、微膨胀的外加剂，外加剂应符合现行国家标准《混凝土外加剂》GB 8076、《混凝土外加剂应用技术规范》GB 50119 和有关环境保护的规定。

7）及时覆盖保温、保湿材料进行养护，并加强测温管理。

8）超长大体积混凝土应选用留置变形缝、后浇带或采取跳仓法施工，控制结构不出现有害裂缝。所谓跳仓施工法（alternative bay construction method）是指在大体积混凝土工程施工中，将超长的混凝土块体分为若干小块体间隔施工，经过短期的应力释放，再将若干小块体连成整体，依靠混凝土抗拉强度抵抗下一段的温度收缩应力的施工方法。

9）结合结构配筋，配置控制温度和收缩的构造钢筋。

10）大体积混凝土浇筑宜采用二次振捣工艺，浇筑面应及时进行二次抹压处理，减少表面收缩裂缝。

此外，《混凝土结构工程施工规范》GB 50666—2011 第 8.7 节、《高层建筑混凝土结构技术规程》JGJ3—2010 第 13.9 节也给出了大体积混凝土施工的一些具体要求，如《高规》第 13.9.5 条：大体积混凝土浇筑、振捣"宜避免高温施工；当必须暑期高温施工时，应采取措施降低混凝土拌合物和混凝土内部温度"等。

6. 当有人防地下室时，应图示人防部分与非人防部分的分界范围

人防部分与非人防部分的施工要求是不同的，如人防底板、人防顶板、人防外墙、临空墙、密闭隔墙、防护单元之间的隔墙等均需设置梅花形拉筋，间距不大于 500mm，钢筋的锚固做法也有特殊要求；防护密闭门门框墙、悬板活门门框墙侧墙、上挡墙、门槛等水平或竖向分布筋直径不小于 12，钢筋的锚固做法规范有特殊的规定，洞口边还得加斜筋，且施工缝不能穿越门框墙和有密闭要求的墙、板；混凝土配合比中不能掺早强剂；防护门的安装等均有特殊要求，所以在图上明确人防与非人防的界限非常有必要。另外，人防施工图是专项审查，明确人防与非人防的界限可以快速了解工程的范围及其与非人防之间的关系。从实际人防施工图专项审查的实际情况看，这项工作做得还很不够，大部分结构图中均不明确人防与非人防的分限，只有看了建筑图后才能明白人防工程的范围。

九、钢筋混凝土工程

1. 各类混凝土构件的环境类别及其受力钢筋的保护层最小厚度

混凝土构件的环境类别见《混凝土结构设计规范》第 3.3.2 条，受力钢筋的保护层最小厚度见《混凝土结构设计规范》第 8.2.1 条，要注明是最外层钢筋的最小保护层厚度。

如果引用《混凝土结构耐久性设计规范》GB/T 50476—2008，则钢筋的最小保护层厚度也应满足该规范的要求，由于该规范的要求比较高，大部分情况其确定的钢筋的最小保护层厚度数值大于《混凝土结构设计规范》第 8.2.1 条。11G101 第 54 页是按《混凝土结构设计规范》第 8.2.1 条确定的钢筋的最小保护层厚度。

2. 钢筋锚固长度、搭接长度、连接方式及要求；各类构件的钢筋锚固要求

《混凝土结构设计规范》GB 50010—2010 第 8.3 节和第 8.4 节，以及第 11.1.7 条对钢筋锚固长度、搭接长度及其连接方式和钢筋锚固要求均作了详细的规定，在总说明中，一般以列表的方式列出钢筋的锚固和搭接长度，也可直接引用国家标准图集，最常见的是引用 11G101 系列图集，如 11G101-1 第 53 页、55 页或 11G101-3 第 54 页、56 页等。

3. 预应力构件采用后张法时的孔道做法及布置要求、灌浆要求等；预应力构件张拉端、固定端构造要求及做法，锚具防护要求等

《混凝土结构设计规范》GB 50010—2010 第 10.3.7 条对后张法预应力筋采用预留孔道做法及布置提出了具体的要求。预应力构件张拉端、固定端构造要求及做法，锚具防护要求等见该规范第 10.3.8 条和第 10.3.6 条。后张预应力混凝土外露金属锚具的防腐及防火措施见该规范第 10.3.13 条。

4. 预应力结构的张拉控制应力、张拉顺序、张拉条件（如张拉时的混凝土强度等）、**必要的张拉测试要求等**

在预应力结构施工阶段，张拉控制应力就是预应力钢筋所受的最大应力。张拉控制应力是指预应力钢筋在进行张拉时所控制达到的最大应力值，预应力筋的张拉控制应力大小，直接影响预应力效果和构件质量。控制应力越高，建立的预应力值越大，构件的抗裂性也越好。但值得注意的是，抗裂度高时，预应力筋在使用过程中经常处于高应力状态，与构件出现裂缝的荷载很接近，往往在破坏前没有明显的警告，这是危险的。另外，张拉过度，造成构件反拱过大或预拉区出现裂缝，也是不利的。反之，张拉阶段预应力损失越大建立的预应力值越低，结构可能过早出现裂缝，也不安全。因此，做好应力控制是非常重要的。

《混凝土结构设计规范》GB 50010—2010 第 10.1.4 条："施加预应力时，构件的混凝土抗压强度应经计算确定，但不宜低于设计的混凝土强度等级值的 75%。"

5. 梁、板的起拱要求及拆模条件

模板在施工荷载作用下将产生下垂等挠曲变形。为减少这些变形对使用功能（观感）的影响，常常在施工支模时以模板起拱来起抵消这种变形。《混凝土结构工程施工质量验收规范》GB 50204—2002 第 4.2.5 条规定："对跨度不小于 4m 的现浇混凝土梁、板，其建筑模板应按设计要求起拱；当设计无具体要求时，起拱高度宜按跨度的 1/1000～3/1000。"《混凝土结构工程施工规范》GB 50666—2011 第 4.4.6 条还提出："起拱不得减少构件的截面高度。"设计总说明中的起拱值一般均引用该条文。应该说明的是，该条的起拱高度规定未包括设计起拱值，而只考虑模板本身在施工荷载下的变形下垂。一般情况下，对钢模板可取偏小值，对木模可取偏大值。

此外，对于小跨度构件也应适当起拱，一方面抵消部分施工荷载下的变形下垂，另一方面，对于门窗洞口、不做吊顶的梁、板等，适当起拱后的结构实际状况，符合人的视觉审美习惯。笔者曾在一个工地中发觉剪力墙门窗洞口顶梁有下垂的感觉，但施工单位用经纬仪检查的结果是顶梁是水平的没有下垂，说明人的视觉与仪器检查之间还是有所差别的，而且适当上拱也给人美感（拱形结构、圆形往往被认为是美的），而下垂则给人压抑的感觉。

底模及其支架拆除时的混凝土强度及时间应符合《混凝土结构工程施工质量验收规范》GB 50204—2002 第 4.3.1～4.3.3 条规定。《高层建筑混凝土结构技术规程》JGJ 3—2010 第 13.6.9 条对模板的拆除也给出了具体的规定："（1）常温施工时，柱混凝土拆模强度不应低于 1.5MPa，墙体拆模强度不应低于 1.2MPa；（2）冬期拆模与保温应满足混凝土抗冻临界强度的要求；（3）梁、板底模拆模时，跨度不大于 8m 时混凝土强度应达到设计强度的 75％，跨度大于 8m 时混凝土强度应达到设计强度的 100％；（4）悬挑构件拆模时，混凝土强度应达到设计强度的 100％；（5）后浇带拆模时，混凝土强度应达到设计强度的 100％。"这些规定不限于高层建筑，多层建筑也适用。

一般来说，普通硅酸盐及硅酸盐水泥混凝土在标准养护条件下（就是温度 20 度、湿度大于 80％）混凝土的强度 7d 可达到设计强度的 50％，14d 达到设计强度的 75％，28d 达到设计强度的 100％，实际工程中以同条件养护试件强度试验报告为准。

对于高模架工程，《高层建筑混凝土结构技术规程》JGJ 3—2010 第 13.5.1 条要求："高、大脚手架及模板支架施工方案宜进行专门论证。"

6. 后浇带或后浇块的施工要求（包括补浇时间要求）

后浇带分为解决主楼和裙房之间或房屋层数变化处（如主楼与纯地下室之间）设置的沉降后浇带，以及因房屋长度过长，为防止混凝土的内部温升和外界温度的变化及收缩产生裂缝的温度后浇带两大类。沉降后浇带是指高层主楼与低层裙房连接的基础梁、上部结构的梁和板，要预留出施工后浇带，根据沉降观测结果，待主楼与裙房主体完工后，用比原设计高一级的微膨胀混凝土浇筑。沉降稳定的速率详见《建筑变形测量规程》JGJ 8—2007 第 5.5.5-4 条。控制沉降差的后浇带设置要求详见《高层建筑筏形与箱形基础技术规范》JGJ 6—2011 第 6.2.14 条。

对于温度后浇带，《高层建筑混凝土结构技术规程》JGJ 3—2002 第 12.1.10 条："当采用刚性防水方案时，同一建筑的基础应避免设置变形缝。可沿基础长度每隔 30～40m 留一道贯通顶板、底板及墙板的施工后浇缝，缝宽不宜小于 800mm，且宜设置在柱距三等分的中间范围内。后浇缝处底板及外墙宜采用附加防水层；后浇缝混凝土宜在其两侧混凝土浇灌完毕两个月后再进行浇灌，其强度等级应提高一级，且宜采用早强、补偿收缩的混凝土。"《高层建筑混凝土结构技术规程》JGJ 3—2010 第 12.2.3 条也有类似规定，但将后浇带封闭时间改为滞后 45d。

后浇带（11G101-3 图集中的代号为 HJD）应按 11G101-3 中第 50 页的要求在平面图上标注、留筋方式、后浇混凝土强度等级等，并应注明后浇带下附加防水层的做法。

后浇带处应设置双层钢筋，后浇带处应采用独立的模板支撑体系，浇筑前和浇筑后混凝土达到拆模强度之前，后浇带两侧梁板下的支撑不得拆除。

7. 特殊构件施工缝的位置及处理要求

这主要是指地下室外墙施工缝的留置，一般在底板顶标高以上 300mm 留置外墙施工缝，并应根据防水等级按《地下工程防水技术规范》GB 50108—2008 的要求采取设置止水钢板或遇水膨胀止水条等措施。水平施工缝和竖向施工缝的留置要求见《混凝土结构工程施工规范》GB 50666—2011 第 8.6.2 条和第 8.6.3 条。

8. 预留孔洞的统一要求（如补强加固要求），**各类预埋件的统一要求**

现浇混凝土结构中，由于设备管道等穿过，施工中要预留孔洞。预留孔洞分为板、墙预留洞和梁预留洞，柱子尤其是框架柱子一般不允许设置预留洞。板、墙预留洞一般分为三类：洞口尺寸小于 300mm 的，不用加固处理，钢筋绕洞通过，详见 11G101-1 第 101 页；洞口尺寸大于 300mm 且小于 800mm（11G101-1 中为 1000mm，一般工程中沿用 800mm 的约定）的，原设计敷设的钢筋在遇洞口截断，另设加强筋，详见 11G101-1 第 102 页；洞口尺寸大于 800mm 的，板设梁，墙设暗边框加强。梁上的预留洞应当留在工艺须穿越的位置，且梁预留洞应该设置在剪力较小处，孔径不能太大，根据梁截面尺寸确定，一般孔径控制在 300 以内，梁孔洞处需设加强钢筋，详见 11G101 系列图集。

《混凝土结构设计规范》GB 50010—2010 第 9.7.1 条："受力预埋件的锚板宜采用 Q235、Q345 级钢，锚板厚度应根据受力情况计算确定，且不宜小于锚筋直径的 0.6 倍。受拉和受弯预埋件的锚板厚度尚宜大于 $b/8$，b 为锚筋的间距。受力预埋件的锚筋应采用 HRB400 或 HPB300 钢筋，不应采用冷加工钢筋。直锚筋与锚板应采用 T 形焊接。当锚筋直径不大于 20mm 时宜采用压力埋弧焊；当锚筋直径大于 20mm 时宜采用穿孔塞焊。当采用手工焊时，焊缝高度不宜小于 6mm 和 0.5d（HPB300 级钢筋）或 0.6d（HRB400 级钢筋），d 为锚筋的直径。"考虑地震作用的预埋件见第 11.1.9 条。

此外，《混凝土结构设计规范》GB 50010—2010 第 9.7.6 条对吊环提出了具体的要求："吊环应采用 HPB300 级钢筋制作，锚入混凝土的长度不应小于 30d 并应焊接或绑扎在钢筋骨架上，d 为吊环钢筋的直径。在构件的自重标准值作用下，每个吊环按两个截面计算的吊环应力不应大于 65N/mm^2；当在一个构件上设有四个吊环时，应按三个吊环进行计算。"

9. 防雷接地要求

防直击雷的接地装置应围绕建筑物敷设成环形接地体，每根引下线的冲击接地电阻不应大于 10Ω，并应和电气设备接地装置及所有进入建筑物的金属管道相连，此接地装置可兼作防雷电感应之用。利用建筑物的钢筋作为防雷装置时，应符合《建筑物防雷设计规范》GB 50057—2010 的规定。

十、钢结构工程

1. 概述采用钢结构的部位及结构形式、主要跨度等

钢结构的部位及结构形式、主要跨度等内容与前述混凝土结构要求一致。《钢结构设计规范》GB 50017—2003 第 1.0.4 条："设计钢结构时，应从工程实际情况出发，合理选择材料、结构方案和构造措施，满足结构构件在运输、安装和使用过程中的强度、稳定性和刚度的要求，符合防火、防腐蚀的要求，并宜优先采用通用的和标准化的结构和构件，减少制作、安装工作量。"第 1.0.5 条："钢结构设计文件中，应注明建筑结构的设计使用年限、采用的钢材牌号（包括质量等级、脱氧方法、供货条件等）、连接材料的型号（或钢号）和对钢材所要求的力学性能、化学成分及其他的附加保证项目。"

2. 钢结构材料；钢材牌号和质量等级，及所对应的产品标准；必要时提出物理力学性能和化学成分要求；必要时提出其他要求，如强屈比、z 向性能、碳当量、耐候性能、交货状态等

《钢结构设计规范》GB 50017—2003 第 3.3.1 条："承重结构的钢材宜采用 Q235 钢、Q345 钢、Q390 钢和 Q420 钢，其质量应分别符合现行国家标准《碳素结构钢》GB/T 700 和《低合金高强度结构钢》GB/T 1591 的规定。当采用其他牌号的钢材时，尚应符合相应有关标准的规定和要求。"

《冷弯薄壁型钢结构技术规范》GB 50018—2002 第 3.0.1 条："用于承重结构的冷弯薄壁型钢的带钢或钢板，应采用符合现行国家标准《碳素结构钢》GB/T 700 规定的 Q235 钢和《低合金高强度结构钢》GB/T 1591 规定的 Q345 钢。当有可靠根据时，可采用其他牌号的钢材，但应符合相应有关国家标准的要求。"

地震区，钢结构材料还应满足《建筑抗震设计规范》GB 50011—2010 第 3.9.2 条、3.9.3 条和 3.9.5 条。

3. 焊接方法及材料：各种钢材的焊接方法及对所采用焊材的要求

《钢结构设计规范》GB 50017—2003 第 3.3.8 条："钢结构的连接材料应符合下列要求：(1) 手工焊接采用的焊条，应符合现行国家标准《碳钢焊条》GB/T 5117 或《低合金钢焊条》GB/T 5118 的规定。选择的焊条型号应与主体金属力学性能相适应。对直接承受动力荷载或振动荷载且需要验算疲劳的结构，宜采用低氢型焊条。(2) 自动焊接或半自动焊接采用的焊丝和相应的焊剂应与主体金属力学性能相适应，并应符合现行国家标准的规定。"

《冷弯薄壁型钢结构技术规范》GB 50018—2002 第 3.0.4 条："焊接采用的材料应符合下列要求：(1) 手工焊接用的焊条，应符合现行国家标准《碳钢焊条》GB/T 5117 或《低合金钢焊条》GB/T 5118 的规定。选择的焊条型号应与主体金属力学性能相适应。(2) 自动焊接或半自动焊接用的焊丝，应符合现行国家标准《熔化焊用钢丝》GB/T 14957 的规定。选择的焊丝和焊剂应与主体金属相适应。(3) 二氧化碳气体保护焊接用的焊丝，应符合现行国家标准《气体保护电弧焊用碳钢、低合金钢焊丝》GB/T 8110 的规定。(4) 当 Q235 钢和 Q345 钢相焊接时，宜采用与 Q235 钢相适应的焊条或焊丝。"

钢结构节点连接详见国家标准图集《多、高层建筑钢结构节点连接》03SG519-1 及 03SG519-2、《多、高层民用建筑钢结构节点构造详图》01（04）SG519、《单层房屋钢结构节点构造详图（工字型截面钢柱柱脚连接）》06SG529-1、《型钢混凝土组合结构构造》04SG523。

4. 螺栓材料：注明螺栓种类、性能等级，高强度螺栓的接触面处理方法、摩擦面抗滑移系数，以及各类螺栓所对应的产品标准

《钢结构设计规范》GB 50017—2003 第 3.3.8 条：钢结构的连接材料应符合下列要求："普通螺栓应符合现行国家标准《六角头螺栓 C 级》GB/T 5780 和《六角头螺栓》

GB/T 5782 的规定。

高强度螺栓应符合现行国家标准《钢结构用高强度大六角头螺栓》GB/T 1228、《钢结构用高强度大六角螺母》GB/T 1229、《钢结构用高强度垫圈》GB/T 1230、《钢结构用高强度大六角头螺栓、大六角螺母、垫圈技术条件》GB/T 1231 或《钢结构用扭剪型高强度螺栓连接副》GB/T 3632 的规定。

圆柱头焊钉（栓钉）连接件的材料应符合现行国家标准电弧螺栓焊用《圆柱头焊钉》GB/T 10433 的规定。

锚栓可采用现行国家标准《碳素结构钢》GB/T 700 中规定的 Q235 钢或《低合金高强度结构钢》GB/T 1591 中规定的 Q345 钢制成。"

5. 焊钉种类及对应的产品标准

焊钉属于一种高强度刚度连接的紧固件，焊钉是电弧螺柱焊用圆柱头焊钉（英文 Cheese head studs for arc stud welding）的简称，焊钉的规格为公称直径 Φ10～Φ25mm，焊接前总长度 40～300mm。焊钉生产厂家应该在焊钉的头部顶面用凸字制出制造者的识别标志，标注示例：公称直径 $d=25$mm、长度 $l_1=300$mm、材质为 ML15、不经表面处理的焊钉标注为：焊钉（GB/T 10433—2002）25×300。国标规定焊钉表面应无锈蚀、氧化皮、油脂和毛刺等。焊钉的杆部不允许有影响使用的裂缝，但头部裂缝的深度（径向）不得超过 $0.25(d_k-d)$ mm。焊钉的现行国家标准为《电弧螺柱焊用圆柱头焊钉》GB/T 10433—2002，这个国标适用于土木建筑工程中各类结构的抗剪件，埋设件及锚固件。

6. 应注明钢构件的成型方式（热轧、焊接、冷弯、冷压、热弯、铸造等），**圆钢管种类**（无缝管、直缝焊管等）

钢构件的成型方式由于生产工艺的不同其性能有较大差别。热轧和冷轧都是型钢或钢板成型的工序，它们对钢材的组织和性能有很大的影响。钢的轧制主要以热轧为主，冷轧只用于生产小号型钢和薄板。热轧钢板或热轧型钢强度比冷轧的低，但塑性变形能力较强。

热轧和冷轧的主要区别是：（1）冷轧成型钢允许截面出现局部屈曲，从而可以充分利用杆件屈曲后的承载力；而热轧型钢不允许截面发生局部屈曲。（2）热轧型钢和冷轧型钢残余应力产生的原因不同，所以截面上的分布也有很大差异。冷弯薄壁型钢截面上的残余应力分布是弯曲型的，而热轧型钢或焊接型钢截面上残余应力分布是薄膜型。（3）热轧型钢的自由扭转刚度比冷轧型钢高，所以热轧型钢的抗扭性能要优于冷轧型钢。

7. 压型钢板的截面形式及产品标准

压型钢板按波高分为高波板、中波板和低波板三种板型。屋面宜采用波高和波距比较大的压型钢板，墙角宜选用的波高和波距比较小的压型钢板。压型钢板截面形式（板型）比较多，国内已能生产几十种板型，实际工程中常用的压型钢板的截面形式见图 2-3。压型钢板的表示：YX 波高-波距-有效覆盖宽度，如 YX15-380-760 即表示波高 15mm、波距 380mm、有效覆盖宽度 760mm 的板型。

《建筑用压型钢板》GB/T 12755—2008 规定了各类建筑用压型钢板的分类、代号、板型和构造要求、截面形状尺寸、技术要求、质量检验和允许偏差、包装、标志、质量证明书等。《冷弯薄壁型钢结构技术规范》GB 50018—2002 也有部分规定。

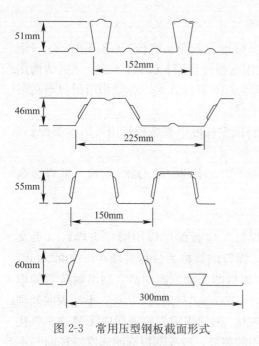

图 2-3 常用压型钢板截面形式

8. 焊缝质量等级及焊缝质量检查要求

《钢结构设计规范》GB 50017—2003 第 1.0.5 条指出，钢结构设计文件中，"应注明所要求的焊缝形式、焊缝质量等级（焊缝质量等级的检验标准应符合现行国家标准《钢结构工程施工质量验收规范》GB 50205 的规定）、端面刨平顶紧部位以及对施工的其他要求。"第 7.1.2 条："对接焊缝的质量等级不得低于二级。"第 7.1.1 条则明确焊缝应根据结构的重要性、荷载特性、焊缝形式、工作环境以及应力状态等情况，按下述原则分别选用不同的质量等级："（1）在需要进行疲劳计算的构件中，凡对接焊缝均应焊透，其质量等级为：①作用力垂直于焊缝长度方向的横向对接焊缝或 T 形对接与角接组合焊缝，受拉时应为一级，受压时应为二级；②作用力平行于焊缝长度方向的纵向对接焊缝应为二级。（2）不需要计算疲劳的构件中，凡要求与母材等强的对接焊缝应予焊透，其质量等级当受拉时应不低于二级，受压时宜为二级。（3）重级工作制和起重量 $Q \geqslant 50t$ 的中级工作制吊车梁的腹板与上翼缘之间以及吊车桁架上弦杆与节点板之间的 T 形接头焊缝均要求焊透，焊缝形式一般为对接与角接的组合焊缝，其质量等级不应低于二级。（4）不要求焊透的 T 形接头采用的角焊缝或部分焊透的对接与角接组合焊缝，以及搭接连接采用的角焊缝，其质量等级为：①对直接承受动力荷载且需要验算疲劳的结构和吊车起重量等于或大于 50t 的中级工作制吊车梁，焊缝的外观质量标准应符合二级；②对其他结构，焊缝的外观质量标准可为三级。"

《空间网格结构技术规程》JGJ 7—2010 第 6.2.2 条："空间网格结构制作与安装中所有焊缝应符合设计要求。当设计无要求时应符合下列规定：（1）钢管与钢管的对接焊缝应为一级焊缝；（2）球管对接焊缝、钢管与封板（或锥头）的对接焊缝应为二级焊缝；（3）支管与主管、支管与支管的相贯焊缝应符合现行行业标准《建筑钢结构焊接技术规程》JGJ 81 的规定；（4）所有焊缝均应进行外观检查，检查结果应符合现行行业标准《建筑钢结构焊接技术规程》JGJ 81 的规定；对一、二级焊缝应作无损探伤检验，一级焊缝探伤比例为 100%，二级焊缝探伤比例为 20%，探伤比例的计数方法为焊缝条数的百分比，探伤方法及缺陷分级应分别符合现行行业标准《钢结构超声波探伤及质量分级法》JG/T 203 和《建筑钢结构焊接技术规程》JGJ 81 的规定。"

9. 钢构件制作要求

《钢结构设计规范》GB 50017—2003 第 8.8.1 条："结构运送单元的划分，除应考虑结构受力条件外，尚应注意经济合理，便于运输、堆放和易于拼装。"

10. 钢结构安装要求，对跨度较大的钢构件必要时提出起拱要求

《钢结构设计规范》GB 50017—2003 第 8.8.2 条："结构的安装连接应采用传力可靠、制作方便、连接简单、便于调整的构造形式。"第 8.8.3 条："安装连接采用焊接时，应考

虑定位措施，将构件临时固定。"

11. 涂装要求：注明除锈方法及除锈等级以及对应的标准；注明防腐底漆的种类、干漆膜最小厚度和产品要求；当存在中间漆和面漆时，也应分别注明其种类、干漆膜最小厚度和要求；注明各类钢构件所要求的耐火极限、防火涂料类型及产品要求；注明防腐年限及定期维护要求

钢结构如长期暴露于空气或潮湿的环境中而未加有效的防护时，表面就要锈蚀，特别当空气中有各种化学侵蚀性介质污染时，情况更为严重。锈蚀对结构的损害，不仅表现为截面厚度均匀减薄，而且产生局部锈坑，引起应力集中，促使结构早期破坏，尤其对直接承受动力荷载作用和处于低温地区的结构，更促使疲劳容许应力幅降低和钢材抗冷脆性能的下降。因此，设计钢结构时，除在结构选型、截面组成以及钢材材质方面予以注意外，尚应根据结构所处的环境及其重要程度，采取相应的防锈蚀措施。

钢结构的锈蚀与建筑物周围环境的湿度和温度、大气中侵蚀性介质的含量和活力、大气中的含尘量、构件所处的部位，以及钢材的材质等有关。钢结构锈蚀的一般规律为[7]：

（1）未加防护的钢材在大气中的锈蚀速度每年是不相同的，开始时速度快，以后逐渐减慢，第一年的锈蚀速度约为第五年的 5 倍。

（2）不同地区的钢结构受大气锈蚀的程度差异较大，沿海和潮湿地区的锈蚀比气候干燥地区的锈蚀要严重得多。

（3）重工业区钢结构的锈蚀速度，约为市区的 2 倍，比空气中侵蚀性介质很少的田园和山区则高 10 倍左右。

（4）有防锈层钢结构的锈蚀速度，比无防锈层钢结构的锈蚀速度约慢 5 倍。

（5）室外钢结构的锈蚀速度，约为室内钢结构的 4 倍。

设计钢结构时，可按下列原则考虑防锈蚀问题：

（1）在厂区的平面布置上，根据地形情况将散发侵蚀性气体的车间布置在常年主导风向的下风向。

（2）在车间的整体布置上，应将散发侵蚀性介质的区域隔离，使其与其他建筑物有一定的距离。尽可能改进生产过程和工艺设备，使侵蚀性介质的来源减少。采用有利于自然通风的厂房布置方案，以降低有害物的含量。

（3）在结构选型上采用不易受锈蚀的合理方案，节点构造要简单，尽量避免有难于检查、清理、涂漆以及易积留湿气和灰尘的死角和凹槽。

（4）对侵蚀性气体含量较多的车间，在可能的条件下，结构可采用含有适量合金元素的耐大气腐蚀的耐候钢制造。

（5）采用合理的防锈蚀措施。

钢结构在涂刷防锈蚀涂料前，必须将构件表面的毛刺、铁锈、油污及附着物清除干净，使钢材的表面露出银灰色，以增加漆膜与构件表面的粘结力。目前钢结构常用的除锈方法有下列三种[7]：

（1）人工除锈：采用刮刀、钢丝刷、砂布或电动砂轮等简单工具，由人工将钢材表面的铁锈全部除去。这种方法操作简单、但工作效率低，劳动条件差，除锈的质量不易保证。

（2）酸洗除锈：将构件放入酸洗槽内，分别除去油污、铁锈并清洗干净。这种方法较人工除锈彻底，工效亦高，是一种有效的除锈方法，一般适用于形状复杂、小型和薄壁型钢构件，对大型构件因需要较大的酸洗槽和蒸气加温反复冲洗等手续，目前尚应用不多。

在有条件时，酸洗后再进行磷化处理，即将构件浸于含有磷酸氢铁和磷酸氢锰的磷化溶液中，使钢材表面产生一层具有不溶性的磷酸铁和磷酸锰的保护膜，增加对漆膜的附着力。

（3）喷砂除锈：将钢材或构件通过喷砂机将其表面的铁锈清除干净，露出金属的本色，较好的喷砂机是能将喷出的石英砂、铁砂或铁丸的细粉自动筛去，防止粉末飞扬，减小对工人健康的影响。这种除锈方法比较彻底，效率亦高，在较发达的国家已普遍采用，是一种先进的除锈方法。

喷射和抛射除锈，用字母"Sa"表示，分四个等级：

（1）Sa1——轻度的喷射后抛射除锈。钢材表面无可见的油脂、污垢、无附着的不牢的氧化皮、铁锈、油漆涂层等附着物。

（2）Sa2——彻底的喷射或抛射除锈。钢材表面无可见的油脂、污垢，氧化皮、铁锈等附着物基本清除。

（3）Sa2$\frac{1}{2}$——非常彻底的喷射或抛射除锈。钢材表面无可见的油脂、污垢、氧化皮、铁锈、油漆涂层等附着物，任何残留的痕迹仅是点状或条状的轻微色斑。

（4）Sa3——使钢材表面非常洁净的喷射或抛射除锈。钢材表面无可见的油脂、污垢、氧化皮、铁锈、油漆涂层等附着物，该表面显示均匀的金属色泽。

手工除锈分为两个等级：

（1）St2——彻底的手工和动力工具除锈。钢材表面应无可见的油脂和污垢，并且没有附着不牢的氧化皮、铁锈和油漆涂层等附着物。

（2）St3——非常彻底的手工和动力工具除锈。钢材表面应无可见的油脂和污垢，并且没有附着不牢的氧化皮、铁锈和油漆涂层等附着物。除锈应比St2更为彻底，底材显露部分的表面应具有金属光泽。

钢材表面物理除锈方法与等级见表2-4。

各类构件的物理除锈方法与等级[7]　　　　　　　　　表2-4

构件种类	除锈方法	除锈等级
无侵蚀作用一般构件	手工及动力工具除锈	St2（彻底）级或St3级（非常彻底）
弱侵蚀作用的承重构件	喷射（丸、砂）除锈	Sa2（彻底）级或Sa2$\frac{1}{2}$级（非常彻底）
中等侵蚀作用的承重构件	喷射（丸、砂）除锈	Sa2$\frac{1}{2}$级（非常彻底）

注：1. 对使用期内很难维修的承重构件，其除锈等级宜适当提高（最高不超过Sa2$\frac{1}{2}$级）。

2. 除锈前后应仔细消除油垢、毛刺、药皮、飞溅物及氧化铁皮等。

3. 除锈及涂装工程的质量验收应符合《钢结构工程施工质量验收规范》GB 50205的规定。

火焰除锈用字母："FI"表示，一般工程中不常用。

涂料是一种含油或不含油的胶体溶液，将它涂敷在钢材的表面，可结成一层薄膜以防钢材被锈蚀。涂料一般分为底漆和面漆两种[7]：

（1）底漆：底漆是直接涂在钢材表面上或涂在磷化底漆上的漆，它含粉料多，基料少，成膜粗糙，与钢材表面粘结力强，并与面漆结合性好。

（2）面漆。面漆是涂在底漆上的漆，它含粉料少，基料多，成膜后有光泽，主要功能是保护下层底漆。因此，要求面漆对大气和湿气有高度的不渗透性，并能抵抗由风化所引起的物理和化学分解。目前的趋势是使用更多的合成树脂来提高涂层的抗风化性能。

目前国内涂料的品种繁多，性能和用途各异，在选用时要注意下列问题[7]：

（1）根据结构所处的环境，选用合适的涂料。即根据室内、室外的温度和湿度、侵蚀性介质的种类和浓度，选用涂料的品种。对于酸性介质，可采用耐酸性能较好的酚醛树脂漆，而对于碱性介质，则应采用耐碱性能较好的环氧树脂漆。

（2）注意涂料的正确配套，使底漆和面漆之间有良好的粘结力。例如，过氯乙烯漆对钢材表面的附着力差，与磷化底漆或铁红醇酸底漆配套使用，才能得到良好的效果。而不能与油性底漆（如油性红丹漆）配套使用，因为过氯乙烯漆中含有强溶剂，会咬起这种底漆的漆膜。

（3）根据结构构件的重要性（是主要承重构件还是次要承重构件）分别选用不同品种的涂料，或用相同品种的涂料，调整涂复层数。

（4）考虑施工条件的可能性，有的宜刷涂，有的宜喷涂。在一般情况下，宜选用干燥快，便于喷涂的冷固型涂料。

（5）选择涂料时，除考虑结构使用功能、经济性和耐久性外，尚应考虑施工过程中的稳定性、毒性以及需要的温度条件等。此外，对涂料的色泽也应予以注意。

一般钢结构的防锈涂层，均由几层不同或相同的涂料组合而成。涂层的层数和总厚度，应根据涂料的性质和构件使用的条件来确定：一般室内钢结构在自然大气介质的作用下，要求涂层的总厚度在 100μ 左右（即底漆和面漆备 2 道）；露天钢结构或在工业大气介质作用下的钢结构，要求总厚度在 $150\sim200\mu$ 或大于 200μ。当选用过氯乙烯漆作为防腐蚀涂料时，因喷涂一层所得的漆膜较薄，需要喷涂多层才能得到一定的厚度。

涂料的涂装施工方法，常用的有刷涂法和喷涂法两种。

（1）刷涂法，建筑工程中应用较广，特别适用于油性基料的涂装。

（2）喷涂法：此法工效高，施工方便，适用于大面积施工，漆膜光滑平整。

建筑构件的燃烧性能和耐火极限是判定建筑构件承受火灾能力的两个基本要素。建筑构件耐火极限是衡量建筑物耐火等级的主要指标。建筑构件的耐火极限是指在标准耐火试验条件下，建筑构件、配件或结构从受到火的作用时起，到失去稳定性、完整性或隔热性时止的这段时间，一般用小时表示，详见《建筑设计防火规范》GB 50016。影响构件耐火极限的因素有：材料的燃烧性能、构件的截面尺寸、构件表面的保护层厚度等。钢结构的防火设计与构造应注意以下几点[7]：

（1）凡有防火要求的钢结构工程设计，应包含防火设计的内容，包括构件耐火时限的确定、防火涂料或板材类别、厚度、构造与计算选定，对防火材料的性能、施工、验收等技术要求以及所依据的防火设计施工或材料规范等。

（2）应慎重并合理地确定设计项目的防火类别与建筑物防火等级，必要时应与消防部门共同商定设防标准。

（3）重要的钢柱构件采用防火涂料保护时，一般应采用厚涂型防火涂料，且节点部位宜做加厚处理。当所用防火涂料的粘结强度小于或等于 0.05MPa 时，涂层内应设置与钢构件相连的钢丝网。当采用防火板材外包防火时，应采用硬质防火板材，当包覆层数等于或大于 12 层时，各层板应分别固定，其板缝应相互错开不小于 400mm。

（4）承重钢梁构件采用厚涂型防火涂料时，其重要节点部位宜加厚处理。当为下列任一种情况时，涂层内应设与钢梁相连的钢丝网：①受振动作用的梁；②涂层厚度大于或等于 40mm 的梁；③梁用防火涂料粘结强度小于或等于 0.05MPa 时；④梁腹板高度超过 1.5m 时。

（5）有防火要求的屋盖钢结构，宜选用实腹式截面，若采用桁架结构时，宜采用 T 形钢截面（或圆管方形、矩形管截面）的杆件，不宜采用双角钢组合带节点板的 T 形截面或双槽钢组合带节点板的工字形截面。

（6）组合楼盖中以压型钢板兼作钢筋承重并有防火要求时，应选用有自耐火性的板型（如燕尾板），其整体耐火时限应满足承重楼盖的耐火要求（并经国家检测机构检验认证），而不必再以防火涂料防护。同时，若楼盖下空间用不燃性板材封闭时，该压型板亦可不做防火处理。

（7）屋盖、楼盖钢构件的防火材料宜采用薄涂涂料或轻质防火板材，必要时应将防火材料的质量计入结构计算荷载之中。

此外，由于防腐涂料和超薄型防火涂料种类较多且品质差距较大，应当注明产品要求或产品标准，注明干漆膜厚度，必要时可注明防腐年限。

12. 钢结构主体与围护结构的连接要求

《建筑抗震设计规范》GB 50011—2010 第 13.3.6 条："钢结构厂房的围护墙，应符合下列要求：（1）厂房的围护墙，应优先采用轻型板材，预制钢筋混凝土墙板宜与柱柔性连接；9 度时宜采用轻型板材。（2）单层厂房的砌体围护墙应贴砌并与柱拉结，尚应采取措施使墙体不妨碍厂房柱列沿纵向的水平位移；8、9 度时不应采用嵌砌式。"

13. 必要时，应提出结构检测要求和特殊节点的试验要求

这部分内容均源自《钢结构结构施工质量验收规范》GB 50205—2001。其中，与结构检测要求相对于的条文有：

第 4.2.2 条："对属于下列情况之一的钢材，应进行抽样复验，其复验结果应符合现行国家产品标准和设计要求。（1）国外进口钢材；（2）钢材混批；（3）板厚等于或大于 40mm，且设计有 Z 向性能要求的厚板；（4）建筑结构安全等级为一级，大跨度钢结构中主要受力构件所采用的钢材；（5）设计有复验要求的钢材；（6）对质量有疑义的钢材。"

第 4.3.2 条："重要钢结构采用的焊接材料应进行抽样复验，复验结果应符合现行国家产品标准和设计要求。"该条中"重要"是指：（1）建筑结构安全等级为一级的一、二级焊缝。（2）建筑结构安全等级为二级的一级焊缝。（3）大跨度结构中一级焊缝。（4）重级工作制吊车梁结构中一级焊缝。（5）设计要求。

第 4.4.2 条："高强度大六角头螺栓连接副应按本规范附录 B 的规定检验其扭矩系数，其检验结果应符合本规范附录 B 的规定。"

第 4.4.3 条："扭剪型高强度螺栓连接副应按本规范附录 B 的规定检验预拉力，其检验结果应符合本规范附录 B 的规定。"

第 6.3.1 条："钢结构制作和安装单位应按本规范附录 B 的规定分别进行高强度螺栓

连接摩擦面的抗滑移系数试验和复验，现场处理的构件摩擦应单独进行摩擦面抗滑移系数试验，其结果应符合设计要求。"抗滑移系数是高强度螺栓连接的主要设计参数之一，直接影响构件的承载力，因此构件摩擦面无论由制造厂处理还是由现场处理，均应对抗滑系数进行测试，测得的抗滑移系数最小值应符合设计要求。

第12.3.4条："钢网架结构总拼完成后及屋面工程完成应分别测量其挠度值，且所测的挠度值不应超过相应超过相应设计值的1.15倍。"实际工程进行的试验表明，网架安装完毕后实测的数据都比理论计算值大，约5%~11%。故规范允许比设计值大15%。

与网架节点承载力试验要求相对应的条文有：

第12.3.3条："对建筑结构安全等级为一级，跨度40m及以上的公共建筑钢网架结构，且设计有要求时，应按下列项目进行节点承载力试验，其结果应符合以下规定：(1)焊接球节点应按设计指定规格的球及其匹配的钢管焊接成试件，进行轴心拉、压承载力试验，其试验破坏荷载值大于或等于1.6倍设计承载力为合格。(2)螺栓球节点应按设计指定规格的球最大螺栓孔螺纹进行抗拉强度保证荷载试验，当达到螺栓的设计承载力时，螺孔、螺纹及封板仍完好无损为合格。"

十一、砌体工程

1. 砌体墙的材料种类、厚度，填充墙成墙后的墙重限制

近年来，由于限制黏土制品的使用，砌块材料品种越来越丰富，《砌体结构设计规范》GB 50003—2011第3.1.1条给出了常用承重结构的块体的强度等级："(1)烧结普通砖、烧结多孔砖的强度等级：MU30、MU25、MU20、MU15和MU10；(2)蒸压灰砂普通砖、蒸压粉煤灰普通砖的强度等级：MU25、MU20和MU15；(3)混凝土普通砖、混凝土多孔砖的强度等级：MU30、MU25、MU20和MU15；(4)混凝土砌块、轻集料混凝土砌块的强度等级：MU20、MU15、MU10、MU7.5和MU5；(5)石材的强度等级：MU100、MU80、MU60、MU50、MU40、MU30和MU20。"

第3.1.2条给出自承重墙的空心砖、轻集料混凝土砌块的强度等级："(1)空心砖的强度等级：MU10、MU7.5、MU5和MU3.5；(2)轻集料混凝土砌块的强度等级：MU10、MU7.5、MU5和MU3.5。"

第3.1.3条则给出砂浆的强度等级："(1)烧结普通砖、烧结多孔砖、蒸压灰砂普通砖和蒸压粉煤灰普通砖砌体采用的普通砂浆强度等级：M15、M10、M7.5、M5和M2.5；蒸压灰砂普通砖和蒸压粉煤灰普通砖砌体采用的专用砌筑砂浆强度等级：Ms15、Ms10、Ms7.5、Ms5.0；(2)混凝土普通砖、混凝土多孔砖、单排孔混凝土砌块和煤矸石混凝土砌块砌体采用的砂浆强度等级：Mb20、Mb15、Mb10、Mb7.5和Mb5；(3)双排孔或多排孔轻集料混凝土砌块砌体采用的砂浆强度等级：Mb10、Mb7.5和Mb5；(4)毛料石、毛石砌体采用的砂浆强度等级：M7.5、M5和M2.5。"

规范这些条文规定是我们合理选用砌块等级、规范总说明行文的依据，尤其要注意其最低强度等级，如蒸压灰砂最低等级为MU15，其专用砌筑砂浆强度等级最低为Ms5.0，没有Ms2.5这一级。

由于目前墙体材料比较分散、种类繁多，既有黏土砖、页岩砖、煤矸石砖，又有灰砂普通砖、粉煤灰普通砖、混凝土普通砖、轻集料混凝土砌块，既有实心的，也有空心的，

设计图中注明墙体尤其是填充墙墙体成墙后的墙重限制，是控制墙体荷载使之与设计计算基础、梁板柱荷载时的取值相一致。

砖墙的各类构造详见国家标准图集《砖墙建筑构造（烧结多孔砖与普通砖、蒸压砖）》04J101。

2. 砌体填充墙与框架梁、柱、剪力墙的连接要求或注明所引用的标准图

在墙体转角处和纵横墙交接处设置拉结钢筋提高了墙体稳定性和房屋整体性，同时对防止墙体温度或干缩变形引起的开裂也有一定作用。因此，《砌体结构设计规范》GB 50003—2011 第 6.2.2 条规定："墙体转角处和纵横墙交接处应沿竖向每隔 400～500mm 设拉结钢筋，其数量为每 120mm 墙厚不少于 1 根直径 6mm 的钢筋；或采用焊接钢筋网片，埋入长度从墙的转角或交接处算起，对实心砖墙每边不小于 500mm，对多孔砖墙和砌块墙不小于 700mm。"第 6.2.3 条则要求"填充墙、隔墙应分别采取措施与周边主体结构构件可靠连接，连接构造和嵌缝材料应能满足传力、变形、耐久和防护要求。"第 6.5.6 条明确提出"填充墙砌体与梁、柱或混凝土墙体结合的界面处（包括内、外墙），宜在粉刷前设置钢丝网片，网片宽度可取 400mm，并沿界面缝两侧各延伸 200mm，或采取其他有效的防裂、盖缝措施。"

《建筑抗震设计规范》GB 50011—2010 第 13.3.2 条："非承重墙体的材料、选型和布置，应根据烈度、房屋高度、建筑体型、结构层间变形、墙体自身抗侧力性能的利用等因素，经综合分析后确定，并应符合下列要求：（1）非承重墙体宜优先采用轻质墙体材料；采用砌体墙时，应采取措施减少对主体结构的不利影响，并应设置拉结筋、水平系梁、圈梁、构造柱等与主体结构可靠拉结。（2）刚性非承重墙体的布置，应避免使结构形成刚度和强度分布上的突变；当围护墙非对称均匀布置时，应考虑质量和刚度的差异对主体结构抗震不利的影响。（3）墙体与主体结构应有可靠的拉结，应能适应主体结构不同方向的层间位移；8、9 度时应具有满足层间变位的变形能力，与悬挑构件相连接时，尚应具有满足节点转动引起的竖向变形的能力。（4）外墙板的连接件应具有足够的延性和适当的转动能力，宜满足在设防地震下主体结构层间变形的要求。"第 13.3.4 条："钢筋混凝土结构中的砌体填充墙，尚应符合下列要求：（1）填充墙在平面和竖向的布置，宜均匀对称，宜避免形成薄弱层或短柱。（2）砌体的砂浆强度等级不应低于 M5；实心块体的强度等级不宜低于 MU2.5，空心块体的强度等级不宜低于 MU3.5；墙顶应与框架梁密切结合。（3）填充墙应沿框架柱全高每隔 500～600mm 设 2Φ6 拉筋，拉筋伸入墙内的长度，6、7 度时宜沿墙全长贯通，8、9 度时应全长贯通。（4）墙长大于 5m 时，墙顶与梁宜有拉结；墙长超过 8m 或层高 2 倍时，宜设置钢筋混凝土构造柱；墙高超过 4m 时，墙体半高宜设置与柱连接且沿墙全长贯通的钢筋混凝土水平系梁。（5）楼梯间和人流通道的填充墙，尚应采用钢丝网砂浆面层加强。"其中楼梯间和人流通道的填充墙采用钢丝网砂浆面层加强措施是根据汶川地震震害调查结果新增加的内容，实际施工图中容易遗漏。此外，该条第一款应引起重视。一般认为框架结构填充墙因不直接参与受力，可以随便布置。这只是在竖向荷载作用下适用，在地震作用下，如果填充墙在平面和竖向的布置不均匀、偏置，由于填充墙的刚度较大，有可能形成薄弱层；对于嵌砌在框架柱中的填充墙，则有可能形成短柱。这两种情况均可能造成在地震作用下框架结构发生严重破坏甚至倒塌。在设计时，应对建筑图中的填充墙布置情况作分析，避免这类不利情况的出现。

填充墙内的构造柱做法与砖混结构的有所不同，《砌体结构设计规范》GB 50003—2011 第 6.3.4 条提出填充墙与框架的连接可采用脱开或不脱开方法，并给出具体而详细的做法，在条文说明中还指出："设于填充墙内的构造柱施工时，不需预留马牙槎。柱顶预留的不小于 15mm 的缝隙，则为了防止楼板（梁）受弯变形后对柱的挤压。"

填充墙标准图集见《框架结构填充小型空心砌块墙体结构构造》12SG614-1。

3. 砌体墙上门窗洞口过梁要求或注明所引用的标准图

《砌体结构设计规范》GB 50003—2011 第 7.2.1 条："对有较大振动荷载或可能产生不均匀沉降的房屋，应采用混凝土过梁。当过梁的跨度不大于 1.5m 时，可采用钢筋砖过梁；不大于 1.2m 时，可采用砖砌平拱过梁。"在地震区，《建筑抗震设计规范》GB 50011—2010 第 7.3.10 条，门窗洞处不应采用砖过梁；过梁支承长度，6～8 度时不应小于 240mm，9 度时不应小于 360mm。

门窗洞口过梁的标准图为《钢筋混凝土过梁结构标准图集》02G05。

4. 需要设置的构造柱、圈梁（拉梁）要求及附图或注明所引用的标准图

多层砖砌体房屋，现浇钢筋混凝土构造柱设置要求及构造见《建筑抗震设计规范》GB 50011—2010 第 7.3.1、7.3.2 条；多层砖砌体房屋的现浇钢筋混凝土圈梁的设置及构造见《建筑抗震设计规范》GB 50011—2010 第 7.3.3、7.3.4 条。丙类的多层砖砌体房屋，当横墙较少且总高度和层数接近或达到规范规定限值时，圈梁和构造柱的加强措施见《建筑抗震设计规范》GB 50011—2010 第 7.3.14 条。多层砌块房屋、底部框架-抗震墙砌体房屋抗震构造措施详见《建筑抗震设计规范》GB 50011—2010 第 7.4 节、7.5 节。

砖混结构构造柱、圈梁的做法常引用标准图《建筑物抗震构造详图（多层砌体房屋和底部框架砌体房屋)》11G329-2 或《多层砖房钢筋混凝土构造柱抗震节点详图》03G363。国家建筑标准图集《砌体填充墙结构构造》12G614-1 是按《建筑抗震设计规范》GB 50010—2010 等新规范进行修编。主要内容包括砌体填充墙与混凝土主体结构的拉结、填充墙构造柱和水平系梁的设置及详图等；墙体材料包括混凝土小型空心砌块、烧结空心砖、烧结多孔砖、蒸压加气混凝土砌块，适用于钢筋混凝土结构房屋中的砌体填充墙与混凝土主体结构的拉结构造及填充墙之间的拉结构造，适用于非抗震设计及抗震设防烈度为 6～8 度的地区。

十二、检测（观测）要求

1. 沉降观测要求

《建筑地基基础设计规范》GB 50007—2011 第 10.3.8 条："下列建筑物应在施工期间及使用期间进行沉降变形观测：（1）地基基础设计等级为甲级建筑物；（2）软弱地基上的地基基础设计等级为乙级建筑物；（3）处理地基上的建筑物；（4）加层、扩建建筑物；（5）受邻近深基坑开挖施工影响或受场地地下水等环境因素变化影响的建筑物；（6）采用新型基础或新型结构的建筑物。"第 10.3.9 条："需要积累建筑物沉降经验或进行设计反分析的工程，应进行建筑物沉降观测和基础反力监测。沉降观测宜同时设分层沉降监测点。"

《北京地区建筑地基基础勘察设计规范》DBJ 11—501—2009 第 3.0.10 条："遇下列情况之一时，应进行建筑物沉降长期观测，必要时尚应进行岩土体位移观测，并以观测数据检验设计和控制安全施工：（1）一级建筑物及可能产生较大差异沉降的建筑物；（2）可能受深基础开挖影响的邻近工程；（3）重要的边坡工程和建在斜坡上的建筑物；（4）因加层、接建、堆载、施工降水等原因，可能产生较大附加沉降的建筑物；（5）采用处于开发、研究阶段的地基基础新技术、新工艺的工程。"

2. 大跨度结构及特殊结构的检测或施工安装期间的监测要求

大跨度空间钢结构施工过程中的路径和时间效应对其内力发展和变形变化影响较大，应加以考虑和控制，检测与分析是保证大跨度结构施工、运行安全和施工质量的必不可少的环节。随着大型复杂结构交通枢纽的日益增多，大跨度空间钢结构得到广泛应用。但是由于这类建筑通常体量庞大、形态多样、结构体系新奇和节点构造复杂，施工过程中结构物倒塌的事故时有发生，因此对大跨度空间钢结构建筑进行施工全过程监测和仿真计算是十分必要的。

如 2008 年奥运会重点工程之一的国家会议中心的钢结构主要有展览大厅钢桁架、大宴会厅钢桁架、会议厅钢桁架、劲性柱、商业街及内街屋面钢结构、摇摆柱等六大部分，每部分结构采用了不同的安装方法，测量控制方法也各不相同。据文献资料介绍，该工程采用了全站仪、激光铅直仪、测温仪、电子经纬仪及水准仪等测量工具，在施工中全面推行数字化测量控制技术，确保施工进度和施测精度。

3. 高层、超高层结构应根据情况补充日照变形观测等特殊变形观测要求

《建筑结构荷载规范》GB 50009—2012 第 9.1.1 条条文说明中指出：温度作用是指结构或构件内温度的变化。在结构构件任意截面上的温度分布，一般认为可由三个分量叠加组成：①均匀分布的温度分量 ΔT_u；②沿截面线性变化的温度分量（梯度温差）ΔT_{My}、ΔT_{Mz}，一般采用截面边缘的温度差表示；③非线性变化的温度分量 ΔT_E。结构和构件的温度作用即指上述分量的变化，对超大型结构、由不同材料部件组成的结构等特殊情况，尚需考虑不同结构部件之间的温度变化。因此，对高层、超高层结构可根据具体情况，补充日照变形观测等特殊变形观测要求，这部分内容也是顺应《建筑结构荷载规范》GB 50009—2012 中新增"温度作用"后的需要。当然实际工程中也确实有部分高层建筑出现外墙面砖脱落等现象，说明温控在某些情况下是有必要的。

此外，还有几项内容是施工图审查中主要审查的内容，结构总说明中也是必不可少的，主要有：

1. 验槽

基础施工时，验槽是必不可少的环节。《建筑地基基础设计规范》GB 50007—2011第 10.2.1 条："基槽（坑）开挖到底后，应进行基槽（坑）检验。当发现地质条件与勘察报告和设计文件不一致、或遇到异常情况时，应结合地质条件提出处理意见。"这一条为强制性条文。其条文说明指出："基槽（坑）检验工作应包括下列内容：（1）应做好验槽（坑）准备工作，熟悉勘察报告，了解拟建建筑物的类型和特点，研究基础设计图纸及环境监测资料。当遇有下列情况时，应列为验槽（坑）的重点：①当持力土层的顶板标高有较大的起伏变化时；②基础范围内存在两种以上不同成因类型的地层时；③基础范围内存在局部异常土质或坑穴、古井、老地基或古迹遗址时；④基础范围内遇有断层破碎带、软弱岩脉以及湮废河、湖、沟、坑等不良地质条件时；⑤在雨季或冬季等不良气候条件下施工、基底土质可能受到影响时。（2）验槽（坑）应首先核对基槽（坑）的施工位置。平面尺寸和槽（坑）底标高的容许误差，可视具体的工程情况和基础类型确定。一般情况下，

110

槽（坑）底标高的偏差应控制在0～50mm范围内；平面尺寸，由设计中心线向两边量测，长、宽尺寸不应小于设计要求。验槽（坑）方法宜采用轻型动力触探或袖珍贯入仪等简便易行的方法，当持力层下埋藏有下卧砂层而承压水头高于基底时，则不宜进行钎探，以免造成涌砂。当施工揭露的岩土条件与勘察报告有较大差别或者验槽（坑）人员认为必要时，可有针对性地进行补充勘察测试工作。(3) 基槽（坑）检验报告是岩土工程的重要技术档案，应做到资料齐全，及时归档。"在该规范第3.0.4条也同样提出："建筑物地基均应进行施工验槽。当地基条件与原勘察报告不符时，应进行施工勘察。"这里强调的是当地基条件与原勘察报告不符时，应进行施工勘察。

《北京地区建筑地基基础勘察设计规范》DBJ 11—501—2009第13.2.1条"基坑与基槽（以下简称基坑）开挖后，应对开挖揭露的地基条件进行检验，当发现与勘察报告和设计文件不一致、或遇到异常情况时，应结合实际情况提出处理意见。"

2. 地基处理后的载荷试验

《建筑地基处理技术规范》JGJ 79—2012第7.2.3条："当地基承载力或变形不能满足设计要求时，地基处理可选用机械压实、堆载预压、真空预压、换填垫层或复合地基等方法。处理后的地基承载力应通过试验确定。"第3.0.3条："对已选定的地基处理方法，应按建筑物地基基础设计等级和场地复杂程度以及该种地基处理方法在本地区使用的成熟程度，在场地有代表性的区域进行相应的现场试验或试验性施工，并进行必要的测试，以检验设计参数和处理效果。"第10.2.2条："地基处理的效果检验应符合下列规定：(1) 地基处理后载荷试验的数量，应根据场地复杂程度和建筑物重要性确定。对于简单场地上的一般建筑物，每个单体工程载荷试验点数不宜少于3处；对复杂场地或重要建筑物应增加试验点数；(2) 处理地基的均匀性检验深度不应小于设计处理深度；(3) 对回填风化岩、山坯土、建筑垃圾等特殊土，应采用波速、超重型动力触探、深层载荷试验等多种方法综合评价；(4) 对遇水软化、崩解的风化岩、膨胀性土等特殊土层，除根据试验数据评价承载力外，尚应评价由于试验条件与实际条件的差异对检测结果的影响；(5) 复合地基除应进行静载荷试验外，尚应进行竖向增强体及周边土的质量检验；(6) 条形基础和独立基础复合地基载荷试验的压板宽度宜按基础宽度确定。"

《建筑地基基础设计规范》GB 50007—2011第7.2.8条："复合地基承载力特征值应通过现场复合地基载荷试验确定，或采用增强体载荷试验结果和其周边土的承载力特征值结合经验确定。"《建筑地基处理技术规范》JGJ 79—2012第7.1.2条："对散体材料复合地基增强体应进行密实度检验；对有粘结强度复合地基增强体应进行强度及桩身完整性检验。"第7.1.3条："复合地基承载力的验收检验应采用复合地基静载荷试验，对有粘结强度的复合地基增强体尚应进行单桩静载荷试验。"这两个条文均为强条。复合地基静载荷试验要点见《建筑地基处理技术规范》JGJ 79—2012附录B，复合地基增强体单桩静载荷试验要点见《建筑地基处理技术规范》JGJ 79—2012附录C。

具体来说，对于振冲碎石桩和沉管砂石桩复合地基、水泥土搅拌桩复合地基、旋喷桩复合地基、灰土挤密桩和土挤密桩复合地基、夯实水泥土桩复合地基、水泥粉煤灰碎石桩复合地基、柱锤冲扩桩复合地基，《建筑地基处理技术规范》JGJ 79—2012第7.2.6、7.3.7、7.4.10、7.5.4、7.6.4、7.7.4、7.8.7条均要求竣工验收时，"复合地基静载荷试验和单桩静载荷试验的数量不应少于总桩数的1%，且每个单体工程的复合地基静载荷试验的试验数量不应少于 3 点。"

对于处理不同深度存在相对硬层的正常固结土，或浅层存在欠固结土、湿陷性黄土、可液化土等特殊土，以及地基承载力和变形要求较高的地基，常采用多桩型复合地基。《建筑地基处理技术规范》JGJ 79—2012 第 7.9.11 条提出了多桩型复合地基的质量检验要求："（1）竣工验收时，多桩型复合地基承载力检验，应采用多桩复合地基静载荷试验和单桩静载荷试验，检验数量不得少于总桩数的 1%；（2）多桩复合地基载荷板静载荷试验，对每个单体工程检验数量不得少于 3 点；（3）增强体施工质量检验，对散体材料增强体的检验数量不应少于其总桩数的 2%，对具有粘结强度的增强体，完整性检验数量不应少于其总桩数的 10%。"

3. 桩身质量及完整性检验要求

《建筑地基基础设计规范》GB 50007—2011 第 10.2.15 条："桩身完整性检验宜采用两种或多种合适的检验方法进行。直径大于 800mm 的混凝土嵌岩桩应采用钻孔抽芯法或声波透射法检测，检测桩数不得少于总桩数的 10%，且不得少于 10 根，且每根柱下承台的抽检桩数不应少于 1 根。直径不大于 800mm 的桩以及直径大于 800mm 的非嵌岩桩，可根据桩径和桩长的大小，结合桩的类型和当地经验采用钻孔抽芯法、声波透射法或动测法进行检测。检测的桩数不应少于总桩数的 10%，且不得少于 10 根。"

十三、施工需特别注意的问题

这部分内容常引用的规范及条文有：

（1）《混凝土结构设计规范》GB 50010—2010 第 3.1.7 条："混凝土结构应正常使用和维护。未经技术鉴定或设计许可，不得任意改变结构的形式、用途和使用环境"。该条为强条。

（2）《高层建筑混凝土结构技术规程》JGJ 3—2010 第 13.1.4 条："编制施工方案时，应根据施工方法、附墙爬升设备、垂直运输设备及当地的温度、风力等自然条件对结构及构件受力的影响，进行相应的施工工况模拟和受力分析。"

（3）《高层建筑混凝土结构技术规程》JGJ 3—2010 第 13.1.5 条："冬期施工应符合《建筑工程冬期施工规程》JGJ 104 的规定。雨期、高温及干热气候条件下，应编制专门的施工方案。"

（4）《高层建筑混凝土结构技术规程》JGJ 3—2010 第 13.3.1 条："基础施工前，应根据施工图、地质勘察资料和现场施工条件，制定地下水控制、基坑支护、支护结构拆除和基础结构的施工方案；深基坑支护方案宜进行专门论证。"

（5）《高层建筑混凝土结构技术规程》JGJ 3—2010 第 13.8.1："高层建筑宜采用预拌混凝土。"预拌混凝土在北京市绿色一星建筑施工图审查中，已列为必审的内容。

（6）《高层建筑混凝土结构技术规程》JGJ 3—2010 第 13.12.3 条："施工现场应设立可靠的避雷装置。"

（7）《高层建筑混凝土结构技术规程》JGJ 3—2010 第 13.12.8 条："高层建筑施工应有消防系统，消防供水系统应满足楼层防火要求。"

（8）《建筑地基基础设计规范》GB 50007—2011 第 10.3.1 条及《建筑地基处理技术规范》JGJ 79—2012 第 10.2.5 条："大面积填方、填海等地基处理工程，应对地面沉降进行长期监测，直到沉降达到稳定标准；施工过程中还应对土体位移、孔隙水压力等进行监测。"

（9）《建筑地基基础设计规范》GB 50007—2011 第 10.3.3 条："施工过程中降低地下水对周边环境影响较大时，应对地下水位变化、周边建筑物的沉降和位移、土体变形、地下管线变形等进行监测。"

（10）《建筑地基基础设计规范》GB 50007—2011 第 10.3.7 条："对挤土桩布桩较密或周边环境保护要求严格时，应对打桩过程中造成的土体隆起和位移、邻桩桩顶标高及桩位、孔隙水压力等进行监测。"

（11）《建筑地基基础设计规范》GB 50007—2011 第 10.3.6 条："边坡工程施工过程中，应严格记录气象条件、挖方、填方、堆载等情况。尚应对边坡的水平位移和竖向位移进行监测，直到变形稳定为止，且不得少于二年。爆破施工时，应监控爆破对周边环境的影响。"

（12）《建筑地基处理技术规范》JGJ 79—2012 第 7.9.10 条："多桩型复合地基的施工应符合下列规定：①对处理可液化土层的多桩型复合地基，应先施工处理液化的增强体；②对消除或部分消除湿陷性黄土地基，应先施工处理湿陷性的增强体；③应降低或减小后施工增强体对已施工增强体的质量和承载力的影响。"

（13）《建筑地基处理技术规范》JGJ 79—2012 第 10.2.7 条："处理地基上的建筑物应在施工期间及使用期间进行沉降观测，直至沉降达到稳定为止。"该条为强条。

（14）《建筑地基处理技术规范》JGJ 79—2012 第 10.2.3 条："强夯施工应进行夯击次数、夯沉量、隆起量、孔隙水压力等项目的监测；强夯置换施工尚应进行置换深度的监测。"

（15）《建筑地基处理技术规范》JGJ 79—2012 第 10.2.6 条："地基处理工程施工对周边环境有影响时，应进行邻近建（构）筑物竖向及水平位移监测、邻近地下管线监测以及周围地面变形监测。"

（16）《膨胀土地区建筑技术规范》GB 50112—2013 第 6.1.3 条："施工用水应妥善管理，并应防止管网漏水。临时水池、洗料场、淋灰池、截洪沟及搅拌站等设施距建筑物外墙的距离，不应小于 10m。临时生活设施距建筑物外墙的距离，不应小于 15m，并应做好排（隔）水设施。"第 6.1.4 条："堆放材料和设备的施工现场，应采取保持场地排水畅通的措施。排水流向应背离基坑（槽）。需大量浇水的材料，堆放在距基坑（槽）边缘的距离不应小于 10m。"

（17）《湿陷性黄土地区建筑规范》GB 50025—2004 第 8.1.1 条："在湿陷性黄土场地，对建筑物及其附属工程进行施工，应根据湿陷性黄土的特点和设计要求采取措施防止施工用水和场地雨水流入建筑物地基（或基坑内）引起湿陷。"第 8.2.2 条："临时的防洪沟、水池、洗料场和淋灰池等至建筑物外墙的距离，在非自重湿陷性黄土场地，不宜小于 12m；在自重湿陷性黄土场地，不宜小于 25m。遇有碎石土、砂土等夹层时应采取有效措施，防止水渗入建筑物地基。临时搅拌站至建筑物外墙的距离，不宜小于 10m，并应做好排水设施。"第 8.2.3 条："临时给、排水管道至建筑物外墙的距离，在非自重湿陷性黄土场地，不宜小于 7m；在自重湿陷性黄土场地，不应小于 10m。管道应敷设在地下，防止冻裂或压坏，并应通水检查，不漏水后方可使用。给水支管应装有阀门，在水龙头处，应设排水设施，将废水引至排水系统，所有临时给、排水管线，均应绘在施工总平面图上，施工完毕必须及时拆除。"第 8.4.1 条："水暖管沟穿过建筑物的基础时，不得留施工缝。

当穿过外墙时，应一次做到室外的第一个检查井，或距基础 3m 以外。沟底应有向外排水的坡度。施工中应防止雨水或地面水流入地基，施工完毕，应及时清理、验收、加盖和回填。"第 8.5.5 条："管道和水池等施工完毕，必须进行水压试验。不合格的应返修或加固，重做试验，直至合格为止。清洗管道用水、水池用水和试验用水，应将其引至排水系统，不得任意排放。"其中，第 8.1.1 条和第 8.5.5 条为强条。

(18)《空间网格结构技术规程》JGJ 7—2010 第 6.2.3 条："空间网格结构的杆件接长不得超过一次，接长杆件总数不应超过杆件总数的 10%，并不得集中布置。杆件的对接焊缝距节点或端头的最短距离不得小于 500mm。"

(19)《空间网格结构技术规程》JGJ 7—2010 第 6.1.10 条："空间网格结构不得在六级及六级以上的风力下进行安装。"

(20)《空间网格结构技术规程》JGJ 7—2010 第 6.1.11 条："空间网格结构在进行涂装前，必须对构件表面进行处理，清除毛刺、焊渣、铁锈、污物等。经过处理的表面应符合设计要求和国家现行有关标准的规定。"

(21)《门式刚架轻型房屋钢结构技术规程》CECS：102：2002 第 8.2.5 条："刚架在施工中应及时安装支撑，必要时增设缆风绳充分固定。"该条为强条。

(22)《高强混凝土应用技术规程》JGJ/T 281—2012 第 7.6.2 条："当暑期施工时，高强混凝土拌合物入模温度不应高于 35℃，宜选择温度较低时段浇筑混凝土；当冬期施工时，拌合物入模温度不应低于 5℃，并应有保温措施。"第 7.7.7 条："当冬期施工时，高强混凝土养护应符合下列规定：①宜采用带模养护；②混凝土受冻前的强度不得低于10MPa；③模板和保温层应在混凝土冷却到 5℃ 以下再拆除，或在混凝土表面温度与外界温度相差不大于 20℃ 时再拆除，拆模后的混凝土应及时覆盖；④混凝土强度达到设计强度等级标准值的 70% 时，可撤除养护措施。"

(23)《混凝土结构工程施工规范》GB 50666—2011 第 10.4.4 条："雨期施工期间，应采取防止模板内积水的措施。模板内和混凝土浇筑分层面出现积水时，应在排水后再浇混凝土。"

(24)《混凝土结构工程施工规范》GB 50666—2011 第 10.4.8 条："在雨天进行钢筋焊接时，应采取挡雨等安全措施。"

(25)《混凝土结构工程施工规范》GB 50666—2011 第 11.2.7 条："混凝土外加剂、养护剂的使用，应满足环境保护和人身健康的要求。"这一条很重要，前几年曾出现在住宅楼的混凝土中添加氨类防冻剂，住户入住后，氨气长久不散。

第二节　结构设计总说明中的常见问题

目前施工图审查已成为我国工程建设的一项基本制度，结构设计文件（含施工图、计算书及相关技术资料）通过施工图审查机构的审查成为工程设计和建设的一个环节，自然也就成为结构设计工作的一部分，就像按照合同约定，结构工程师参与地基施工验槽、主体结构验收和工程竣工验收一样。2013 年 8 月 1 日开始实施的《房屋建筑和市政基础设施工程施工图设计文件审查管理办法》（住房和城乡建设部第 13 号令）第十一条指出："审查机构应当对施工图审查下列内容：（一）是否符合工程建设强制性标准；（二）地基基础和主体结构的安全性；（三）是否符合民用建筑节能强制性标准，对执行绿色建筑标准的项目，还应当审查是否符合绿色建筑标准；（四）勘察设计企业和注册执业人员以及相关人员是否按规定在施工图上加盖相应的图章和签字；（五）法律、法规、规章规定必须审查的其他内容。"在施工图审查制度实施以前，工程师关注的是结构设计的经济性、技术的合理性和可靠性，现在结构设计文件还必须符合施工图审查的要求，而且由于结构专业的特殊性，很少有设计文件一次审查即合格的，因此还应根据审查意见修改设计。施工图和其他设计文件经过设计单位自行审核、审定之后，送交第三方审查时，为何还出现比较多的审查意见呢？这与工程设计的特点有关，这些特点也从另一侧面说明施工图审查制度设置的必要性。

一、工程设计的本质特征

工程设计以设计的内容能够得以实施为目的，以没有重大缺陷为根本。一项工程设计，如果设计方案、工程技术不被采纳，那仅仅是方案和技术设想而已，产生不了效益，顶多只是为下一个工程作技术储备。如果设计存在技术缺陷，其结果小则影响使用，大则危及安全，甚至酿成大祸，这种设计连废物都不如，这种责任是我们工程师永远也担当不起的，这种情况更是我们永远也不想见到的，所以工程设计必须经得起各种检验，尤其是第三方的质疑或审查。

1. 工程设计的特点

工程活动是有目的、有组织、有计划的人类行为，它既不是设计者的本能活动，也不是简单的"条件反射性"行为。在现代工程活动中，设计工作是一个起始性、定向性、指导性的环节，具有特殊的重要性。工程设计是在工程理念的指导下进行的智力活动，是属于工程总体谋划与具体实现之间的一个关键环节，是技术集成和工程综合优化的过程，它要求工程师以工程可实施的方式为具体的工程建设项目提供切实可行的、经济合理的解决方案，设计工作生动地体现了工程师的智慧和主动性、创造性。从知识的范畴方面看，设计知识活动包含了那些无法用语言表达、但又意义重大的"隐性知识（tacit knowledge)"[26]。设计实质上是将知识转化为现实生产力的先导过程，在某种意义上也可以说设计是对工程构建、运行过程进行先期虚拟化的过程。

从学科分类的角度看，目前较普遍的学科分类方式是把所有学科分成自然科学、社会科学与人文学科三大类。自然科学与社会科学之分，是按研究对象分的；社会科学与人文学科之分，又主要是按学科中量化研究手段的应用程度和学科规范程度分的。显然，这种分法不太令人满意。有鉴于此，国外有学者提出另一种三分法[43]：形式科学、解释性科学和设计科学。形式科学，如哲学和数学，是谈不上什么实证研究的。解释性科学主要指自然科学和一部分社会科学学科（如经济学）。设计科学包括工程学、医学、管理学等。如果采纳经济学诺贝尔奖得主司马贺的说法，解释性科学重在描述（Description），设计科学重在施策（Prescription）。设计中包括了对多种类型知识的获取、加工、处理、集成、转化、交流、融合和传递。乔治·戴特（George E. Dieter）在《工程设计》一书中用了四个"C"来概括工程设计的基本特点[26]：

（1）创造性（creativity）。工程设计需要创造出工程建设之前不存在的甚至不存在于人们观念中的新东西。工程设计是一种创造性的思维活动。工程设计的创造性不但常常表现在它所体现出的一些"规律"可以被推广、可以被普遍运用方面，而且工程设计的创造性还常常表现在它所体现出来的"独特个性"方面——这些"独特个性"的某些方面往往是不能机械模仿、普遍推广的。

（2）复杂性（complexity）。工程设计总是涉及多变量、多参数、多目标和多重约束条件的复杂问题。设计是解决问题的一种特殊方式，是受限制的解题过程。建筑设计是在一系列限制（约束）下，寻求最佳解。这些约束包括经济的、社会的、人性化的、精神的、美学的、环境的等等。工程技术设计寻求结果的优化[43]：最适宜性，即费用最少，经济、社会、人文效益最优；最协调性，即与自然协调、与人协调、与周围环境协调。设计追求的是满足人类的需要，并不是最好的技术解答或经济解答。

（3）选择性（choice）。在各个层次上，工程设计者都必须在许多不同的解决方案中做出选择。罗杰·斯克鲁登在《建筑美学》中说[25]："建筑学最重要的特征，即在我们生活的各个方面都为建筑确立一个特殊地位和意义的特征，就是建筑和装饰技术的连续性，以及和这个目标相适应的多样性。"建筑的多样性以及建筑物所受到的外界作用的多样性、复杂性和不确定性，决定了结构设计目标的广泛性、内容的多重性和复杂性，也造成判别结构设计好坏与经济与否的标准的多样性。因此，什么是好的结构设计、什么是既经济又合理的设计，目前还难以有一个确切的答案的问题，也没有一个权威的标准和解释，即使是经济性，也有局部经济还是全局经济的区别，是建设时期优还是全寿命期优的争议。

（4）妥协性（compromise）。工程设计者常常需要在多个相互冲突的目标及约束条件之间进行权衡和折中。

结构设计总说明是结构设计四个"C"的集中体现和高度概括，结构设计总说明是工程施工和施工图审查的重要内容，施工图审查着重审查结构设计总说明中设计依据条件是否正确，结构材料选用、统一构造做法、标准图选用是否正确，对涉及使用、施工等方面需作说明的问题是否已作交代。从这一意义上说，施工图审查是对设计者针对工程具体环境下多变量、多参数、多目标和多重约束条件的复杂问题所作出的创造性工作，依据一定的安全可靠标准（如审查要点、规范、工程经验等），在充分协调和沟通的前提下，经过权衡和折中，作出的合理选择。

2. 工程设计问题求解的非唯一性

J. F. Blumrich 在《设计科学》中说[26]："设计是为先前不曾解决的问题确定合理的解析框架，并提供解决的方案，或者是以不同的方式为先前解决过的问题提供新的解决方案。"因此，可以把工程设计看作问题求解的过程。由于科学研究也可以被看成是一个问题求解的过程，于是这里就出现了一个"新问题"："科学问题的问题求解"和"工程问题的问题求解"两者之间的根本不同就在于工程设计中的问题求解具有非唯一性。

在实际工程中，设计面对的往往是一些"不确定性定义"（ill-defined）或具有"不确定性结构"（ill-structured）的问题。确定性定义或具有确定性结构的问题，通常具有清晰的目标、唯一正确的答案以及明确的规则或解题步骤，比如求解一元二次方程式。而不确定性定义或具有不确定性结构的问题则具有如下的一些特点[26]：

（1）对问题本身缺乏唯一的、无可争议的表述。问题初步设定时，目标常常是含混不清的，而且许多约束和标准也不明确。问题产生的背景相当复杂和棘手，很难清晰地理解，例如在结构设计使用年限内，结构可能遭遇的地震作用就是一个复杂的问题。在解答问题的过程中，可以先试着对问题进行一些尝试性的表述，但这些表述通常是不稳定的，会随着对问题本身理解的深入而发生变化。

需求分析是工程设计的起点，它为随后的设计活动设立了目标、边界和范围，而工程设计的最终目的则是给出在工程上可以实现的解决问题的详细方案。

在很多情况下，需求方对工程设计和建设提出的要求可能是含混不清的，而且对不同的利益相关者提出的需求之间甚至可能相互冲突。这就要求工程的设计者对这些较为笼统或相互矛盾的需求进行合理而精炼的概括、平衡和取舍，将与需求相关的问题进行透彻地分析，进而对工程设计所面临问题的给出一个准确明晰的描述，这是以工程的方式来解决问题的出发点。

在需求分析阶段，设计师不但应该完成对设计问题的准确表述，而且应该明确对工程项目的各种约束条件和明确该项目需要达到的功能性指标。优秀的工程设计者往往能够发现真正的需求和问题所在，而不至于因为对需求和问题的不当把握和理解而从一开始就将潜在的新颖或优化的解决方案排除在外。对需求及其相关问题的深入而准确的分析能够为后面的设计提供正确的方向和有益的启示。而经验不足的设计者往往在尚未吃透问题之前就着手思考解决之道，急于根据一些似是而非的问题展开设计，这样的倾向，加上对相关任务的草率理解，很容易误导工程设计者将时间和精力用于解决错误的问题，或者是没有对准问题的核心，没有对准问题的全部。对结构设计来说，最常见的是结构柱网、梁格和剪力墙的布置不适应建筑使用功能需要；活荷载取值偏小等。

在工程的建造和使用中可能涉及的法律法规和道德伦理方面的问题及相关规定，也需要在需求分析阶段加以澄清。此外，对工程设计所需要实现的总体目标和需要达到的技术经济指标、主要功能、安全性、稳定性、可靠性、可维护性等，也需要给出定性的界定和定量的描述。

（2）对问题的任何一种表述都包含不一致性。具有不确定性结构的问题通常包含内在的冲突因素，其中的许多冲突因素需要在设计的过程中加以解决，而在解决问题的过程中又可能产生新的冲突因素。

（3）对问题的表述依赖于求解问题的路径。要理解面临的问题究竟是什么，需要或明或暗地参照有哪些可行的解决问题的手段和方式，对解题之道的把握影响着对问题本身的把握。尝试性地提出解决方案可以成为理解问题的重要手段，例如工程设计中常针对具体的工程项目提出一种或几种可选的结构方案。一些技术或非技术上的难点，以及可能会涉及的一些不确定的领域，只有在试图解决问题的过程中才会暴露出来，而许多先前未曾注意到的约束条件和标准也会在不同方案的评估中涌现，如位移比>1.2。

（4）问题没有唯一的解答。对同一个问题存在着不同的有效解决方案，不存在唯一的、客观的判断对错的标准和程序，但不同的方案在不同方面可以有优劣之分，如有的侧重于经济性，有的侧重于技术的先进性。

工程设计的非唯一性还在于设计过程和环节的不确定性。不同产业、不同类型、不同规模、不同产品、不同国家乃至不同企业的工程在进行具体的工程设计工作时，其具体过程、具体流程和具体环节会有很大的差别。虽然也有一些学者尝试着对工程设计的工作环节或"设计流程"进行过概括和分析，并且他们的具体分析和具体观点也是有参考价值的，但他们之间的具体看法确实差别很大[26]。需要强调指出的是，所有的"设计流程"都是一个从"概念设计"（conceptual design）"逐步落实"或"逐步具体化"为"最终图纸"或"最终方案"的过程，但这个过程绝不是一个简单的"线形推进"的过程，在"设计流程"的不同环节或步骤之间常常需要进行多次的"反馈"，在不同的设计部门（如结构专业与建筑、设备专业之间）或"设计要素"之间常常需要进行反复的"协调"和"讨论"，否则，很难获得一个满意的"设计结果"。工程设计的结果应该是明晰和规范的，而不能留下疏漏和"缺环"。

3. 工程设计中的共性与个性的关系

工程设计是一个复杂的过程，其中有许多难以处理的关系，如何认识和把握共性与个性、科学性与艺术性的关系常常是问题的核心和关键。在认识和处理这些关系问题时，任何极端化、片面化的观点和做法都是不合适、不恰当的。

一方面，必须承认工程设计是有一般性规律和规则可循的，应该承认必须在实践经验的基础上深入反思、概括、提炼和升华，努力发现与掌握有关工程设计的一般规律和方法，并且在工程实践中努力运用和发展这些一般原则、规律和方法。另一方面，也必须承认任何具体工程项目的设计都不可避免地具有自身的特殊性和独特个性，必须承认任何工程项目的设计都是具有"唯一性"和"个性化"特色的设计，这也就是为什么人们常常把设计视为"艺术"而不是科学的根本原因。

由于一般性的、规律性的、共性的事物和内容常常表现为"可说的"、"可编码的"甚至是"程序性"的知识，从而催生了一体化结构计算程序。而特殊性的、个性化的事物和内容常常表现为"隐性"的、"不可编码"的知识，而"隐性"知识的重要性又常常被人忽视甚至被某些人所否认。工程设计中，设计师的直觉和洞察力是很重要的，好的设计更离不开设计者的直觉、天分、灵感和经验。许多案例告诉我们，所谓设计师的天才、灵感、直觉、洞察力，其最常见的表现形式和基本内容之一就是体现在设计师对工程项目设计的"独特个性"的"独特认识"、"个性化"认识与把握上。因此，特别强调工程设计中"个性化"问题，不是无的放矢的，而是有很强针对性的。

但是，我们也不应把工程设计的"个性化"和"艺术性"夸大到不适当的程度，而否定工程设计的一般性和规律性。正像艺术创作并非完全无章可循一样，正像对艺术创作规律和方法的探索有助于更好地理解艺术和进行艺术创作一样，我们也必须承认对工程设计规律和方法的研究必将有助于提高工程设计的水平，有助于工程设计者提高工程设计的质量和效率，增强分析问题的能力，扩展所能解决问题的尺度和范围，有助于设计师创造性地解决所面临的问题，降低在设计过程中对一些重要因素发生忽视和遗漏的几率，有助于加速年轻工程师的成长和培养，促进工程设计、建造、开发和维护过程中各方的沟通与协作，以及对工程设计活动本身的管理。

此外，工程设计通常是由一个团队而不是个别人来承担的，而设计团队的构成也是多样化的，来自不同的专业，具有不同的实践背景，设计者、管理者和客户之间存在着复杂的互动关系，包括交流、沟通和妥协，都给理解工程设计的过程特点带来了新的问题。可以看出，在这一对于设计工作的新的理解中，专业设计人员和非专业设计人员的交流、互动、对话、协调已经成为搞好设计工作的新的关键。有人提出需要将工程设计作为"社会过程"来理解，这个观点是有实际意义的[26]，施工图审查就是这种"社会过程"的一种反映。

4. 工程设计工作中创新性与遵守规范的关系

创新是工程设计的灵魂，设计工作需要创新也必须创新，没有创新精神的设计必定是平庸的甚至是拙劣的。英国 Bill Addis 说[20]："创造力和创新是结构工程师对设计的贡献。"然而结构设计又是一项必须遵循和依照有关设计规范进行的工作，一般是不允许违反有关设计规范的，因为结构设计规范往往是凝结了许多试验、实践经验、地震灾害等惨痛教训的结果，是成熟经验的总结。因此，在设计过程中，既要重视创新性又不能忽视规范性，并把规范性与创新性统一起来。一方面，必须强调严格遵循设计规范，尤其是必须满足设计规范中的强制性条文，不允许轻率地把设计规范置于脑后而不顾；另一方面，又应该在必要时，以非常严肃的态度，提出切实可行技术措施和可靠依据（试验研究、技术鉴定、专题论证等），依照严格的标准"突破"现有设计规范的约束，果断地创新，积极采用新结构、新技术、新材料。爱因斯坦明确指出，从经验上升到基本概念、基本假说，没有逻辑通道，必须借助于思维的自由创造，即借助于创造性思维（直觉、想象、灵感、顿悟等），所以工程创新绝不是经验的简单积累和工程经验的简单叠加。工程创新，作为创新的一种，存在着独特性。从本质上说，工程创新作为创新的一种，是一项冒险性的事业。"多数的创新，无论是多么令人兴奋，最终都将消失在历史的灰烬里。"（[英] 卡尔·富兰克林：《创新为什么会失败》，王晓生等译，中国时代经济出版社 2005 年版，第 23 页。）创新具有很大的风险性，每个环节都包含了很多不确定的因素，在实施过程中由于无迹可寻，难免存在着种种困难。这些阻碍创新实施的因素，无论是政治的、经济的或者是社会的，都无一例外地筑起一道道壁垒，令工程创新在实施中问题不断。而工程创新要想成功，必须冲破这些壁垒，只有扫清创新实施的障碍因素，才能更好地保证创新过程的有序进行。对于创新，目前有很多理论性的论述，可谓洋洋大观。最能传神地表达出工程创新真谛的，是《大学》中所说的"未有学养子而嫁者也"这句话，意思是没有必要等到女孩子学会了养育子女后才出嫁的。试想一下，如果女孩子只有学会了养育子女后才能出嫁，那么"小乔初嫁了"还能有多大的诗意？要想取得创新成果，就得像刚出嫁的女孩子一样，带着几分青涩、几分生硬，甚至是几分茫然，然而却十分坚定地肩负起生儿育女的使命，迎接新生命的降临！但工程是不容许失败的，"创新"要讲究科学，遵循科学精神，因为科学精神和科学方法比单纯的科学知识更重要，而科学精神和科学方法是具体的、实实在在的，不是抽象的和可有可无的。老子说："图难于其易，为大于其细。天下之难事，必作于易；天下之大事，必作于细。"（《道德经》六三卷）细心是从事结构设计的基本心理素质，想当然、粗心大意、恃才标新或自视过高，往往是事故的苗头和根源，对存在的问题不能有侥幸心理，更"玩"不起，这是结构设计职业的必然反映和职责使然。

工程的本质和基本特点在于系统性、复杂性、集成性和组织性。由于工程的系统性和集成性的特点，因此在对所采用的技术的选择、集成以及资源的组织协调过程中，必然会追求集成性优化，以构成优化的工程系统。因此，工程创新的重要标志体现为"集成创新"。"集成创新"的特征决定了工程创新必须克服将工程和技术混为一谈的认识和实践陷阱。在一些人的心目中，技术就是工程，工程就是技术，好像二者没有什么区别。事实上，工程实践的检验和理论分析都告诉我们，这种主张单纯技术观点的工程观是不正确的。在现实生活中，技术评价标准上的成功并不意味着必然同时取得工程评价标准上的成功[26]。这在结构设计中也常遇到，如预应力技术就技术本身来说是比普通钢筋混凝土技术更先进的技术，但在高烈度设防区大跨度框架结构中的应用就未必是好的技术。由于预应力可能影响延性，美国 UBC 规范明确规定不得用预应力筋承受地震作用。试验研究[6]说明满足以下条件时，预应力不影响延性框架的抗震性能：（1）梁的矩形截面平均预应力不超过 2.41MPa；（2）非预应力筋配筋率不少于总配筋率的 65％；（3）梁在支座处下部钢筋面积不少于上部钢筋面积的 65％。从概念上分析，采用预应力技术虽然降低了框架梁的梁高，但在梁端施加预应力后，梁端出现塑性铰的几率更低了，更易使框架结构出现"强梁弱柱"的不利情况。这种情况在大跨度结构中更明显，因为在大跨度结构中，由于跨度大，梁的高度相对较高，柱子截面相对较小，而且在大跨度结构中柱子的数量也相对较少，所以在强震作用下更容易出现"强梁弱柱"的破坏模式。再如早强剂在技术上来说也是有一定的优势，在混凝土配合比设计中适当添加早强剂可以提高混凝土的早期强度，加快施工进度。但在实际工程中，添加早强剂的混凝土比较容易出现早期收缩裂缝，影响使用和观感，甚至对构件的强度产生不利影响。

从实际施工图审查的情况看，施工图审查制度的建立，对设计中的创新活动增加一项"把关"的程序，确实或多或少对新技术的应用有所影响，也不排除有人为因素的障碍，但只要新技术本身经得起多方质疑，通过施工图审查也是顺理成章的。从这个意义上说，国家有关部门还应该及时根据新的时代背景、新的需求、结合新的知识修订原有的设计规范，为新技术的推广应用扫除技术障碍。

二、施工图审查中发现的结构设计总说明方面的常见问题

（一）结构设计文件的完整性和规范性

施工图审查是根据法律、法规、规章、技术标准与规范，对施工图进行结构安全和强制性标准、规范执行情况等进行的独立审查。根据住房和城乡建设部第 13 号令，结构设计文件（含施工图、计算书及相关技术资料）的完整性和规范性成为审查内容的一部分，所以设计文件的不规范、技术资料的不完整，在施工图审查意见中所占的比例较大，常见的有以下几个方面：

1. 技术资料不完整、缺项较多

（1）总说明太简单、粗略。总说明中设计依据、材料质量要求、施工验收要求等不完整。2004 年 8 月北京市规划委员会发布的《北京市建筑工程施工图设计文件审查要点》（以下简称《要点》）对结构总说明的要求是："结构设计总说明应包括：①本工程结构设计的主要依据；②设计±0.00 标高所对应的绝对标高值；③建筑结构的安全等级和设计使用年限，混凝土结构的耐久性要求和砌体结构施工质量控制等级；④建筑场地类别、地基的液化等级、建筑抗震设防类别、抗震设防烈度（设计基本加速度及设计地震分组）、建筑场地类别和钢筋混凝土结构的抗震等级；⑤人防工程的抗力等级；⑥扼要说明有关地基概况，对不良地基的处理措施及技术要求、抗液化措施及要求、地基土的标准冰冻深度；⑦采用的设计荷载，包含风荷载、雪荷载、楼面允许使用荷载、特殊部位的最大使用荷载标准值；⑧所选用的结构材料的品种、规格、性能及相应的产品标准，当为钢筋混凝土结构时，应说明钢筋的保护层厚度、锚固长度、搭接长度、搭接方法，并对某些构件或部位的材料提出特殊要求。"这些内容是必审的。

《要点》对设计依据的要求是："设计所采用的地基承载力等地基土的物理力学指标、

抗浮设计水位、抗震设防烈度（设计地震加速度）、设计地震分组、建筑场地类别应与审查合格的《岩土工程勘察报告》一致；结构设计中涉及的作用或荷载，应符合规范规定。"在荷载方面，阳台、消防楼梯及其门厅与规范要求不一致，轻隔墙荷载漏算或取值偏小也是常有的。建筑结构的安全等级和设计使用年限，混凝土结构的耐久性要求和砌体结构施工质量控制等级也经常会出现遗漏，尤其是在耐久性方面，规范的要求是比较多，包括环境类别、最大水胶比、最小水泥用量、最低混凝土强度等级、最大氯离子含量、最大碱含量，以及混凝土保护层厚度等，有的工程在设计总说明中的表述往往不全面。其实最简单，也是最可靠的办法就是在确定混凝土结构的环境类别后，其他要求和做法根据环境类别引用规范条文和相应的国家标准图集。

对于人民防空地下室工程，《人民防空地下室施工图设计文件审查要点》中对人防地下室工程的结构设计总说明的要求是："每一单项工程应编写一份结构设计总说明，对多子项工程宜编写统一的结构施工图设计总说明。若防空地下室与其上部的地面建筑为同一个子项，可与地面建筑的结构设计总说明合写，也可专门列一小节，说明地面建筑结构设计总说明中未包含的人防结构设计的内容。申报防空地下室施工图设计文件技术性审查时，宜提供供审查使用的防空地下室结构设计总说明。防空地下室结构设计总说明应包括以下内容：①工程概况，包括防空地下室的平时功能、战时功能，防护单元划分及各防护单元的抗力级别等。②防空地下室结构设计的主要依据，包括防空地下室结构的安全等级、设计使用年限，遵循的标准、规范，工程地质、水文地质条件，以及地面建筑抗震设计条件等。③各结构构件采用的战时等效静荷载标准值，包括防空地下室的顶板、底板、外墙、临空墙、防护密闭门门框墙、防倒塌棚架等。④防空地下室所用结构材料的品种、规格、性能及相应的产品标准，有防水、密闭要求的结构构件的抗渗等级等。⑤当为钢筋混凝土结构时，应说明受力钢筋的保护层厚度、锚固长度、搭接长度、接长方法，并对某些构件或部位的材料提出特殊要求。⑥设计±0.000 标高所对应的绝对标高值及图纸中的标高、尺寸的单位。⑦所采用的通用做法和标准构件图集。⑧施工中应遵循的施工标准规范和注意事项，例如：在施工期间存在上浮可能时，应提出抗浮措施；后浇带的设置等。"对照这些要求，在施工图设计文件审查和人防工程施工图专项审查中，人防地下室工程的设计总说明内容不全是常见的现象，可以说是大部分设计单位的弱项。

(2) 材料选取不符合规范要求或表述不规范、不严谨。在材料方面，主要有四种情况：①主要结构材料性能指标不符合《建筑抗震设计规范》GB 50011—2010 第 3.9.2 条、3.9.3 条及第 13.3.4 条的要求。②标注不规范，如加气混凝土砌块等级应标 A2.5、A3.5 而不是 MU2.5、MU3.5；钢筋等级应标 HPB235 级钢、HRB335 级钢，而不是Ⅰ级钢、Ⅱ级钢等。③钢结构构件的防火、防锈性能，如耐火极限、防火涂料的类型、厚度及检验要求应满足《钢结构设计规范》GB 50017—2003 第 8.9.4 条的要求；钢构件的除锈方法、除锈等级及防腐涂料的类型、性能和涂层厚度未说明或表述不全；结构加固材料性能要求标注不全，如《混凝土结构加固设计规范》GB 50367—2006 第四章对加固常用材料，如水泥、混凝土、钢材及焊接材料、纤维和纤维复合材、结构加固用胶粘剂、混凝土裂缝修补材料、阻锈剂等均有明确规定。其中，第 4.4.1 条对纤维复合材的品种和性能，第 4.4.2 条对结构加固用的纤维复合材的安全性能，第 4.5.2 条对承重结构用的胶粘剂的安全性能检验，第 4.5.3 条、第 4.5.5 条、第 4.5.6 条对改性环氧树脂胶粘剂的安全性能，第 4.5.8

条对结构加固用的胶粘剂的毒性检验等，以及第4.4.3条、第4.4.6条、第4.7.4条、第12.2.4条等条文均属于强制性条文。第12.2.6条规定："承重结构植筋的锚固深度必须经设计计算确定；严禁按短期拉拔试验值或厂商技术手册的推荐值采用。"这一条也是强制性条文，对制止目前施工中存在的不规范行为有一定的引导作用。实际工程中，不少加固企业就是按短期拉拔试验值或厂商技术手册的推荐值确定植筋的锚固深度。④选用国家和地方政府禁止使用的材料（如实心黏土砖），要求采用预拌混凝土、预拌砂浆的地区未在图中特别标明，还有在施工图中指定产品的生产厂、供应商等。《中华人民共和国建筑法》第五十七条，建筑设计单位对设计文件选用的建筑材料、建筑配件和设备，不得指定生产厂、供应商。设计者应关注建设部关于建设领域推广应用新技术、新产品，严禁使用淘汰技术与产品的《技术与产品公告》。

（3）工程地质及水文地质概况表述不全。在实际送审图中，设计总说明缺抗浮设计水位，缺地基的液化等级及抗液化措施，缺地基土的标准冻深，设计地震分组、建筑场地类别与勘察报告不一致等现象经常发生。一些大的设计院的设计总说明通常均给出各主要土层的压缩模量及承载力特征值，但也有的设计院的设计总说明只给出地基持力层及其承载力特征值，更甚者，连地基持力层及其承载力特征值都未给出，不一而足。

（4）相关试验和检验要求不明确。主要有：没有明确提出验槽要求；地基处理后的载荷试验、桩身质量及完整性检验要求等未说明等。对于采用新结构、新技术、新材料的工程还应有可靠依据（试验研究、技术鉴定、专题论证等）。

（5）缺相关施工要求的表述。主要有：施工期间的降水要求及终止降水的条件；基坑、承台坑回填要求；基础大体积混凝土的施工要求；梁、板的起拱要求及拆模条件；后浇带的施工要求；防雷接地要求；焊缝质量检查要求；沉降观测要求等，均未作应有的交代。

2. 设计文件不规范

（1）引用过期的规范、图集。《要点》要求设计采用的工程建设标准和设计引用的其他标准（含图集）应为有效版本。由于近期设计规范修订比较频繁，主要的设计规范均已修订，再引用01规范系列就不合适了。

（2）表达不规范或易引起歧义。如基本风压、基本雪压，有的图纸中写成"风荷载"、"雪荷载"，这看似文字表达不严，但基本风压与风荷载概念上相差很大，因为风荷载不仅与基本风压有关，还与房屋的高度、体型系数、地面粗糙度等有关。再如钢筋的混凝土保护层厚度，应明确是受力纵筋还是最外层钢筋的保护层厚度；《混凝土结构设计规范》GB 50010第3.5.3条中结构混凝土材料的耐久性基本要求中，"最大水胶比"不能误为"最大水灰比"；在北京地区，根据《北京地区建筑地基基础勘察设计规范》DBJ 11—501—2009的表述地基承载力应为标准值而不是特征值；天津市区的抗震设防烈度为"7度（0.15g）"或"抗震设防烈度为7度，设计基本地震加速度值0.15g"，而不能表述为"抗震设防烈度为7.5度"或"抗震设防烈度七度半"；人防地下室工程的抗力等级，如为核6级，则规范的表述应为抗力等级"核6级、常6级"，后面的常6级是不能省略的，因为抗力等级为核6级必定是甲类防空地下室，必须同时具备常6级的防护能力。

（二）概念含糊

1. 选型不当

常见的有：（1）上部结构选型不当的主要有：①多层结构采用单跨框架结构；②框

122

架-剪力墙结构只在一个方向设置剪力墙；③多层砖混结构部分或全部楼层层高超过3.6m或3.9m；④多层砖混结构局部房间（如大会议室）横墙间距大于《建筑抗震设计规范》GB 50011—2010第7.1.5条的限值；⑤抗震设防烈度8、9度区钢结构厂房采用嵌砌式围护墙；⑥当地下室顶板作为上部结构的嵌固部位时，地下室顶板开设大洞口或楼板厚度小于180mm等。（2）基础选型与地基处理不当的情形主要有：①高层建筑与多层裙房之间的基础埋深相同或相差较小时，在在高低层之间设置沉降缝或抗震缝，致使高层在裙房一侧缺少侧向约束；②滥用复合地基。当天然地基承载力不足时，工程上的处理方法是很多的，最简单的办法是采用整体性较好的柱下条形基础或筏板基础，以考虑深度和宽度修正，并可适当加宽基础底面积，只有在这些常见措施不满足时，才需要考虑采用复合地基和深基础等方案，从施工图审查的实际情况看，目前CFG复合地基有滥用的趋势，只要地基承载力略显不足就采用CFG复合地基，使基础的费用增加较大；③桩基选型不当。桩基类型的选择、桩的布置、试桩要求、成桩方法、终止沉桩条件、桩的检测及桩基的施工质量验收要求是否明确，是设计总说明中主要审查的内容，其中桩基类型的选择是设计者工程经验和技术水平的综合体现。对有液化土层的地基，应根据建筑的抗震设防类别、地基液化等级，结合具体情况采取合理的措施，也不应都要采用桩基础；④抗浮措施不当。一是该采取措施的，没有采取相应的抗浮措施，致使基础在水浮力作用上整体上浮或底板局部变形过大甚至开裂；二是采用钢渣混凝土等配重措施，而钢渣混凝土造价高或因原材料供应不便和施工技术力量不足等，而不得不修改设计；三是抗拔桩或抗浮锚杆设置不当；⑤地基基础的稳定性不满足规范要求。对于位于斜坡上的地基，不满足《建筑地基基础设计规范》GB 50007—2011第5.4.2条的稳定性要求；平整场地地基中，没有考虑大量的挖方、填方、堆载和卸载等对边坡稳定性的影响。岩石地基上的高层建筑基础埋深较小时，未按规范的要求验算建筑的稳定性、倾覆、滑移。当基础埋深低于毗邻建筑物的基础底标高且两基础之间的净距较小时，未采取相应的技术措施等。

2. 对规范条文的理解有误或对规范的要求掌握得不全面

这类问题常见的有：

（1）构件抗震等级选取有误。确定抗震措施等级时，设防标准需作调整。例如，抗震设防类别为甲类、乙类的建筑，根据《建筑工程抗震设防分类标准》GB 50223—2008的规定，当本地区的抗震设防烈度为6~8度时，应按提高一度查《建筑抗震设计规范》GB 50011—2010表6.1.2确定抗震等级，其效力涵盖概念设计要求的内力调整和抗震构造措施，具体来说，这一抗震等级适用于《建筑抗震设计规范》GB 50011—2010第6.2节~6.7节。对于7度乙类的框支结构房屋和8度乙类的框架结构、框架—抗震墙结构、部分框支抗震墙结构、板柱—抗震墙结构的房屋提高一度后，当其高度超过规范表6.1.2中抗震等级为一级的高度上界时，《建筑抗震设计规范》GB 50011—2010第6.1.3条要求"采取比一级更有效的抗震构造措施。"即内力调整不提高，只要求抗震构造措施"高于一级"，大体与《高层建筑混凝土结构技术规程》JGJ 3—2010中特一级的构造要求相当。

此外，《建筑抗震设计规范》GB 50011—2010第3.3.3条和《高层建筑混凝土结构技术规程》JGJ 3—2010第3.9.2条指出："建筑场地为Ⅲ、Ⅳ类时，对设计基本地震加速度为0.15g和0.30g的地区，除本规范另有规定外，宜分别按抗震设防烈度8度（0.20g）和9度（0.40g）时各抗震设防类别建筑的要求采取抗震构造措施。"也就是说对于7度

（0.15g）和 8 度（0.30g）地区Ⅲ、Ⅳ类场地上的丙类建筑，要分别按抗震设防烈度 8 度（0.20g）和 9 度（0.40g）确定适用于抗震构造措施的抗震等级，这一提高后的抗震等级适用于《建筑抗震设计规范》GB 50011—2010 第 6.3 节～6.5 节及第 6.6 节～6.7 节中的抗震构造措施部分，不适用于《建筑抗震设计规范》GB 50011—2010 第 6.2 节及第 6.6 节～6.7 节中的内力调整部分。同样，对Ⅰ类场地，也仅降低抗震构造措施，不降低抗震措施中的其他要求，如按概念设计要求的内力调整措施。

因此，对于 7 度（0.15g）和 8 度（0.30g）地区Ⅲ、Ⅳ类场地上的甲类、乙类建筑，抗震构造措施就需要双提高，前者属于场地的影响，后者属于结构重要性的设防标准提高，不能两者选一，而且是两者均要考虑的双提高，即 7 度（0.15g）时按 9 度确定适用于抗震构造措施的抗震等级，而概念设计要求的内力调整的抗震等级仍按 8 度确定。同样，8 度（0.30g）时按比 9 度抗震设防更高的要求确定适用于抗震构造措施抗震等级，此时除应满足《建筑抗震设计规范》GB 50011—2010 第 6.1.3 条外，还应满足《高层建筑混凝土结构技术规程》JGJ 3—2010 第 3.9.7 条：当甲、乙类建筑按规范规定提高一度确定其抗震措施时，或Ⅲ、Ⅳ类场地且设计基本地震加速度为 0.15g 和 0.30g 的丙类建筑，按规范规定提高一度确定抗震构造措施时，如果房屋的高度超过提高一度后对应的房屋最大适用高度，则应采取比对应抗震等级更有效的抗震构造措施。

需要考虑抗震等级调整和修正的特殊情况还有：①框架-剪力墙结构或设置少量抗震墙的框架结构，在规定的水平力作用下，底层框架部分所承担的地震倾覆力矩大于结构总地震倾覆力矩的 50% 时，其框架的抗震等级应按框架结构确定，抗震墙的抗震等级可以与其框架的抗震等级相同。②主楼与裙房之间未设缝时，裙房除应按裙房本身确定抗震等级外，其相关范围（主楼周边外延不少于 3 跨且不小于 20m）的抗震等级不应低于主楼的抗震等级，且主楼结构在裙房屋面楼板对应的相邻上、下各一层受承载力和刚度突变的影响较大，应适当加强抗震构造措施。裙房偏置时，其端部有较大的扭转效应，也需要适当加强。③当地下室顶板作为上部结构的嵌固部位时，地下一层的抗震等级应与上部结构相同，地下一层以下抗震构造措施的抗震等级可逐层降低一级，但不应低于四级。④地下室中无上部结构的部分，抗震构造措施的抗震等级可根据具体情况采用三级或四级。

（2）构件的环境类别的确定不符合规范的要求。《混凝土结构设计规范》GB 50010—2010 第 3.5.2 条及其条文说明中指出："环境类别是指混凝土暴露表面所处的环境条件。"对于基础底板、地下室外墙来说，构件的两个表面分别处于不同的环境，外侧是与土或水直接接触的环境，而其内侧则是室内干燥环境。因此，有的设计将基础底板和地下室外墙划分为两个环境，外侧为"二 b"类（严寒和寒冷地区）或"二 a"类（非严寒和非寒冷地区），内侧则为"一"类，无意中将"构件的环境类别"等价于"构件表面的环境类别"。我认为这样的划分是不太恰当的，因为与环境类别相关的设计要求，《混凝土结构设计规范》中主要有两条，即第 3.5.3 条中的混凝土材料的耐久性基本要求和第 8.2.1 条中的混凝土保护层的最小厚度。将一个构件划分为两个环境类别，对于确定混凝土保护层的最小厚度没有问题，构件两侧分别对待即可，但如何确定构件材料耐久性基本要求中的混凝土最大水胶比、最低强度等级、最大氯离子含量及最大碱含量就有问题了，因为一个构件只能有唯一的水胶比、强度等级、氯离子含量和碱含量。因此，我认为构件环境类别应以构件两侧表面中最不利的一面来确定环境类别。这正如列宁所指出的，"概念不是一种直接的东西（虽然概念是一种'单纯的'东西，但这是'精神的'单纯性，观念的单纯性）——直接的只是那对'红色的'感觉（'这是红色的'）等等。概念不是'仅仅意识中的东西'，而是对象的本质，是'自在的'东西。"（《哲学笔记》第286～287页）概念的这种非直接性或综合性在结构中是常见的。例如，对于剪力墙中的连梁来说，一般均可以直观地将跨高比大于6的洞口梁认为是弱连梁，按框架梁设计，跨高比小于5的洞口梁则按连梁设计，其相应的承载力和延性要求均不同于框架梁。这种划分，实质是区分洞口梁的破坏形式是剪切破坏为主还是以弯曲破坏为主，同时还是判别其连接的墙肢是实体墙、联肢墙，还是整体小开口墙的依据。可见，连梁的受力特性，反映的不仅仅是它自身，还与墙肢的特性有本质的联系。列宁说："思辨思维的本性完全在于：在对立环节的统一中把握它们"（《哲学笔记》第89页），结构设计离不开思辨，而思辨能力的培养是工程复杂性和不确定性对工程师的必然要求。

（3）底部加强区的范围有误。《建筑抗震设计规范》GB 50011—2010 第 6.1.10 条规定："抗震墙底部加强部位的范围，应符合下列规定：①底部加强部位的高度，应从地下室顶板算起。②部分框支抗震墙结构的抗震墙，其底部加强部位的高度，可取框支层加框支层以上两层的高度及落地抗震墙总高度的 1/10 二者的较大值。其他结构的抗震墙，房屋高度大于 24m 时，底部加强部位的高度可取底部两层和墙体总高度的 1/10 二者的较大值；房屋高度不大于 24m 时，底部加强部位可取底部一层。③当结构计算嵌固端位于地下一层的底板或以下时，底部加强部位尚宜向下延伸到计算嵌固端。"但是在确定结构的嵌固部位时，应根据规范的要求，计算侧向刚度比，《建筑抗震设计规范》GB 50011—2010 第 6.1.14 条要求地下室顶板作为上部结构的嵌固部位时，"结构地上一层的侧向刚度，不宜大于相关范围地下一层侧向刚度的 0.5 倍"，《高层建筑混凝土结构技术规程》JGJ 3—2010 第 3.5.2 条第 2 款也有相应的规定，并给出了计算侧向刚度比的计算公式，但比值的量值与抗震设计规范略有不同。只有当侧向刚度比满足规范这些要求，且其他构造符合抗震设计规范第 6.1.14 条的相关要求时，才可以将地下一层顶板作为上部结构的嵌固部位，否则应相应向地下一层底板或以下延伸，在这种情况下底部加强部位的高度，仍应从地下室顶板算起，但加强部位的层数在底部两层和墙体总高度的 1/10 二者的较大值的基础上，将地下一层也作为底部加强部位。

3. 施工方式不清楚

有的工程将建筑立面造型做成封闭式的，根本无法拆除模板；有的工程柱子箍筋配得很密，每一根纵筋均设箍筋或拉筋，造成柱子混凝土浇筑困难。

第三节 框架-剪力墙结构设计总说明示例

1 总则

1.1 本说明是根据国家、行业及地方的现行有关标准的规定，并结合本项目的具体情况编制的，本说明仅适用于××综合楼项目的主体结构及地基基础设计部分。

1.2 本说明为建筑结构设计文件的一部分，凡结构施工图中未明确的内容，应按本说明执行；凡结构施工图中与本说明（或引用的标准图集）相冲突时，应与本设计单位结构工程师联系，待协调一致后再执行。

1.3 结构施工图设计文件，应与本工程其他各工种的施工图设计文件配合使用。

1.4 建筑物应按建筑施工图中注明的功能使用和维护。在设计使用年限内，未经技术鉴定或设计许可，不得任意改变结构的形式、用途和使用环境。

1.5 根据国家政府的有关规定，施工图设计文件应经审图机构审查，获审查通过并经过施工图技交底后，方可用于施工。

1.6 工程施工前，应由建设单位组织设计、施工、监理等单位对设计文件进行交底和会审。由施工单位完成的深化设计文件应经原设计单位确认。

1.7 本说明及结构施工图（以下简称结施图）设计文件，应由本公司的结构工程师负责解释。

1.8 本工程的施工、监理和验收等，除应符合本工程的设计文件外，尚应符合国家、行业和地方现行有关法律、法规、规范和规程的规定，以及本工程《岩土工程勘察报告》等文件的规定。

2 工程概况

2.1 拟建建筑物位于北京市，建筑的概况见表 2.1。

项目概况   表 2.1

地上层数	地下层数	檐口高度（m）	结构形式	基础类型	地上部分嵌固部位
5	−1	17.5	框架-剪力墙结构	独立柱基＋防水板	−1 层顶（±0.00）

2.2 本工程主要建筑功能综合办公，总建筑面积 $11877m^2$，其中地上建筑面积 $10674m^2$，地下建筑面积 $1203m^2$。

2.3 各单体建筑的长、宽、高，各层层高及主要结构跨度，详建筑和结构施工图。

3 设计依据

3.1 主体结构设计使用年限 50 年。

3.2 自然条件

3.2.1 基本风压为 $0.45kN/m^2$（50 年一遇）。

3.2.2 基本雪压为 $0.40kN/m^2$（50 年一遇）。

3.2.3 本工程按抗震设防烈度 8 度（0.20g）设计，设计地震分组为第一组，场地土为中软场地土，建筑场地类别为Ⅱ类，建筑抗震设防类别为丙类。

3.2.4 场地标准冻结深度 0.8m。

3.3 《岩土工程勘察报告》：××设计研究院提供的《岩土工程攒察报告（详勘）》，勘察报告编号为 2013-247 号。

3.4 上级主管部门对本工程初步设计文件的审查及批复文件。

3.5 建设单位提出的与结构设计有关的符合有关标准、法规的书面要求。

3.6 本专业设计所执行的主要法规和所采用的主要标准：

3.6.1 中华人民共和国国家标准及行业标准：

（1）《工程建设标准强制性条文（房屋建筑部分）》2013 版；

（2）《工程结构可靠性设计统一标准》GB 50153—2008；

（3）《建筑结构可靠度设计统一标准》GB 50068—2001；

(4)《建筑工程抗震设防分类标准》GB 50223—2008；

(5)《建筑结构荷载规范》GB 50009—2012；

(6)《混凝土结构设计规范》GB 50010—2010；

(7)《建筑抗震设计规范》GB 50011—2010；

(8)《高层建筑混凝土结构技术规程》JGJ 3—2010；

(9)《建筑地基基础设计规范》GB 50007—2011；

(10)《建筑桩基技术规范》JGJ 94—2008；

(11)《地下工程防水技术规范》GB 50108—2008；

(12)《建筑结构制图标准》GB/T 50105—2010；

(13)《建筑地基处理技术规范》JGJ 79—2012；

(14)《砌体结构设计规范》GB 50003—2011；

(15)《建筑工程设计文件编制深度规定》建质〔2008〕216号；

(16)《混凝土结构工程施工规范》GB 50666—2011。

以上所列是主要和常用的国家标准及行业标准，实际工程设计和施工时并不限于这些标准，还应满足及其他现行国家规范、规程。

3.6.2 地方标准：

(1)《北京地区建筑地基基础勘察设计规范》DBJ 11—501—2009；

(2)《北京市绿色建筑一星级施工图审查要点》，北京市勘察设计和测绘地理信息管理办公室发布，2013年5月。

3.7 当地施工图设计文件审查机构对施工图的审查意见。

4 图纸说明

4.1 本工程设计文件中，除注明者外，标高以米（m）计、尺寸以毫米（mm）计。

4.2 ±0.000相当于绝对标高为41.650m；室内外高差150mm。

4.3 本工程混凝土结构采用平面整体法表示，施工时，除应满足本说明及各施工图图纸中的规定外，还应满足下列国家标准图集：

(1)《混凝土结构施工图平面整体表示方法制图规则和构造详图》（现浇混凝土框架、剪力墙、梁、板）11G101-1；

(2)《混凝土结构施工图平面整体表示方法制图规则和构造详图》（现浇混凝土板式楼梯）11G101-2（更正说明2012-05-22）；

(3)《混凝土结构施工图平面整体表示方法制图规则和构造详图》（独立基础、条形基础、筏形基础及桩基承台）11G101-3；

(4)《G101系列图集常用构造三维节点详图》（框架结构、剪力墙结构、框架-剪力墙结构）11G902-1；

(5)《建筑物抗震构造详图（多层和高层钢筋混凝土房屋）》11G329-1（更正说明2011-09-02和2011-10-14）；

(6)《建筑物抗震构造详图（多层砌体房屋和底部框架砌体房屋）》11G329-2；

(7)《建筑物抗震构造详图（单层工业厂房）》11G329-3；

(8)《砌体填充墙结构构造》12G614-1；

(9)《防空地下室结构设计（2007年合订本）》FG01～05；

(10)《现浇混凝土空心楼盖》05SG343。

5 建筑分类等级

5.1 本工程建筑结构分类等级见表5.1。

建筑结构分类等级

表 5.1

序号	名 称		等 级	依据的国家规范
1	建筑结构安全等级		二级	《建筑结构可靠度设计统一标准》GB 50068
2	地基基础设计等级		三级	《北京地区建筑地基基础勘察设计规范》DBJ 11—501—2009
3	建筑抗震设防类别		一般设防类（丙类）	《建筑工程抗震设防分类标准》GB 50223—2008
4	抗震等级	地上及地下一层 框架：三级	框架：三级	《建筑抗震设计规范》GB 50011—2010
			剪力墙：二级	
5	地下室防水等级		二级	《地下工程防水技术规范》GB 50108—2008
6	建筑耐火等级		二级	《建筑设计防火规范》GB 50016 《高层民用建筑设计防火规范》GB 50045
7	混凝土结构的环境类别		基础底板及±0.0以下外墙、柱均为"二b"，雨篷及卫生间"二a"，其余部位为"一"类	《混凝土结构设计规范》GB 50010—2010

5.2 根据各结构构件的耐火极限，所要求的最小构件尺寸以及保护层最小厚度应符合现行国家和地方规范的规定。

6 主要荷载（作用）取值

6.1 楼（屋）面面层荷载、吊挂（含吊顶）荷载，根据实际做法计算。建筑主要楼面，屋面均布活荷载标准值取值见表6.1。

建筑主要楼面、屋面均布活荷载标准值（kN/m²）

表 6.1

部 位	办公，会议	阳 台	卫生间	宿 舍
荷载	2.0	2.5	4.0	2.0
部 位	楼梯	屋顶花园	不上人屋面	上人屋面
荷载	3.5	3.0	0.5	2.0
部 位	电梯、空调机房	地下室顶板		
荷载	7.0	4.0		

注：1. 上表荷载不包括二次装修荷载，当隔墙位置可灵活自由布置时，非固定隔墙的自重可取每延米长墙重（kN/m）的1/3作为楼面活荷载的附加值计入，且附加值不小于1.0kN/m²。
    2. 其他未列项目的荷载取值见国家、行业和地方标准的规定。

6.2 风荷载：

6.2.1 地面粗糙度为C类；

6.2.2 风荷载体型系数为1.3（高宽比大于4时取1.4）。

6.3 雪荷载：

6.3.1 屋面积雪分布系数为 1.0；

6.3.2 屋面小塔楼周边 2h（h 为小塔楼出屋面高度）范围积雪分布系数为 2.0。

6.4 地震作用

根据勘察报告及《建筑抗震设计规范》GB 50011—2010，地震作用见表 6.4。

地震作用基本参数 表6.4

设计基本地震加速度	设计地震分组	场地类别	场地特征周期	结构阻尼比	多遇地震影响系数
0.20g	第一组	Ⅱ类	0.35s	0.05	0.16

6.5 抗浮设计水位

根据勘察报告，本工程抗浮设计水位 40.25m（绝对标高）。

7 设计计算程序

7.1 结构整体计算采用××研究院编制的 2010 网络版 SATWE。

7.2 辅助计算软件：××结构设计工具箱（6.5 网络版）。

7.3 本工程整体计算的嵌固部位为地下室顶板±0.000 处。

8 主要结构材料

8.1 本工程基础垫层 C15，基础底板 C30 P6，柱、墙、梁、楼板的混凝土强度等级见表 8.1。

墙、柱、梁、楼板的混凝土强度等级 表8.1

楼层及标高（m）	墙	柱	梁、楼板	构造柱、圈梁、过梁
地下一层（−4.50～−0.010）	外墙 C35P6 内墙 C35	C35	地下一层顶板 C30	C20
1～2 层（−0.010～8.25）	C35	C35	C25	
3～5 层（8.25～17.5）	C25	C25	C25	

注：混凝土均采用预拌混凝土。楼梯混凝土 C25。

8.2 本工程主要构件混凝土耐久性基本要求见表 8.2。为预防混凝土工程碱集料反应的不利影响，本工程基础及±0.0 以下各类构件混凝土配合比中的碱含量应符合表 8.2、《预防混凝土结构工程碱集料反应规程》DBJ 01—95—2005 及其他有关规定。

结构混凝土材料的耐久性基本要求 表8.2

环境等级	最大水胶比	最低强度等级	最大氯离子含量（%）	最大碱含量（kg/m³）
一	0.60	C20	0.30	不限制
二 a	0.55	C25	0.20	3.0
二 b	0.50（0.55）	C30（C25）	0.15	
三 a	0.45（0.50）	C35（C30）	0.15	
三 b	0.40	C40	0.10	

注：1. 氯离子含量系指其占胶凝材料总量的百分比；
2. 预应力构件混凝土中的最大氯离子含量为 0.06%；最低混凝土强度等级应按表中的规定提高两个等级；
3. 素混凝土构件的水胶比及最低强度等级的要求可适当放松；
4. 有可靠工程经验时，二类环境中的最低混凝土强度等级可降低一个等级；
5. 处于严寒和寒冷地区二 b、三 a 类环境中的混凝土应使用引气剂，并可采用括号中的有关参数；
6. 当使用非碱活性骨料时，对混凝土中的碱含量可不作限制。

8.3 本工程±0.0 以下与土、水直接接触部位的砌体采用 MU15 混凝土普通砖、

M7.5 预拌水泥砂浆砌筑，其他部位的填充墙采用 A3.5 级加气混凝土砌块（干容重≤8.0kN/m³），砌筑砂浆为 M5.0 预拌混合砂浆砌筑。砌体结构施工质量控制等级为 B 级，楼梯间和人流通道的填充墙，尚应采用钢丝网砂浆面层加强。

8.4 本工程中Φ示 HPB300 级钢，强度设计值 270N/mm²；Φ示 HRB400 级钢，强度设计值 360N/mm²。

8.4.1 本工程梁、板、柱、墙除注明者外，均采用 HRB400 级钢；构造柱、圈梁、过梁采用 HPB300 级钢。焊条及焊接要求详见《钢筋焊接及验收规程》JGJ 18—2003。

8.4.2 抗震等级为一、二、三级的框架和斜撑构件（含梯段），其纵向受力钢筋采用普通钢筋时，钢筋的抗拉强度实测值与屈服强度实测值的比值不应小于 1.25；钢筋的屈服强度实测值与屈服强度标准值的比值不应大于 1.3，且钢筋在最大拉力下的总伸长率实测值不应小于 9%。

8.4.3 在施工中，当需要以强度等级较高的钢筋替代原设计中的纵向受力钢筋时，应按照钢筋受拉承载力设计值相等的原则换算，并应满足最小配筋率要求。

8.4.4 吊钩、吊环应采用 HPB300 级钢筋制作，锚入混凝土的长度不应小于 30d 并应焊接或绑扎在钢筋骨架上，d 为吊环钢筋的直径。

9 基础及地下室工程

9.1 工程地质与水文地质

9.1.1 根据××地质工程勘察院提供的岩土工程勘察报告（2013-247 号），本工程地地基岩土设计参数见表 9.1。

地基岩土设计参数

表 9.1

土层名称 \ 建议指标	承载力标准值 f_{ak} (kPa)	天然重度 γ(kN/m³)	压缩模量 E_{s1-2} (MPa)	抗剪强度标准值 天然快剪		备注
				C_k (kPa)	ϕ_k (°)	
②黏质粉土	140	19.3	7.18	* 50.0	* 15	带 * 为经验值
③黏土	180	19.8	8.34	* 60	* 12	
④中砂	180	* 20	* 15	* 2.0	* 35.0	
⑤黏土	200	* 18	* 7	* 35	* 10	

9.1.2 地下水主要为赋存于④中砂中的孔隙型潜水，勘察期间测得钻孔中地下水稳定水位埋深 37.20～38.90m，含水层为强透水层，其主要补给来源为大气降雨入渗。根据水文地质资料，该区域近年内水位变幅约 1.0m，地下水受地形及大气降雨影响明显。地下水埋深较深，地下水对基槽开挖及施工的影响不大。勘察场地内无地表水分布。据调查，场地及其附近无污染源。

9.1.3 场地地下水对混凝土结构具微腐蚀性，对钢筋混凝土结构中的钢筋具微腐蚀性；场地浅层土对混凝土结构具微腐蚀性，对钢筋混凝土结构中的钢筋具微腐蚀性。

9.1.4 当抗震设防烈度为 8 度时，场区饱和砂土不会产生震动液化。

9.1.5 拟建场地及附近区域未发现泥石流、崩塌、滑坡、地面沉降等不良地质作用，无全新活动断裂。场地内无埋藏的河道、沟浜、墓穴、孤石、防空洞等对工程不利的埋藏物，场地是稳定的，可进行本工程建设。

9.2　基础选型

基础采用天然地基，基底落在砂质粉土，黏质粉土层②层上，地基承载力标准值 $f_{ak}=140\text{kPa}$。地基基础设计等级为丙级，基础安全等级为二级。

9.3　基础开挖

9.3.1　基槽采用机械开挖应时，应尽量避免对持力层地基土的扰动，机械开挖深度保留 200～300mm 厚的土层采用人工挖至设计槽底标高。如有超挖现象，应保持原状，待验槽时会同勘察单位一并商议处理措施，不得擅自虚填。基底标高不同时，必须做踏步基础，宽高比为 2：1，每步步高不大于 500。

9.3.2　基槽开挖和基础施工过程中，施工单位应采取可靠措施，确保基坑及临近建筑物和构筑物的安全及施工安全。应注意边坡的稳定，定期观测其对周围道路及建筑物有无不利影响，自然放坡时，边坡的高宽比详地质勘察报告；非自然放坡时，基坑支护应做专门设计。

9.3.3　本工程钻探期间地下水位埋藏较深，局部有浅层孔隙水，基坑和基础施工期间应根据实际情况适时采取集水明排等降水措施，防止地下水对施工和环境的影响。基槽内若积水、结霜、结冰则不得浇筑混凝土垫层。

9.4　基槽挖到设计标高后，请通知甲方（监理）、勘察、设计单位共同验槽。土质地基时必须打钎并做好记录，遇异常地基，现场处理。若在验槽后基槽内出现积水、结霜、结冰等现象，则应在排除积水、去除冰霜后重新组织验槽。

9.5　主体工程基坑应及时用 2：8 灰土回填，分层夯实，以防雨水浸泡，并采取有效的排水措施。灰土范围见建施剖面图。肥槽及室内地坪垫层压实填土压实系数不小于 0.94。

9.6　当混凝土结构物实体最小几何尺寸大于 1m 时的大体量混凝土施工应符合《大体积混凝土施工规范》GB 50496 的规定。

10　钢筋混凝土工程

10.1　各类混凝土构件最外层钢筋的混凝土保护层最小厚度应根据构件所处的环境类别，由表 10.1 查取。

混凝土保护层的最小厚度 c（mm）　　　　　　　表 10.1

环境等级	板、墙、壳	梁、柱、杆
一	15	20
二 a	20	25
二 b	25	35
三 a	30	40
三 b	40	50

注：1. 混凝土强度等级不大于 C25 时，表中保护层厚度数值应增加 5mm；

2. 钢筋混凝土基础宜设置混凝土垫层，其受力钢筋的混凝土保护层厚度应从垫层顶面算起，且不应小于 40mm。

10.2　受拉钢筋锚固长度 L_a、抗震锚固长度 L_{aE} 详见 11G101-1 第 53 页；受拉钢筋搭接长度 L_l、L_{lE} 详见 11G101-1 第 55 页。

10.3　对跨度不小于 4m 的现浇混凝土梁、板，其建筑模板应按结施要求起拱；当结施无具体要求时，起拱高度宜按短跨跨度的 0.1‰～0.3‰，起拱不得减少构件的截面高度。跨度小于4m的现浇混凝土梁、板也应根据实际情况适当起拱。悬挑构件的模板支架可采用钢管支撑、型钢支撑和悬挑桁架等，模板起拱值宜为悬挑长度的0.2%～0.3%。

10.4 模板拆除应符合下列规定：

(1) 常温施工时，柱混凝土拆模强度不应低于1.5MPa，墙体拆模混凝土强度不应低于1.2MPa。

(2) 冬季拆模与保温应满足混凝土抗冻临界强度的要求；

(3) 梁、板底模拆除时，跨度不大于8m时混凝土强度应达到设计强度的75%，跨度大于8m时混凝土强度应达到设计强度的100%。

(4) 悬挑构件拆模时，混凝土强度应达到设计强度的100%。

(5) 后浇带拆模时，混凝土强度应达到设计强度的100%。

10.5 钢筋混凝土板中，凡板号Bx相同者表示跨中钢筋直径、间距、板厚相同，支座钢筋号⊗相同者表示支座钢筋直径、间距、伸出梁边的距离相同。

10.6 单向板及双向板内未注明的分布筋为：板厚≤100mm时为Φ6@150；100mm≤板厚≤130mm时为Φ8@250，HRB400级钢；130mm≤板厚≤160mm时Φ8@200，HRB400级钢；160mm≤板厚≤200mm时Φ8@150，HRB400级钢；支座连系筋一律为Φ6@200。

10.7 板受力钢筋伸入支座做法详见11G101-1第92页。

10.8 板上有轻隔墙时，轻隔墙下的板中一律增加2Φ14（短跨＜4m）或2Φ16（短跨＜6m）伸入支座≥15d，具体位置见建施。

10.9 所有现浇板，墙上的孔洞一律预留，不得后凿，留洞位置、做法详见建筑及设备图，遇边长或直径≤300mm的洞口时，钢筋绕过不得切断，详11G101-1第101页；洞口边长或直径＞300mm时，洞口加筋见施工图，图中未表示时，请及时通知设计作相应的处理。

10.10 现浇板跨中板底钢筋绑扎时，沿短跨方向的钢筋置于下侧。板端部支座筋锚固做法及其他构造做法见11G101-1第92～95页。局部升降板法见11G101-1第99～100页。

10.11 应采取可靠措施保证现浇混凝土的钢筋位置，基础底板，楼板均用钢筋马凳支撑；所有悬挑构件（悬挑板、悬挑梁）施工时必须切实保证施工质量，钢筋位置必须准确。

10.12 次梁配筋构造做法见11G101-1第86、88页；悬挑梁悬挑端配筋构造见11G101-1第89页。

10.13 基础底板、基础梁底部受力钢筋在跨中搭接，顶部钢筋在支座处搭接，搭接长度为L_l；其构造做法见11G101-3。

10.14 钢筋混凝土女儿墙、挑檐、栏板等外露构件应每隔12m设20mm宽伸缩缝一道，缝内用油膏嵌缝填实，做好防水工作。

10.15 钢筋混凝土梁、柱构造做法：

(1) 主次梁底标高相同时，次梁底筋置于主梁底筋之上。其他框架柱、梁配筋构造（箍筋加密区设置、架立筋设置、钢筋的截断、纵筋的连接、搭接、锚固等）及梁柱节点构造详图见11G101-1、11G329-1及08G101-11、06G901-1、09G901-2。柱竖向钢筋在基础做法见11G101-3。

(2) 框架梁、柱相交处，梁纵筋应置于框架柱纵筋内侧；次梁钢筋宜放在主梁钢筋的内侧。当双向均为主梁时，设计图中应注明钢筋摆放要求。

（3）当梁腹板高度≥450时，梁两侧设不小于Φ12，间距不大于200腰筋（图中注明者除外）。折梁做法见11G101-1第88页。

（4）梁侧面留洞原则：所有设备留洞应尽量避开框架梁，如在施工过程中发现违背此原则的预留洞请及时与结构设计人员联系，待确认后方可施工，经结构设计人员确认可开洞处，加强做法在具体设计未说明时，请设计补充相应变更。

（5）当框架梁、柱混凝土强度等级相差超过5MPa时，其梁、柱节点混凝土应按图10.15施工。

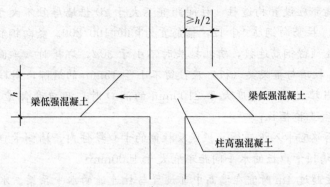

图10.15 梁柱混凝土等级不同时柱混凝土浇筑范围

10.16 钢筋混凝土墙

（1）本工程主楼部分剪力墙底部加强区为地下一层至地上二层，地下一层至地上三层设置约束边缘构件，其余楼层剪力墙均设置构造边缘构件。

（2）剪力墙构造详图见图集11G101-1、11G329-1及08G101-11、06G901-1、09G901-2。剪力墙竖向钢筋在基础做法见11G101-3。

（3）剪力墙均为双排钢筋，两排钢筋之间设Φ6拉结筋，拉结筋梅花双向设置，拉结筋两个方向的间距不大于600mm，详见11G101-1第16页中的图3.2.4。

（4）墙上孔洞必须预留不得后凿。图中未注明加筋者，按图集11G101-1第78页施工；洞口尺寸≤800mm时，洞口每侧补强纵筋为2Φ16，且每侧补强纵筋不小于洞被断纵向钢筋总面积50%；800＜洞口尺寸≤1800mm时，洞口上下补强暗梁配筋为纵筋（上下各）3Φ16，箍筋Φ8@100，圆洞环形加强筋为2Φ16。注意设备留洞、埋管遇暗柱时不得截断暗柱主筋。剪力墙连梁穿洞预留套管在具体设计未说明时，按图集11G329-1第3-13页施工，洞口补强纵筋为2Φ16。

（5）暗柱箍筋在纵筋搭接范围内间距100。

（6）墙体水平分布筋应作为连梁的腰筋在连梁范围内连续配置，当连梁高度大于700mm时，门洞上连梁两侧沿梁高范围设置不小于Φ10@200腰筋，腰筋在门洞外与水平分布筋搭接，搭接长度按墙体的抗震等级确定。顶层连梁配筋及其他构造详11G101-1。

11 砌体工程

11.1 填充墙在平面和竖向的布置，宜均匀对称，宜避免形成薄弱层或短柱。填充墙平面位置见建筑图，填充墙构造做法、措施详见《砌体填充墙结构构造》12SG614-1，按8度设防选取。

11.2 门窗洞口过梁的标准图为《钢筋混凝土过梁结构标准图集》02G05，改为现浇时断面和配筋不变。

11.3 填充墙与框架的连接，可根据工程的具体情况采用脱开或不脱开两种方式。有抗震设防要求时，宜采用填充墙与框架脱开的方式，尤其是当门、窗洞之间的窗间墙与框架柱相连接易形成短柱（即窗间墙高宽比小于1）时，应采用脱开的方式，其他情况既可采用脱开的方式，也可以采用不脱开的方式。

11.3.1 当填充墙与框架采用脱开的方法时，宜符合下列规定：

（1）填充墙两端与框架柱、填充墙顶面与框架梁之间留出不小于20mm的间隙；

（2）填充墙端部应设置构造柱，柱间距宜不大于20倍墙厚且不大于4000mm，柱宽度不小于180mm。柱竖向钢筋4Φ12，箍筋宜为Φ6@100/200。竖向钢筋与框架梁或其挑出部分的预埋件或预留钢筋连接，绑扎接头时不小于30d，焊接时（单面焊）不小于10d（d为钢筋直径）。柱顶与框架梁（板）应预留不小于15mm的缝隙，用硅酮胶或其他弹性密封材料封缝。当填充墙有宽度大于2100mm的洞口时，洞口两侧应加设宽度不小于100mm的单筋混凝土抱框柱；

（3）填充墙两端宜卡入设在梁、板底及柱侧的卡口铁件内，墙侧卡口板的竖向间距不宜大于500mm，墙顶卡口板的水平间距不宜大于1500mm；

（4）墙体高度超过4m时宜在墙高中部设置与柱连通的水平系梁。水平系梁的截面高度不小于60mm。填充墙高不宜大于6m；

（5）填充墙与框架柱、梁的缝隙可采用聚苯乙烯泡沫塑料板条或聚氨酯发泡材料充填，并用硅酮胶或其他弹性密封材料封缝；

（6）所有连接用钢筋、金属配件、铁件、预埋件等均应作防腐防锈处理，并应符合《砌体结构设计规范》GB 50003—2011第4.3节的规定。嵌缝材料应能满足变形和防护要求。

11.3.2 当填充墙与框架采用不脱开的方法时，宜符合下列规定：

（1）填充墙应沿框架柱全高每隔500～600mm设2Φ6拉筋（墙厚大于240mm时配置3Φ6），拉筋伸入墙内的长度，6、7度时宜沿墙全长贯通，8、9度时应全长贯通，且拉结钢筋应错开截断，相距不宜小于200mm。填充墙墙顶应与框架梁紧密结合。顶面与上部结构接触处宜用一皮砖或配砖斜砌楔紧；

（2）当填充墙有洞口时，宜在窗洞口的上端或下端、门洞口的上端设置钢筋混凝土带，钢筋混凝土带应与过梁的混凝土同时浇筑，其过梁的断面及配筋由设计确定。钢筋混凝土带的混凝土强度等级不小于C20。当有洞口的填充墙尽端至门窗洞口边距离小于240mm时，宜采用钢筋混凝土门窗框；

（3）填充墙长度超过5m或墙长大于2倍层高时，墙顶与梁宜有拉接措施，墙体中部应加设构造柱；墙高度超过4m时宜在墙高中部设置与柱连接的水平系梁，墙高超过6m时，宜沿墙高每2m设置与柱连接的水平系梁，梁的截面高度不小于60mm。

11.4 楼梯间和人流通道的填充墙，尚应采用钢丝网砂浆面层加强。

11.5 后砌轻隔墙基础做法：自地面下浇C15素混凝土500×400。轻隔墙位于地下室底板上的，可在底板上直接砌墙。

12 检测、观测要求

12.1 本工程应进行沉降观测，观测要求详《建筑变形测量规程》JGJ 8—2007。

12.2 基坑施工时应加强周边建筑物和地下管线的全过程安全监测和信息反馈，并制定相应的保护措施和应急预案。

13 施工需特别注意的事项

13.1 预埋件：所有钢筋混凝土预埋件均应按各工种的要求，如建筑吊顶、门窗、幕墙、栏杆、管道吊架等设置预埋件，各工种应配合土建施工，核对图中尺寸，将需要的埋件留全，不得事后补钻。外露铁件需刷防锈漆两道或采取其他防腐措施。

13.2 冬季施工应符合《建筑工程冬期施工规程》JGJ/T 104—2011及《混凝土结构工程施工规范》GB 50666—2011第10.2节的规定。雨季、高温及干热气候条件下，应编制专门的施工方案，并应分别满足《混凝土结构工程施工规范》GB 50666—2011第10.4节和第10.3节的规定。

13.3 混凝土外加剂、养护剂的使用，应满足环境保护和人身健康的要求。

13.4 地下防水做法除应满足建筑、结构施工图的约定外，还应满足《地下工程防水技术规范》GB 50108—2008中的各项规定。

13.5 施工时应与总图、建筑、给排水、暖通、电气、电信等各工种密切配合，以防错漏，在剪力墙、连梁及楼板混凝土施工前，应会同有关工种，检查各预留套管及洞口，确保其位置准确无误。

13.6 凡预留洞、预埋件应严格按照结构图并配合其他工种图纸进行施工，未经结构专业许可，严禁擅自留洞或事后凿洞。施工单位应认真核对建筑和设备图纸中的预留洞尺寸和位置，当图纸与实际有矛盾或专业之间不协调时，应及时通知设计人。

13.7 电梯订货必须符合本图所提供的电梯井道尺寸、门洞尺寸及建筑图纸的电梯机房设计。门洞边的预留孔洞、电梯机房楼板、检修吊钩等，须待电梯订货后，核实无误经设计单位确认后方可施工。

13.8 防雷接地做法详见电施图。

13.9 结构施工图中除特别注明外，均以本说明为准；当本说明与后续施工图有矛盾时，以后者为准。混凝土结构施工钢筋排布规则与构造详图见图集G901系列。

13.10 施工现场应设立可靠的避雷装置，钢模板应有防漏电措施。

13.11 建筑物出入口、楼梯口、洞口、基坑和每层建筑的周边均应设置防护设施。

13.12 楼面施工荷载不得大于相应的使用活荷载，否则应在板底设置可靠的支撑，各层支撑上下应对齐。

13.13 混凝土结构因施工中出现的漏振、混凝土剥落等质量缺陷，施工单位应出具处理方案并征得设计同意后方可进行处理。

13.14 图中未详尽之处均应严格按照国家现行有关规范、规程执行。

13.15 本项目在取得建设工程规划许可证及施工图审查批复后，方可施工。

第三章　地基基础设计活动中的施工技术问题

地基和基础是整个房屋结构的重要组成部分，房屋各层荷载和作用经上部结构通过基础最终传至地基，地基基础设计是结构设计中最复杂的部分之一。在地基基础设计中，各类基础设计均要做到"安全适用、技术先进、经济合理、确保质量、保护环境"，而这几个方面都与施工技术有着密切的关系。

建筑物是一个其各部分有着内在联系的共同作用系统，地基基础设计必须综合考虑上部结构的特征和荷载、地基土的物理力学性质、基础的选型布置和材料特性、施工方法及其环境影响、工程的可靠度和造价等多种因素。这些因素既各具特点，又密切联系，构成了一个复杂、多层次的设计系统。地基基础设计，必须运用系统分析的理念，以安全、经济、合理作为设计目标，以规范规定的设计原则和使用、施工、环境等要求作为约束条件，根据工程勘察资料，综合考虑结构类型、材料性能、施工条件、使用条件、工程造价、环境影响及建筑经验等因素，切实做到精心设计，使系统的各组成部分充分协调，以保证建筑物和构筑物的安全和正常使用，保证整个工程设计的预定功能和目标的实现。

第一节　天然地基上浅基础设计及相关施工技术问题

基础直接建造在未经加固的天然地层上的地基称为天然地基。若天然地基较软弱，需先经过人工加固，再修建基础，这种地基称为人工地基。天然地基施工简单，造价经济；而人工地基一般比天然地基施工复杂，造价也高。因此，在一般情况下，应尽量采用天然地基。设计天然地基上浅基础时，地基与基础需通盘考虑，除了要保证基础本身具有足够的强度和稳定性以支承上部结构的荷载，以及满足无地下室结构的上部结构嵌固部位要求外，同时要考虑地基的强度、稳定性及沉降变形必须在容许范围内，故基础设计又常称为地基与基础设计。

一、地基基础设计中的若干重要概念

万丈高楼从地基基础起，地基基础工程的质量直接关系到整个建筑物的结构安全，直接关系到人民生命财产安全。大量事实表明，建筑工程质量问题和重大质量事故多与地基基础工程质量有关，如何保证地基基础工程设计和施工质量，一直倍受关注。由于我国地质条件复杂，基础形式多样，同时地基基础工程具有高度的隐蔽性，从而使得基础工程的设计和施工均比上部建筑结构更为复杂，更容易存在质量隐患。无论是设计还是施工，最关键的还是概念，概念不清最容易出事故，而概念清楚了遇到问题也就有思路了。

1. 地基设计的极限状态

为了保证建筑物的安全使用，同时充分发挥地基的承载力，地基基础设计必须满足正常使用极限状态和承载能力极限状态的要求。

对于地基承载能力极限状态来说，主要有两大类：（1）保证地基具有足够的强度。土的强度问题，实质上就是土的抗剪强度问题。荷载作用在地基上，使土中各点产生法向应力与剪应力。若某点的剪应力达到该点土的抗剪强度，土即沿着剪应力作用方向产生相对滑动，土体在该点发生强度破坏。如荷载继续增加，则剪应力达到抗剪强度的区域（亦即塑性区）愈来愈大，最后形成连续的滑动面，一部分土体相对另一部分土体产生滑动，基础因此产生很大的沉降与倾斜，整个地基出现强度破坏，这一状况称为地基丧失整体稳定，此时作用于地基上的荷载，即为极限荷载。在荷载试验的 $p \sim s$ 曲线上表现出沉降急剧增大或很长时间不停止。将极限荷载除以安全系数，即为地基的容许承载力，但这是由强度方面考虑的，至于是否满足地基变形的要求，则需另行验算。建筑工程中由于对地基变形要求较高，因此，变形问题较多，由地基失稳引起的破坏相对较少，但也出过一些严重工程事故，如加拿大特朗斯康大谷仓的地基破坏[10]。地基剪切破坏产生的失稳后果常很严重，有时甚至是灾难性的破坏。因此，对地基强度破坏的危险性应引起足够的重视，特别在土的承载力不高而加荷速度较快，或有较大的水平荷载作用时，更应引起注意。（2）采取措施确保地基的稳定性。建造在斜坡上的建筑物会有沿斜坡滑动的趋势，设计不当有可能丧失其稳定性，《建筑地基基础设计规范》GB 50007—2011 中图 5.4.2 是其典型情况；受有很大水平荷载的建筑物，会在基础地面或地基中出现滑动面，使建筑物失去抗滑稳定。有些建筑物在地震及较大静水平力作用下产生倾覆的可能，故基础需要有一定的埋深，《建筑地基基础设计规范》GB 50007—2011 第 5.1.4 条根据抗震设防区内高层建筑地基整体稳定性与基础埋深的关系规定："在抗震设防区，除岩石地基外，天然地基上的箱形和筏形基础其埋置深度不宜小于建筑物高度的 1/15；桩箱或桩筏基础的埋置深度（不计桩长）不宜小于建筑物高度的 1/18。"当建筑物基础存在浮力作用时，应按《建筑地基基础设计规范》GB 50007—2011 第 5.4.3 条进行抗浮稳定性验算。

地基基础的正常使用极限状态是指对应于地基基础达到建筑物正常使用所规定的容许变形值或达到耐久性要求的某项限值。建筑物的地基变形可分为沉降量、沉降差、倾斜和局部倾斜。由于土体为大变形材料，在荷载增加作用下，随着地基变形的相应增长，地基承载力也在逐渐加大，很难界定出一个真正的"极限值"；另一方面，建筑物的使用有一个功能要求，常常是地基承载力还有潜力可挖，而变形已达到或超过按正常使用的限值。而实际工程中，绝大多数地基事故，都是由地基变形过大且不均匀所造成的。因此，《建筑地基基础设计规范》GB 50007—2011 第 1.0.1 条条文说明中指出：地基设计采用的是正常使用极限状态这一原则。这样，在确定地基承载力时，就可以有两个途径[10]：（1）根据地基的承载能力极限状态确定地基的极限承载力后，取一定的安全系数得出地基允许承载力；（2）根据地基的正常使用极限状态直接确定地基的允许承载力。这两种方法在国内外都有所采用。《建筑地基基础设计规范》GB 50007—2011 所选定的地基承载力是在地基土的压力变形曲线线性变形段内相应于不超过比例界限点的地基压力值，称为地基承载力特征值（相当于地基允许承载力），承载力计算时，荷载效应采用正常使用极限状态下荷载效应标准组合，这样，地基承载力的总安全系数将不小于 2。这一概念很重要。由于在土力学中，目前尚不能对地基承载力与基础沉降之间简便地找出相互之间的联系，有时会遇到地基承载力还有潜力可挖，而变形已达到或超过正常使用的限值的情况。虽然工程设计时仍采用承载力特征值或标准值进行基础设计，地基承载力的选取以不使地基中出现长期塑性变形为原则，同时还要考虑在此条件下各类建筑可能出现的变形特征及变形量。地基虽然不是建筑物的组成部分，但它的好坏却直接影响整个建筑物的安危，地基变形过大，可能危害到结构的安全（如产生裂缝、倒塌或其他不容许的变形），或影响建筑物正常使用，影响其设计功能的正常发挥。对地基变形的控制，实质上主要是根据建筑物的要求而制定的。因此，对于一部分地基基础设计等级为丙级的建筑物当按地基承载力设计基础面积及埋深后，只有当变形亦能同时满足要求时才可不进行变形验算。因此，地基设计时必须同时满足：（1）在长期荷载作用下，地基变形不致造成承重结构的损坏，地基的变形过大将使建筑物损坏或影响其使用功能。尤其是高压缩性土、膨胀土、湿陷性黄土以及软硬不均等不良地基上的建筑物，如果设计考虑欠周到，容易造成因不均匀沉降而开裂损坏。如何防止或减轻不均匀沉降造成的损害，是设计中必须认真考虑的问题。（2）在最不利荷载作用下，地基不出现失稳现象；（3）具有足够的耐久性能等三种功能要求。基础设计时，基础自身必须具有足够的结构强度和刚度，满足承载力极限状态和正常使用极限状态。大量工程实践证明，地基在长期荷载作用下承载力有所提高，地基基础的耐久性设计就是要求基础材料的选取应根据其工作环境（一般为二 a 或二 b 类）满足《混凝土结构设计规范》GB 50010—2010 中的耐久性设计要求。

2. 地基承载力特征值的修正

地基承载力是地基在保证其稳定的前提下，满足建筑物各类变形要求时的承载能力。确定地基承载力是一件比较复杂的工作。《建筑地基基础设计规范》GB 50007—2011第 5.2.3 条："地基承载力特征值可由载荷试验或其他原位测试、公式计算、并结合工程实践经验等方法综合确定。"实际确定地基承载力时，应考虑下列因素[10]：（1）土的物理力学性质。地基土的物理力学性质指标直接影响承载力的高低。（2）地基土的堆积年代及其成因。堆积年代愈久，一般承载力也愈高，冲洪积成因土的承载力一般比坡积土要大。（3）地下水。从承载力计算公式中可以看出土的重度大小对承载力的影响，地下水位上升时，土的天然重度变为浮重度，承载力也应减小。另外，地下水大幅度升降会影响地基变形，湿陷性黄土遇水湿陷，膨胀土遇水膨胀、失水收缩，这些对承载力都有影响。（4）建筑物性质。建筑物的结构形式、体型、整体刚度、重要性以及使用要求的不同，对容许沉降的要求也不同，因而对承载力的选取也应有所不同。（5）建筑物基础尺寸及埋深。基础尺寸及埋深对承载力的影响体现在《建筑地基基础设计规范》GB 50007—2011 第 5.2.4条中，该条指出，当基础宽度大于 3m 或埋置深度大于 0.5m 时，从载荷试验或其他原位测试、经验值等方法确定的地基承载力特征值，尚应按下式修正：

$$f_a = f_{ak} + \eta_b \gamma (b-3) + \eta_d \gamma_m (d-0.5) \tag{3-1}$$

式中 f_a——修正后的地基承载力特征值（kPa）；

f_{ak}——地基承载力特征值（kPa），按《建筑地基基础设计规范》GB 50007—2011
　　　第 5.2.3 条的原则确定；

η_b、η_d——基础宽度和埋深的地基承载力修正系数，按基底下土的类别查表取值；

γ——基础底面以下土的重度（kN/m³），地下水位以下取浮重度；

b——基础底面宽度（m），当基础底面宽度小于 3m 时按 3m 取值，大于 6m 时按
　　　6m 取值；

γ_m——基础底面以上土的加权平均重度（kN/m³），位于地下水位以下的土层取浮

重度。

关于基础承载力的宽度和深度修正问题，工程中有一些概念需要作进一步的说明。

首先，基础承载力的深度修正有明确的土力学含义。根据工程经验，地基中出现不大的塑性区，对于建筑物安全并无妨害。因此，在土力学中，常以塑性区的最大深度 z_{max} 达到基础宽度 b 的 1/4 的基底压力作为临界荷载，并以 $p_{1/4}$ 表示地基的临界荷载，据文献[10]，有：

$$p_{1/4} = \frac{\pi\left(\gamma d + \frac{1}{4}\gamma b + c \cdot \cot\varphi\right)}{\cot\varphi - \frac{\pi}{2} + \varphi} + \gamma d \tag{3-2}$$

式中　　γ——基础埋置深度范围内土的平均重度，有地下水时取浮重度，kN/m³；

　　　　d——从地面起至基础底面处的基础埋置深度；

　　　　c——基础底面以下土的黏聚力，kN/m²；

　　　　φ——基础底面以下土的内摩擦角°。

从式（3-2）可以看出，基础宽度 b 愈大，埋深 d 愈大，则地基的塑性荷载 $p_{1/4}$ 愈大，因而承载力也应当愈高。但从基础沉降角度来看，同样的基底压力，基础底面尺寸愈大，其压缩层影响范围也愈大，沉降量也愈大。也就是说，强度和沉降两方面有矛盾，容许承载力不能单靠一方面条件来决定，而应结合工程特点和地基土的情况分析其主要矛盾。深度修正系数主要通过地基极限荷载理论公式计算值，考虑了一定的安全度并用实际载荷试验和建筑物沉降观测资料作校核与修正，以及对照国内外有关规定综合确定的。相对来说，宽度修正的土力学含义不是很明确。由于影响承载力的因素比较复杂，目前国内外对承载力随基础宽深度修正的意见也不相同，但大体上有一共同观点，即黏性土承载力值修正系数较小，或不作修正；砂土的修正较大，但多加限制。这样做主要是考虑到黏性土地基的后期沉降较大，若单纯从强度考虑，强调了承载力随基础宽度增加而提高，则变形可能过大，对工程不利；而砂土一般沉降均在施工期间完成，没有过大后期沉降的不良后果。所以规范对宽度修正，针对不同土性采用了不同的系数，对淤泥和淤泥质土，由于其内摩擦角接近于零，基础宽度对承载力值的影响很小，所以就不再进行宽度修正了[10]。

其次，在砂土及黏性土中进行的埋深条件及荷载条件不同的模型试验表明，地基丧失整体稳定时，基础两侧的地面将向上隆起，见图 3-1。因此，当基础有一定的埋置深度时，基础两侧房心土作为荷载（压重）对地面隆起起到有效的压抑作用，可以减缓塑性区的开展，自然对地基承载力的提高有利，所以式（3-1）中深度修正项 γ_m 取基础底面以上土的加权平均重度，由于这是对提高地基承载力有利的因素，设计时 γ_m 取值不应大于实际情况的数值，要依据勘察报告给出土层重度数值进行计算，为保守起见一般可取 16kN/m³，位于地下水位以下的土层则应取浮重度。

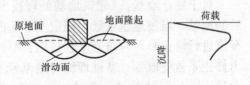

图 3-1　地基丧失整体稳定的典型情况

此外还应注意，当地基承载力载荷试验位于实际开挖好的基槽中原位测试时，如果承压板尺寸等于基槽宽度（承压板的尺寸通常为 0.707m×0.707m 或 1m×1m，最小为 0.5m×0.5m），基础底面以上的土层的压重效应已经在试验中实际体现出来了，就不应再考虑深度修正了，承压板尺寸小于基槽宽度，则仍可以考虑深度修正，见图 3-2。

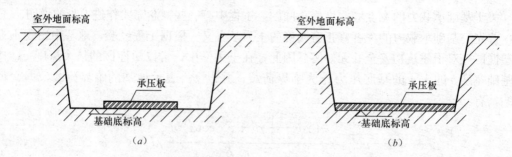

图 3-2 地基承载力载荷试验的两种情况

(a) 承压板尺寸小于基槽宽度；(b) 承压板尺寸等于基槽宽度

有了这一概念后，就不难理解《北京地区建筑地基基础勘察设计规范》DBJ 11—501—2009 第 7.3.8 条的含义了，该条规定进行深宽修正时，基础埋深 d 值的确定应符合下列规定：

(1) 一般基础（包括箱形和筏形基础）自室外地面标高算起。挖方整平时应自挖方整平地面标高算起。填方整平应自填方后的地面标高算起，但填方在上部结构施工后完成时，应从天然地面标高算起。

(2) 对于具有条形基础或独立基础的地下室，基础埋置深度应分别按下式取值：

外墙基础埋置深度取值 d_{ext}（m），则 $d_{ext}=(d_1+d_2)/2$

式中 d_1——基础室内埋置深度（m）；

d_2——基础室外埋置深度（m）；

室内墙、柱基础埋置深度取值 d_{int}（m），则一般第四纪沉积土 $d_{int}=(3d_1+d_2)/4$；新近沉积土及人工填土 $d_{int}=d_1$。

(3) 在确定高层建筑箱形或筏形基础埋深时，应考虑高层建筑外围裙房或纯地下室对高层建筑基础侧限的削弱影响，宜根据外围裙房或纯地下室基础宽度与主楼基础宽度之比，将裙房或纯地下室的平均荷载折算为土层厚度作为基础埋深。

裙房或纯地下室的质量之所以可以折算成基础埋深，就是源于压重的概念。《建筑地基基础设计规范》GB 50007—2011 第 5.2.4 条条文说明中指出："目前建筑工程大量存在着主裙楼一体的结构，对于主体结构地基承载力的深度修正，宜将基础底面以上范围内的荷载，按基础两侧的超载考虑，当超载宽度大于基础宽度两倍时，可将超载折算成土层厚度作为基础埋深，基础两侧超载不等时，取小值。"

对于复合地基，《建筑地基处理技术规范》JGJ 79—2012 第 3.0.4 条指出，经处理后的地基，当按地基承载力确定基础底面积及埋深而需要对该规范确定的地基承载力特征值进行修正时，应符合下列规定："(1) 大面积压实填土地基，基础宽度的地基承载力修正系数应取零；基础埋深的地基承载力修正系数，对于压实系数大于 0.95、黏粒含量 $\rho_c \geqslant 10\%$ 的粉土，可取 1.5，对于干密度大于 2.10t/m³ 的级配砂石可取 2.0；(2) 其他处理地基，基础宽度的地基承载力修正系数应取零，基础埋深的地基承载力修正系数应取 1.0。"

3. 砖混结构的刚性基础与柔性基础

砖混结构墙下条形基础分为刚性基础和柔性基础两种，刚性基础规范称之为无筋扩展基础，系指由砖、毛石、混凝土或毛石混凝土、灰土等材料组成的，基础边线在基础刚性扩散角 α 之内，不需配置钢筋的墙、柱下条形基础或柱下独立基础；柔性基础规范称之为配筋扩展基础，系指由混凝土材料组成的，基础边线在基础刚性扩散角 α 之外且需要配置钢筋的墙下条形基础、柱下条形基础或柱下独立基础。实际工程中究竟选用刚性基础还是柔性基础，既与基础的埋深有关，又与基础的宽度有关。原则上，砖混结构基础应优先选用刚性混凝土或灰土条形基础，当地基主要受力层范围内存在软弱土层或不均匀土层时，墙下条形基础宜增设基础圈梁以加强基础刚度。当基础高度较小且基础边线在基础刚性扩散角 α 之外时，应采用混凝土配筋扩展基础。从经济的角度考虑，当大部分墙下基础宽度 $\geqslant 2.5\text{m}$ 时，宜采用柔性基础即钢筋混凝土扩展基础，仅个别基础宽度 $\geqslant 2.5\text{m}$ 时，如果基础埋深满足基础大放脚的要求且大放脚不影响管沟的设置，则也仍然可以采用刚性基础。工程经验表明，当基础埋深在 1.5m 左右、大部分墙体的基础宽度大于 1.80m 时，考虑到布置室内管沟的需要，选用柔性基础是适宜的，也是相对经济的。另外，一个结构单元内的基础形式宜统一，要么全部为刚性基础，要么全部为柔性基础，不宜混合使用。

无筋扩展基础一般用砖石、混凝土、毛石混凝土、灰土和三合土等材料建造，这类基础抗压性好，而抗弯性能差。为适应这种特点，无筋扩展基础要求一定的构造形式，主要限制 α 角的大小，不要超过刚性角 $\alpha_{\max}$，或用宽高比 b_2/H_0 表示，即要求 b_2/H_0 不要超过容许值，如图 3-3 所示。否则，当基础外伸长度相对于高度来说比较大时，可能由于基础材料抗弯强度不足而开裂破坏。

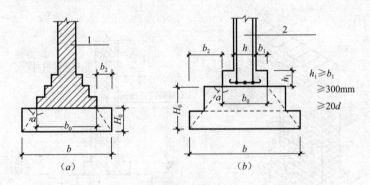

图 3-3　无筋扩展基础构造示意图
d—柱中纵向钢筋直径；1—承重墙；2—钢筋混凝土柱

$$H_0 \geqslant \frac{b-b_0}{2\tan\alpha} \tag{3-3}$$

式中　b——基础底面宽度；

　　b_0——基础顶面的砌体宽度或柱脚宽度；

　　H_0——基础高度；

　　$\tan\alpha$——基础台阶宽高比 $b_2:H_0$，其允许值根据基础材料和基底压力大小而定，详见表 3-1。地基规范给出的各种无筋扩展基础台阶宽高比的允许值一直沿用地基规范 1974 版规定的允许值，是经过长期的工程实践检验，因而是行之有效的。

无筋扩展基础台阶宽高比的允许值 表 3-1

基础材料	质量要求	台阶宽高比的允许值		
		$p_k \leqslant 100$	$100 < p_k \leqslant 200$	$200 < p_k \leqslant 300$
混凝土基础	C15 混凝土	1：1.00	1：1.00	1：1.25
毛石混凝土基础	C15 混凝土	1：1.00	1：1.25	1：1.50
砖基础	砖不低于 MU10，砂浆不低于 M5	1：1.50	1：1.50	1：1.50
毛石基础	砂浆不低于 M5	1：1.25	1：1.50	—
灰土基础	体积比为 3：7 的灰土，其最小于密度为： 粉土 1550kg/m³ 粉质黏土 1500kg/m³ 黏土 1450kg/m³	1：1.25	1：1.50	—
三合土基础	体积比 1：2：4～1：3：6（石灰：砂：骨料），每层约虚铺 220mm，夯至 150mm	1：1.50	1：2.00	

注：1. p_k 为荷载效应标准组合时基础底面处的平均压力值（kPa）；
    2. 阶梯形毛石基础的每阶伸出宽度，不宜大于 200mm；
    3. 当基础由不同材料叠合组成时，应对接触部分作抗压验算；
    4. 基础底面处的平均压力值大于 300kPa 的混凝土基础，尚应进行抗剪验算，计算方法见《建筑地基基础设计规范》GB 50007—2011 第 8.1.1 条条文说明。

　　刚性基础中，砖基础施工较简便。其剖面一般都做成阶梯形，这个阶梯形通常称为大放脚。大放脚从垫层上开始砌筑，为保证大放脚的强度，应采用两皮一收或一皮一收与两皮一收相间砌法（基底必须保证两皮）。一皮即一层砖，标注尺寸为 60mm。每收一次两边各收 1/4 砖长，见图 3-4。

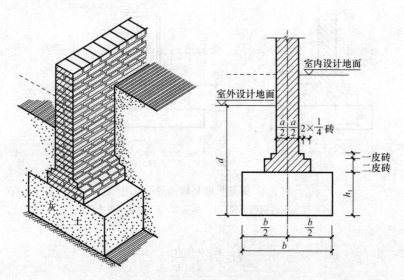

图 3-4　灰土垫层及砖基础大放脚[29]

　　为了节约砖、砂石等建筑材料，常在砖石大放脚下面做一层灰土垫层。灰土是用经过消解后的石灰粉和黏性土按一定比例加适量的水拌和夯实而成。灰土垫层必须采用符合标准的石灰和土料，其配合比为灰土比 3：7 或 2：8，一般多采用 3：7，即 3 分石灰粉 7 分黏性土（体积比），通常称"三七灰土"。为了保证灰土基础的强度和耐久性，石灰宜用块状生石灰，经消化 1～2d 后，通过孔径 5～10mm 的筛子，立即使用。土料宜选用粉质黏

142

土，不宜使用块状黏土，且不得含有松软杂质（图3-5），并使之达到散粒状，土料应过筛且最大粒径不得大于15mm。施工时，灰土拌和要均匀，土料湿度要适当，含水量过大或过小均不易夯实。工地鉴定方法以用手紧握成团、两指轻捏即碎为宜。施工时还应保证灰土的夯实干密度（粉土1550kg/m³，粉质黏土1500kg/m³，黏土1450kg/m³）。如土料水分过多或不足时，可以晾干或洒水润湿。如能符合这些要求，灰土28d的极限抗压强度将不低于800kPa，设计时，可取灰土基础的设计强度为400kPa[10]，实际工程中，容许承载力一般取250～300kPa。基础的容许宽高比 tanα 为1:1.25（当基底平均压力 $p \leqslant 100$kPa时）和1:1.5（当 $p \leqslant 200$kPa时）。灰土28d的抗弯和抗剪强度，约为抗压强度的30%左右。灰土28d后浸水48h的变形模量约为32～40MPa[10]。

（a） （b）

图3-5 灰土施工现场照片

（a）灰土土料中夹杂的杂物；（b）2:8灰土施工完成后的效果

灰土垫层适用于六层和六层以下，地下水位比较低的混合结构房屋和墙承重的轻型厂房[10,29]，如超过此范围内，必须进行基础强度验算。根据以往的工程经验，三层以及三层以上的混合结构和轻型厂房多采用三步灰土，总厚450mm（灰土需分层夯实，每层虚铺220～250mm，夯实后为150mm厚，通称一步）；三层以下混合结构房屋多采用两步，总厚300mm。《建筑地基基础工程施工质量验收规范》GB 50202—2002第4.2.4条给出了灰土地基的质量验收标准，见表3-2。根据这一验收标准，设计图中必须明确灰土地基的地基承载力、配合比和压实系数。

灰土地基质量检验标准 表3-2

项目	序	检查项目	允许偏差或允许值		检查方法
			单位	数值	
主控项目	1	地基承载力	设计要求		按规定方法
	2	配合比	设计要求		按拌和时的体积比
	3	压实系数	设计要求		现场实测
一般项目	1	石灰粒径	mm	≤5	筛分法
	2	土料有机质含量	%	≤5	试验室焙烧法
	3	土颗粒粒径	mm	≤15	筛分法
	4	含水量（与要求的最优含水量比较）	%	±2	烘干法
	5	分层厚度偏差（与设计要求比较）	mm	±50	水准仪

灰土的早期强度主要靠密实度，并将随龄期加长，其强度有明显的增长。灰土在空气中硬化时，早期强度增长很快，但浸水后强度降低很多。灰土经夯实后，在水位下的饱和土中养护而不是直接投入水中养护时，龄期在三个月以内的强度也不低于气硬性灰土的饱水强度[10]。因此，可以在地下水位以下或潮湿地区用作基础材料，但施工时应采取基坑排水措施，工程需要时应采取降低地下水位的措施，垫层施工均不得在浸水条件下进行。灰土的抗冻性与冻结时的灰土强度（或龄期），以及其周围土的湿度有关。灰土在不饱和的情况下，冻结对强度影响不大，解冻后灰土强度继续增长。在有水供给时，灰土早期的抗冻性就较差，但龄期超过三个月左右（相当于强度超过 1.0～1.3MPa 时）的 3：7 灰土，冻结后强度就没有明显的降低[10]。在施工时，要注意不使灰土基础早期受冻且灰土基础应设置在冰冻线以下。

灰土垫层的优点是施工简便、造价便宜，可以节约水泥和砖石材料。因此，《北京地区建筑地基基础勘察设计规范》DBJ 11—501—2009 第 8.2.2 条："墙下无筋扩展条形基础宜优先采用 3：7 灰土；其厚度不应小于 300mm；当地下水位较高或冬季施工时，可用 C15 素混凝土基础。"当采用 C15 素混凝土垫层时，垫层厚度一般为 200～300mm。刚性角取值可根据基底压力值由表 3-1 查取。由于我国目前一些地区河砂资源严重缺乏，应提倡在适宜的条件下尽量采用灰土作垫层，以取代目前盛行的级配砂石和素混凝土垫层，当然由于各地的建设项目工期都比较紧，雨期和冬期施工时，还是要尊重规律，也不宜强行推行灰土垫层的使用。

墙下钢筋混凝土条形基础（以下简称墙下条形基础）是在上部结构的荷载比较大，地基土质软弱，用一般砖石和混凝土砌体又不经济时采用。墙下条形基础一般做成无肋的板（图 3-5），有时做成带肋的板。墙下条形基础底板厚度 h 不宜小于 200mm，边缘厚度 h_1 不宜小于 150mm。底板下应设置 100mm 厚的 C15 素混凝土垫层。墙下条形基础为单项受力构件，除满足前述构造要求外，还应根据《建筑地基基础设计规范》GB 50007—2011 第 8.2.9 条、8.2.10 条验算墙与基础交接处单位长度基础受剪承载力。

墙下条形基础任意截面的配筋应按抗弯计算确定。根据《北京地区建筑地基基础勘察设计规范》DBJ 11—501—2009 第 8.3.8 条，当砖墙放脚符合表 3-1 的规定且基础底面地基反力均匀分布时，单位长度砖墙下条形基础最大弯矩可按下式计算（图 3-6）：

$$M_{max} = \frac{1}{8} p \left(b - b_w + \frac{c}{2} \right)^2 \tag{3-4}$$

式中　c——砖的长度。

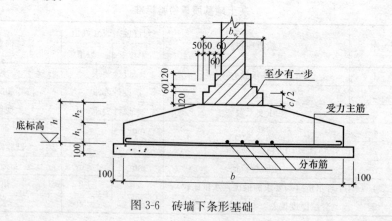

图 3-6　砖墙下条形基础

144

当基地反力分布不均匀时，根据《建筑地基基础设计规范》GB 50007—2011 第 8.2.14 条，任意截面每延米的弯矩为：

$$M_{max} = \frac{1}{6}\left(2p_{max} + p - \frac{3G}{A}\right)\left(\frac{b-b_w}{2} + \frac{c}{4}\right)^2 \tag{3-5}$$

式中符号的意义见规范条文和图 3-6。

墙下条形基础的受力钢筋在横向（基础宽度方向）配置，基础受力钢筋最小配筋率不应小于 0.15%，底板受力钢筋的最小直径不应小于 10mm，间距不应大于 200mm，也不应小于 100mm。纵向分布钢筋的直径不应小于 8mm；间距不应大于 300mm；每延米分布钢筋的面积不应小于受力钢筋面积的 15%。墙下钢筋混凝土条形基础的宽度大于或等于 2.5m 时，横向受力钢筋长度宜取 0.9 倍的基础宽度，并交错放置。在不均匀地基上，或沿基础纵向荷载分布不均匀时，为了抵抗不均匀沉降引起的弯矩，在纵向也应配置受力钢筋，做成带纵肋的条形基础，以增加基础的纵向抗弯能力。钢筋保护层的厚度当有垫层时不应小于 40mm；无垫层时不应小于 70mm。

砖混结构墙下条形基础的最小宽度一般取 700mm，主要是考虑到基槽开挖时，一般不是大开挖，而是保留了一部分房心土，考虑到实际工程中基槽深度一般大于 1.2m，槽宽太窄了，垫层及砖基础大放脚等施工作业不能顺利开展。鉴于目前大多数工程都是机械大开挖，可能就不存在这个问题了（图 3-7），但实际工程中槽宽以不小于 600mm 为宜。

4. 钢筋混凝土柱下独立柱基

柱下钢筋混凝土独立柱基属于配筋扩展基础，按截面形状可分为角锥形及阶梯形两种。根据《建筑地基基础设计规范》GB 50007—2011 第 8.2.1 条，锥形基础的边缘高度不宜小于 200mm，且两个方向的坡度不宜大于 1：3；阶梯形基础的每阶高度，宜为 300～

图 3-7　基础大开挖后的实际状况（一）

145

图 3-7　基础大开挖后的实际状况（二）

500mm。垫层的厚度不宜小于 70mm，垫层混凝土强度等级不宜低于 C10，通常取 C15。

柱下钢筋混凝土独立柱基的设计比较简单，但从施工图审查的实际情况来看，有几个概念需要特别说明。

（1）基础台阶宽高比

审图中常发现有的工程独立柱基台阶宽高比大于 2.5。由于原地基规范中没有作特别说明，一些设计人员以为台阶宽高比不大于 2.5 是为了满足混凝土浇筑的需要，新版《建筑地基基础设计规范》GB 50007—2011 第 8.2.11 条条文说明作了具体的说明。该条文说明指出，规范中的式（8.2.11-1）和式（8.2.11-2）是以基础台阶宽高比小于或等于 2.5，以及基础底面与地基土之间不出现零应力区（$e \leqslant b/6$）为条件推导出来的弯矩简化计算公式，适用于除岩石以外的地基。中国建筑科学研究院地基所黄熙龄、郭天强的试验结果表明：在轴向荷载作用下，当台阶高宽比 $h/l \leqslant 0.125$ 时（h 为板厚；l 为板宽），基底反力呈现中部大、端部小，地基承载力没有充分发挥基础板就出现井字形受弯破坏裂缝；当 $h/l = 0.16$ 时，地基反力呈直线分布，加载超过地基承载力特征值后，基础板发生冲切破坏；当台阶高宽比 $h/l = 0.20$ 时，基础边缘反力逐渐增大，中部反力逐渐减小，在加载接近冲切承载力时，底部反力向中部集中，最终基础板出现冲切破坏。因此，基础台阶宽高比 l/h 小于或等于 2.5 是基于试验结果，为的就是为使扩展式基础具有一定的刚度，保证基底反力呈直线分布。这一概念也同样可以推广到其他基础形式中，柱下条形基础、筏板基础等基础梁板尺寸不宜太小，一方面是因为基础梁、板等构件受力比较大，需要有一定的截面尺寸来承受剪力和弯矩的作用；另一方面也是适应内力重新分布的需要。只有当基础梁板尺寸较大、刚度达到一定的量值时，弯矩调整才得以充分实现，也才能使基础底面的反力分布接近于线性。根据梁的"安全调幅区"理论[42]，影响梁的最大允许调幅值的主要因素有：梁的跨高比 L/h_0、支座形式、混凝土强度和钢筋的型号等。这些因素中，梁的跨高比 L/h_0 对允许调幅值影响较大，见图 3-8（图中曲线 a 相应于：200 号混凝土、Ⅰ级钢、$\xi =$

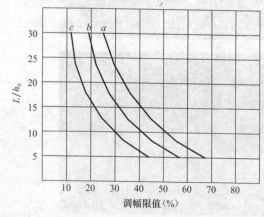

图 3-8　梁的跨高比 L/h_0 与调幅值关系曲线[42]

146

0.275；曲线 b 相应于：200 号混凝土、Ⅱ级钢、$\xi=0.275$；曲线 c 相应于：500 号混凝土、Ⅱ级钢、$\xi=0.275$）。

故《建筑地基基础设计规范》GB 50007—2011 第 8.3.1 条要求"柱下条形基础梁的高度宜为柱距的 1/4～1/8"，第 8.3.2 条："在比较均匀的地基上，上部结构刚度较好，荷载分布较均匀，且条形基础梁的高度不小于 1/6 柱距时，地基反力可按直线分布，条形基础梁的内力可按连续梁计算"，第 8.4.14 条："当地基土比较均匀、地基压缩层范围内无软弱土层或可液化土层、上部结构刚度较好，柱网和荷载较均匀、相邻柱荷载及柱间距的变化不超过 20%，且梁板式筏基梁的高跨比或平板式筏基板的厚跨比不小于 1/6 时，筏形基础可仅考虑局部弯曲作用。筏形基础的内力，可按基底反力直线分布进行计算"，这些条款均表明，基础构件必须具有一定的刚度。这些都是有一定的试验依据的，如中国建筑科学研究院地基所黄熙龄、袁勋等对塔楼裙房一体的大底盘平板式筏形基础进行室内模型系列试验以及实际工程的原位沉降观测的结果表明，当筏板基础厚跨比不小于 1/6 时，厚筏基础具备扩散主楼荷载的作用，扩散范围与相邻裙房地下室的层数、间距以及筏板的厚度有关。在满足规范给定的条件下，主楼荷载向周围扩散并随着距离的增大扩散能力逐渐衰减，影响范围不超过三跨。

（2）基底两个方向边长的比例关系

从基础受力特点分析，柱下独立柱基仍为一板式基础，为保证柱下独立基础双向受力状态，独立柱基底面两个方向的边长一般都保持在相同或相近的范围内。《全国民用建筑工程设计技术措施（2009）——结构（地基与基础）》第 5.4.2 条："单独柱基基底平面宜取为正方形。当为矩形平面时，其长短边的比不宜大于 2。"试验结果表明，当冲切破坏锥体落在基础底面以内时，独立柱基的截面高度由受冲承载力控制。计算分析表明，符合《建筑地基基础设计规范》GB 50007—2011 第 8.2.8 条、第 8.2.9 条要求的双向受力独立基础，其剪切所需的截面有效面积一般都能满足要求，无需进行受剪承载力验算。考虑到实际工作中柱下独立基础底面两个方向的边长比值有可能大于 2，此时基础的受力状态接近于单向受力，柱与基础交接处不存在受冲切的问题，仅需对基础进行斜截面受剪承载力验算。因此，《建筑地基基础设计规范》GB 50007—2011 提供了基础底面短边尺寸小于柱宽加两倍基础有效高度时，验算柱与基础交接处基础受剪承载力的条款。验算截面取柱边缘，当受剪验算截面为阶梯形及锥形时，可将其截面折算成矩形，折算截面的宽度及截面有效高度，可按照该规范附录 U 确定。

当两柱相距较小时，每柱下独立柱基底面可能重叠，此时可设置柱下联合基础。对于联合基础，《全国民用建筑工程设计技术措施（2009）——结构（地基与基础）》第 5.4.2 条要求基础底面宜取为矩形，当长短边的比大于 2 时，应设计成带基础梁的基础。《北京地区建筑地基基础勘察设计规范》DBJ 11—501—2009 第 8.4.5 条也要求"联合基础两柱之间应设置地梁，并应验算地梁受弯和受剪承载力。如两柱的中心距离 $L \leqslant 2.5m$，也可设置暗地梁。此时应注意核算底板受弯、受剪和受冲切承载力以及暗地梁的承载力。"

（3）最小配筋率

独立基础是阶梯形截面，以前的地基规范没有对其最小配筋率作明确的要求，所以一般工程中是不考虑最小配筋率的，按实际计算结果配筋。有学者认为最小配筋率的概念只

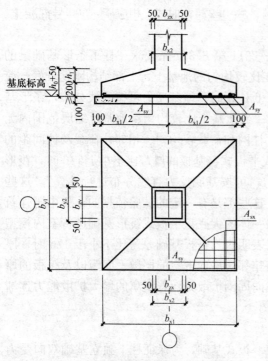

图 3-9　独立柱基折算截面的宽度计算简图

适用于等截面的构件。《建筑地基基础设计规范》GB 50007—2011 第 8.2.12 条提出了独立基础最小配筋率的简化计算方法，对阶形以及锥形独立基础，可将其截面折算成矩形，其折算截面的宽度 b_0 及截面有效高度 h_0 按该规范附录 U 确定，并按最小配筋率 0.15% 计算基础底板的最小配筋量。该计算方法主要是考虑到独立基础的高度一般是由冲切或剪切承载力控制，基础板相对较厚，如果按最大截面厚度计算最小配筋量可能导致底板用钢量不必要的增加。

为分析折算截面的宽度的实际折算及效果，现以图 3-9 中的锥形基础作为算例进行对比计算。分析表明，按折算截面的宽度计算的 $A_{sx2}=b_{x0}\times h_0\times \rho_{min}$ 与实际边长计算的 $A_{sx1}=b_{x1}\times h_0\times \rho_{min}$ 之间相差不是很大；$A_{sy2}=b_{y0}\times h_0\times \rho_{min}$ 与实际边长 $A_{sy1}=b_{y1}\times h_0\times \rho_{min}$ 之间相差也不是很大，其中的 $h_0=h-50mm$，$\rho_{min}=0.15\%$。如果将折算截面的宽度 b_{x0}、b_{y0} 内计算的配筋量 A_{sx2}、A_{sy2} 换算成实际边长计算 b_{x1}、b_{y1} 范围内配筋率 $\rho_{x折算}=A_{sx2}/(b_{x1}\times h_0)$、$\rho_{y折算}=A_{sy2}/(b_{y1}\times h_0)$，由表 3-3、表 3-4 可知，折算配筋率 $\rho_{y折算}$、$\rho_{y折算}$ 约在 0.12%~0.13%，与 0.15% 相差不是很大。由于折算截面宽度计算比较复杂，实际工程中可根据这一结果大致判断独立柱基的配筋是否满足最小配筋率的要求。

锥形独立柱基两方向边长变化时的折算截面的宽度（mm）及折算配筋率（%）　表 3-3

b_{y1}	b_{y2}	b_{x1}	b_{x2}	h_0	h_1	b_{y0}	b_{x0}	A_{sy1}	A_{sy2}	$\rho_{y折算}$	A_{sx1}	A_{sx2}	$\rho_{x折算}$
2000	600	3600	600	550	200	1745.5	3054.5	1650	1440.038	0.131	2970	2520	0.127
2200	600	3800	600	600	200	1933.3	3266.7	1980	1739.97	0.132	3420	2940	0.129
2400	600	4000	600	650	250	2053.8	3346.2	2340	2002.455	0.128	3900	3262.5	0.125
2600	600	4200	600	650	250	2215.4	3507.7	2535	2160.015	0.128	4095	3420	0.125
2800	600	4400	600	700	300	2328.6	3585.7	2940	2445.03	0.125	4620	3765	0.122
3000	700	3600	750	550	250	2477.3	2952.3	2475	2043.773	0.124	2970	2435.6	0.123
3200	700	3800	750	600	250	2679.2	3164.6	2880	2411.28	0.126	3420	2848.1	0.125
3400	700	4000	750	650	250	2880.8	3375	3315	2808.78	0.127	3900	3290.6	0.127
3600	700	4200	750	650	250	3042.3	3536.5	3510	2966.243	0.127	4095	3448.1	0.126
3800	700	4400	750	700	300	3135.7	3617.9	3990	3292.485	0.124	4620	3798.8	0.123
4000	700	4600	750	700	300	3292.9	3775	4200	3457.545	0.123	4830	3963.8	0.123
4200	700	4800	850	350		3479.4	3966.2	5355	4436.235	0.124	6120	5056.9	0.124
4400	700	5000	750	850	350	3638.2	4125	5610	4638.705	0.124	6375	5259.4	0.124

锥形独立柱基一个方向边长变化时的折算截面的宽度（mm）及折算配筋率（%）

表 3-4

b_{y1}	b_{y2}	b_{x1}	b_{x2}	h_0	h_1	b_{y0}	b_{x0}	A_{sy1}	A_{sy2}	$\rho_{y折算}$	A_{sx1}	A_{sx2}	$\rho_{x折算}$
2000	600	3800	600	700	300	1700.0	3114.3	2100	1785	0.128	3990	3270.0	0.123
2200	600	3800	600	700	300	1857.1	3114.3	2310	1950	0.127	3990	3270.0	0.123
2400	600	3800	600	700	300	2014.3	3114.3	2520	2115	0.126	3990	3270.0	0.123
2600	600	3800	600	700	300	2171.4	3114.3	2730	2280	0.125	3990	3270.0	0.123
2800	600	3800	600	700	300	2328.6	3114.3	2940	2445	0.125	3990	3270.0	0.123
3000	700	3800	750	700	300	2507.1	3146.4	3150	2632.5	0.125	3990	3303.7	0.124
3200	700	3800	750	700	300	2664.3	3146.4	3360	2797.5	0.125	3990	3303.7	0.124
3400	700	3800	750	700	300	2821.4	3146.4	3570	2962.5	0.124	3990	3303.7	0.124
3600	700	3800	750	700	300	2978.6	3146.4	3780	3127.5	0.124	3990	3303.7	0.124
3800	700	3800	750	700	300	3135.7	3146.4	3990	3292.5	0.124	3990	3303.7	0.124
4000	700	3800	750	700	300	3292.9	3146.4	4200	3457.5	0.123	3990	3303.7	0.124
4200	700	3800	750	700	300	3450.0	3146.4	4410	3622.5	0.123	3990	3303.7	0.124
4400	700	3800	750	700	300	3607.1	3146.4	4620	3787.5	0.123	3990	3303.7	0.124

5. 关于同一建筑采用不同形式的基础问题

对于高层与裙房之间不设缝的建筑，从减少两者不均匀沉降的角度，往往采用不同形式的基础，高层用桩基础或筏板基础，而裙房采用独立柱基或柱下条形基础＋防水板，然而《建筑抗震设计规范》GB 50011—2010 第 3.3.4 条指出，"地基和基础设计应符合下列要求：（1）同一结构单元的基础不宜设置在性质截然不同的地基上。（2）同一结构单元不宜部分采用天然地基部分采用桩基；当采用不同基础类型或基础埋深显著不同时，应根据地震时两部分地基基础的沉降差异，在基础、上部结构的相关部位采取相应措施。（3）地基为软弱黏性土、液化土、新近填土成严重不均匀土时，应根据地震时地基不均匀沉降和其他不利影响，采取相应的措施。"规范没有明确不同地基在地震下变形的差异及上部结构各部分地震反应差异的具体设计措施，《全国民用建筑工程设计技术措施（2009）——结构（地基与基础）》第 3.3.15 条提出"抗震设防烈度大于等于 7 度的厚层软土分布区，宜判别震陷的可能性和估算震陷量"的设计要求，这指的是"不同地基在地震下变形的差异"，至于"上部结构各部分地震反应差异"就比较复杂了，因为不同土层其场地特征周期理论上是有差别的，表 3-5 为台湾 9.21 集集地震中各测站的地震记录取样时间区段最大频率内所对应的频率[51]。由表可见，地震中场地特征周期的分布是很不均匀的，TCU068 测站、TCU102 测站、TCU052 测站的地震波含有非常低的低频震动，有的测站在三个方向的卓越周期也相差很大，如 TCU047 测站、TCU078 测站等。这种不均匀性，主要与地质构造有关，与土层的分布也有一定的关系，但这种影响很难量化与定性。场地卓越周期虽然也有 4.8s（台中县雾峰乡）、甚至 9.099s（台中县石冈乡）的纪录，但一般在 0.2～1.0s 之间，这与多层和小高层建筑的自振周期基本接近，这是多层和小高层建筑破坏甚至倒塌比较多的主要原因。

测站代号	震中距离（km）	位　置	垂直向卓越频率（Hz）	南北向卓越频率（Hz）	东西向卓越频率（Hz）
TCU095	94.43	新竹县峨眉乡	5.3233（0.188）	4.6265（0.216）	1.8677（0.535）
TCU047	85.25	苗栗县三湾乡	12.1948（0.082）	1.6968（0.589）	1.8433（0.543）
TCU045	76.32	苗栗县狮潭乡	1.8677（0.535）	4.895（0.204）	2.124（0.471）
TCU068	46.74	台中县石冈乡	0.2563（3.90）	0.1221（8.19）	0.1099（9.099）
TCU102	44.33	台中县苇原市	0.3906（2.56）	0.3906（2.56）	0.6836（1.463）
TCU052	38.38	台中市北屯区	0.1465（6.826）	0.5493（1.82）	0.4028（2.483）
TCU049	37.77	台中市北屯区	0.6714（1.489）	1.2573（0.795）	0.8789（1.138）
TCU067	27.60	台中县大里乡	0.2197（4.55）	2.5757（0.388）	0.415（2.41）
TCU065	25.57	台中县雾峰乡	0.2197（4.55）	1.6357（0.611）	0.2075（4.819）
TCU075	19.70	南投县草屯镇	0.3174（3.151）	2.0386（0.491）	0.2808（3.561）
TCU129	13.54	南投县名间乡	0.9399（1.064）	3.2227（0.31）	3.186（0.314）
TCU122	21.59	彰化县二水乡	0.3052（3.277）	2.8809（0.347）	1.4771（0.677）
CHY024	—	云林县林内乡	0.30525（3.277）	0.1709（5.85）	2.1118（0.474）
CHY101	32.11	云林县古坑乡	0.3296（3.034）	1.0864（0.92）	1.355（0.738）
CHY028	32.92	云林县古坑乡	0.5859（1.707）	1.1963（0.836）	2.8198（0.355）
TCU072	20.46	南投县国姓乡	0.9399（1.064）	1.3916（0.718）	1.4282（0.7）
TCU071	14.39	南投县草屯镇	9.5703（0.105）	4.0286（0.248）	3.8208（0.262）
TCU089	6.52	南投县鱼池乡	0.8423（1.187）	0.9399（1.064）	3.0151（0.332）
TCU084	9.01	南投县鱼池乡	2.1362（0.468）	1.0864（0.92）	1.1353（0.881）
TCU079	8.28	南投县鱼池乡	3.0762（0.325）	4.8218（0.207）	1.3062（0.766）
TCU078	5.96	南投县水里乡	7.8003（0.128）	3.6499（0.274）	1.5381（0.65）

注：表中括号内的数据为频率的倒数，即周期。

6. 地下水及抗浮设计问题

建筑物在施工和使用阶段均应符合抗浮稳定性要求。抗浮失稳主要有两种情况：一是建筑物从基础底面整体向上漂浮起来。这种情况既可发生在施工阶段，也可能发生在使用阶段。在施工阶段主要是停止降水的时间过早，基础和已经施工的楼层重量小于浮力所致。在使用阶段，则是由于地下水位的突然上升，使基础和楼层重量小于水浮力；二是整体建筑没有漂浮起来，基础底板局部变形过大，出现鼓凸、板面开裂等现象。这种情况常常发生在游泳池、多层建筑独立柱基或柱下条形基础＋防水板基础等工程中。由于泳池底板和防水板板厚一般为 250～300mm，且其上部荷载较小，跨度较大时，底板在水压作用下发生较大的局部变形而鼓突，这种情况实际上不属于漂浮作用，但由于与地下水的浮力作用有关，一般也归为抗浮不足的范畴。《建筑地基基础设计规范》GB 50007—2011 第 5.4.3 条指出，"在整体满足抗浮稳定性要求而局部不满足时，也可采用增加结构刚度的措施。"在地下水作用下，基础底板构件除了满足变形要求外，还应进行浮力作用下的抗弯、抗剪和抗冲切承载力验算。

《建筑地基基础设计规范》GB 50007—2011 第 3.0.2 条："建筑地下室或地下构筑物存在上浮问题时，尚应进行抗浮验算。"抗浮设计的关键是地下水力学作用的评价问题。验算地下水对结构物的上浮作用时，原则上应按设防水位计算水浮力。抗浮设防水位应由勘察报告提供，《北京地区建筑地基基础勘察设计规范》DBJ 11—501—2009 第 5.4.1 条：

"地基勘察应评价地下水的作用和影响，并提出预防措施的建议。"因此，设计时抗浮设计水位应以勘察报告提供的数据和措施为准，当勘察报告没有提供这项数据时，应要求勘察单位作相应的补充。《全国民用建筑工程设计技术措施（2009）——结构（地基与基础）》第7.1.4条指出，抗浮设防水位一般参照如下情况综合考虑："（1）设计基准期内抗浮设防水位应根据长期水文观测资料确定；（2）无长期水文观测资料时，可采用丰水期最高稳定水位（不含上层滞水），或按勘察期间实测最高水位并结合地形地貌、地下水补给、排泄条件等因素综合确定；（3）场地有承压水且与潜水有水力联系时，应实测承压水位并考虑其对抗浮设计水位的影响；（4）在填海造陆区，宜取海水最高潮水位；（5）当大面积填土面高于原有地面时，应按填土完成后的地下水位变化情况考虑；（6）对一、二级阶地，可按勘察期间实测平均水位增加1～3m；对台地可按勘察期间实测平均水位增加2～4m；雨期勘察时取小值，旱季勘察时取大值；（7）施工期间的抗浮设防水位可按1～2个水文年度的最高水位确定。"上述7方面的情况可以供设计时参考，也可据以大致分析勘察报告中设防水位的合理水准。

《建筑地基基础设计规范》GB 50007—2011第5.4.3条指出，当建筑物基础存在浮力作用时应进行抗浮稳定性验算，并应符合下列规定：

（1）对于简单的浮力作用情况，基础抗浮稳定性应符合下式要求：

$$\frac{G_k}{N_{w,k}} \geq K_w \tag{3-6}$$

式中　G_k——建筑物自重及压重之和（kN）；

　　　$N_{w,k}$——浮力作用值（kN）；

　　　K_w——抗浮稳定安全系数，一般情况下可取1.05。

（2）抗浮稳定性不满足设计要求时，可采用增加压重或设置抗浮构件等措施。

应用该条时应注意，G_k中不包括活荷载，结构自重标准值按结构构件的设计尺寸与材料单位体积的自重计算确定。对于自重变异较大的材料和构件，自重的标准值应取下限值。$N_{w,k}$为地下水对建筑物的浮托力标准值，对于简单的浮力作用情况，可采用阿基米德原理计算。《北京地区建筑地基基础勘察设计规范》DBJ 11—501—2009第5.4.2条："考虑地下水对建筑物的上浮作用时，应按设计水位计算浮力。有渗流时，地下水的水头和作用宜通过渗流计算进行分析评价。对节理不发育的岩体有经验或实测数据时，浮力可根据经验或实测数据确定。"

当基础抗浮验算不满足式（3-6）要求时，实际工程应用中可采用多种抗浮方法，如增加结构配重，设置抗拔桩、抗浮锚杆，基础底板下释放水浮力等。采用增加压重的措施，可直接按式（3-6）验算。增加配重法一般用于埋深浅、上浮力较小的情况，或用于自重与上浮力相差较小的情况，包括增加覆土荷载、增加结构自重和边墙加载等三种方式，详见《全国民用建筑工程设计技术措施（2009）——结构（地基与基础）》第7.4.1条。采用抗拔桩、抗浮锚杆等抗浮构件等措施时，《建筑地基基础设计规范》GB 50007—2011第5.4.3条条文说明指出，由于抗浮构件产生抗拔力时，必然伴随位移的发生，过大的位移量对基础结构是不允许的，抗拔力取值应满足位移控制条件。采用该规范附录T的方法确定的抗拔桩抗拔承载力特征值进行设计对大部分工程可满足要求，对变形要求严格的工程还应进行变形计算。释放水浮力法是在基底下方设置静水压力释放层，使基底下的压力水通过释放层中的透水系统（过滤层，导水层）汇集到集水系统（滤水管网络），并导流至出水系统后进入专用水箱或集水井中排出，从而释放部分水浮力。释放水浮力法应保证相关排水设备的稳定性和控制长期运营成本，应在技术可行、安全可靠、资源节约的前提下选用。由于我国绝大多数城市地下水资源紧缺，从节约地下水资源的角度，不建议采用这一方法。

对于地下水位较高、基坑较深的建筑，基础施工时需要采用抽降方式控制地下水位，《北京地区建筑地基基础勘察设计规范》DBJ 11—501—2009 第 5.5.7 条指出，对地下水采取施工降水措施时，应符合下列规定："(1) 施工时地下水位应保持在基坑底面以下 0.5～1.5m；(2) 降水过程中应采取有效措施，防止土颗粒的流失；(3) 防止深层承压水引起的流土、管涌和突涌，必要时应降低基坑下的承压水头；(4) 评价抽水造成的地下水资源损失量，必要时提出地下水的综合控制方案和建议。"《建筑地基基础设计规范》GB 50007—2011 第 9.9 节 "地下水控制" 中也给出详细的施工技术要求。设计图中应根据计算结果，明确停止降水的时间和施工的楼层及部位。

二、验槽及其作用

基槽检验就是现场基础施工时常说的验槽。在基础施工过程中，验槽是一个重要、不可或缺的工序和技术质量控制环节。基槽开挖至设计基底标高，在进入下道工序施工之前，应由建设单位组织勘察、设计、施工、质检和监理等单位有关技术人员参加验槽工作。《建筑地基基础设计规范》GB 50007—2011 第 3.0.4 条："建筑物地基均应进行施工验槽。"第 10.2.1 条："基槽（坑）开挖到底后，应进行基槽（坑）检验。当发现地质条件与勘察报告和设计文件不一致、或遇到异常情况时，应结合地质条件提出处理意见。"同一内容在同一本规范中重复出现，足见其重要性。因为建筑的地基和基础主要是依据工程地质勘察资料设计的，而岩土工程勘察是由 "点" 带 "面" 的工作，根据各勘探点的"点状"资料，推断工程区地下 "面状" 情况。由于工程地质勘察的钻孔间距比较大（《北京地区建筑地基基础勘察设计规范》DBJ 11—501—2009 第 6.2.1 条："勘探点间距：简单场地为 30～50m；中等复杂场地为 15～30m；复杂场地为 10～15m"），两钻孔之间的土层变化是人为推断的，难免与实际地质条件有出入，并不能完全准确反映土层的实际变化情况。因此，为了探明基槽内土层变化情况，确认持力层的土质和承载力，检查基底一定范围内是否暗藏有浅层软弱土、坟穴、古井、老的房基和管道等，同时核对建筑物平面位置、平面尺寸、基槽宽度、基槽深度是否与设计图纸一致，均需要在基础工程施工前进行基槽检验。

1. 天然地基验槽的主要内容

天然地基基础基槽检验主要是以观察、量测为主，钎探为辅。《建筑地基基础工程施工质量验收规范》GB 50202—2002 第 A.2.1 条指出，基槽开挖后，应检验下列内容："(1) 核对基坑的位置、平面尺寸、坑底标高；(2) 核对基坑土质和地下水情况；(3) 空穴、古墓、古井、防空掩体及地下埋设物的位置、深度、性状。"《全国民用建筑工程设计技术措施(2009)——结构（地基与基础）》第 11.2.1 条则要求基槽开挖后，应检验下列内容："(1) 核对基槽的施工位置、平面尺寸、槽底标高，是否符合勘察、设计文件；(2) 核查地下水情况；(3) 核查地基岩土性状；(4) 检查冬、雨期施工时基槽底的防护措施。"

基础型式不同，验槽的内容也不同。验槽前，必须排除基槽内的积水（图 3-10），因为基槽积水不排除，钎探作业很难开展，勘察、设计和质检单位验收人员进场后，持力层土质一经踩踏就"和稀泥"而扰动原状土。《全国民用建筑工程设计技术措施（2009）——结构（地基与基础）》第 11.2.6 条："基槽开挖后，为防止地基土的松动或软化，应采取下列保护措施：（1）严防基坑积水；（2）用机械开挖时，应在设计基坑底标高以上保留 300～500mm 厚的保护层，保护层用人工开挖清除，严禁局部超挖后用虚土回填；（3）很湿及饱和的黏性土不宜拍打，不宜将砖石等材料直接抛入，采取防护措施防止地基土受到踩踏；（4）当气温低于 0℃时，应及时对地基土采取保温措施，严防地基土受冻。"对机械开挖后保留 300～500mm 厚保护层再由人工开挖清除的做法相对保守，《建筑地基处理技术规范》JGJ 79—2012 第 4.3.5 条："基坑开挖时应避免坑底土层受扰动，可保留 180～220mm 厚的土层暂不挖去，待铺填垫层前再由人工挖至设计标高。"因此，工程上一般要求预留 200～300mm 厚的保护层即可。

图 3-10　积水未排干的基槽与积水排出后的基槽
(a) 积水未排干的基槽；(b) 排水沟的设置及积水排出后的基槽

　　在验槽过程中，勘察单位和设计单位的技术人员应深入施工现场，首先要核对建筑物现场位置、平面尺寸、结构型式和建筑层数与勘察报告是否一致。对于条形基础，首先应检查基础轴线是否与图纸标注一致。基底标高是否到达设计底标高，基底地层分布是否均匀，是否有软弱土层存在。基础持力层土的物理力学性质状况是否与岩土工程勘察报告书内容相符。并根据施工中有无降雨，基槽是否浸水等现象，确定地基土有无扰动。

　　在核对基坑土质和地下水时，岩土工程师应根据基槽开挖后的土层分布及走向，判断基底是否已全部挖至设计要求的土层。在检验槽底时，应观察刚开挖的且结构没有受到破坏的原状土，如不是刚开挖的基槽，应先铲去表面已经风干、水浸或受冻的土层，观察它的结构、孔隙、干湿度等，确定是否为设计选用的持力层土质，如没有到达持力层，应往下挖掘，以确定基底设计标高距持力层的深度。验槽时可有意识地在墙角、承重墙下或其他受力较大的部位进行取土鉴定，同时还应对整个槽底进行全面观察，察看槽底土的颜色是否一致，从铲挖槽底的感觉上判断土的坚硬程度是否一样，是否有局部过干或过湿等含水量异常的现象，踩上去有否颤动的感觉。对于柱下独立基础，在验槽过程中，不仅要检验柱网尺寸是否准确，基底标高是否符合设计要求，还要检验各基坑底土质是否与勘察报告书中描述的内容相一致，还要着重比较各基槽底土质是否均匀一致。对于有异常现象的部位，都应该调查清楚其原因和范围，以便为地基处理和结构设计变更提供详尽的资料。如建筑物位置、平面尺寸、上部结构的荷载等有实质性的改变，则岩土工程师应根据具体情况决定是否需要补勘。

观察验槽只能观察槽底表面土层的实际情况，对槽底以下主要受力层深度范围内土的变化和分布情况，以及是否有空穴、古墓、古井等地下埋设物必须用钎探进行检查。

2. 钎探及钎探记录分析

钎探也称轻型动力触探，是将一定长度的钢钎打入槽底的土层中，根据每打入地基土层 300mm 深度的锤击数来判断地基土质情况的一种简易勘探方法。钎探可以检验地基持力土层的承载力和均匀性，是否有浅部埋藏的软弱下卧层，是否有浅部埋藏直接观察难以发现的异常土质等情况。《建筑地基基础工程施工质量验收规范》GB 50202—2002 第A.2.3 指出："遇到下列情况之一时，应在基坑底普遍进行轻型动力触探：（1）持力层明显不均匀；（2）浅部有软弱下卧层；（3）有浅埋的坑穴、古墓、古井等，直接观察难以发现时；（4）勘察报告或设计文件规定应进行轻型动力触探时。"第 A.2.5 条："遇下列情况之一时，可不进行轻型动力触探：（1）基坑不深处有承压水层，触探可造成冒水涌砂时；（2）持力层为砾石层或卵石层，且其厚度符合设计要求时。"因此，对于土质地基，一般勘察报告和设计总说明中均要求进行钎探。

钎孔布置和深度应根据地基土质的复杂情况、基槽宽度和形状而定。对于天然地基，钎孔间距和打入深度可按表 3-6 执行，该表引自《建筑地基基础工程施工质量验收规范》GB 50202—2002 表 A.2.4。对于软弱的新近沉积的黏性土和人工杂填土地基，钎孔的间距应不大于 1.5m。

轻型动力触探检验深度及间距表（m）　　　　　　　　　　　表 3-6

排列方式	基槽宽度（m）	检验深度（m）	检验间距（m）
中心一排	<0.8	1.2	
两排错开	0.8~2.0	1.5	1.0~1.5m 视地层复杂情况定
梅花型	>2.0	2.1	

钎探一般是在施工单位完成基槽开挖后，在监理单位的监督下进行。在钎探以前，施工单位须绘制基槽平面图，在图上根据要求确定钎探点的平面位置，并依次编号，绘成钎探平面图。钎探时按钎探平面图标定的钎探点顺序进行，同时记录每打入 300mm（通常称为一步）深度的锤击数。钎探记录表需经施工单位技术负责人和监理单位相关人员签字

确认。

在程序上，通常是在施工单位完成钎探并整理好钎探记录表时，才通知勘察、设计和质检人员到现场验槽。因此，验槽的一项主要内容就是查看和分析钎探记录。当一栋建筑物钎探完成后，施工单位要全面分析研究钎探记录，然后逐点进行比较，将锤击数过多和过少的钎孔在钎探平面图上加以圈定，以备现场重点检查。实际工程中，由于施工单位实际使用的钢钎不一定是标准钎，而且工人在举锤时，实际高度可能达不到规范规定的高度，致使锤击数出现偏差。因此，勘察、设计和质检人员在现场一般要抽验施工人员打钎实际情况，以排除人为因素造成的锤击数偏差。钎探的锤击数是岩土工程师判断持力层承载力的主要依据（这是岩土工程师工程经验的反映），不同钎探点的锤击数差异是判断地基承载力均匀性的主要依据，从中可以发现是否有软弱下卧层、坑穴等局部不良地质情况。

3. 验槽过程中的地基处理原则

由于土层分布的不均匀性是比较普遍的现象，基槽检验过程中或多或少会查出一些局部异常地质情况，需在探明原因和范围后，作妥善处理，使建筑物的各部位沉降趋于一致，以减小地基不均匀沉降。地基局部的处理方法很多，具体处理方法依地基情况、工程性质和施工条件而定。验槽过程中，常发现以下几类问题：

（1）验槽发现实际土层分布或持力层的承载力与勘察报告的结果有出入，对原基础设计方案作相应修改后，基础型式更加合理。这种情况大都出现在山区地基或坡地上。如某工程位于坡地上，为地下 1 层、地上 6 层的框架-剪力墙结构。该工程持力层土层不一且厚薄不均。山顶侧为强风化～中风化基岩，山脚侧黏土层的最大厚度达 13.5m，土层分布很不均匀，见图 3-11（a）。原设计采用筏板基础，风化岩部分采取超挖 1m 后用 2：8 灰土回填，以调节不均匀沉降。基槽开挖后发现，风化岩为中风化岩，要往下开挖必须爆破，见图 3-11（b）。由于场地周边环境不允许爆破施工，最后决定修改基础设计方案，土层部分采用人工挖孔桩，桩端落在中风化基岩上，基岩出露部分采用天然基础。采用这种方案虽然同一结构单元采用两种不同的基础形式，但其持力层是相同的，地震响应基本一致，而且中风化基岩沉降变形小，无论是正常使用状态还是地震作用下都不会产生过大的不均匀沉降。

（a）　　　　　　　　　　　　　　（b）

图 3-11　某工程持力层土层不一且厚薄不均的照片

（a）基槽开挖时的土层分布情况；（b）中风化基岩

（2）相邻基础的影响。勘察期间，靠近已有建筑的部位常常由于场地条件的限制，使得钻探孔的布置距已有建筑物较远，已有建筑物基础的分布、地下管道的埋藏等，只有基坑开挖以后才能发现，勘察报告和施工图中往往不能真实反映实际情况，需要在验槽时根据实际情况处理。

（3）按照施工图设计方案，施工困难。这种情况比较复杂，既有地下埋藏物、地下水的影响，也有土层不均匀性范围较大等因素的影响，需根据实际情况区别对待。

鉴于以上情况，进行局部地基处理成为验槽和基础施工过程中的一个重要内容。根据验槽结果进行建筑物局部地基处理一般应遵循以下几点原则：

（1）同一结构单元持力层土层应保持均匀一致。岩土工程师对于基槽范围内存在的局部软弱土、墓坑和古井等，应提出具体的局部处理办法和施工要求。

基槽（坑）范围内存在的松土坑的范围较小时，可将坑中松软虚土挖除，使坑底及四壁均见天然土为止，然后采用与坑边的天然土层压缩性相近的材料回填。当地基土为砂土时，应用砂或级配砂石回填；当地基土为硬塑状态的黏性土时，用3:7灰土分层回填夯实；当地基土为可塑状态的黏性土或新近沉积黏性土时，可用2:8灰土分层回填夯实，每层厚度不大于200mm。如条件限制，槽壁挖不到天然土层时，则应将该范围内的基槽适当加宽，加宽部分的宽度按下述条件确定：当用砂土或砂石回填时，基槽壁边均应按宽高比1:1坡度放宽；用2:8灰土回填时，基槽每边应按宽高比0.5:1坡度放宽；用3:7灰土回填时，如坑的长度≤2m，且为具有较大刚性的条形基础时，基槽可不放宽，但灰土与槽壁接触处应夯实。

如松土坑在槽内所占的范围较大（如长度在5m以上或开挖深度较大）时，且坑底土质与一般槽底天然土质相同，也可将基础落深，按规范要求做1:2踏步与两端相接，踏步的步数根据坑深而定，但每步高不大于0.5m，长度不小于1m，并保持被挖除部分的边界形状规则。还要防止地基土均匀性被破坏，要根据被挖除部位地基土土质，选用比例合适的灰土进行回填，并进行碾压夯实。压实系数应满足《建筑地基基础设计规范》GB 50007—2011表6.3.7的要求，同时还要符合持力层承载力的要求，确保同一结构单元沉降变形均匀一致。以上几种情况中，如地下水位较高，或坑内有积水无法夯实时，亦可用砂石或混凝土垫层代替灰土。寒冷地区冬季施工时，槽底换土不能使用冻土，因为冻土不易夯实，且解冻后强度会显著降低，造成较大的不均匀沉降。

夯实黏性土时，要注意地基土的含水量，避免对含水量很大趋于饱和的土实施夯实作业，因为此时夯实后会使地基土变成踩上去有一种颤动的感觉，形成俗称的"橡皮土"。因此，当地基土含水量很大趋近于饱和时，要避免直接夯拍。这时，可采用晾槽或掺白灰粉的办法降低土的含水量。如果地基土已成为"橡皮土"了，可利用碎石或卵石将泥挤紧，也可将"橡皮土"挖除，挖除部位填以砂土或级配砂石。

对于埋藏较深的古井、墓穴部位，当挖除全部虚土难度较大时，可部分挖除，挖除的深度一般为坑井宽的2倍，如剩余的虚土为软土时，可先用块石夯实挤紧后再回填。对独立柱基，如墓坑、古井范围大于基槽的1/2时，应尽量挖除虚土将基底落实，但两相邻柱基的基底高差在黏性土中不得大于相邻基底的净距，在砂土中不得大于相邻净距的1/2。如挖除全部虚土困难时，亦可采用加强基础刚度，或用梁板形式跨越，或改变基础类型，或采用桩基等进行处理。若井在基础的转角处，除采用上述拆除回填办法处理外，还应采用从基础中挑梁等进行加强处理，当采用挑梁办法较困难或不经济时，可将基础沿墙长方向向外延伸一段，使延伸部分落在老土上。落在老土上的基础总面积，应等于井圈范围内原有基础的面积，然后在基础墙内再采用配筋或钢筋混凝土梁来加强。具体采用哪种方式处理，主要服从经济性。

如果有设备或市政管线位于槽底以下，最好将其迁移，或将基底标高局部降低，否则应采取防护措施避免管道被基础压坏。在管道穿过基础或基础墙时，必须在基础或基础墙上管道的周围，特别是上部，留出足够尺寸的空间，使建筑物产生沉降后不致引起管道的变形或损坏。

（2）慎重修改基础设计方案，能用处理地基的办法解决的，尽量避免对原基础设计图作较大的设计变更。因为基础设计是经过设计人员综合考虑各方面因素后完成的，而且在建设程序上通过了当地施工图审查机构的审查。验槽中发现的问题时，一般情况下应针对地基土进行加固处理，使之与勘察报告结论一致，减少或避免发生重大设计变更，因为重大设计变更原则上应送原审查机构复审，影响工程进度。盲目修改基础设计，又不遵循建设程序将设计变更送达审查机构审查，技术把关不严有可能出现质量缺陷，给工程带来隐患。

（3）应避免更改设计已采用的基础型式。每一种基础的工作机理不同，原基础为条基，处理时也应尽量采用条基；如原基础设计采用桩基，处理时也应尽量采用桩基。

（4）处理方案要与施工单位实际技术水平相适应。基槽开挖后，施工单位就已确定。其施工技术水平也就相对固定下来。基础处理方案的确定，不可避免地受施工单位的技术水平、施工机械和施工经验等条件制约。因此，局部地基处理和基础方案要考虑施工的可实施性和施工单位可接受性，施工单位不接受，建设单位不可能为局部地基处理重新选择施工单位，这是现实问题。实际工程中，基础方案的可实施性很有可能成为能否选用的重要条件。

总之，地基验槽是施工过程中一个非常重要的环节，它要求勘察、设计、施工、质检和监理各部门专业技术人员密切配合，协同作业，共同负责。结构工程师应与岩土工程师一道根据实际地质条件，结合上部结构，选择经济合理、技术可行的处理方案，确保工程质量。结构工程师不能也不应忽视地基验槽这一重要的技术质量检查和控制环节。

第二节　桩基础设计活动中的施工技术

当天然地基上的浅基础沉降量过大或地基稳定性不能满足建筑物的要求时，常采用桩基础。桩基础的主要功能是将荷载传至地下较深处的密实土层，以满足承载力和沉降的要求。桩基础是一种常见深基础，它具有承载力高、沉降速率低、沉降量较小而且均匀等特点，能承受竖向荷载、水平荷载、水浮力、土拔力及由机器产生的振动或动力作用等。桩基通常由若干根桩组成，桩身全部或部分埋入土中，顶部由承台联成一体，构成桩基础，再在承台上修筑上部建筑。

桩基础广泛应用于各种土木建筑工程中。根据承台的位置，桩基础可分为低桩承台桩基础和高桩承台桩基础两种。低桩承台桩基础的承台底面位于地面以下，高桩承台桩基础的承台底面在地面以上（主要在水中），两者的设计计算方法也不相同。在工业与民用建筑中，大多采用低桩承台桩基础，而桥梁、港口、码头等构筑物，常采用高桩承台桩基础。本章只涉及低桩承台桩基础。

一、桩基础设计技术要点

1. 桩基础的适用条件

桩基相对于天然地基来说，造价相对较高，一般说来能用天然地基的，尽量不用桩基，为加深印象，现举作者设计的一个实际工程来作一说明。

郑州某 24 层塔式住宅地下 2 层、地上 24 层，首层为商业用房，层高 3.0m，室内外高差 0.9m。2～24 层为住宅，层高 2.90m，并在 14 层与 15 层之间设层高为 2.20m 的中设备层，顶层设屋顶管沟，建筑檐口高度 72.80m，抗震设防烈度为 7 度（0.15g）。根据工程勘察报告，场地主要土层地质条件见表 3-7。场地地下水位在天然地坪下 24.5m，埋藏较深，不影响基础施工。

各层土的承载力特征值 f_{ak} 及压缩模量 E_s 表 3-7

层号	2	3	4	5	6	7	8	9	10	11
f_{ak} (kPa)	185	190	270	260	250	350	300	310	350	500
E_s (MPa)	13.5	7.5	18.5	12.5	17.0	13.5	12.0	12.5	13.0	50.0
层号	12	13	14	15	16					
f_{ak} (kPa)	350	380	400	410	400					
E_s (MPa)	35.0	14.5	35.0	16.0	40.0					

本工程勘察报告根据当地经验提供的基础型式只有人工挖孔大直径灌注桩一种。勘察报告要求采用桩直径 $\phi1000$、扩大头直径为 $\phi2000$ 的人工挖孔大直径灌注桩，桩长 23.2m，按筏板下均匀布桩，桩间距 3m 满布。由于桩基造价较高，为尽可能降低造价，设计阶段进行天然地基与桩基础的经济性对比分析。根据勘察报告，本工程持力层位于天然地坪下 5.8m，为粉土层④，$f_{ak}=270kPa$，承载力较高，深宽修正后的天然地基承载力特征值 $f_a=421kPa$。经计算分析，当基础底板面积约扩大 5% 时，采用天然基础，其承载力可满足规范要求。为此设计单位建议建设单位请求勘察单位提供天然基础的设计承载力和变形计算参数，供设计选用。根据勘察单位随后提供的天然基础设计所需参数，经方案比较，采用筏板基础，筏板厚度取 900mm 即可满足冲切、剪切和承载力极限状态，其沉降计算值为：地基中心点平均沉降 71.9mm，差异沉降 4.9mm，满足规范要求。

本工程底层建筑面积（取地下室墙外包线面积，不含窗井）631.9m²，如按勘察报告建议的方案采用桩基础，共需布桩 631.9÷（3×3）＝70.2 根，取 70 根桩，根据河南省定额，每立方人工挖孔桩（混凝土＋挖孔人工费和运土费）直接费为 628.26 元，钢筋为 3800 元/t，则每根桩直接费为 20.3×628.26＋296.7×3.8＝13881.1 元，70 根桩，直接费为 70×13881.1＝971677 元。

实际设计采用的筏板基础面积（含窗井面积）719.13m²，板厚 900mm；而采用桩基础的构造底板面积（按地下室墙外包线面积计）为 631.9m²，板厚 300mm，两者相比，基础底板部分，筏板基础比桩基础增加了 [631.9×（0.9－0.3）＋（719.13－631.9）×0.9]×3＝457.65m³ 定额中的钢筋混凝土量。参照北京市"94 概算定额"，筏板基础的直接费（含钢筋及混凝土）为 506.73 元/m³，则采用伐板基础比桩基础节约了 457.65×506.73－

971677＝－739774元（直接费）造价，其节省的造价是相当明显的。

虽然上述经济性比较的计算方法与实际招标价格有差异，但基本概念是清楚的。因此，《全国民用建筑工程设计技术措施（2009）——结构（地基与基础）》第6.1.1条指出：下列情况宜采用桩基："（1）竖向荷载大的高层建筑或高耸构筑物，对限制倾斜和地基变形有特殊要求时；（2）当建筑物荷载较大，地表土质软弱，地下水位高，采用天然地基沉降量过大，或建筑物较为重要，不允许有过大沉降时；（3）建筑物内外有大面积堆载，使软弱地基产生过量的变形和不均匀沉降，对本建筑物或相邻建筑物将造成危害时；（4）地表软弱土层较厚不宜作基础持力层或局部有暗浜、深坑、古河道等；（5）山区、坡地为防止覆土层厚薄不一，可能引起不均匀沉降或滑坡时；（6）地震区场地上部有可液化土层，需用桩穿过液化层，将荷载传递到下部非液化土层时；（7）对地基沉降与沉降速率有严格要求的精密设备基础；或在使用中对允许振幅需控制，必须提高基础自振频率的动力设备基础及基底压力大于地基土在振动作用下的承载力时；（8）预计不远的将来须在旁边或附近进行深挖，可能对建筑物造成不利时；（9）活荷载所占比例大于静荷载，且不能有计划、有目的、分期加荷促使软弱地基缓慢固结时；（10）经比较采用桩基较其他地基处理方法经济时。"

桩基的经济性主要在于桩长，当桩长较短时，桩基有时可能比柱下条基等天然地基还要经济。钢筋混凝土的受压性能好，而抗弯性能相对较差，由于灌注桩以受压为主，而基础梁以受弯为主，所以灌注桩的用钢量小于构件截面尺寸相近的基础梁。对于框架结构，当场地具有理想的持力层且桩长与柱距相当时，由于桩端的承载力约为天然地基承载力的10倍，虽然灌注桩名义上属于深基础，但在不少场合灌注桩方案反而更经济，沉降变形也小。作者曾以卵石层上的天然地基和大直径人工挖孔桩为例进行分析比较。典型的工程实例分析表明，当地基持力层为承载力标准值 $f_{ak} \geq 250\text{kPa}$ 卵石层时，桩端承载力标准值 f_{ak} 可达 $2000 \sim 2500\text{kPa}$，以上部结构的柱距为 $6\text{m} \times 6\text{m}$ 为例，当桩长约为6m时，有以下结论[54]：

（1）5层以下的建筑以柱下单独基础最为经济；

（2）5～6层的建筑以双向柱下条形基础最为经济；

（3）7层以上的建筑采用人工挖孔桩经济效益最好。

上述经济性比较未考虑由于地基持力层土层分布不均匀所需的地基处理费用。实际工程中，当地基持力层土层分布不均匀时，对于5～6层的建筑，人工挖孔桩的经济效益可能优于双向柱下条形基础，例如北京市某社区服务中心为地下一层、地上五层框架结构，受场地限制，是紧邻原电影院而建的L形建筑。新建建筑地下室地面正好位于原电影院基础底面以下 700～900mm 厚的粉细砂层上，新建建筑如采用钢筋混凝土梁板基础，则基槽深度超过原电影院基础底面，由于粉细砂层流动性大，当基槽开挖深度超过原电影院基础底面时，原电影院基础底面将被掏空而危及上部结构的安全。因此，需对原电影院基础进行加固，某岩土公司对该部分地基加固的报价为15万元。后经设计院、监理及施工单位三方反复协商认为：虽然依据《北京市建设工程概算定额》的初步测算表明，采用泥浆护壁水下大直径灌注桩的直接费比 800mm 厚的筏板基础高出约5.8万元，但由于采用大直径灌注桩后，原电影院基础不需加固处理，既加快了施工进度，又能确保原电影院基础不被扰动，其综合经济效益仍是最佳的。这一建议得到了建设单位认可而成为实施方案。在该项目中，大直径灌注桩不仅较好地解决了新建建筑与原有建筑之间的基础处理问题，而且由于地下室为桑拿浴用房，有较多的水池等，采用大直径灌注桩可以使水池与结构基础不相干、不影响结构受力，更容易满足功能要求。

可见，对于多层框架结构，当下卧卵石层埋深较浅，且新建建筑与原有建筑毗邻或拆除原建筑并在原址上重建时，人工挖孔桩可能是各种可能方案中，综合经济效益最好的，设计时应灵活掌握。

2. 桩基础的分类

为了合理选择桩型，必须了解桩基的分类，对各类桩型有一个全面的了解，才不至于挂一漏万。

随着桩的材料、构造型式和施工技术的发展，桩基础的类型名目繁多，可按多种方法分类，《建筑桩基技术规范》JGJ 94—2008 第 3.3.1 条给出了按承载性状分类、按成桩方法分类和按桩径（设计直径 d）大小分类等三种分类法，工程中基桩常见的有以下两种分类[10]：

（1）桩按传力及作用性质，可分为端承桩和摩擦桩。穿过软弱土层，主要靠桩端在坚硬土层或岩层上起支承作用的桩，称为端承桩。而靠桩周表面与土之间的摩擦力起主要支承作用的桩，同时桩端土也起一定支承作用的，称为摩擦桩；按桩的功能分，有受压桩、横向受荷桩、抗拔桩、锚桩、护坡桩等；按桩的制作和施工方法，可以分为预制桩和灌注桩，见图 3-12。

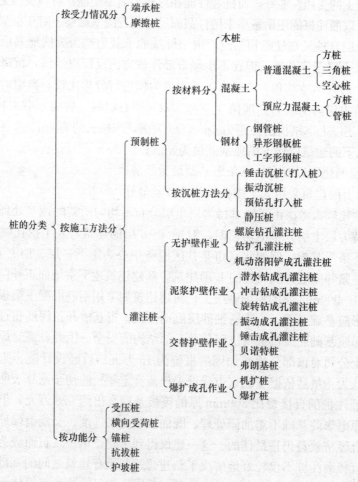

图 3-12 桩基的分类

160

（2）桩基按成桩方法与工艺分类，见图 3-13 及《建筑桩基技术规范》JGJ 94—2008 表 A.0.1。

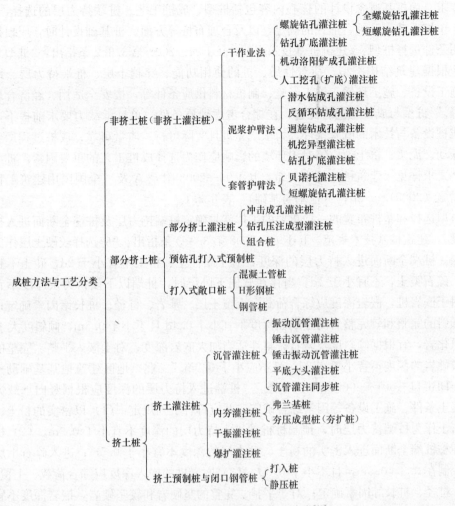

图 3-13　桩基按成桩方法与工艺分类[10]

须注意的是，成桩过程的挤土效应在饱和黏性土中是负面的，会引发灌注桩断桩、缩颈等质量事故，对于挤土预制混凝土桩和钢桩会导致桩体上浮，降低承载力，增大沉降；挤土效应还会造成周边房屋、市政设施受损，故《建筑地基基础设计规范》GB 50007—2011 第 8.5.2 条："应考虑桩基础施工中挤土效应对桩基及周边环境的影响，在深厚饱和软土中不宜采用大片密集有挤土效应的桩基。"在松散土和非饱和填土中则是正面的，会起到加密、提高承载力的作用，故《建筑桩基技术规范》JGJ 94—2008 第 7.5.10 条："对于场地地层中局部含砂、碎石、卵石时，宜优先对该区域进行（静）压桩。"对于非挤土桩，由于其既不存在挤土负面效应，又具有穿越各种硬夹层、嵌岩和进入各类硬持力层的能力，桩的几何尺寸和单桩的承载力可调空间大。因此钻、挖孔灌注桩使用范围更大，尤其适合于高、重建筑物。桩基施工时，对于很大深度范围内无良好持力层的摩擦桩，应按设计桩长控制成孔深度；当桩较长且桩端置于较好持力层时，应以确保桩端置于较好持力层作为桩基施工的主控标准。

3. 桩型选择和基桩布置

《建筑桩基技术规范》JGJ 94—2008 第 1.0.3 条提出桩基设计应"注重概念设计"的设计要求。而桩基概念设计的核心内容包括桩型、成桩工艺、桩端持力层的选择，桩径、桩长、单桩承载力、承台形式的确定，以及合理布桩等方面。桩基础设计时，应根据桩型的适用条件选择桩型。《建筑桩基技术规范》JGJ 94—2008 第 3.3.2 条指出："桩型与成桩工艺应根据建筑结构类型、荷载性质、桩的使用功能、穿越土层、桩端持力层、地下水位、施工设备、施工环境、施工经验、制桩材料供应条件等，按安全适用、经济合理的原则选择。"桩型与成桩工艺的优选，在综合考虑地质条件、单桩承载力要求前提下，尚应考虑成桩设备与技术的既有条件，力求既先进且实际可行、质量可靠；成桩过程产生的噪声、振动、泥浆、挤土效应等对于环境的影响应作为选择成桩工艺的重要因素。桩型选择的具体要求详见《建筑桩基技术规范》JGJ 94—2008 附录 A 及《全国民用建筑工程设计技术措施（2009）——结构（地基与基础）》表 6.2.1。

桩型选择和基桩布置的一项重要的工作就是确定桩端持力层及桩端全断面进入持力层的深度。《建筑桩基技术规范》JGJ 94—2008 第 3.3.3 条指出："应选择较硬土层作为桩端持力层。桩端全断面进入持力层的深度，对于黏性土、粉土不宜小于 2d，砂土不宜小于 1.5d，碎石类土，不宜小于 1d。当存在软弱下卧层时，桩端以下硬持力层厚度不宜小于 3d。对于嵌岩桩，嵌岩深度应综合荷载、上覆土层、基岩、桩径、桩长诸因素确定；对于嵌入倾斜的完整和较完整岩的全断面深度不宜小于 0.4d 且不小于 0.5m，倾斜度大于 30% 的中风化岩，宜根据倾斜度及岩石完整性适当加大嵌岩深度；对于嵌入平整、完整的坚硬岩和较硬岩的深度不宜小于 0.2d，且不应小于 0.2m。"《北京地区建筑地基基础勘察设计规范》DBJ 11—501—2009 第 9.1.5 条："桩端进入持力层的深度应根据竖向承载力的需要、岩土条件、施工设备等因素综合确定，并应符合下列规定：（1）以密实的粉土、砂土及碎石土作为桩端持力层时，预制桩桩端进入持力层的深度不宜小于 0.3m。（2）机械成孔灌注桩桩端全断面进入密实的粉土、砂土层的深度不宜小于 0.5m；进入碎石土层的深度应控制在 0.3~0.5m，且不小于 0.5d。（3）嵌岩桩的嵌入深度应综合荷载、上覆土层、基岩、桩径、桩长等因素确定；对于平整、完整的坚硬岩和较坚硬岩，嵌岩深度不宜小于 0.2d，且不小于 0.20m。对于倾斜的完整和较完整岩，桩端应全截面嵌入基岩，最小嵌岩深度为 0.4d，且不小于 0.5m。（4）干作业挖孔大直径桩桩端底部（不包括锅底深度）进入持力层深度，砂土或碎石土不应小于 0.5m，基岩不宜小于 0.2m。"两者的规定并不完全一致。

桩型和桩端持力层确定后，单桩承载力标注值就可以计算出来了，根据单桩承载力和上部结构传至基础的荷载就可以布置基桩了。荷载大小与分布是确定桩型、桩的几何参数与布桩所应考虑的主要因素。所谓基桩就是桩基础中的单桩。《建筑桩基技术规范》JGJ 94—2008 第 3.3.3 条：基桩的布置宜符合下列条件："排列基桩时，宜使桩群承载力合力点与竖向永久荷载合力作用点重合，并使基桩受水平力和力矩较大方向有较大抗弯截面模量。对于桩箱基础、剪力墙结构桩筏（含平板和梁板式承台）基础，宜将桩布置于墙下。对于框架-核心筒结构桩筏基础应按荷载分布考虑相互影响，将桩相对集中布置于核心筒和柱下，外围框架柱宜采用复合桩基，桩长宜小于核心筒下基桩（有合适桩端持力层时）。"除这几项要求外，《全国民用建筑工程设计技术措施（2009）——结构（地基与基础）》第 6.2.2 条还提出了基桩平面布置的以下两个原则："（1）对于柱底力矩较小的情况，当采用大直径桩时，宜采用一柱一桩。（2）通常情况下同一结构单元不宜同时采用摩擦桩和端承桩（作变刚度调平除外）。"而《北京地区建筑地基基础勘察设计规范》DBJ 11—501—2009 第 9.4.1 条则提出："柱下桩基础，当承受中心荷载时，桩的布置可用行列式或梅花式，桩距为等距离；当承受偏心荷载时，可采取不等距布桩，但应验算偏心荷载产生的影响。柱下桩基础的桩数不宜少于三根（大直径桩除外），但当柱荷载较小、桩身周围无软弱土层、施工质量有可靠保证时，柱下桩基础也可采用两根桩或一根桩，此时桩基础承台间必须设置拉梁。建筑物四角、墙体转角处、纵横墙相交处及沉降缝的两边均宜设桩；砌体结构的底层门洞下不宜设桩；底层混凝土墙洞口下设桩时应验算洞下地梁承载力。对承重墙或剪力墙下的布桩应根据荷载大小和桩的承载能力等综合比较分析，优先采用单排桩方案。"

布桩时，桩的最小中心距应符合《建筑桩基技术规范》JGJ 94—2008 表 3.3.3-1 的规定。布桩时，桩数和桩间距还必须满足承台的设置要求，尤其是非满堂布桩时，基桩的个数及平面位置应与所采用的承台类型相一致，因承台的规格和形式就只有常见几种，不是可以随意变化的（图 3-14），需满足构造要求。《建筑桩基技术规范》JGJ 94—2008 第 4.2.1 条："独立柱下桩基承台的最小宽度不应小于 500mm，边桩中心至承台边缘的距离不应小于桩的直径或边长，且桩的外边缘至承台边缘的距离不应小于 150mm。"由于一个结构单元的柱下轴力的变化不可能正好相差一个基桩的承载力，如单桩的承载力标准值 800kN，而柱下轴力的变化在 100kN 左右，有时为了满足承台的设置要求和适应柱下轴力的变化，桩的规格可有所变化，最常用的方法就是采用桩径不同的桩，而桩长最好基本一致，一方面是为了施工方便，因为桩长不同钢筋笼就不一样；另一方面是为了桩端持力层基本一致，当然持力层分布不均匀时，也可以采用不同的桩长。

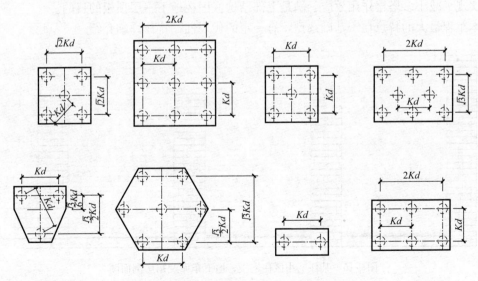

图 3-14　桩基及承台布置示意图

对于以减小差异沉降和承台内力为目标的变刚度调平设计和减沉复合疏桩基础的布桩原则详见《建筑桩基技术规范》JGJ 94—2008 第 3.1.8 条和第 3.1.9 条。对于减沉复合疏桩基础，规范的条文说明中要求实际应用该桩型时须注意把握三个关键技术："一是桩端持力层不应是坚硬岩层、密实砂、卵石层，以确保基桩受荷能产生刺入变形，承台底基土能有效分担份额很大的荷载；二是桩距应在5～6d以上，使桩间土受桩牵连变形较小，确保桩间土较充分发挥承载作用；三是由于基桩数量少而疏，成桩质量可靠性应严加控制。"

需注意的是，《建筑桩基技术规范》JGJ 94—2008第3.3.1条条文说明中提出应避免基桩选型常见的五大误区：（1）凡嵌岩桩必为端承桩；（2）将挤土灌注桩应用于高层建筑；（3）预制桩的质量稳定性高于灌注桩；（4）人工挖孔桩质量稳定可靠；（5）灌注桩不适当扩底。规范提出的这几条都是工程经验的总结，应以为戒。

桩型选择和基桩布置是桩基础设计的核心环节，上述规定只是基本原则，实际设计时，作者认为应根据"传力直接、变形均匀、施工方便和经济合理"的原则，灵活布置。现举例说明如下。

作者设计的洛阳某住宅小区由地上27层的1♯住宅楼，地上22层的2号、3号、4号住宅楼以及3层的裙房组成，住宅层高3m，裙房层高4.2m，图3-15。1～4号高层住宅、裙房均与地下车库在地下一层以下在使用功能相贯通，基础底板顶标高均为−6.00m。由于主楼与地下车库在地下部分不能设置缝，否则主楼基础埋深满足不了规范的要求。因此，设计时应将主楼与地下车库在地下部分连成整体，这就造成四栋高层建筑及其裙房因地下车库的连接而成为事实上的多塔楼结构。由于它们仅在地下部分相连，根据《高层建筑混凝土结构技术规程》JGJ 3—2010第5.3.7条，只要结构布置时地下室部分的侧移刚度大于上部结构2倍以上，各栋建筑的嵌固部位就可以取为地下一层顶板（±0.0），这样就可以将各栋建筑物简化为嵌固在地下一层顶板上单独作用的结构而不是多塔楼结构。为此，在结构设计时，特地在地下车库部分设置了较多的剪力墙以加强地下部分的刚度。计算结果表明，根据这一布置，地下一层的侧移刚度是一层的楼层侧移刚度的2倍以上，完全可以满足规范的要求，从而实现了减小多塔楼作用效应、满足上部结构嵌固在地下一层顶板的目的。

本工程最大的特点在于基础选型，有一定的代表性，特作详细介绍。

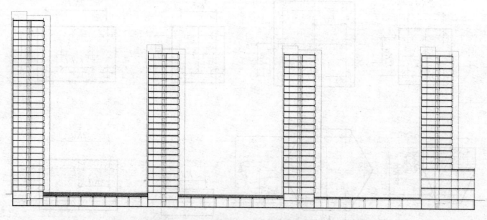

图3-15 某住宅小区住宅楼、地下车库及裙房剖面图

（1）场地工程地质及水文情况

1）地层结构

根据现场钻探、原位测试及室内试验成果分析，勘探深度范围内揭露土层可分为7大

164

层（3个亚层），表层为素填土（Q_4^{ml}）；②层为新近堆积（Q_4^{2al+pl}）形成的黄土状粉质黏土；③层为第四系全新统冲洪积（Q_4^{1al+pl}）形成的黄土状粉质黏土；④～⑦层依次为第四系上更新统冲洪积（Q_3^{al+pl}）形成的黄土状粉质黏土、粉土及碎石土，见图3-16。

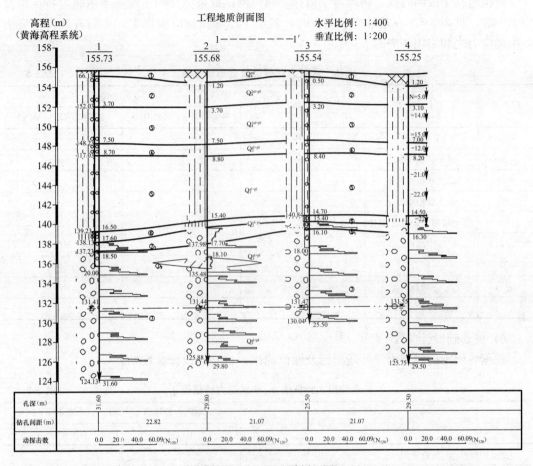

图 3-16　工程地质剖面图

2）地下水

勘察期间，经地下水位观测，地下水埋深 21.20～24.34m。地下水属孔隙潜水，赋存于⑦层卵石层中，主要以大气降水入渗和侧向径流补给，以开采和径流为主要排泄途径，基本流向趋势由西南流向东北。根据洛阳市区地下水多年观测，其水位年变幅约为 1～3m。该场地地下水对混凝土结构及混凝土结构中钢筋无腐蚀性。

3）场地地震效应

根据《建筑抗震设计规范》GB 50011—2001 附录 A，本工程抗震设防烈度为 7 度，设计基本地震加速度为 0.10g，设计地震分组为第一组，建筑场地类别为Ⅱ类，场地特征周期为 0.35s。

4）地基土的湿陷性

根据土工试验成果分析，场地地基土①～④层部分土样具有湿陷性，但均不具有自重湿陷性，最大湿陷深度 8.7m。①、②、③、④层湿陷起始压力平均值分别为 84kPa、

82kPa、152kPa和174kPa。该湿陷性黄土场地的湿陷类型为非自重湿陷性黄土场地，湿陷性黄土地基的湿陷等级为Ⅰ级（轻微）。

5）地基土承载力特征值、变形参数

根据地基土成因时代、物理力学指标、原位测试成果综合确定地基土承载力特征值及变形参数，见表3-8。在基础变形验算时，各层土压缩指标应根据实际土的有效自重应力与附加应力之和采用相应的 E_s 值。

地基土承载力特征值及变形参数值   表3-8

层 号	土 名	承载力特征值 f_k（kPa）	变形参数	
			压缩模量 E_{S1-2}（MPa）	变形模量 E_0（MPa）
②	新近堆积	100	4.8	
③	黄土状粉质黏土	150	11.2	
④	黄土状粉质黏土	140	8.2	
⑤	黄土状粉质黏土	160	14.5	
⑥	黄土状粉土、粉质黏土	165	16.6	
⑥−1	中细砂	190		18
⑦	卵石	750		55
⑦−1	卵石	550		45
⑦−2	粉质黏土（含砾）	150	14	

6）桩基础设计参数

根据各层土的物理力学性质指标及原位测试，桩基础设计参数见表3-9。

桩基侧阻力特征值 q_{sia} 和端阻力特征值 q_{pa} 表3-9

层 号	岩性	侧阻力特征值 q_{sia}（kPa）	端阻力特征值 q_{pa}（kPa）（清底干净）	
			中口径	$D \geqslant 800mm$
②	新近堆积	20		
③	黄土状粉质黏土	25		
④	黄土状粉质黏土	23		
⑤	黄土状粉质黏土	28		
⑥	黄土状粉土、粉质黏土	24		
⑥−1	中细砂	30		
⑦	卵石	75	2000	1900
⑦−1	卵石	60	1700	
⑦−2	粉质黏土（含砾）	24		

（2）基础选型

由于场地地基土①～④层部分土样具有湿陷性，主楼又是高层建筑，荷载较大，主楼不宜采用筏板等浅基础形式。裙房部分持力层为③层，由于③层湿陷起始压力平均值为152kPa，而③层地基土承载力特征值为150kPa，小于湿陷起始压力平均值152kPa，裙房部分可以采用独立柱基且地基承载力不考虑深、宽修正。根据勘察报告所提供的资料和上部结构传至基础的荷载情况，设计阶段对主楼的两种基础类型进行了分析和对比，其结果如下：

方案 1：CFG 桩复合地基方案

本工程持力层黄土状粉质黏土③层承载力特征值 150kPa，比较高，采用 CFG 桩复合地基是可行的。经计算，2 号、3 号、4 号楼采用满堂布 ϕ600 的 CFG 桩、桩距 4d＝2400mm，地基承载力经深度修正后可以满足要求，每栋楼共布 172 根桩（三栋楼共 516 根桩）；1 号楼采用满堂布 ϕ600 的 CFG 桩、桩距 3.5d＝2100mm，地基承载力经深度修正后可以满足要求，1 号楼共需布置 224 根桩。桩顶部均设 300 厚级配砂石褥垫层。基础采用筏板基础，22 层的 2 号、3 号、4 号楼筏板厚度约为 900mm，筏板范围为沿主楼外墙边挑出 500mm；27 层的 1 号楼筏板厚度约为 1100mm，筏板范围为沿主楼外墙边挑出 500mm。

该方案的优点是：CFG 桩布桩均匀，桩基础顶部与筏板不连接，筏板底部建筑卷材防水层贯通整个基础底面，容易施工而且质量有保证。

该方案的缺点是：CFG 桩数量多，筏板厚度较厚，且 300 厚级配砂石褥垫层也增加造价，经济性较差。

方案 2：墙下布人工挖孔大直径灌注桩方案

根据场地土层构造，绝对高程 135.48～140.36m 以下为卵石层⑦层，端阻力特征值 q_{pa}＝1900kPa，且地下水较深，相应水位标高在 131.41～131.78m，比较适合做人工挖孔大直径桩。根据勘察报告提供的桩基侧阻力特征值 q_{sia} 和端阻力特征值 q_{pa}，常见的桩径及其桩承载力特征值见表 3-10。

单桩承载力特征值　　　　　　　　　　　　　　　　　表 3-10

扩大头桩径 D（mm）	800	1000	1200	1400	1500	1600	1800	2000
桩承载力特征值（kN）	1474.8	2035	2656.8	3336.6	3697.4	4071.6	4859.2	5697.4

根据表 3-10，按照 2.5d 或 1.5D（D 为扩大头直径），以及相邻两桩扩大头间净距不小于 500mm 的原则，沿剪力墙墙下布桩，1 号、2 号、3 号、4 号楼每栋建筑需布置 101 根桩，桩径 d＝800mm，扩大头直径分为 D＝1800mm、1600mm、1400mm、1200mm 和 800mm（不扩）五种（1 号与其他楼桩数相同，扩大头直径不同），见图 3-17。桩顶墙下设 1000mm×600mm 的承台梁，承台梁之间设置 250mm 厚构造防水底板。为调整桩基与构造防水底板之间的不均匀沉降，在构造防水底板下铺设 80mm 厚、容重为 18kg/m³ 的聚苯板。

该方案的优点是：人工挖孔大直径桩单桩承载力高，桩数量比满堂布桩少，而且沿剪力墙墙下布桩传力直接，承台梁的厚度小于相应的筏板厚度，构造防水底板比相应的筏板厚度更小，经济效益比复合地基加筏板基础要经济得多。

该方案的缺点是：桩基础与承台梁直接连接，底部建筑卷材防水层在桩部位截断，不能贯通整个基础底面，施工质量不容易保证。且布桩不均匀，个别桩之间净距较小，需要挑花施工，也是它的缺陷。

根据上述分析比较，最后确定 1～4 号楼采用方案 2，即人工挖孔大直径桩基加构造防水板的方案。

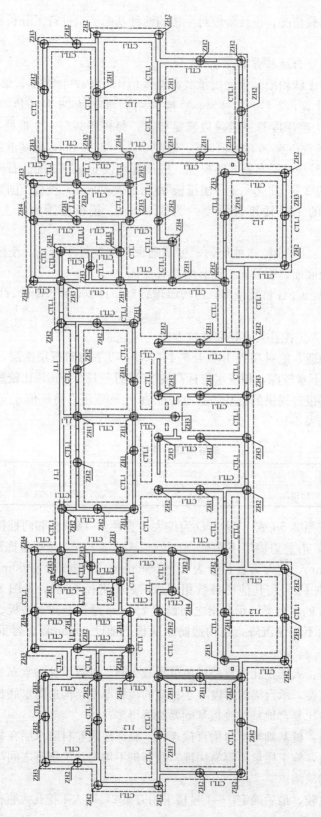

图 3-17 剪力墙墙下布大直径扩底桩（非均匀布桩）方案

此外,《建筑桩基技术规范》JGJ 94—2008 第 3.4.4 条要求"岩溶地区的桩基,宜采用钻、冲孔桩。"对这一条应作具体分析。由于岩溶地区的基岩表面起伏大,溶沟、溶槽、溶洞往往较发育,采用灌注桩其成桩过程中实际充盈系数可能很大,有的可达 20 左右,这就造成混凝土用量的大幅度增加和造价的提高。如果采用 PHC 桩等预制桩也能实现嵌岩的目的,则工程造价可大为降低,不失为一个好的方案。作者曾参与广东某油库 1 万 m³ 油罐基础的设计评审工作,该工程为典型的岩溶地基,实际采用 PHC 桩。

对于抗震设防区,《北京地区建筑地基基础勘察设计规范》DBJ 11—501—2009 第 9.4.3 条:"桩基础设计时应考虑地震作用。"第 9.4.1 条:"考虑地震作用时的桩数,不应比不考虑地震作用时的桩数增加过多,以免差异沉降过大。"

4. 桩基础设计计算要点

桩基础设计计算项目比较多,主要有承载能力计算、稳定性验算、沉降计算、水平位移计算、桩和承台正截面的抗裂和裂缝宽度验算,同时,还应根据设计使用年限,以及水、土对钢、钢筋、混凝土腐蚀性,对桩基结构的耐久性进行设计,满足现行国家标准《混凝土结构设计规范》GB 50010—2010 的有关规定。

《建筑桩基技术规范》JGJ 94—2008 第 3.1.3 条:"桩基应根据具体条件分别进行下列承载能力计算和稳定性验算:(1)应根据桩基的使用功能和受力特征分别进行桩基的竖向承载力计算和水平承载力计算;(2)应对桩身和承台结构承载力进行计算;对于桩侧土不排水抗剪强度小于 10kPa、且长径比大于 50 的桩应进行桩身压屈验算;对于混凝土预制桩应按吊装、运输和锤击作用进行桩身承载力验算;对于钢管桩应进行局部压屈验算;(3)当桩端平面以下存在软弱下卧层时,应进行软弱下卧层承载力验算;(4)对位于坡地、岸边的桩基应进行整体稳定性验算;(5)对于抗浮、抗拔桩基,应进行基桩和群桩的抗拔承载力计算;(6)对于抗震设防区的桩基应进行抗震承载力验算。"该条文所列 6 项内容中有的为必须计算的,有的为可选项,由工程性质决定。第 3.1.4 条:"下列建筑桩基应进行沉降计算:(1)设计等级为甲级的非嵌岩桩和非深厚坚硬持力层的建筑桩基;(2)设计等级为乙级的体型复杂、荷载分布显著不均匀或桩端平面以下存在软弱土层的建筑桩基;(3)软土地基多层建筑减沉复合疏桩基础。"这两条均为强制性条文。桩基沉降计算包括绝对沉降、差异沉降、整体倾斜和局部倾斜。对于按规定需作沉降计算的建筑桩基,《全国民用建筑工程设计技术措施(2009)——结构(地基与基础)》第 6.1.4 条指出:"(1)在施工过程及使用期间,应进行沉降观测,直至沉降稳定。沉降稳定的标准,可按 100d 内所有观测点的累计沉降量均不超过 1mm,也可采用半年累计沉降量不超过 2mm。(2)嵌岩桩、设计等级为丙级的建筑物桩基、对沉降无特殊要求的条形基础下不超过两排桩的桩基(桩端下为密实土层),可不进行沉降验算。(3)当有可靠地区经验时,对地质条件不复杂、荷载均匀、对沉降无特殊要求的端承型桩基也可不进行沉降验算。"《建筑桩基技术规范》JGJ 94—2008 则在条文说明中提出了系统的沉降观测的四个要点:一是桩基完工之后即应在柱、墙脚部设置测点,以测量地基的回弹再压缩量。待地下室建造出地面后,将测点移至地面柱、墙脚部成为长期测点,并加设保护措施;二是对于框架-核心筒、框架-剪力墙结构,应于内部柱、墙和外围柱、墙上设置测点,以获取建筑物内、外部的沉降和差异沉降值;三是沉降观测应委托专业单位负责进行,施工单位自测自检平行作业,以资校对;四是沉降观测应事先制定观测间隔时间和全程计划,观测数据和所绘曲线应作为工程验收内容，移交建设单位存档，并按相关规范观测直至稳定。

桩基础的其他计算要求详见《建筑桩基技术规范》JGJ 94—2008 第 3.1.5 条~3.1.7 条。

5. 关于最小桩长问题

桩是轴压或偏心受压构件，桩长越短桩身承载力越高。当桩端持力层埋藏深度较小时，桩长就不一定取得很大，原则上只要桩端全断面进入持力层的深度满足《建筑桩基技术规范》JGJ 94—2008 第 3.3.3 条的规定即可。但由于规范和勘察报告给出的端承桩的地基承载力特征值大于相应的天然地基的承载力特征值较多，对于砂卵石，两者可能相差 10 倍左右，如果桩长很短，桩基与独立柱基就没什么区别了，而承载力却相差很大，这显然是不合适的。因为大量的在中密及密实砂土中进行的试验表明[10]：基础埋深对破坏时的滑动面的形状有很大影响。当埋深很浅时，例如 $d/b \leqslant 0.5$（d 为埋深，b 为基础宽度），在中心荷载下破坏时的滑动面与地表间的出露角约为 $45° - \dfrac{\varphi}{2}$，滑面波及范围较宽。当埋深较大时，例如 $d/b = 0.5 \sim 2$，滑动面弯曲得比较厉害，只在接近地表时才改变为与地表成 $45° - \dfrac{\varphi}{2}$ 的方向。当埋深更大时，破坏时的滑动面一般不出露至地表，而是封闭在基础底面附近不太大的范围内。因此，概念上桩基的破坏滑动面不能出露至地表，而应封闭在基础底面附近不太大的范围内。但埋深多大时，才能使破坏滑动面封闭在基础底面附近不太大的范围内，相关的资料没有给出具体数值。《北京地区大直径灌注桩技术规程》DBJ 01—502—99 要求大直径人工挖孔桩当桩端扩大且桩长小于 6.00m 时，可不考虑侧摩阻力。但依据规范约定的含义，6m 肯定不是最小桩长的限值。作者曾设计了三个采用大直径人工挖孔桩的框架结构，桩长最小值为 4m，均位于北京市的西部，桩端持力层为砂卵石，端承标准值 1800~2000kPa。这一做法与《北京地区建筑地基基础勘察设计规范》DBJ 11—501—2009 第 9.4.2 条："桩身长度应根据上部荷载及地质条件确定，端承型桩不宜小于 4m（桩侧围土质为新填土时，桩长应适当加长），摩擦型桩不宜小于 6m。"的规定相符合，但设计阶段，规范的这一规定尚未出台。

此外，在可塑的黏性土和松砂中进行的浅基础试验表明[10]：由于地基的压缩性较大，故在剪切区发展不太大时沉降已很可观，当发展至滑动面挤出地表时，沉降值已很大。考虑到这种情况，对黏性土不应将滑动面挤出作为极限荷载的条件，而应将地基发生局部剪切但沉降已足够大时作为极限荷载的条件。这时土中的破坏面不似砂土中那样明显，只在基础边缘处土的剪切破坏比较明显，基础好像"刺入"土层，陷入土中。在基础的沉降达到非常大时，才能看出土的明显挤出。这种破坏模式，有人称之为"冲剪式破坏"以区别于密实砂土中的挤出破坏。有鉴于此，当桩端持力层为可塑的黏性土时，最小桩长的数值应比砂卵石适当加大。

二、桩基础试验检验及验收要点

桩基工程质量检查和验收要比天然地基上的浅基础严得多，也复杂得多，需要对桩基的单桩承载力等设计参数、施工工艺、控制指标、岩土条件、桩的数量和位置、垂直度、材质、桩身质量等进行符合性检验。《建筑桩基技术规范》JGJ 94—2008 第 9.1.1 条："桩位工程应进行桩位、桩长、桩径、桩身质量和单桩承载力的检验。"第 9.1.2 条："桩基工程的检验按时间顺序可分为三个阶段：施工前检验、施工检验和施工后检验。"

桩基工程的建设场地现场试验按照测试目的分为基本试验和验收检验。基本试验是指在设计之前进行的、为设计提供依据的试验。基本试验的主要目的有：

（1）通过现场试验，校核岩土工程的设计参数。试验桩的静载荷试验及抗拔试验及试验锚杆的抗拔试验等应加载至极限或破坏，即试验应进行到能够判定极限承载力为止。必要时，试验桩的静载荷试验过程中应分别测试桩侧阻力和桩端阻力。试验桩的静载荷试验包括竖向抗压承载力试验、竖向抗拔承载力试验和水平承载力试验。试验桩数量在每个场地不应少于 3 根，极差超过平均值的 30%时，宜增加试桩数量并分析离差过大的原因，结合工程具体情况确定极限承载力。

（2）通过试打或试钻，检验岩土条件与勘察报告是否一致，确定沉桩或成孔的可能性，确定施工机械、施工工艺的适用性以及质量控制指标。试打或试钻的数量在每个场地不得少于 3 根。对有经验的工程场地，试打或试钻可结合工程桩的施工进行。

桩基工程的验收检验是指在施工之后，为质量验收提供依据而进行的试验。验收检验是针对工程桩、工程锚杆等进行的试验。现场检验的主要内容：

（1）根据施工揭露的岩土工程条件检验勘察成果，对勘察成果作必要的补充和修正；

（2）对施工中出现的岩土工程问题提出处理意见；

（3）对地基基础工程施工进行质量控制和技术检验。验收检验的最大加载量应不小于承载力特征值设计取值的 2 倍，对于抗拔（抗浮）工程桩和抗拔（抗浮）工程锚杆则应控制裂缝宽度，满足耐久性设计要求。

1. 桩基础施工前检验

桩基施工完成后，桩体几乎全部埋入土中，桩体的质量就难以作进一步的检验了，因此，施工前应严格按隐蔽工程的要求对桩位进行检验。《建筑桩基技术规范》JGJ 94—2008 第 9.2.2 条和第 9.2.3 条分别对预制桩和灌注桩提出了相应的质量检验要求："预制桩（混凝土预制桩、钢桩）施工前应进行下列检验：（1）成品桩应按选定的标准图或设计图制作，现场应对其外观质量及桩身混凝土强度进行检验；（2）应对接桩用焊条、压桩用压力表等材料和设备进行检验。"混凝土预制桩在制作、养护和运输过程中均可能出现质量缺陷，外观检查，也能发现一些问题，见图 3-18。

（a） （b）

图 3-18 PHC 桩外观质量缺陷

（a）PHC 桩的横向裂纹；（b）PHC 桩的纵向裂纹

"灌注桩施工前应进行下列检验：（1）混凝土拌制应对原材料质量与计量、混凝土配合比、坍落度、混凝土强度等级等进行检查；（2）钢筋笼制作应对钢筋规格、焊条规格、品种、焊口规格、焊缝长度、焊缝外观和质量、主筋和箍筋的制作偏差等进行检查"，钢筋笼制作允许偏差应符合该规范表6.2.5的要求。这些要求基本上与上部结构的隐蔽验收相同。对于钢筋笼的检验，着重检验以下几个方面：一是螺旋箍筋的起始和终止部位应有水平段，长度不小于一圈半，详见11G101-1第56页。在桩顶一般设计有箍筋加密区，加密区的高度是否符合设计要求；二是焊接质量，螺旋箍筋也可能采用搭接焊，加劲箍筋一般均应与主筋点焊，见图3-19。实际工程中，桩基施工队的焊工水平不一定很好，甚至可能还不是正式的焊工施焊，各种焊接质量缺陷都有可能出现；三是钢筋笼的成型尺寸，既不能大于设计尺寸，大了钢筋保护层厚度就不符合规范和设计要求了，过小则影响受力。

图3-19　大直径灌注桩钢筋笼

2. 桩基础施工检验

影响桩基承载力和桩身质量的因素存在于桩基施工的全过程中，仅有施工后的试验和施工后的验收是不全面、不完整的。桩基施工过程中有可能出现局部地质条件与勘察报告不符、工程桩施工参数与施工前的试验参数不同、原材料发生变化、设计变更、施工单位变更等情况，都可能产生质量隐患，因此，加强施工过程中的检验是有必要的。《建筑桩基技术规范》JGJ 94—2008 第9.3.1条："预制桩（混凝土预制桩、钢桩）施工过程中应进行下列检验：（1）打入（静压）深度、停锤标准、静压终止压力值及桩身（架）垂直度检查；（2）接桩质量、接桩间歇时间及桩顶完整状况；（3）每米进尺锤击数、最后1.0m锤击数、总锤击数、最后三阵贯入度及桩尖标高等。"第9.3.2条："灌注桩施工过程中应进行下列检验：（1）灌注混凝土前，应按照本规范第6章有关施工质量要求，对已成孔的中心位置、孔深、孔径、垂直度、孔底沉渣厚度进行检验；（2）应对钢筋笼安放的实际位置等进行检查，并填写相应质量检测、检查记录；（3）干作业条件下成孔后应对大直径桩桩端持力层进行检验。"《建筑地基基础工程施工质量验收规范》GB 50202—2002 第5.4.2条和第5.6.2条也提出相应的检验要求："施工中应对桩体垂直度、沉桩情况、桩顶完整状况、接桩质量等进行检查，对电焊接桩，重要工程应做10%的焊缝探伤检查。"对混凝土灌注桩"施工中应对成孔、清渣、放置钢筋笼、灌注混凝土等进行全过程检查，人工挖孔桩尚应复验孔底持力层土（岩）性。嵌岩桩必须有桩端持力层的岩性报告。"

灌注桩浇注桩身混凝土时，混凝土必须通过溜槽。当高度超过 3m 时，应用串筒，串筒末端离孔底高度不宜大于 2m，混凝土宜采用插入式振捣器振实。

对于大直径人工挖孔桩，应设置混凝土护壁，护壁厚度不小于 100mm，混凝土等级不宜低于 C15，需要时可在护壁内沿竖向和环向配置不小于 Φ 6@200 的钢筋。护壁的质量不仅影响桩成型后的质量（最主要的是桩中心，如果护壁定位不准，则直接造成桩位偏离设计中心），还与施工人员的安全密切相关，因此应加强对护壁施工检验，具体要求是：（1）第一节护壁长度≥1000mm，护壁模板必须用桩中心点校正模板位置。（2）护壁模板的拆除一般应在 24h 之后进行。发现护壁有蜂窝、漏水现象时，应及时补强以防造成事故。（3）成孔挖土与护壁灌注交替进行，以一节作为一个施工循环，挖完每一节土后接着浇灌一节混凝土护壁，一般土层中每节高度为 1000mm，每节护壁应在当日连续施工完毕。遇到局部厚度较大的松散饱和砂土时，每节护壁的高度可减少到 300～500mm，并随挖、随验、随浇注混凝土，或采用钢护筒护壁代替钢筋混凝土护壁，并采取有效降水措施。（4）各层护壁应保持同心圆，护壁厚度均匀。为保证桩的垂直度，要求每施工完三节护壁，须校正桩中心位置及垂直度一次。

无论是预制桩还是灌注桩，正式施工前，一般都要求在典型地段进行试打、试钻或试挖，数量灌注桩不少于两个孔。《建筑基桩检测技术规范》JGJ 106—2003 第 3.3.2 条："打入式预制桩有下列条件要求之一时，应采用高应变法进行试打桩的打桩过程监测：（1）控制打桩过程中的桩身应力；（2）选择沉桩设备和确定工艺参数；（3）选择桩端持力层。在相同施工工艺和相近地质条件下，试打桩数量不应少于 3 根。"

《全国民用建筑工程设计技术措施（2009）——结构（地基与基础）》第 11.3.12 条："对挤土桩，应根据工程的要求，对其沉桩过程中造成的土体侧移和隆起、相邻桩的上浮与偏位、孔隙水压力、桩身应力以及沉桩对相邻建筑与环境设施的影响等进行监测。必要时应监测震动、噪声等对周边环境的影响。"《建筑桩基技术规范》JGJ 94—2008 第 9.3.4 条："对于挤土预制桩和挤土灌注桩，施工过程均应对桩顶和地面土体的竖向和水平位移进行系统观测；若发现异常，应采取复打、复压、引孔、设置排水措施及调整沉桩速率等措施。"第 9.3.3 条则对于沉管灌注桩施工工序的质量检查提出了具体的要求。

3. 桩基工程施工后质量检查和验收

桩基工程施工后质量检查和验收是桩基础工程检查验收的重点，检查项目比较多，规范的要求比较严，也比较容易出现资料不全、必做的试验没做等问题。

（1）桩基工程施工后质量检查的主要项目

无论是预制桩还是灌注桩，直接在持力层上成桩对土层肯定会有所影响，有时扰动较大。《建筑桩基技术规范》JGJ 94—2008 第 7.4.1 条锤击沉桩前"必须处理空中和地下障碍物，场地应平整，排水应畅通，并应满足打桩所需的地面承载力。"第 7.5.1 条："采用静压桩时，场地地基承载力不应小于压桩机接地压强的 1.2 倍，且场地平整。"因此，基桩施工一般均在自然地坪上进行，全部基桩施工完成后开挖基槽。与天然地基的浅基础一样，在基槽（基坑）开挖到设计深度时，应由建设单位组织并会同勘察、监理、施工和设计以及建设工程质量监督部门进行基槽（基坑）检验，检验记录、相关处理措施及其实施记录等资料均应存档。桩基工程验槽除了要核对基槽的位置、平面尺寸、槽底标高，是否符合勘察、设计文件；核对基坑土质和地下水情况，检查冬、雨期施工时基槽底的防护措施等项目外，其重点是检验基桩的施工质量，包括桩的数量、桩位、桩顶标高，桩基的设计参数、施工工艺、控制指标、岩土条件、桩的垂直度、材质、桩身质量等。因此，《建筑桩基技术规范》JGJ 94—2008 第 9.5.2 条要求基桩验收提供下列资料："①岩土工程勘察报告、桩基施工图、图纸会审纪要、设计变更单及材料代用通知单等；②经审定的施工组织设计、施工方案及执行中的变更单；③桩位测量放线图，包括工程桩位线复核签证单；④原材料的质量合格和质量鉴定书；⑤半成品如预制桩、钢桩等产品的合格证；⑥施工记录及隐蔽工程验收文件；⑦成桩质量检查报告；⑧单桩承载力检测报告；⑨基坑挖至设计标高的基桩竣工平面图及桩顶标高图；⑩其他必须提供的文件和记录。"实际工程中，施工单位完全能够一次性按此规定提供完整的技术资料的并不多，因为实际施工时，基桩施工可能单独分包，桩位、桩顶标高的资料是由土建总包方提供，还是由基桩施工方提供，实际上存在管理上的一些盲区，结构工程师在参与项目验收时，一定要注意检查资料的完整性。

桩基工程施工还包括承台的验收。《建筑桩基技术规范》JGJ 94—2008 第 9.5.3 条"承台工程验收时应包括下列资料：①承台钢筋、混凝土的施工与检查记录；②桩头与承台的锚筋、边桩离承台边缘距离、承台钢筋保护层记录；③桩头与承台防水构造及施工质量；④承台厚度、长度和宽度的量测记录及外观情况描述等。"承台工程中的钢筋混凝土部分应符合现行国家标准《混凝土结构工程施工质量验收规范》GB 50204—2002 的规定。

（2）桩基工程施工后基桩质量检查和验收的时间节点

桩基础设计时的桩长是根据勘察报告提供的土层分布情况来确定的，尽管也进行施工前的试打桩或试钻，由于土层分布往往是不均匀的，造成桩基础成桩过程可能不是一步能到位的，这就决定了桩基工程施工后质量检查和验收的时间节点不能一概而论。《建筑桩基技术规范》JGJ 94—2008 第 9.5.1 条："当桩顶设计标高与施工场地标高相近时，基桩的验收应待基桩施工完毕后进行；当桩顶设计标高低于施工场地标高时，应待开挖到设计标高后进行验收。"这里对桩顶设计标高低于施工场地标高时的情况说得比较含糊，还是《建筑地基基础工程施工质量验收规范》GB 50202—2002 第 5.1.2 条比较明确："桩基工程的桩位验收，除设计有规定外，应按下述要求进行：①当桩顶设计标高与施工场地标高相同时，或桩基施工结束后，有可能对桩位进行检查时，桩基工程的验收应在施工结束后进行。②当桩顶设计标高低于施工场地标高，送桩后无法对桩位进行检查时，对打入桩可在每根桩桩顶沉至场地标高时，进行中间验收，待全部桩施工结束，承台或底板开挖到设计标高后，再做最终验收。对灌注桩可对护筒位置做中间验收。"

（3）桩基工程承载力检验

桩基工程施工完成后应对桩基的设计参数、施工工艺、控制指标、岩土条件、桩的数量和位置、垂直度、材质、桩身质量等进行符合性检验。

预制桩施工时，宜控制桩端持力层与最终贯入度同时满足设计要求。对打入桩、静力压桩，应提供经确认的施工过程有关参数，并应形成文件资料。打入桩，每根桩均应有完整的施工记录，包括施工机械型号与参数（包括锤重及落距等）、桩位图、桩的编号、截面尺寸、长度、桩位偏差、总锤击数、贯入度记录、入土深度、接桩间歇时间和成桩日期等资料。静力压桩，每根桩也应有完整的施工记录，包括施工机械型号与参数、桩位图、桩的编号、截面尺寸、长度、桩位偏差、压桩终压力值、入土深度、接桩间歇时间和成桩日期等资料。桩端持力层情况与设计文件出入较大或贯入度不能满足要求时，应根据实际情况进行处理。

钻孔灌注桩施工应检验下列内容：桩位图、桩的编号、截面尺寸、长度、桩数、桩位偏差、成孔过程中有否缩径和塌孔、桩顶标高、成孔垂直度、孔底沉渣、孔底土扰动厚度以及持力层情况是否符合设计文件要求；钢筋规格与钢筋笼制作是否符合设计要求；混凝土原材料的力学性能检验报告，混凝土的配合比、坍落度、制作方法等是否符合规范要求，试件留置、试件试验结果是否符合设计文件和规范的要求。

人工挖孔桩终孔时，每桩均应进行桩端持力层检验，并对开挖尺寸、桩位偏差进行检验，并应形成桩端持力层检验报告。单柱单桩的大直径嵌岩桩，应视岩性情况检验桩孔底之下 3d 或 5m 深度范围内有无土洞、溶洞、破碎带或软弱夹层等不良地质条件。嵌岩桩必须有桩端持力层的岩性报告。

施工完成后的工程桩应按《建筑桩基技术规范》JGJ 94—2008 第 9.4.2 条的要求进行桩身质量检验和承载力检验。《建筑桩基技术规范》JGJ 94—2008 第 9.4.3 条指出，有下列情况之一的桩基工程，应采用静荷载试验对工程桩单桩竖向承载力进行检测："①工程施工前已进行单桩静载试验，但施工过程变更了工艺参数或施工质量出现异常时；②施工前工程未按本规范第 5.3.1 条规定进行单桩静载试验的工程；③地质条件复杂、桩的施工质量可靠性低；④采用新桩型或新工艺。"第 9.4.4 条："有下列情况之一的桩基工程，可采用高应变动测法对工程桩单桩竖向承载力进行检测：①除本规范第 9.4.3 条规定条件外的桩基；②设计等级为甲、乙级的建筑桩基静载试验检测的辅助检测。"基桩检测方法应根据检测目的按表 3-11 选择，该表引自《建筑基桩检测技术规范》JGJ 106—2003 中的表 3.1.2。

桩基础检测方法及检测目的   表 3-11

检测方法	检测目的
单桩竖向抗压静载试验	确定单桩竖向抗压极限承载力； 判定竖向抗压承载力是否满足设计要求； 通过桩身内力及变形测试，测定桩侧、桩端阻力； 验证高应变法的单桩竖向抗压承载力检测结果
单桩竖向抗拔静载试验	确定单桩竖向抗拔极限承载力； 判定竖向抗拔承载力是否满足设计要求； 通过桩身内力及变形测试，测定桩的抗拔摩阻力
单桩水平静载试验	确定单桩水平临界和极限承载力，推定土抗力参数； 判定水平承载力是否满足设计要求； 通过桩身内力及变形测试，测定桩身弯矩和挠曲
钻芯法	检测灌注桩桩长、桩身混凝土强度、桩底沉渣厚度，判定或鉴别桩底岩土性状，判定桩身完整性类别
低应变法	检测桩身缺陷及其位置，判定桩身完整性类别
高应变法	判定单桩竖向抗压承载力是否满足设计要求； 检测桩身缺陷及其位置，判定桩身完整性类别； 分析桩侧和桩端土阻力
声波透射法	检测灌注桩桩身混凝土的均匀性、桩身缺陷及其位置，判定桩身完整性类别

根据《建筑基桩检测技术规范》JGJ 106—2003 第 3.3.1 条及第 3.3.5 条~第 3.3.8 条，采用静载试验确定单桩竖向抗压承载力特征值时，"检测数量在同一条件下不应少于 3 根，且不宜少于总桩数的 1%；当工程桩总数在 50 根以内时，不应少于 2 根。"对于大直径嵌岩桩的承载力可根据终孔时桩端持力层岩性报告结合桩身质量检验报告核验。受检桩数不得少于同条件下总桩数的 1%，且不得少于 3 根。工程总桩数在 50 根以内时，受检桩数应不少于 2 根。对《建筑基桩检测技术规范》JGJ 106—2003 第 3.3.5 条规定条件外的预制桩和满足高应变法适用检测范围的灌注桩，可采用高应变法进行单桩竖向抗压承载力验收检测。当有本地区相近条件的对比验证资料时，高应变法也可作为第 3.3.5 条规定条件下单桩竖向抗压承载力验收检测的补充。抽检数量不宜少于总桩数的 5%，且不得少于 5 根。承受水平力较大及地震时有可能承受较大水平力的工程桩，应采用水平载荷试验进行承载力检验。抗拔工程桩完成后应采用静载荷试验进行抗拔承载力检验。对于承受拔力和水平力较大的建筑桩基，应进行单桩竖向抗拔、水平承载力检测。检测数量不应少于总桩数的 1%，且不少于 3 根。此外，抗拔（抗浮）工程锚杆完成后应采用静载荷试验进行抗拔承载力检验。检验数量不得少于同条件抗拔（抗浮）工程锚杆总数的 5%，且不得少于 6 根。

（4）基桩桩身完整性检验

由于基桩在锤击、静压和接桩，以及灌注桩的混凝土浇筑过程中均有可能产生桩身质量缺陷。因此，桩身质量检验是必检项目。桩身质量与基桩承载力密切相关，桩身质量有时会严重影响基桩承载力，由于桩身质量检测抽样率较高，费用较低，通过检测可减少桩基安全隐患，并可为判定基桩承载力提供参考，故规范要求桩身完整性宜采用两种或两种以上的检测方法进行检测。《建筑基桩检测技术规范》JGJ 106—2003 第 3.3.4 条、《建筑地基基础设计规范》GB 50007—2011 第 10.2.15 条和《全国民用建筑工程设计技术措施（2009）——结构（地基与基础）》第 11.3.8 条均要求混凝土桩的桩身完整性检测的抽检数量应符合下列规定：

① 设计等级为甲级，或地质条件复杂、成桩质量可靠性较低的灌注桩，桩身完整性抽检数量不应少于总桩数的 30%，且不得少于 20 根；其他桩基工程的桩身完整性抽检数量不应少于总桩数的 20%，且不得少于 10 根。柱下三桩或三桩以下的承台抽检桩数不得少于 1 根。

② 直径大于 800mm 的混凝土嵌岩桩应采用钻芯法或声波透射法检测，检测桩数不得少于同条件总桩数的 10%，且不得少于 10 根，且每柱下承台的抽检桩数不应少于 1 根。

③ 直径不大于 800mm 的桩，以及直径大于 800mm 的非嵌岩桩，可根据桩径和桩长的大小，结合桩的类型和当地经验，采用钻芯法、声波透射法或可靠的动测法进行检测。检测的桩数不应少于同条件总桩数的 10%，且不得少于 10 根。

对端承型大直径灌注桩，应选用钻芯法或声波透射法对受检桩进行桩身完整性进行检验，抽检数量应不少于总桩数的 10%。地下水位以上且终孔后桩端持力层已通过核验的人工挖孔桩，以及单节混凝土预制桩，抽检数量可适当减少，但不宜少于总桩数的 10%，且不宜少于 10 根。

桩身完整性检测结果分为 4 类，见表 3-12，该表引自《建筑基桩检测技术规范》JGJ 106—2003 中的表 3.5.1。对于Ⅳ类桩应进行工程处理。

桩身完整性分类表

表 3-12

桩身完整性类别	分类原则
Ⅰ类桩	桩身完整
Ⅱ类桩	桩身有轻微缺陷，不会影响桩身结构承载力的正常发挥
Ⅲ类桩	桩身有明显缺陷，对桩身结构承载力有影响
Ⅳ类桩	桩身存在严重缺陷

从事地基基础工程检测及见证试验的单位，必须具备省级以上（含省、自治区、直辖市）建设行政主管部门颁发的资质证书和计量行政主管部门颁发的计量认证合格证书。桩基的检测应委托具备资质的专业化单位作为第三方进行。根据《建筑基桩检测技术规范》JGJ 106—2003 第 3.3.3 条："单桩承载力和桩身完整性验收抽样检测的受检桩选择宜符合下列规定：①施工质量有疑问的桩；②设计方认为重要的桩；③局部地质条件出现异常的桩；④施工工艺不同的桩；⑤承载力验收检测时适量选择完整性检测中判定的Ⅲ类桩；⑥除上述规定外，同类型桩宜均匀随机分布。"当检验发现桩身质量、工程桩或抗拔（抗浮）工程锚杆承载力不满足设计要求时，应结合工程场地地质和施工情况综合分析，必要时应扩大检验数量，对出现的问题进行分析评价，提出处理意见。必要时应委托具有实际工程经验的岩土工程师、结构工程师进行专门的分析评价。

（5）桩位、桩顶标高及桩顶预留钢筋的检验

桩基础工程验槽时，应查阅桩位测量放线图及工程桩位线复核签证单、基桩竣工平面图及桩顶标高图。《建筑地基基础工程施工质量验收规范》GB 50202—2002 第 5.1.1 条："桩位的放样允许偏差如下：群桩 20mm；单排桩 10mm。"这是放线时的允许偏差，实际成桩后的桩位偏差允许值要宽松些，因为桩基施工场地条件的限制，要求太高了做不到。对于打（压）入桩（预制混凝土方桩、先张法预应力管桩、钢桩）的桩位偏差，见《建筑地基基础工程施工质量验收规范》GB 50202—2002 表 5.1.3。斜桩倾斜度的偏差不得大于倾斜角正切值的 15%（倾斜角系桩的纵向中心线与铅垂线间夹角）。灌注桩的桩位偏差必须符合《建筑地基基础工程施工质量验收规范》GB 50202—2002 表 5.1.4 的规定，桩顶标高至少要比设计标高高出 0.5m。这些要求看似比较宽松（有的可达 100mm），但基桩施工完成后的实际桩中心偏差仍可能要大于规范允许值，这时就应作相应的处理，因为桩位偏差过大造成承台中心偏离柱子中心而造成荷载分配的不均衡，使原本按中心受压设计的桩承受偏心荷载，对于一柱一桩的情况更应注意。当大直径桩的验孔的时候发现桩位偏差较大，可变更桩身的配筋使之能承受一定的偏心荷载，同时在混凝土浇筑完成后，根据桩实际成型后的尺寸，适当调整桩帽尺寸，尽量使桩中心与柱中心一致，对于偏差较大的可通过设置拉梁或加强等办法平衡柱底弯矩。

桩顶标高与设计标高不一致也是常见的，见图 3-20。桩顶标高高出设计标高时一般采用截断或剔凿的办法，对于桩顶标高低于设计标高时，最简单的办法就是加大承台的高度，如果标高差得较大，也可以接桩，但要注意接桩的效果。桩顶属于受力比较复杂的部位，如果新老混凝土交接面没处理好，影响桩的质量。此外，还应注意复核桩顶嵌入承台或桩帽的尺寸，《建筑桩基技术规范》JGJ 94—2008 第 4.2.4 条："桩嵌入承台的长度对于中等直径桩不宜小于 50mm；对大直径桩不宜小于 100mm。"

177

图 3-20 大直径灌注桩和 PHC 桩施工完成后的一组桩顶照片

　　桩顶的钢筋也是验收的一项主要内容，无论是灌注桩的预留钢筋，还是预制桩的焊接钢筋，都是保证桩与承台，乃至与上部结构的柱子、剪力墙共同工作的基础，钢筋质量的好坏直接影响桩与上部结构共同工作的性能，见图 3-20。

三、复合地基与浅基础和桩基础的关系

复合地基技术能够较好地利用增强体和天然地基两者共同承担荷载的潜能，经济效益比较好。复合地基技术比较适合我国国情，复合地基理论和工程应用近年来发展很快，复合地基技术在土木工程建设中得到广泛应用，复合地基已成为一类重要的地基基础形式。

工程上，当天然地基能够满足建筑物对地基的要求时，通常采用浅基础；当天然地基不能满足建筑物对地基的要求时，需要对天然地基进行处理形成人工地基以满足建筑物对地基的要求。桩基础是软弱地基最常用的一种人工地基形式。广义地讲，桩基技术也是一种地基处理技术，而且是一种最常用的地基处理技术[19]。考虑桩基技术比较成熟，而且已形成一套比较全面、系统的理论，通常将桩基技术与地基处理技术并列，在讨论地基处理技术时一般不包括桩基技术。采用的地基处理方法不同，天然地基经过地基处理后形成的人工地基性态也不同。目前在我国应用的复合地基类型主要有：由多种施工方法形成的各类砂石桩复合地基，水泥土桩复合地基，低强度桩复合地基，土桩、灰土桩复合地基，钢筋混凝土桩复合地基，薄壁筒桩复合地基和加筋土地基等。龚晓南认为经过地基处理形成的人工地基多数可归属为两类[19]：一类是在荷载作用范围下的天然地基土体的力学性质得到普遍的改良，如通过预压法、强夯法，以及换填法等形成的土质改良地基。这类人工地基承载力与沉降计算基本上与浅基础相同，因此可将其划归浅基础。另一类是在地基处理过程中部分土体得到增强，或被置换，或在天然地基中设置加筋材料，形成复合地基。例如水泥土复合地基、碎石桩复合地基、低强度混凝土桩复合地基等。因此，浅基础（Shallow Foundation）、复合地基（Composite Founda-tion）和桩基础（Pile Foundation）已成为工程建设中常用的三种地基基础形式。浅基础、桩基础和复合地基的分类主要是考虑了荷载传递路线的不同。在浅基础中，上部结构荷载是通过基础板直接传递给地基土体的。对于桩基础，按照经典桩基理论，在端承桩桩基础中，上部结构荷载通过基础板传递给桩体，再依靠桩的端承力直接传递给桩端持力层。不仅基础板下地基土不传递荷载，而且桩侧土也基本上不传递荷载。在摩擦桩桩基础中，上部结构荷载通过基础板传递给桩体，再通过桩侧摩阻力和桩端端承力传递给地基土体，而以桩侧摩阻力为主。经典桩基理论不考虑基础板下地基土直接对荷载的传递作用。虽然客观上大多数情况下摩擦桩桩间土是直接参与共同承担荷载的，但在计算中是不予以考虑的。在复合地基中，上部结构荷载通过基础板直接同时将荷载传递给桩体和基础板下地基土体。对散体材料桩，由桩体承担的荷载通过桩体鼓胀传递给桩侧土体和通过桩体传递给深层土体。对粘结材料桩由桩体承担的荷载则通过桩侧摩阻力和桩端端承力传递给地基土体。摩擦桩基础中考虑桩间土直接承担荷载的作用，也可属于复合地基。或者说考虑桩土共同作用也可将其归属于复合地基。可见，荷载传递路线也是上述三种地基基础形式的基本特征[19]。简而言之，对浅基础，荷载直接传递给地基土体；对桩基础，荷载通过桩体传递给地基土体；对复合地基，荷载一部分通过桩体传递给地基土体，一部分直接传递给地基土体。因此，可以认为复合地基是介于浅基础和桩基础之间的一种地基形式。根据这一认识，复合地基设计活动中的施工技术问题，可以简单地认为是浅基础和桩基础的组合，基槽验收基本上与浅基础相同，复合地基的基桩检验和验收也与桩基础相应的检验和验收类似，详见《建筑地基处理技术规范》JGJ 79—2012 中的相关条，在此不再赘述。

采用复合地基处理地基，不一定非要满堂处理，对于框架结构也可局部处理，仅在独立柱基或墙下条形基础范围内布桩。作者在2005年设计某立体车库基础时，采用了这一形式。由于该工程地下室为小汽车车库，为减小地下室顶板梁板的跨度，在地下室增设了柱网，南北向原12.8m跨变为6.0m和6.8m；原12.0m跨变为2×6.0m；原12.3m跨变为6.0m和6.3m；东西向跨度原14.1m跨变为6.0m和8.1m；原16.3m跨变为8.1m和8.2m。增设柱网后，相邻柱子传至基础的设计值相差很大，从基础直至伸至顶层的柱子，柱下轴力设计值约为11100kN，而仅地下室才有的柱子，柱下轴力设计值约为1000kN，两者相差约11倍。该工程持力层地基承载力标准值为160kPa，如采用柱下独立基础，则轴力大的基础的基底面积须55~60m²，相邻两柱基础已基本连通，因此须采用梁式基础。又因仅地下室有的柱子的轴力设计值约为从基础伸至顶层的柱子轴力设计值的1/11，这与连续梁的支座反力分布规律不相符，所以当采用倒楼盖法计算时，仅地下室有的柱子不能作为基础梁支座，基础梁跨度很大，为12.8m、12.0m、12.3m，基础梁高度如按跨度的1/5估算，相应地基础梁高度约为2.5m，是一个不经济的方案。经方案比较，选用复合地基方案。复合地基采用CFG桩，桩长12m，桩径420mm，单桩承载力特征值550kN。基础采用柱下独立基础和墙下条形基础，见图3-21。经计算，独立柱基最大沉降变形9mm、最大差异沉降5mm<0.002L，满足规范要求。该工程已交付使用7年，至今未发现异常。

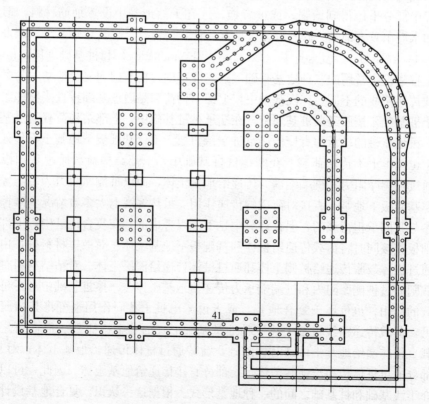

图3-21 CFG桩复合地基桩位布置图

第四章 钢筋混凝土结构设计活动中的施工技术问题

钢筋混凝土结构是我国建筑工程用量最多、使用范围最广的结构材料，无论是理论计算、混凝土材料的组成、钢筋与混凝土结构共同工作机制的形成、钢筋的锚固、搭接，还是施工阶段的混凝土工程、钢筋工程、模板工程及施工完成后的成品保护等过程都有十分深刻的内涵，其影响因素之多、各因素之间的相互作用之复杂，都是钢结构和砌体结构所无法比拟的。钢筋混凝土结构设计活动中的施工技术内涵十分丰富，设计必须考虑施工的可行性、经济性和安全性；而施工的每个环节都体现出强烈的设计意图，施工单位必须按设计文件的"蓝图"和规范约定组织施工和验收。同时，施工中存在的技术问题往往只有通过设计的提前介入采取相应的技术措施，才能得以完美解决，如混凝土早期收缩裂缝问题，虽然与施工阶段的混凝土配合比优化设计、养护措施等有很大关系，但如果设计不配合，不采取相应的技术措施，仅靠施工一方，很难彻底解决。设计工程师只有对钢筋混凝土结构概念的具体性和多样性的本质有透彻的认识，对钢筋与混凝土共同工作机理、配筋的作用，搭接、锚固的原理等有一全面的认识，才能独立从事钢筋混凝土结构设计工作，也才能透彻理解钢筋混凝土各施工环节的确切含义，也才能应对设计和施工各环节遇到的复杂问题，才能据以分析和判断设计和施工活动是否经济合理、安全可靠。因此，把握钢筋混凝土结构设计和施工活动的关键还是概念和机理，概念、概念的全面性和灵活性，是理解、把握和解决钢筋混凝土结构设计活动中的施工技术问题的灵魂和钥匙。

第一节 钢筋与混凝土共同工作的机理

自法国花匠发明现代钢筋混凝土以来，钢筋混凝土在结构工程中得到广泛的应用。钢筋混凝土作为复合材料，是延性材料钢筋与脆性材料混凝土之间的有机结合，但延性材料除了钢筋外，还有其他材料，如铜、合金等抗拉强度也高、延性也好，为何没有开发出"铜丝混凝土"或"合金混凝土"呢？这就是说钢筋与混凝土有其特殊的共同工作机理，是其他材料难以替代的。钢筋与混凝土表现出良好的共同工作性能主要得益于两个方面：一是两种材料自身的天然因素；其二是人们经过大量的试验研究、理论分析和工程经验的总结，提出一整套能发挥钢筋与混凝土各自特长并能协同工作的理论体系及相应的配筋构造，大大提高了钢筋混凝土结构的可靠性，改善了钢筋混凝土结构的受力性能。如梁的正截面配筋中的适筋梁；配置抗剪、抗扭箍筋及抗震结构的"强剪弱弯、强柱弱梁、强节点弱构件"；钢筋的锚固、搭接、弯起、截断等构造做法；设置合适的受力钢筋混凝土保护层等。如果没有这些理论体系和构造做法，钢筋混凝土结构的可靠性是很差的，不可能成为现代工程意义上的钢筋混凝土结构材料，它或许还只能作为花盘等小构件的主材。从某种角度来说，钢筋混凝土材料的发展史，就是钢筋混凝土从专利技术向工程设计和建造技术逐步发展演化的历史。

一、钢筋与混凝土两种材料共同工作的天然因素

钢筋与混凝土两种材料之所以能有效地结合在一起共同工作，主要是因为这两种材料具备下述三个条件：

1. 钢筋的粘结强度

钢筋与混凝土之间存在着粘结力，使两者能结合起来。一般来说，外力很少直接作用在钢筋上，钢筋所受的力通常都要通过周围的混凝土来传递，在外荷载作用下，依靠钢筋与混凝土之间的粘结力，结构中的钢筋与混凝土能协调变形，共同工作。否则，如果钢筋受拉后会在混凝土内滑移，梁截面中受拉钢筋的拉力与受压混凝土的压力将不能组成力偶以承受梁中的弯矩，这样两种材料虽结合在一起，亦发挥不了共同受力的作用。两种材料之间具有粘结力，是两者能够共同工作的先决条件。光圆钢筋的粘结强度由三部分组成[5]：

（1）混凝土中水泥凝胶体与钢筋表面的化学胶着力；

（2）钢筋与混凝土接触面间的摩擦力或握裹力，混凝土在凝结时产生收缩，因而钢筋产生压力；

（3）钢筋表面粗糙不平的机械咬合作用。

这三种作用，胶着力最小，机械咬合作用最大。光圆钢筋的粘结强度，在滑动前主要取决于化学胶着力，发生滑移后取决于摩擦力和机械咬合力。为了使钢筋与混凝土间更好地结合，可采用带肋钢筋。带肋钢筋改变了钢筋与混凝土之间相互作用的方式，其肋与混凝土的咬合作用大大加强，虽然胶着力和摩擦力仍然存在，但变形钢筋的粘结强度主要体现为钢筋表面凸出的肋与混凝土的机械咬合力，极大地改善了粘结作用。

影响粘结强度的主要因素是[5]：钢筋表面形状、混凝土强度、保护层厚度、锚固长度、钢筋间的净距、横向配箍情况、混凝土浇筑状况、钢筋所处的浇筑位置和锚固受力情况等。在实际工程中经常出现两个不太引起注意的影响钢筋与混凝土共同工作的情况：一是焊接焊渣没有清除。搭接接头采用电弧焊，焊条表面涂有焊药，它起到保证电弧稳定、使焊缝免致氧化，并产生熔渣覆盖焊缝以减缓冷却速度的作用。由于焊渣是很松散的杂物，附着在焊缝的表面阻断了钢筋与混凝土的化学胶着力、握裹力以及机械咬合作用的正常发挥；二是施工缝处混凝土浮浆没有清理，由于浮浆的实际强度低于混凝土设计强度，同样影响钢筋与混凝土的化学胶着力、握裹力以及机械咬合作用的正常发挥，见图 4-1。焊渣的清除、混凝土浮浆的清理看似小节，实则对钢筋与混凝土共同工作影响很大，钢筋隐蔽验收时应作专项检查。

2. 钢筋和混凝土相近的温度线膨胀系数

钢筋和混凝土两种材料的温度线膨胀系数很接近，混凝土为 $1.0 \times 10^{-5} \sim 1.5 \times 10^{-5}$，钢材为 1.2×10^{-5}。当温度变化时，两者之间不会产生较大的相对变形，因而两者之间的粘结力不致遭受破坏。否则，由于两者之间的相对变形过大而发生滑移，使两者不能结合在一起，或因变形不协调而引起材料破坏或混凝土开裂而出现过宽的裂缝。因此，钢筋和混凝土两种材料的温度线膨胀系数基本相同，是两者能够共同工作的必要条件。

图 4-1 焊接焊渣未清除及混凝土浮浆未清理的照片

3. 混凝土对钢筋的保护作用

钢筋位于混凝土中，混凝土对钢筋起到了保护和固定位置的作用，使钢筋不易发生锈蚀；受压时钢筋不易失稳；在遭受火灾时，不致因钢筋很快软化而导致整体破坏。所以，在钢筋混凝土中，钢筋表面必须留有一定厚度的混凝土作为保护层，这是保持两者共同工作的必要措施。图 4-2 中的两例是混凝土保护层过小或因露筋未作处理导致钢筋锈蚀，以及因钢筋锈蚀致使混凝土保护层剥落的照片。设计使用年限为 50 年的混凝土结构，最外层钢筋的保护层厚度应符合《混凝土结构设计规范》GB 50010—2010 表 8.2.1 的规定。对于地下室外墙的钢筋最小保护层厚度问题，《地下工程防水技术规范》GB 50108—2008与《混凝土结构设计规范》（GB 50010—2010）的要求不同，当环境类别为"二 a"或"二 b"时，以混凝土规范第 8.2.1 条为准，因为当地下室外墙钢筋的保护层厚度大于 50mm时，钢筋对表面的混凝土的约束作用减弱，外墙混凝土表面很容易出现早期收缩裂缝，外墙开裂后实际的保护层厚度减小，也就难以满足防水规范的要求了。因此，在确定保护层厚度时，不能一味增大厚度，较好的方法是采用防护覆盖层，并规定维修年限。《混凝土结构设计规范》（GB 50010—2010）第 8.2.3 条："当梁、柱、墙中纵向受力钢筋的保护层厚度大于50mm 时，宜对保护层采取有效的构造措施。可在保护层内配置防裂、防剥落的焊接钢筋网片，网片钢筋的保护层厚度不应小于 25mm，并应采取有效的绝缘、定位措施。"

图 4-2 钢筋锈蚀和钢筋锈蚀处混凝土保护层剥落的照片

日本土木工程手册《钢筋混凝土结构》[24] 对于保护层的某些规定与我国现行规范不一致，现摘录如下：①对于基础，当混凝土直接浇入地下时，保护层应大于 75mm；埋入并与土直接接触的部分以及气象条件恶劣时，钢筋直径在 16mm 以上的，保护层应大于 50mm，钢筋直径小于 16mm 的，保护层应大于 40mm。在板的下侧，即使气象条件特别恶劣，保护层取大于 25mm 就可以了。②对于受海水腐蚀的结构物（海水环境）：受潮水影响部分、受海水冲刷部分以及受剧烈潮风吹蚀部分，最小保护层为 70mm；海水环境的其他部分，最小保护层为 50mm；

该手册指出，为了防止由于干燥收缩及温度变化而产生有害裂缝，在具有较大范围的外露面的混凝土表明附近，应配置构造钢筋。对于挡土墙等结构，在壁的外露面附近，沿水平方向每米墙高配置截面面积为 500mm² 以上的钢筋，其中心间距小于 300mm，最好采用细钢筋密置的方法。

实际工程中有两个施工细节对钢筋的腐蚀性和混凝土的观感质量影响较大。一是绑扎钢筋的绑丝应朝向构件内部，见图 4-3。否则，对于基础底板、地下室外墙等潮湿环境，绑丝如果贴近模板，混凝土浇筑成型后，绑丝的端头直接接触水、土等环境，极易锈蚀、腐烂，过不了多长时间，就在构件内成为一个直通主筋的通道使地下水直接与主筋接触，相当于主筋局部没有混凝土保护层，对钢筋的锈蚀产生不利影响。二是现浇板的马凳铁直接支承在模板上（图 4-4a），马凳铁端头无混凝土保护层而暴露在空气中，容易锈蚀，顶棚抹灰完成后因钢筋反锈，在顶棚上出现锈迹斑点，影响装修后板顶的观感，这种情况出现后就比较难处理，一般需要针对每一个反锈点逐个处理，工作量大。因此，实际工程中

（a）   （b）

图 4-3 绑扎钢筋的绑丝朝向构件内部
（a）剪力墙绑丝实际情况；（b）梁绑丝的实际情况

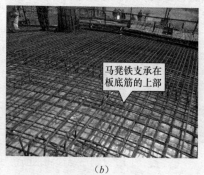

（a）   （b）

图 4-4 马凳铁不直接接触模板及墙体露头钢筋端头的锈蚀情况
（a）马凳铁直接支承在模板上；（b）马凳铁支承在板底筋的上部

最稳妥的办法是将马凳铁支承在板底层钢筋上部，如图4-4（b），也可以对马凳铁的端部进行防锈处理，如刷防锈漆等。剪力墙中的对拉螺杆切断后，其端头也要作处理，否则易生锈，见图4-5。

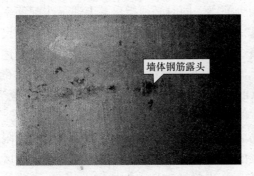

墙体钢筋露头

钢筋锈蚀

图4-5　剪力墙对拉螺杆收头未处理及钢筋锈蚀情况

二、保证钢筋与混凝土两种材料共同工作的技术措施

上述钢筋与混凝土两种材料共同工作的天然因素只能保证钢筋混凝土成为一种构件，要使之成为结构体系和性能良好的受力构件，还得满足以下几个方面的要求：

1. 防止脆性破坏的技术措施

组成钢筋混凝土结构的钢筋及混凝土两种材料的性能差别很大。钢筋是弹性材料，但在屈服后呈现弹塑性性能。混凝土在拉、压作用下的强度相差很大，在不同应力水平下分别呈现弹性和塑性性能，达到强度峰值还有应力下降段，在产生裂缝后更成为各向异性体。由于混凝土结构的上述特性，在设计时必须采取相应的措施保证两种材料共同工作。

钢筋混凝土结构设计区别于砌体结构、钢结构的最大特点是，除了确定构件截面尺寸、强度等级、构件间的连接方式等外，还必须标注钢筋连接方式、钢筋的锚固长度及做法、受力主筋混凝土保护层厚度、特殊部位（如主次梁相交处、内折梁）的加筋做法等，这些要求看似互不相干，其实都是为了一个共同的目的，即保证钢筋与混凝土的共同工作。

（1）适筋梁破坏、超筋梁破坏、少筋梁破坏以及构件截面的延性

试验表明，由于纵向受拉钢筋配筋率的不同，受弯构件正截面受弯破坏形态有适筋梁破坏、超筋梁破坏和少筋梁破坏三种。适筋梁是最能说明钢筋与混凝土共同工作机理的，因为适筋梁破坏特点是纵向受拉钢筋先屈服，受压区混凝土随后压碎。所以它既充分发挥了钢筋抗拉性能好的特点，又发挥了混凝土受压性能好的特长，将两种材料的优势都发挥出来了。而超筋梁的破坏特点是混凝土受压区先压碎，纵向受拉钢筋不屈服，钢筋应力尚小于屈服强度，虽然此时梁仍处于弹性工作阶段，裂缝开展不宽，延伸不高，梁的挠度也不大，但由于受压区边缘纤维已达到混凝土受弯极限压应变值，梁已告破坏。比较适筋梁和超筋梁的破坏形态，可以发现两者的差异在于适筋梁的破坏始于受拉钢筋的屈服，属于延性破坏，而超筋梁的破坏始于受压区混凝土的压碎，它是在没有明显的预兆情况下的突然破坏，属于脆性破坏。超筋梁由于受拉钢筋配置过多，破坏时钢筋不屈服，钢筋受拉性能没有得到充分的发挥，因而没有形成良好的共同工作机制。少筋梁由于受拉钢筋配置过少，一旦开裂，受拉钢筋立即达到屈服强度，有时迅速经历整个流幅而进入强化阶段，在

个别情况下，钢筋甚至可能被拉断。少筋梁破坏时，裂缝往往只有一条，不仅开展宽度很大，且沿梁高延伸较高。少筋梁裂缝一出现即告破坏，其承载力取决于混凝土的抗拉强度，属于脆性破坏类型，故在土木工程中一般不允许采用，但在水利工程中，由于其截面尺寸很大，为了经济，有时也允许采用少筋梁。同时必须指出，上述最小配筋率定义只适用于构件截面尺寸是由承载力控制的这一情况。对于基础底板等构件，当截面尺寸是由冲切或剪切控制时，上述最小配筋率的概念不适用。因为在这种情况下，如按上述最小配筋率的规定，会出现在荷载一定的情况下，构件截面尺寸越大，配筋反而需要越多的不合理现象。因此，《建筑地基基础设计规范》GB 50007—2011 中，筏板的最小配筋率取为 0.15%，小于其他构件相应的最小配筋率。

实际工程中，为了防止梁发生超筋梁式的脆性破坏，当梁的截面高度受到限制时可采用双筋梁，即可利用受压钢筋来提高梁的正截面承载能力，以免因混凝土受压区高度大于界限受压区高度而使梁在极限荷载作用下产生脆性破坏。在抗震设防区，《建筑抗震设计规范》（GB 50011—2010）第 6.3.3 条："梁端计入受压钢筋的混凝土受压区高度和有效高度之比，一级不应大于 0.25，二、三级不应大于 0.35。"当框架梁受压区高度和有效高度之比不满足规范这一要求时，也可以增设受压钢筋来减小受压区高度。为什么在梁的受压区不配受压钢筋和配受压钢筋，其结果都正确的呢？原来，钢筋混凝土梁的正截面强度理论的内在理论依据就是塑性理论下限定理[44]，因为根据这一强度理论确定的结构弯矩分布状态能同时满足平衡条件和屈服条件，它的解（可接受荷载）是不唯一的且随受拉钢筋和受压钢筋之间的不同比例而变化，但都是极限荷载的下限解，其安全是有保证的。根据下限定理，在选配受拉钢筋和受压钢筋的具体数值时，在满足经济性的前提下，只要满足平衡条件的各种可能方案都是可行方案，这就为设计者提供了灵活应用的广阔空间。而在各种可能的配筋方案中，只要受拉钢筋最小配筋率、混凝土受压区高度、斜截面承载能力和抗扭承载能力、箍筋形式及其他构造要求都满足混凝土规范的规定，屈服条件也就能自动得到满足。

（2）偏心受压构件的破坏形态

同时承受轴向压力 N 和弯矩 M 作用的构件，称为偏心受压构件，$e_0 = M/N$ 为偏心距。轴力和弯矩的共同作用可等效地换算为偏心距为 e_0 的偏心压力 N 的作用。偏心受压主要有两种破坏形态[5]：

1）受拉破坏——大偏心受压。构件的破坏是由于受拉钢筋首先达到屈服，然后压区混凝土压碎。破坏前有明显的预兆，钢筋屈服后构件的变形急剧增大，裂缝显著开展，属于塑性破坏的性质。当截面给定时，其承载能力主要取决于受拉钢筋。形成受拉破坏的条件是：偏心距 e_0 较大，同时受拉钢筋的数量不过多。

2）受压破坏——小偏心受压。构件的破坏是由于受压区混凝土先被压碎，而距轴力较远一侧的钢筋，无论是受拉，或是受压，一般均未屈服。拉区横向裂缝可能有、也可能没有，但开展不明显。破坏前变形没有急剧的增长，破坏无明显预兆，具有脆性破坏的性质。当截面给定时，其承载能力主要取决于压区混凝土及受压钢筋。形成受压破坏的条件是：偏心距 e_0 较小或偏心距较大而受拉钢筋数量过多。

大小偏心受压破坏的分界称之为界限破坏，其破坏特征是受拉一侧钢筋达到屈服强度时，受压一侧混凝土同时也出现纵向裂缝并压碎。对应于界限破坏的配筋率称之为平衡配筋率，界限破坏时的偏心距则为界限偏心距。

上述两种破坏现象中，大偏心受压破坏时，混凝土压区较小，受压区高度小；小偏心受压破坏时，混凝土压区大，受压区高度也大。

试验表明[11]：柱轴压比是影响柱破坏形态和变形能力的重要因素。轴压比 n 指柱组合的轴压力设计值与柱的全截面面积和混凝土抗压强度设计值乘积之比值。图 4-6 是配筋率、配箍率、截面尺寸、混凝土强度等级完全相同的一组构件，在不同轴压比下的受力—变形（P—Δ）曲线，表明在其他参数不变时，随轴压比 n 的增加，构件的破坏更显脆性，轴压比对构件延性有着重大的影响。当然柱子具体破坏形态还与配箍率 ρ_v 大小及箍筋形式等有直接关系。

研究表明[18]：当柱轴压比较高时，柱可能出现小偏心受压破坏，从而大大降低柱的变形能力，且此时即使增加箍筋，作用也不大，因此规范对柱轴压比作了明确的规定，给出了不同抗震等级，不同柱类时的轴压比限值，见《建筑抗震设计规范》GB 50011—2010 表 6.3.6。三级框架柱的

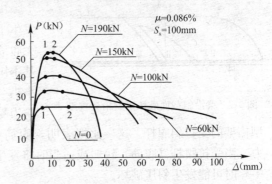

图 4-6　轴压比对 P—Δ 曲线的影响[11]

轴压比限值理论上是柱子发生大偏心受压破坏与小偏心受压破坏的界限，当然实际实验时，配箍率 ρ_v 大小及箍筋形式等对柱破坏形态也有影响。为了满足柱轴压比限值的要求，框架柱的混凝土强度等级选定后，柱的截面尺寸实际上是由轴压比限值确定的。试验研究还表明[18]：柱屈服位移角主要受纵向受拉钢筋配筋率 ρ_t 支配，并且大致随 ρ_t 线性增大。为使柱的屈服弯矩远大于开裂弯矩，增大屈服位移角和变形能力，实际配筋应满足《建筑抗震设计规范》GB 50011—2010 第 6.3.7 条或《混凝土结构设计规范》GB 50010—2010 第 11.4.12 条中的最小总配筋率要求，总配筋率的计算应包括全部纵向钢筋。混凝土规范条文说明指出：框架柱纵向钢筋最小配筋率的主要作用是："考虑到实际地震作用在大小及作用方式上的随机性，经计算确定的配筋数量仍可能在结构中造成某些估计不到的薄弱构件或薄弱截面；通过纵向钢筋最小配筋率规定可以对这些薄弱部位进行补救，以提高结构整体地震反应能力的可靠性；此外，与非抗震情况相同，纵向钢筋最小配筋率同样可以保证柱截面开裂后抗弯刚度不致削弱过多；另外，最小配筋率还可以使设防烈度不高地区一部分框架柱的抗弯能力在'强柱弱梁'措施基础上有进一步提高，这也相当于对'强柱弱梁'措施的某种补充。"

3）有腹筋简支梁沿斜截面破坏机理以及箍筋在改善柱延性方面的主要作用

在无腹筋简支梁中，临界斜裂缝出现后，梁被斜裂缝分割为套拱机构（图 4-7a）。内拱通过纵筋的销栓作用和混凝土骨料的咬合作用把力传给相邻外侧拱，最终传给基本拱体 Ⅰ，再传给支座。但是，由于纵筋的销栓作用和混凝土骨料的咬合作用很小，所以由内拱（Ⅱ、Ⅲ）所传递的力很有限，主要依靠基本拱体 Ⅰ 传递主压应力。因此，无腹筋梁的传力体系可比拟为一个拉杆拱，斜裂缝顶部的残余截面为拱顶，纵筋拉杆，基本拱体 Ⅰ 为拱身，当拱顶混凝土强度不足时，将发生斜拉或剪压破坏；当拱身的抗压强度不足时，将发生斜压破坏。

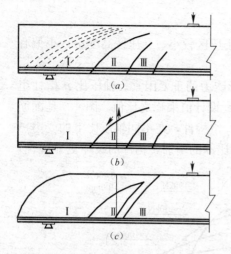

图 4-7 梁沿斜截面破坏拱型桁架模型

在有腹筋梁中，临界斜裂缝形成后，腹筋依靠"悬吊"作用把内拱（Ⅱ、Ⅲ）的内力直接传递给基本拱体Ⅰ，再传给支座（图 4-7b）。腹筋限制了斜裂缝的发展，从而加大了斜裂缝顶部的混凝土剩余面，并提高了混凝土骨料的咬合力；腹筋还阻止了纵筋的竖向位移，因而消除了混凝土沿纵筋的撕裂破坏，也增强了纵筋的销栓作用。

由以上分析可见，腹筋的存在使梁的受剪性能发生了根本变化，因而有腹筋梁的传力体系有别于无腹筋梁，可比拟为拱型桁架（图 4-7c）。混凝土基本拱体Ⅰ是拱型桁架的上弦压杆，斜裂缝之间的小拱（Ⅱ、Ⅲ）为受压腹杆，纵筋为受拉弦杆，箍筋为受拉腹杆。当配有弯起钢筋时，它可以看作拱型桁架的受拉斜腹杆。这一比拟表明，腹筋中存在拉应力，斜裂缝之间混凝土承受压应力。当受拉腹杆（腹筋）较弱或适当时将发生斜拉或剪压破坏；当受拉腹杆过强（腹筋过多）时可能发生斜压破坏。

《混凝土结构设计规范》GB 50010—2010 第 6.3.3 条条文说明中指出："由于混凝土受弯构件受剪破坏的影响因素众多，破坏形态复杂，对混凝土构件受剪机理的认识尚不很充分，至今未能像正截面承载力计算一样建立一套较完整的理论体系。国外各主要规范及国内各行业标准中斜截面承载力计算方法各异，计算模式也不尽相同。"梁斜截面的受剪破坏机理，至今尚处于研究探索阶段，上述的拉杆拱和拱型桁架模型只是其中的一种。箍筋在梁内除承受剪力外，还起固定纵筋位置、使梁内钢筋形成骨架，以及连接梁的受拉区和受压区，增加受压区混凝土的延性等作用。

对于钢筋混凝土柱，为了改善混凝土的延性，增加钢筋混凝土结构的塑性变形能力，增加箍筋约束效应是十分有效的。箍筋不仅能提高约束混凝土的强度，更重要的是大大改善了混凝土的变形性能，极限变形值有了显著的增加，应力—应变曲线的下降段也随着箍筋约束效应的增加而明显提高。合理设置箍筋可有效地改善柱的延性。箍筋在改善柱的延性方面主要作用有以下几方面：①增强抗剪能力，限制斜裂缝的发展；②约束混凝土，提高混凝土的强度；③约束纵筋，阻止纵筋压曲失稳。

对于框架柱箍筋的约束作用的研究结果表明[18]：箍筋的约束作用与柱轴压比、含箍量、箍筋形式、箍筋无支长度以及混凝土与箍筋强度比等因素有关。拉筋也是箍筋的一部分，柱的拉筋可采用紧靠纵筋钩住箍筋，也可采用同时钩住纵筋和箍筋的做法，拉筋钩住箍筋可以减少外围箍筋的"无支长度"，如图 4-8 所示，箍筋的无支长度减少了一半，对柱的约束能力大大提高，该图引自新西兰抗震专家 T. Pauly 的著作[33]。

一般说来，较高轴压比的柱应配置较多箍筋来改善延

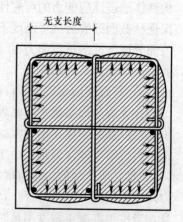

无支长度

图 4-8 柱拉筋钩住箍筋示意图

性性能，同样延性要求下，螺旋箍等特殊箍筋的约束效果较好，其箍筋量可低于普通矩形箍筋量，在箍筋直径和间距相同时，箍筋无支长度越短，阻止混凝土核芯混凝土横向变形的约束作用越强，混凝土与箍筋强度比越小，箍筋的约束作用也越大。采用复合箍时，箍筋肢数也不宜太多，否则可能影响柱混凝土浇筑。《高层建筑混凝土结构技术规程》JGJ 3—2010 第 6.4.11 条："柱箍筋的配筋方式，应考虑浇筑混凝土的工艺要求，在柱截面中心部位应留出浇筑混凝土所用导管的空间。"

（3）钢筋混凝土剪力墙的破坏形态

剪力墙是截面高度大而厚度相对很小的片状构件，具有平面内承载力大、刚度大等优点，但也有剪切变形相对较大，平面外较薄弱，易发生脆性剪切破坏的缺点。钢筋混凝土剪力墙的破坏形态归结起来有以下几种：①弯曲破坏。墙体在受拉边底部首先钢筋屈服，形成塑性铰，这种破坏属于延性破坏，是设计所希望达到的。②斜拉破坏。墙体弯曲开裂的同时，也发生剪切裂缝，形成斜拉破坏；③剪切破坏。墙体由于抗剪强度不足，剪切裂缝的产生先于弯曲裂缝；④剪移破坏。为另一种剪切破坏的形式，系沿着弯曲造成的最大裂缝产生滑移；⑤斜压破坏。

钢筋混凝土剪力墙延性设计，应力求避免后四种破坏。影响剪力墙破坏形态的主要因素是剪跨比 $M/(Vh_w)$，剪跨比表示截面上弯矩与剪力的相对大小，剪跨比的大小与剪力墙的高宽比 H/h_w 有一定的对应关系。悬臂剪力墙试验表明：当 $M/(Vh_w) \geqslant 2$ （相当于高宽比 $H/h_w \geqslant 2 \sim 3$）时，剪力墙一般发生弯曲破坏；当 $1 < M/(Vh_w) < 2$ （相当于高宽比 $1 < H/h_w < 2$）时，容易发生出现剪切斜裂缝的破坏，若设计措施得当，能按强剪弱弯合理设计，可能实现延性尚好的弯剪破坏；当 $M/(Vh_w) \leqslant 1$ （相当于 $H/h_w \leqslant 1$）时属于矮墙，一般都是剪切破坏。剪力墙结构设计时，宜将墙肢设计成延性较好的以弯曲变形为主的墙肢，即剪跨比 $M/(Vh_w) \geqslant 2$ 的墙肢。因此，对较长的剪力墙宜开设洞口，将其分为抗侧刚度较为均匀的若干墙段，墙段之间宜采用弱连梁连接，每个独立墙段的总高度 H 与其总长度之比不宜小于 3，其目的就是为了避免和减少剪力墙的剪切破坏。

为防止斜拉破坏和剪切破坏，可配置足够抗剪钢筋，促使首先发生弯曲屈服。国内剪力墙试验表明，配筋率 $\rho \leqslant 0.075\%$ 的钢筋混凝土墙体，斜裂缝出现后，很快发生剪切破坏；配筋率 ρ 为 $0.1\% \sim 0.28\%$ 的墙体，斜裂缝出现后，不会立即发生剪切破坏。为了控制墙体由于剪切或温度收缩所产生的裂缝宽度，保证墙体在出现裂缝后仍具有足够的承载力和延性，墙体分布筋不能低于规范规定的最小配筋率；设置边缘构件，可以改善抗剪移的能力；控制剪压比可以避免斜压破坏。试验研究表明，影响剪力墙抗震性能的主要因素有：墙厚、分布筋配筋率、设置边缘构件、边缘构件的纵向配筋率及配箍率。控制墙厚的目的在于保证其稳定，控制分布筋配筋率则是为了提高受剪承载力，限制斜裂缝的扩展，防止脆性破坏。当剪力墙受弯屈服而抗剪分布筋仍未屈服时，剪力墙的耗能和延性性能将会有明显的改善。试验研究表明，设置边缘构件的剪力墙与矩形截面墙相比，极限承载力约提高 40%，极限层间位移角可增大一倍，耗能能力增大 20% 左右，且有利于提高墙体的稳定性。文献［46］的对比试验表明：边缘构件的纵向配筋率 1.18% 试件，裂缝分布均匀且较密，而纵向配筋率 0.448% 的试件，裂缝基本集中于墙的底部，没有明显的塑性区域，即使将配墙体分布筋配筋率由 0.23% 增达到 0.593%，裂缝分布状态仍无明显的改善。增加边缘构件纵向配筋率，剪力墙承载力有明显的提高，裂缝分布均匀且较密，边缘构件的销键作用就会明显增加，剪切变形就会受到控制，裂缝间的剪切滑移量就会减少。

在强震作用下，抗震墙的震害主要表现在墙肢之间连梁的剪切破坏。主要是由于连梁跨度小，高度大形成深梁，在反复荷载作用下形成 X 形剪切裂缝，为剪切型脆性破坏，尤其是在房屋 1/3 高度处的连梁破坏更为明显，见图 4-9。

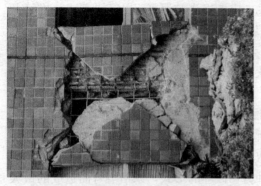

图 4-9　连梁典型的剪切破坏照片

国内外剪力墙承载力试验表明，剪跨比大于 2.5 时，大部分墙的受剪承载力上限接近于 $0.25 f_c bh_0$，在反复荷载作用下的受剪承载力上限下降 20%。相对减弱墙根部的受弯承载力，可将剪力墙的弯曲屈服区控制在墙底部一定范围内，并加强这个范围内的抗剪能力，采取增加这个范围内截面延性的有效措施。

从上述梁、柱、墙三类常见构件的破坏机理和破坏形态可见，构件内配置一定数量钢筋（纵筋和箍筋）后的作用主要有以下几方面：

① 提高了构件的承载力，但抗裂性能改善不多。虽然素混凝土也有抗弯、抗剪、抗压、抗拉和抗扭强度，但由于素混凝土抗拉强度很低，相对于钢筋混凝土结构而言，其极限强度很低。在构件内配置钢筋后，其强度有大幅度的提高。在钢筋混凝土发明以前，古人也常采用和混凝土有相同性质的石材作为主要受力构件，由于石材抗拉强度低，只有当截面尺寸很大时，才能承受荷载产生的弯矩作用。例如福建漳州江东大桥，于公元 1237 年（宋嘉熙元年）由木梁桥改为石梁桥，共 15 跨，每跨由三片石梁组成，现仅存 5 跨，其中最大石材截面为 1700mm×1900mm，梁长 23.7m[4]。

② 改变结构破坏模式，改善结构构件的受力性能。素混凝土构件不仅强度极低，而且在弯曲、剪切、拉伸和扭转作用下的破坏都是没有预兆的脆性破坏，而配筋构件只要设计合理，构件的弯曲、剪切、拉伸和扭转破坏都可做到有预兆的延性破坏。

③ 通过内力重分布，改变结构的传力途径。钢筋混凝土结构为弹塑性材料，在正常使用荷载作用下，构件开裂产生塑性铰而引起构件内力重分布。漳州江东大桥实例表明，当构件的截面很大时，只要控制截面受拉区拉应力小于石材抗拉强度低，仍能承受荷载产生的弯矩作用，即塑性性能能否得到充分发挥不仅与截面的相对刚度有关，还与受拉钢筋配筋率、受压区混凝土压应力和是否受压钢筋有关。

④ 分散温度、收缩应力，限制裂缝的发展。布置较少量的钢筋常能使收缩裂缝分布为一系列间距较密的发丝裂缝，代替间距大的宽裂缝。配筋虽不能提高混凝土的极限拉应力，但可增强构件的刚度，分散温度应力，限制裂缝的发展。

⑤ 构件内配筋后，还有使构造设计与试验和计算条件相一致、符合抗震设计原则等作用。

（4）强剪弱弯及强柱弱梁与配筋方式

框架结构的构件震害一般是梁轻柱重，柱顶重于柱底，尤其是角柱和边柱更易发生破坏。除剪跨比小的短柱易发生柱中剪切破坏外，一般柱是柱端的弯曲破坏，轻者发生水平或斜向断裂；重者混凝土压酥、主筋外露、压屈和箍筋崩脱。当节点核芯区无箍筋约束时，节点与柱端破坏合并加重。当柱侧有强度高的砌体填充墙紧密嵌砌时，柱顶剪切破坏加重，破坏部位还可能转移到窗（门）洞上下处，甚至出现短柱的剪切破坏[11]。

在 1948 年的福井地震中，福井市六层的大和百货大楼被震垮了，震害调查发现一层柱的纵向钢筋全部脱落，梁端部钢筋也被拔出[32]。在 1968 年的十胜冲地震中，太平洋北岸各城市的很多公共建筑和学校遭受不同程度的震害。其中陆奥市市政厅三层办公楼的最上层内部柱子的混凝土完全飞出，钢筋进开，建筑物的一端损害严重；三泽商业中专学校震前在旧楼的左边扩建了一段，扩建部分的左边在地震中被震坏，一层完全拦腰破坏，而旧楼的柱子则出现明显的剪切型 X 形裂缝；八户高等专业学校由于柱子两侧有翼墙而形成短柱，其走廊部分的柱子震害比三泽商业中专更严重，有些危险的地方已损毁。说明柱子两侧有翼墙时，由于柱子的有效长度小，其负担的剪力就大，形成地震力集中，容易产生 X 形裂缝而导致脆性破坏[32]。在 1971 年的圣弗尔南多地震中，洛杉矶市郊外的欧丽布友医院一层震害严重，柱子倾斜了 600mm，而遭受破坏，医院正门厅左边的 L 形角柱遭受了严重的破坏，混凝土全部进裂，而其他一些柱子由于设置了螺旋箍筋，才勉强抗住了地震，与角柱相比由于螺旋箍筋发挥了抗震效能，充分发挥了钢筋混凝土的延性，才实际上承受了 600mm 大的变形。而 L 形角柱虽然纵筋较大，但因混凝土全部剥落而在承载力上不能起任何协同作用而破坏。这就清楚地说明，没有充足的箍筋约束作用，就不能发挥纵筋的效力。在 1975 年的大分地震中，九重湖饭店遭受了很大的破坏，东南边一层陷落，与西边四层相比，看起来像三层楼，由于箍筋约束不足，一层柱子混凝土进裂[32]。

上述地震破坏实例表明，实际产生的地震作用远远超出规范所规定的水平力。因此，当建筑物的强度不足以承担更大的地震作用时，延性对建筑物的抗震就具有相当重要的作用。特别值得注意的是，当柱子发生脆性破坏时，其建筑物都无一例外地遭受严重灾害，而柱子破坏的主要原因就是抗剪强度不足，造成混凝土和钢筋分离而不能共同工作。图 4-10 中的柱子因箍筋约束能力严重不足，在强震作用下致使柱子纵筋成灯笼状。为了防止柱子钢筋与混凝土分离，最重要的措施就是设置抗剪箍筋，阻碍柱子内部的混凝土发生裂缝和剥落，且牢牢地约束住混凝土，日本知名抗震专家武藤清[32]认为这是钢筋混凝土的抗震诀窍。武藤清将强度和延性看作钢筋混凝土抗震的基点。结构、构件或截面的延性是指从屈服开始至达到最大承载能力或达到以后而承载力还没有显著下降期间的变形能力。延性通常用延性系数来表达。对结构、构件或截面除了要求它们满足承载力以外，还要求它们具有一定的延性，其目的在于：①有利于吸收和耗散地震能量，满足抗震要求；②防止发生像超筋梁那样的脆性破坏，确保生命和财产安全；③在超静定结构中，能更好地适应地基不均匀沉降和温度收缩作用；④使超静定结构能够充分地发挥内力重分布，并避免配筋疏密悬殊，便于施工，节约钢材。

影响受弯构件的延性系数的主要因素是：纵向钢筋配筋率、混凝土极限压应变、钢筋屈服强度及混凝土强度。纵向受拉钢筋配筋率增大，延性系数减小；纵向受压钢筋配筋率增大，延性系数增大；混凝土极限压应变增大，延性系数提

图 4-10　强震作用下柱纵筋成灯笼状

高。大量试验研究表明，采用密排箍筋能增强受压混凝土的约束，提高混凝土的极限压应变；混凝土强度等级提高，而钢筋屈服强度适当降低，也可使延性系数有所提高。

为了使抗震结构具有能够维持承载能力而又具有较大的塑性变形能力，设计时应遵循"强剪弱弯"、"强柱弱梁"和保证主要耗能部位具有足够延性性能的设计原则，详见《混凝土结构设计规范》GB 50010—2010 第 11 章。

（5）防止短柱脆性破坏的配筋方式

剪跨比 $\lambda \leqslant 2$ 的柱称为短柱。1968 年日本十胜冲地震和 1971 年美国圣佛南多地震的震害发现，有些钢筋混凝土短柱由于剪力过大产生意外的脆性破坏，引起了人们对于短柱在反复荷载下抗剪承载力和变形研究的重视，图 4-11 为汶川地震中的短柱破坏照片。

柱因窗间墙而形成短柱

图 4-11　框架结构典型的短柱破坏照片

模拟试验结果表明，短柱容易发生沿斜裂缝截面滑移、混凝土严重剥落等脆性破坏。试验还表明[13]：对于纵筋率 ρ 较大或纵筋直径较粗的构件，易发生粘结开裂型破坏，这种破坏的延性较小，应通过限制 ρ 或纵筋直径来防止这种破坏发生。《混凝土结构设计规范》GB 50010—2010 第 11.4.13 条条文说明指出："柱净高与截面高度的比值为 3～4 的短柱试验表明，此类框架柱易发生粘结型剪切破坏和对角斜拉型剪切破坏。为减少这种破坏，这类柱纵向钢筋配筋率不宜过大。为此，对一级抗震等级且剪跨比不大于 2 的框架柱，规定每侧纵向受拉钢筋配筋率不宜大于 1.2%，并应沿柱全长采用复合箍筋。对其他抗震等级虽未作此规定，但也宜适当控制。"

陈家夔、杨幼华等人对 32 根在轴向荷载和水平反复荷载作用下，配有不同形式箍筋的柱剪跨比为 2、混凝土强度等级为 C75 高强混凝土框架短柱进行的试验研究表明[13]：

（1）高强混凝土短柱各类破坏形态与普通混凝土构件基本相似，但破坏时的脆性更严重。

（2）高强混凝土框架柱只要配有足够的箍筋并能有效的约束混凝土，在一定的轴压比范围内（轴压比 $n=0.2\sim0.3$，配箍率 $\rho_v=2.18\%\sim3.90\%$），也能表现为延性较好的类似于压弯构件的大偏心受压破坏。加大配箍率 ρ_v 及增强对混凝土约束效应在一定范围内可以改善其延性，如在较大轴压比 $n=0.4$、$\rho_v=3.78\%$ 时，高强混凝土短柱呈延性较好的弯压型破坏，而对于相应普通混凝土短柱，ρ_v 只要在 1.75% 左右即可有相近的延性。

（3）轴压比的大小直接影响高强混凝土框架短柱的破坏形态，对高强混凝土构件的轴压比限制应比普通混凝土更为严格，根据试验，一般轴压比控制在不大于 0.4 为宜。

（4）框架短柱中箍筋的作用主要是承受剪力，约束核心混凝土以及防止纵筋不过早压屈。

箍筋的影响大小主要与配箍率 ρ_v、箍筋形式、箍筋搭接方式及 f_{yv} 等有关。提高 ρ_v，可以改善构件延性，减小 s，增大箍筋直径可提高构件的延性。采用可靠的箍筋搭接方式是保证箍筋有效作用的重要措施。

（5）箍筋形式对高强混凝土短柱的约束效应及变形性能有重要影响，矩形和螺旋形复合形式是较好的一种，矩形复合形式约束效果较差。

（6）高强混凝土的抗拉强度并不随抗压强度成比例的增加，因此不能过高估计主要由抗拉强度控制的抗剪及粘结强度。建议对纵筋直径及 ρ 作出限制，以避免发生这类破坏。

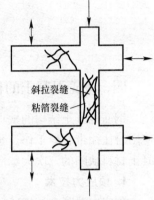

由图 4-12 可知，短柱的破坏特点是裂缝几乎遍布柱全高，斜向裂缝贯通后，强度急剧下降，破坏非常突然。当同一楼层同时存在长柱和短柱，且不具有较强的剪力墙或无剪力墙时，常由于短柱率先失效，而导致建筑物的局部乃至整体倒塌。因此，在抗震设计实践中，应首先设法不使短柱成为主要抗震构件，当无法避免使用短柱时，工程中常用的方法和措施有：

图 4-12　短柱试件受力体系及裂缝概貌[11]

① 在适当的部位设置一定数量的剪力墙，增加一道抗震防线和增强抗倒塌能力；

② 尽可能采用高强混凝土，以减小柱子截面尺寸，加大剪跨比 λ；

③ 采取有效的配筋方式和合理的构造措施，以增强短柱的抗剪承载能力和变形能力，防止发生以混凝土破坏为先导的脆性破坏，使它转化为像普通柱那样以钢筋屈服为先导的有预兆的延性破坏。《混凝土结构设计规范》GB 50010—2010 第 11.4.17 条给出的有效约束的配筋方式有：井字形复合箍和螺旋箍，并要求箍筋体积配筋率不小于 1.2% 或 1.5%（9 度设防一级抗震等级时）；

④ 限制柱子轴压比；控制剪压比使 $V_c \leqslant 0.15 f_c b h_0 / \gamma_{RE}$；

⑤ 柱箍筋全高加密；

⑥ 尽量减小梁的截面高度，减小梁对柱的约束程度。

三、确保传力途径不间断

《建筑抗震设计规范》GB 50011—2010 第 3.5.2 条：“结构体系应具有明确的计算简图和合理的地震作用传递途径”。以框架梁为例，要使作用于钢筋混凝土框架梁上的竖向荷载能向支座传递，必须具备三个条件：一是在构件与支座交接处，必须有相应的传力机制，将荷载传至支座；二是在跨中相邻截面之间也应具备互相传递荷载的机制，由于跨中不同位置的内力通常是各不相同的，要将荷载向支座传递，只有相邻截面之间的具备互相传递内力机制，才能保证传力途径不间断。三是在梁柱交接处的节点核心区应建立良好的机构，使其不能先于其所连接的构件而失效。以钢筋混凝土框架梁为例，在支座和跨中截面均作用有弯矩和剪力（忽略轴向变形），如图 4-13 所示。为此，在跨中和支座截面处均须配置抗弯纵筋和抗剪箍筋，有时也采用弯起钢筋抗剪。在梁支座处，纵筋必须按要求锚固在支座内（详见规范 GB 50010—2010 第 9.3.4～9.3.7 条），在梁跨中为了确保传力途径不间断的要求，钢筋的弯起（规范第 9.2.8 条）、截断（规范第 9.2.3 条）和搭接（规范第 9.3.5 条）必须符合要求。

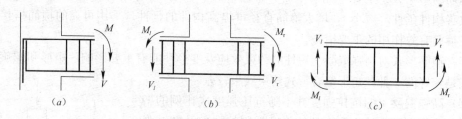

图 4-13　框架梁传力途径示意图

四、改善混凝土的材料性能

钢筋混凝土结构的缺点：自重较大，强度偏低，抗裂性较差，受拉及受弯构件在正常使用时往往带裂缝工作。预应力技术、钢管混凝土以及混凝土外加剂的广泛应用是改善混凝土材料缺陷的三次大革命。

1. 预应力技术

预应力混凝土是指通过张拉埋设在混凝土结构中的高强钢材，有意识地在混凝土结构或组合构件内建立起一种定量和定性的永久内力和内应力，以达到人为地改进结构或组合构件在不同使用条件下的性能和强度。由于混凝土的抗压强度高，而抗拉强度低，所以人为地顶着混凝土张拉预应力钢筋可以使混凝土处于预压应力状态，则可以用来抵消由外荷载在混凝土构件截面上产生的拉应力。林同炎教授认为钢筋混凝土与预应力混凝土之间的区别在于钢筋混凝土是将混凝土与钢筋两者简单地结合在一起，并让他们自行地共同工作，预应力混凝土是将高强钢筋与高强混凝土能动地结合在一起，使两种材料均产生非常好的性能。反映了人们对混凝土中的协同工作认识和运用过程的深化。正因为预应力混凝土是通过张拉高强钢筋主动对混凝土进行施压，所以它具有下述普通钢筋混凝土截然不同的三个特性[15]：

一是预应力混凝土使混凝土变成弹性材料。由于外荷载所产生的截面拉应力全部或部分被预应力所抵消，从而在正常使用状态下混凝土可能不开裂，而只要混凝土不开裂，混凝土构件就可以按弹性材料来分析；

二是预应力使高强钢筋直接有效地与混凝土结合，预应力混凝土构件的内力抵抗矩是主动的。和普通混凝土根本不同的是，预应力混凝土构件内的高强钢筋在张拉锚固后，在外荷载尚未实施的情况下就已经主动承受着拉力，其内力抵抗矩的力臂是随外弯矩的大小而变化的。而普通钢筋混凝土构件只有在混凝土开裂后钢筋才起作用，其钢筋所承受的拉力是随外弯矩的大小而变化的；

三是用预应力来平衡外荷载，将受弯构件变成偏心受压构件，以减小构件在外荷载作用下的挠度和截面拉应力。

2. 钢管混凝土

目前广泛使用的钢—混凝土结构，是将钢结构与混凝土结构相互取长补短形成的一种新型的结构形式。尤其是钢管混凝土，与预应力混凝土相似，更将这两种材料能动地结合起来，实现了结构材料的又一次革命。钢管混凝土的原理有二[30]：（1）借助圆形钢管对核心混凝土的套箍约束作用，使核心混凝土处于三向受压状态，从而使核心混凝土具有更高的抗压强度和压缩变形能力；（2）核心混凝土对钢管壁的稳定提供了有效可靠的支撑，增强钢管壁的几何稳定性，改变空钢管的失稳模态，从而提高其承载能力。钢管混凝土的极限承载力远大于钢管和核心混凝土两者的承载力之和，约为两者之和的17～20倍，其极限变形能力是普通钢筋混凝土的几倍甚至几十倍，这是钢材与混凝土的又一次理想结合。它的出现，使传统意义上的受压破坏特征由脆性变为延性，对结构抗震的延性设计意义巨大。

钢管混凝土在本质上属于套箍混凝土，它除了具有一般套箍混凝土的强度高、质量轻、塑性好、耐疲劳、耐冲击等优越的性能外，还具有以下一些在施工工艺方面的独特优点[30]：

（1）钢管本身就是耐侧压的模板，因而浇灌混凝土时，可省去支模、拆模的人工费和材料消耗，并可适应先进的泵送混凝土工艺。

（2）钢管本身就是钢筋，它兼有纵向钢筋（受拉和受压）和横向箍筋的功能。制作钢管远比制作钢筋骨架省工省料，而且便于浇灌混凝土。现在也有些工程采用在钢管内部配置构造钢筋，保证钢管混凝土在遭遇突发火灾时即使外部钢管熔化，其内部配筋的钢筋混凝土柱子具有一定的承受竖向荷载的能力，确保结构不倒塌。

（3）钢管本身又是劲性承重骨架，在施工阶段它可起劲性钢骨架的作用，其焊接工作量远比一般型钢骨架为少，吊装质量较轻，从而可简化施工安装工艺、节省脚手架、缩短工期、减少施工用地。在寒冷地区、冬季也可以安装空钢管骨架，开春后再浇灌混凝土，施工不受季节的限制。

钢管混凝土还可与预应力技术结合，提高结构的刚度和耐疲劳性能。理论分析和工程实践都表明[30]：钢管混凝土与结构钢相比，在保持自重相近和承载能力相同的条件下，可节省钢材约50％，焊接工作量可大幅度减少；与型钢混凝土柱相比，在保持构件横截面积相近和承载能力相同的条件下，可节省钢材约50％，施工更为简便；与普通钢筋混凝土柱相比，在保持钢材用量相近和承载能力相同的条件下，构件的横截面面积可减小约一半，从而建筑的有效面积得以加大，混凝土和水泥用量以及构件自重相应减少约50％。

圆形钢管混凝土柱的强度，在任意方向都是相等的，这对于抵抗方向不确定的地震作用，是很有效的。在那些有任意方向的交通流的地方，例如公共建筑的大厅、车站、车库等，采用圆形的钢管混凝土柱是十分合理的。将钢管混凝土用作城市立交桥的支墩，可在任何方向都得到最佳的视野而有助于交通安全。

钢管混凝土中的钢管也可以改为矩形钢管，其设计规程为《矩形钢管混凝土结构技术规程》CECS 159：2004。

3. 外加剂

依据国家标准《混凝土外加剂定义、分类、命名与术语》GB/T 8075—2005，外加剂的定义为：混凝土外加剂是在拌制混凝土过程中掺入，用以改善混凝土性能的物质，掺量不大于水泥质量的5％（特殊情况除外）。混凝土外加剂按其主要功能可分为四类：

（1）改善混凝土拌合物流变性能的外加剂。包括各种减水剂、引气剂和泵送剂等。

（2）调节混凝土凝结时间、硬化性能的外加剂。包括缓凝剂、早强剂和速凝剂等。

（3）改善混凝土耐久性的外加剂。包括引气剂、防水剂和阻锈剂等。

（4）改善混凝土其他性能的外加剂。包括加气剂、膨胀剂、防冻剂、着色剂、胶粘剂和碱—骨料反应抑制剂等。

采用混凝土外加剂是混凝土生产工艺的一大发展，目前国外对外加剂的使用已占非常可观的比例，有些国家已将外加剂看成是混凝土中除水泥、砂、石和水之外的第五种材料。应用混凝土外加剂可以改善混凝土的性能，节省水泥和能源，加快施工进度、提高施工质量，改善工艺和劳动条件，经济和社会效益显著，是混凝土发展史上的一次飞跃。

五、防止耐久性失效

根据我国《建筑结构可靠度统一标准》GB 50153—2008 混凝土结构应满足安全性、适用性和耐久性三方面的要求。安全性是指结构能承受在正常施工和使用时，可能出现的各种荷载和变形，在偶然事件，如地震、爆炸等发生时和发生后，保持必需的整体稳定性，不致发生倒塌。适用性是指结构在正常使用过程中具有良好的工作性能。混凝土结构的耐久性是指在设计使用年限内，在正常的维护条件下，必须保持适合于使用，而不需要进行维修加固。混凝土设计规范 GB 50010—2010 第 3.5.1、3.5.2 条规定了耐久性设计的原则及构件环境类别的分类标准。

一般情况下，碱性的混凝土可以保护钢筋不被腐蚀，使钢筋混凝土结构具有一定的耐久性。但是，暴露在侵蚀性环境下的钢筋混凝土结构（例如用除冰剂处理过的路桥、海边建筑物、化工污水处理厂、盐渍地区的地下结构等），混凝土的逐渐中性化和裂纹的存在，会使结构中钢筋渐渐锈蚀，导致混凝土的开裂和剥落，严重时甚至损伤到受力钢筋，降低了结构的耐久性，严重影响了结构的使用性能，并带来极大的安全隐患。

随着钢筋混凝土结构数量的不断增多和使用期的逐渐增加，结构中钢筋的锈蚀导致的结构耐久性降低的问题日趋严重。混凝土结构因设计欠缺、施工质量差，使用维护不当、使用环境恶劣等因素产生的钢筋锈蚀是比较普遍的，见图 4-14。第二届国际混凝土耐久性会议指出，"当今世界混凝土破坏原因，按递减顺序为：钢筋锈蚀、冻害、物理化学作用。"明确地将"钢筋锈蚀"排在影响混凝土耐久性因素的首位。据报道，世界各国的腐蚀损失平均可占国民经济总产值（GDP）的 24%，其中与钢筋腐蚀有关者可占 40%。1987 年，美国材料咨询委员会（NHBA）的报告指出，在美国，有 253000 座混凝土桥处于不同程度的损伤状态，并且以每年 35000 座的速度增加。

图 4-14 混凝土结构钢筋锈蚀典型实例

1962～1971年，日本在山形县温海地区沿海25km范围内修建了15座混凝土桥梁。这些桥大部分建在海岸岩礁地带，1975～1980年对这些桥梁的调查表明：桥梁建成后5～10年，盐分侵入梁的表面，钢筋开始锈蚀，在保护层薄的地方，有锈水渗出；建成后10～15年，盐害继续发展，裂缝继续扩大，混凝土开始部分剥离以至剥落，盐害开始危及预应力筋和管道；桥梁建成几年以后，由于裂缝逐渐扩大，混凝土逐渐剥落，盐分深入梁体内部，严重时甚至损伤到预应力筋。

我国台湾澎湖大桥也受到海水的严重侵蚀。这座跨海大桥使用7年即发现钢筋锈蚀和裂缝，使用17年后，由于腐蚀破坏严重，承载力大幅下降，被迫拆除重建。

在国内，交通部第四航务局等1981年对华南地区使用7～25年的18座海港码头的调查资料表明，在海溅区，梁、板底部钢筋普遍严重锈蚀，引起破坏的占89%（16座），其中几座已不能正常使用。其他暴露环境下的结构也面临钢筋锈蚀的严重问题。

影响混凝土结构耐久性性能的因素很多，主要有内部的和外部的两个方面。内部因素主要有混凝土的强度、密实性、水泥用量、水灰比、氯离子及碱含量、外加剂用量、保护层厚度等；外部的因素主要是环境条件，包括温度、湿度、CO_2含量、侵蚀性介质等。出现耐久性性能下降的问题主要是内部和外部因素综合作用的结果。此外，设计欠缺、施工质量差，使用维护不当等，也会影响耐久性性能。图4-15为大连旅顺1938年建造的某地下库房挡土墙照片，从2011年拆除时露头的钢筋可以看出，虽然经历了70多年，混凝土密实部位钢筋基本无锈蚀，而混凝土不密实部位的钢筋则锈蚀比较严重。从这一例子可以看出，地下室外墙钢筋保护层厚度按《混凝土结构设计规范》GB 50010—2010第8.2.1条选取是合理的，不一定要按《地下工程防水技术规范》GB 50108—2008的要求取50mm。

图4-15　大连某地下库房挡土墙钢筋锈蚀及拆除时钢筋露头照片

因此，如何解决钢筋混凝土结构中钢筋的锈蚀问题，提高钢筋混凝土结构的耐久性，延长结构的使用寿命是土木工程面临的亟待解决的问题。为此，人们进行了多种尝试，主要对策有：①采用高质量的混凝土保护层，使用低水灰比的混凝土。②在钢筋混凝土表面涂敷防水涂料，阻隔并防止腐蚀介质渗透到混凝土中；③提高钢材自身的防腐性能，开发耐腐蚀性的钢筋，如不锈钢钢筋等；④开发新型涂层钢筋，如镀锌钢筋、镀铝钢筋和环氧涂层钢筋等；⑤利用电气防腐方式，防止钢筋锈蚀；⑥在混凝土中掺加可以提高钢筋防腐性能的阻锈剂等。其中，采用纤维聚合物筋（Fiber Reinforced Polymer Rebar，简称 FRP筋）代替钢筋是解决混凝土结构的钢筋锈蚀问题的一个有效的方法。

主筋混凝土保护层厚度的合理确定是耐久性设计的核心问题之一。混凝土构件中的受力主筋混凝土保护层厚度是指钢筋外缘到混凝土表面的最小距离。受力主筋混凝土保护层厚度的作用主要有以下几点：一是保护钢筋防止锈蚀或延长钢筋的锈蚀进程，因此受力主筋混凝土保护层厚度与环境类别、构件的设计使用年限及混凝土材料的质量有关；二是增强钢筋在火灾作用下的耐火能力，所以受力主筋混凝土保护层厚度也与设计所需的耐火极限（以小时计）有关，详见《建筑设计防火规范》GB 50016—2006；三是保证钢筋与混凝土的共同作用，能通过两者之间界面的粘结力传递内力，因此受力主筋混凝土保护层厚度不应小于钢筋的直径。对处于一类环境中的构件，最小保护层厚度的确定主要是从保护有效锚固以及耐火性的要求两个方面加以确定；对于二、三类环境中的构件，主要是按设计使用年限内混凝土保护层完全碳化确定的，它与混凝土强度等级有关。对于梁柱构件，因棱角部分的混凝土双向碳化，且易产生沿钢筋的纵向裂缝，故其保护层厚度要大一些。

过薄的保护层厚度易发生顺筋的混凝土塑性收缩裂缝，以及硬化以后的干缩裂缝，或者受施工抹面工序的影响产生顺筋开裂，保护层厚度还与混凝土粗骨料的最大公称粒径相协调，二者的比值在不同的环境条件下的要求不同，以保证表层混凝土的耐久性质量。

第二节　模板费用对钢筋混凝土结构工程造价的影响

模板工程是钢筋混凝土结构施工的一个主要环节和重要工序，《混凝土结构工程施工规范》GB 50666—2011 第 4 章对模板的材料、设计、制作与安装、拆除与维护、质量检查等均作了详细的规定。对于结构设计来说，支模时的起拱、拆模的时间和相应的混凝土强度等均需要在设计总说明中予以明确，详见第二章。施工时模板配置的多寡、模板重复利用的效率、立模的简易程度等均取决于设计的合理性和艺术性。结构专业作为主导专业，是建筑物造价控制的主体之一，对于现浇钢筋混凝土结构，在设计阶段结构设计人员对结构构件的经济合理性考虑得较多，而对模板和脚手架等施工因素对造价的影响往往考虑得不够充分。模板方面的节约取决于构件设计的简化。如在住宅工程中，平板比有梁板更为经济，所省略的梁的全部造价约为在平板中所增加钢筋造价的两倍。模板的节约主要通过构件形状的简单划一，各组成构件重复使用次数增多而获得。减少模板费用的途径主要有：

（1）模板的设计应减少其组装时的劳动量，并且不需要锯割便能重复使用。

结构设计时，为使构件尺寸符合模板的模数，应将结构构件作相应的调整，这种调整可能增加了一些混凝土用量，但可以保证模板的重复使用，见下述实例。

（2）柱子尺寸应尽可能标准化，为了适应荷载的变化，可调整钢筋用量或混凝土强度等级；在柱子尺寸必须变更的情况下，每次只减少一侧的尺寸可以减少模板的锯割加工量。当然从结构受力的角度，柱子截面尺寸的变化以两对边均匀为好，使上下层柱子截面中心相一致，设计时要权衡造价与受力性能之间的关系。

对于梁来说，上下楼层梁截面的变化少一些，理论上模板重复利用率就高一些。由于近年来施工进度较快，一般一层结构施工的工期仅 7d 左右，所以实际工程中即便上下楼层断面完全一样，考虑到梁板拆模一般在混凝土浇筑后 28d 左右，因此施工单位一般要配置 4 层模板（至少也要配 3 层模板），所以模板实际周转重复利用与楼层的相对位置有关。

（3）规则构件截面形状，使得模板容易脱模。尤其是某些立面造型建筑上设计成封闭箱体的，结构设计时要考虑拆模的可能性，一般留出一边做预制或后浇，实在难以做到的只能将内模永久保留在构件里面，此时不仅要考虑一次性模板增加的费用问题，还要考虑模板留在构件里面的负面效应，如腐蚀后的不利影响等。

【实例 4-1】 作者设计的某科研楼系国家"9404"重点工程，总建筑面积 35000m²，主楼为地上 13 层、地下 1 层框架-剪力墙结构。地基持力层为砂卵石层，地基承载力标准值 f_{ka}＝280kPa。基础设计时对基础形式进行多方案比选：

方案 1：平板式筏板基础

按抗冲切验算，筏板厚为 1500mm，混凝土强度等级 C30，基础混凝土用量为 3300m³。根据北京市"96 年概算定额"，按基础直接费为 506.73 元/m³ 计算，基础直接费共 167 万元。

方案 2：柱下双向交叉梁条形基础

按抗冲切验算，柱下双向交叉梁的最大梁高为 1800mm，混凝土强度等级 C30，基础混凝土用量为 2700m³。根据北京市"96 年概算定额"，按基础直接费为 716.25 元/m³ 计算，基础直接费共 193 万元（不含地下室地面的建筑做法）。

可见，虽然方案 2 的基础混凝土用量比方案 1 节省 600m³，但由于方案 2 柱下双向交叉梁基础的直接费比方案 1 平板式筏板基础的直接费高出 209.52 元/m³，方案 2 反而比方案 1 的直接费高 26 万元，即使考虑钢筋用量的调整，方案 2 比方案 1 直接费也要高出约 10 万元。说明施工支模等费用对工程造价的影响较大，在确定基础方案时，应以控制工程造价为依据，而不能以某项材料的用量的多寡为准绳。经过方案比较，最后采用方案 1 进行施工图设计。该工程已于 1997 年竣工交付使用。

上述经济性比较源于北京市"96 年概算定额"。1995 年国家建设部颁发了《全国统一建筑工程基础定额》（土建工程）GJD—101—95 及《全国统一建筑工程预算工程量计算规则》GJD_{GZ}—101—95。1996 年又明确了该定额的作用是完成规定计量单位分项工程计价的人工、材料、施工机械台班消耗量标准；是统一全国建筑工程预算工程量计算规则、项目划分、计量单位的依据；是编制建筑工程地区单位估价表、确定工程造价、编制概算定额及投资估算指标的依据。使定额管理更加规范化和制度化。依据我国概算定额编制的有关文件规定，建筑安装工程造价由直接工程费、间接费、利润、税金四大费用组成，其构成和计算方法见表 4-1。

费用项目		计算方法
直接工程费（一）	直接费	人工费	$\sum$（定额人工消耗数量×工日单价×实物工程量）
		材料费	$\sum$（定额材料消耗数量×材料预算单价×实物工程量）
		施工机械使用费	$\sum$（定额机械消耗数量×机械台班预算单价×实物工程量）
	其他直接费		
	现场管理费	临时设施费 现场经费	（人工费＋材料费＋机械使用费）×费率
间接费（二）	企业管理费 财务费用 其他费用		直接工程费×费率
（三）	利润		（直接工程费＋间接费）×利润费率
（四）	税金（含营业税，城市维护建设税，教育加）		（直接工程费＋间接费＋利润）×税率

1. 定额中材料消耗量的确定

概预算定额中的材料消耗量是指在合理和节约使用材料的条件下，完成单个或扩大的分布分项工程及结构构件所必须消耗的一定品种规格的材料、半成品、构配件等的数量标准。包括材料净耗量和材料不可避免损耗量。

材料净耗量是指直接用到工程上去，构成工程实体的材料消耗。测定材料的净耗量定额一般采用实验法和计算法。实验法主要是在实验室里，通过对各种主要建筑材料（如钢筋、木材、水泥、砖等）物理性能和化学成分的分析，获得各种材料配方，决定材料的消耗量。例如通过实验，求得不同水灰比的数据，并经过强度试验测得各种标号混凝土的材料消耗量。这种方法的优点是能在理论上提供可靠的数据，能深入提供各种因素对材料消耗量的影响。不足之处在于不大可能充分估计到施工中某些因素对材料消耗的影响。计算法也称理论计算法，它是根据施工图纸和建筑的构造要求，用理论公式计算出产品的净耗材料数量。它主要用于板块类建筑材料（如砖、钢材、玻璃、油毡等）净耗定额的计算。

材料不可避免损耗量包括施工操作过程中不可避免的废料、现场堆放、施工现场内加工地点经领料后运至施工操作地点的不可避免的场内运输、装卸、操作地点堆放等损耗量，不包括材料工地仓库保管和场外运输的损耗，这部分损耗费用纳入材料预算价格内。对在实际工程建设中普遍存在的来料分量不足、质量达不到规定标准（例如砂子含水率超过规范规定）的情况，也应当适当考虑。因此：

（1）各分部分项工程材料总用量＝各分部分项工程材料损耗量净耗量＋材料不可避免损耗量

（2）材料损耗率＝不可避免损耗量/必须消耗用量×100％

确定材料消耗总用量的方法主要是采用观察法，即在合理和节约使用材料的前提下，通过测定成品体积测定出施工中材料消耗数量。通过现场观察测出材料损耗数量，并区别出哪些是可以避免的损耗（这部分损耗不应列入定额），哪些是属于可以避免的损耗。

测定材料消耗用量也可采用统计分析的方法，依据长期积累的各分部分项工程结算资料，统计耗用的材料数量，即根据各分部分项工程拨付材料数量、剩余材料数量及总共完成产品数量，计算出材料消耗量。

在建筑工程施工过程中，还有部分材料属多次使用的周转性材料，如脚手架、钢木模板等等，此类纳入定额的周转性材料实际上亦是一种施工工具，消耗指标应该包括两部分：

(1) 一次使用数量，供申请备料和编制施工作业计划使用，一般根据图纸计算可以得出；

(2) 摊销量，即周转性材料使用一次后由于损坏而需要补损的数量，由下式计算：

周转性材料的摊销量＝一次使用数量×(1＋损耗率)/周转次数

式中，周转材料损耗率根据观察法可以测定。如木模板一般按 15% 计算。周转次数可通过长期现场观察和大量统计分析确定。

2. 定额中人工工日消耗量的确定

概预算定额中的人工工日消耗量实质上是在正常施工生产条件下，完成分部分项（扩大分部分项）或构件所必需的人工工日数量。一个工日为一个工作班 8h 的作业时间。

建筑安装工人工作时间分类及各类时间的构成和计算方法详见有关文献。

3. 定额中机械台班消耗量的确定

概预算定额中的机械台班消耗量是指在正常施工条件下，完成分部分项工程（扩大分部分项工程）或结构件所必须消耗的某种型号施工机械台班数量。它由该分项工程综合的有关工序、施工定额确定的机械台班数量以及施工定额与概预算定额的机械台班幅度差组成。施工机械工作时间分类及各类时间的构成和计算方法详见有关文献。

建筑安装工程概预算定额单价是确定概预算定额单位（分部分项、扩大分部分项结构件等）所需要全部材料、人工费、施工机械使用费之和的文件，也就是说，它是概预算定额在各地区以价格表现的具体形式。

概预算定额单价 ＝单位材料费＋单位人工费＋单位机械使用费

＝∑（定额材料消耗量×材料概预算单价）

＋∑（人工定额消耗量×人工工日单价）

＋∑（施工机械消耗量×机械台班费用单价）

施工过程中消耗的构成工程实体和有助于工程形成的各项费用，包括人工费材料费和施工机械使用费，构成建筑安装工程直接费用。

根据上述定额中的直接费的构成关系可知，直接费由材料费、人工费、施工机械使用费三部分构成，柱下双向交叉梁基础与平板式筏板基础相比，不仅要设置模板，而且因为要支模板，就要相应增加人工费、施工机械使用费，所以北京市"96 年概算定额"中，柱下双向交叉梁基础的直接费比平板式筏板基础的直接费高 209.52 元/m³。这就是平板式筏板基础虽然基础混凝土用量多了 600m³，却反而是经济的原因之所在。虽然现在已经全面推行清单计量办法了，但概预算定额中的费用构成，尤其是直接费的费用构成关系本质上没有变化，而且由于定额的权威性，定额仍然可以作为设计阶段方案经济性比较的依据。

对于基础梁，由于梁的截面高度往往比较大，而筏板的厚度不一定与基础梁同高，工程中可有正梁（图 4-16a）和反梁（图 4-16b）两种做法，两者的施工方案和经济性是不同的。图 4-16 (a) 中的正梁需要设模板，增加了模板的材料费和支模板的人工费和施工机械费，但基础梁的钢筋绑扎比较方便，基坑开挖也不需要放坡，而且一般情况下基础梁板施工完成后，需要在筏板上回填土才能作为地下室的地面，也增加了回填土部分的造价。对于图 4-16 (b) 所示的反梁，不需要支模板，但基坑开挖需要放坡，基础混凝土用量有所增加，而且基础梁钢筋绑扎时，由于梁两侧没有预留操作空间，在梁底部的钢筋不易绑扎，一般采用临时支撑将基础梁钢筋笼架起来（此时梁两侧必须设腰筋以形成钢筋笼，腰筋间距可比 200mm 适当放宽），待梁钢筋笼绑扎完成后就位，所以一旦梁钢筋笼就位，发现钢筋绑扎有问题就很难返工纠正。为了减少基础混凝土用量，实际工程中也有按图 4-16 (c) 所示的做法设置砖模以取代放坡。但由于砖模砌筑后，砖与地基土之间的空隙是客观存在的，这一空隙内的回填土不易密实，因为如果采用夯实的办法，砖模在侧力作用下易倾斜或造成砖块散落。因此，当梁两侧板是受力构件时，不宜采用这种方法；梁两侧为构造防水板时可以采用。

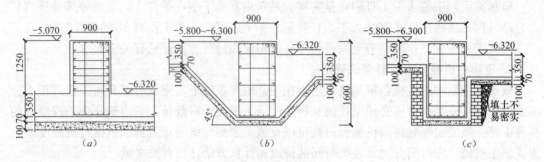

图 4-16　基础梁与筏板或防水板之间的三种相对关系
(a) 正梁；(b) 反梁；(c) 反梁加砖模

由于基础梁截面往往是由抗剪控制的，在选取基础梁截面时，尽量采用宽扁梁，以减小基础梁板的高度，相应提高基底标高，减少土方开挖量。

【实例 4-2】　作者 2000 年设计的北京某塔楼为地上 18 层、地下 2 层全现浇钢筋混凝土剪力墙结构，1～18 层结构顶板楼、电梯间部分结构布置如图 4-16 所示，混凝土强度等级为 C20。原设计梁 L1 断面为 250mm×350mm，根据定额有关平板和有梁板的规定，由于 L1 截面的宽度超过墙体的宽度，与 L1 相联系部分板 B1、B2 即为有梁板。有梁板分别执行有梁板及板底梁子目，定额 C20 有梁板单价为 71.95 元/m^2。

根据造价工程师的建议，结构设计及时作了相应的设计变更，将 L1 的宽度改为 160mm，与墙体厚度相同，L1 即相当于洞口过梁。则与 L1 相联系部分的 B1、B2 就可以按平板定额计算，C20 平板定额单价为 64.33 元/m^2。考虑施工支模及现场经费间接费等费用，改为平板后可以节省的工程造价达到 10.66 元/m^2（不包括梁断面减小所节省的费用）。

从施工支模板的角度，当 L1 的宽度与墙体厚度相同时，梁下部的空间就相当于门窗洞口，可以统一配置大模板，施工大为简便。如果 L1 的宽度与墙体厚度不相同，则需要单独配模板，费用自然

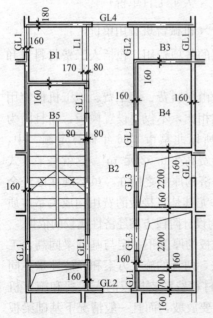

图 4-17　楼、电梯间部分结构
平面布置图

就增加了。可见，定额中的费用构成是与施工方案密切相关的。

第三节　钢筋混凝土结构中的钢筋工程

钢筋工程是钢筋混凝土结构施工中的核心问题，钢筋的绑扎、固定定位、连接、保护层厚度等的质量直接决定了钢筋混凝土结构和构件的施工质量，另一方面钢筋的锚固、搭接、连接方式等是设计中的重要环节和主要设计内容，设计中必须予以明确，不得含糊。同时，《混凝土结构工程施工规范》GB 50666—2011 第 5.1.3 条要求："当需要进行钢筋代换时，应办理设计变更文件。"

一、钢筋的支撑与定位

钢筋混凝土现浇板支座负筋由于钢筋直径小，在自重作用下要下垂，所以必须设置马凳铁将其撑起来，否则支座负筋与板底筋重叠在一起（图 4-18a），起不到承受负弯矩和分散屋面温度应力的作用。马凳铁可以通长设置（此时可以取代支座筋的分布筋），也可以单独设置，但无论采用哪种方式，马凳铁的间距不能太大，而且最好支撑在纵横向钢筋的交汇点上，这样起的作用最好。马凳铁的间距与支座筋的直径有关，支座筋的直径比较小的，马凳铁的间距也应小些，基础底板一般钢筋直径比较大，马凳铁的间距可以大些，见图 4-18。

(a)　　　　　　　　　　　(b)

(c)　　　　　　　　　　　(d)

图 4-18　楼板、基础底板马凳铁的设置情况及其钢筋绑扎效果

(a) 现浇板马凳铁间距过大负筋高度太低；(b) 马凳铁支撑点不在钢筋交叉点上；
(c) 基础底板设置通长筋的马凳铁；(d) 墙下条形基础底筋的支撑与墙筋定位

当框架结构的基础梁与筏板同高，或独立柱基、桩基的暗拉梁＋防水板基础中，基础梁的高度与筏板或防水板相同时，根据倒楼盖计算模型，筏板、防水板的上层钢筋应从梁最上部纵筋底部穿过，否则如果筏板、防水板的上层钢筋搁置在梁最上部纵筋的上面，板筋只在板两尽端地下室外墙处有支承点，在其他柱网轴线处无支承点，没有锚固在梁中，与倒楼盖计算模型不一致。但筏板、防水板的上层钢筋从梁最上部纵筋底部穿过时，筏板、防水板的上层钢筋的保护层厚度太大，底板混凝土浇筑成型后易开裂，为此可以采取设置拉筋的办法予以解决。具体做法是：筏板、防水板的上层钢筋从梁上层纵筋的上部穿过（直接搁置在梁纵筋上），在梁两侧每根钢筋设两根Φ6拉筋，将板最上层钢筋与底部最下层钢筋拉住，见图4-19。这就避免了板筋无支长度过大和板筋不在梁内锚固的问题。

图 4-19　基础底板上层钢筋搁置在暗梁上部时在梁两侧设置拉筋的做法

此外，钢筋绑扎时，如果保护层厚度过小或钢筋笼偏于一侧，则混凝土浇筑完成后易露筋，见图4-20。当然支模时，模板稳定性不足时的跑模、缩颈和混凝土振捣不密实等也都是造成露筋的主要因素。

图 4-20　拆除模板后露筋的柱子

有的工程梁柱箍筋与角部的纵筋的结合不是很贴切，主要是箍筋加工时钢筋弯折的弯弧直径过大或过小所致。《混凝土结构工程施工规范》GB 50666—2011 第 5.3.4 条："箍筋弯折处尚应不小于纵向受力钢筋直径；箍筋弯折处纵向受力钢筋为搭接钢筋或为并筋时，应按钢筋实际布筋情况确定箍筋弯弧内直径。"实际工程中，箍筋加工时往往按一个固定的箍筋弯弧内直径加工，未考虑纵筋直径的实际变化情况。

对于坡屋面，一般不支双层模板，只支底模，故应配双层钢筋，通过钢筋网来固定混凝土，否则混凝土尤其是泵送混凝土，坍落度较大，很难浇筑成型，这时，上层钢筋的固定与定位就更重要了，上层钢筋的位置决定了混凝土实际的浇筑厚度。

二、钢筋与混凝土的粘结性能及钢筋的锚固

钢筋与混凝土间的粘结应力通常是指沿钢筋与混凝土接触面上的剪应力，即如果沿钢筋长度上没有钢筋应力的变化，也就不存在粘结应力。粘结是钢筋与混凝土共同工作的基本前提，通过粘结，在钢筋与混凝土之间可进行应力传递并协调变形。而影响粘结的因素有混凝土强度和组成成分、保护层厚度和钢筋净间距，钢筋外形特征，浇筑混凝土位置及横向配筋等。

在承载能力和使用极限状态下，钢筋强度能否得到利用取决于粘结的有效程度。钢筋混凝土构件中的粘结应力，按其性质可以分成两类[5]：锚固粘结应力和局部粘结应力。

（1）锚固粘结应力。如钢筋伸入支座，或钢筋在跨中切断，均必须延伸一段长度，称为"锚固长度"，通过这段长度上粘结应力的积累，才能使钢筋中建立起所需的拉力，否则会在钢筋强度未充分利用之前产生锚固破坏，因此，锚固粘结应力通常位于混凝土裂缝到钢筋端头之间的部位，该处混凝土可受压或受拉。在梁或屋架的支座，该处钢筋由支座边到钢筋端部必须有足够的锚固长度 l_a，通过这段长度上粘结应力的积累，才能保证充分发挥钢筋的设计强度；或通过长度 l_a 上粘结应力的积累才能保证钢筋的应力由支座边的设计强度逐渐减小到钢筋端部为零。受拉、受压钢筋的锚固长度 l_a 见《混凝土结构设计规范》GB 50010—2010 第 8.3.1 条～第 8.3.5 条。

在支座负弯矩区段钢筋理论截断点处其延伸长度同样也应保证充分发挥钢筋的设计强度，以满足斜截面抗弯强度的需要，截断要求详见《混凝土结构设计规范》GB 50010—2010 第 9.2.3 条～第 9.2.4 条。锚固粘结应力直接影响结构的强度。粘结强度太低，或锚固、搭接、延伸长度太短，都会使构件因粘结不够而发生破坏。

规范对各类构件的钢筋锚固做法均有详细的规定，且《混凝土结构设计规范》GB 50010—2010、《建筑抗震设计规范》GB 50011—2010、《高层建筑混凝土结构技术规程》JGJ 3—2010 及《建筑地基基础设计规范》GB 50007—2011 等常见的基本规范均有，比较杂。实际设计时，其具体做法，对于现浇板可参见 11G101-1 第 92 页，转换层楼板见 11G329-1 第 6-3 页。应注意《混凝土结构设计规范》GB 50010—2010 第 9.1.4 条提出："当连续板内温度、收缩应力较大时，伸入支座的锚固长度宜适当增加"，实际工程中屋面板等板筋伸入支座的锚固长度一般也未作特殊要求；次梁、非框架梁见 11G101-1 第 33 页及第 86 页；剪力墙竖向及水平分布筋的锚固构造见 11G101-1 第 68～71 页或 11G329-1 第 3-12 页，框架梁、柱锚固做法内容较多，详见 11G101-1 或 11G329-1 相关部分。转换梁、框支柱、无梁楼盖、基础梁板及其他构件钢筋的锚固构造见 11G101-1 或 11G329-1 相关部分，在此不详述。

需说明的是，不是所有的板底、梁底钢筋均要锚入支座，在 00G101、03G101 及 11G101 中均给出梁的下部纵筋不全部伸入支座时的做法。11G101-1 第 33 页第 4.5.1 条："当梁（不包括框支梁）的下部纵筋不全部伸入支座时，不伸入支座的梁下部纵筋截断点距支座边的距离，在标准构造详图中统一取为 $0.1l_{ni}$（l_{ni} 为本跨梁的净跨值）。"这一做法主要出于以下考虑：①当梁的正弯矩配筋较多时，考虑到梁弯矩在支座附近比在跨中要小

较多，当正弯矩钢筋配置两排甚至三排时，没有必要全部锚入支座，可以把不需要锚入节点的钢筋在框架节点外截断；②把不必要的钢筋也锚入钢筋混凝土框架节点内，造成钢筋十分拥挤，影响节点的刚度，反而不利于发挥节点的抗震性能。有鉴于此，00G101中第23页规定下部纵筋截断点距支座边的距离统一取为$0.05l_n$。由于在$0.05l_n$位置截断一部分钢筋，距离支座很近，可能会影响伸入支座的钢筋的受剪销栓作用，如果距离大约一个梁的高度，即1/10净跨值，对受剪销栓作用的影响就很小了，故03G101-1及11G101-1规定下部纵筋截断点距支座边的距离统一取为$0.1l_{ni}$，这一规定概念上更趋于合理。至于究竟截断几根钢筋，规范对此并未直接做出明确的规定，11G101-1第33页第4.5.2条给出一句活话："确定不需要伸入支座的梁下部纵筋的数量时，应符合《混凝土结构设计规范》GB 50010—2010的有关规定。"设计时，需根据"不需要该钢筋的截面"位置再加上"适宜的锚固长度"和"充分利用该钢筋的截面"位置再加上"适宜的长度"作细致分析。

（2）裂缝间的局部粘结应力。局部粘结应力通常位于钢筋中部有裂缝的区段，裂缝间粘结应力的大小可反映出受拉混凝土参与工作的程度，这对构件刚度及裂缝宽度有影响。

因此，钢筋与混凝土之间的粘结强度如果遭到破坏，就会使构件变形增加、裂缝剧烈开展甚至提前破坏。在重复荷载，特别是强烈地震作用下，很多结构的毁坏都是粘结破坏及锚固失效引起的。

三、钢筋的连接

除小直径的盘条外，出厂的钢筋，为了便于运输，每根长度在6～12m左右。在实际施工中，往往会遇到钢筋长度不足，需把钢筋接长。因此，结构设计时必须考虑钢筋的连接方式及接头位置。《混凝土结构设计规范》GB 50010—2010第8.4.1条："钢筋连接可采用绑扎搭接、机械连接或焊接。"这3种连接方式都比原有整根钢筋的受力性能有所削弱，故《混凝土结构工程施工规范》GB 50666—2011第5.4.1条要求"钢筋接头宜设置在受力较小处；有抗震设防要求的结构中，梁端、柱端箍筋加密区范围内不宜设置钢筋接头，且不应进行钢筋搭接。同一纵向受力钢筋不宜设置两个或两个以上接头。接头末端至钢筋弯起点的距离，不应小于钢筋直径的10倍。"此处的同一纵向受力钢筋是指同一结构层、结构跨及原材料供货长度范围内的一根纵向受力钢筋，对于跨度较大的梁，接头数量的限制可适当放松。

1. 绑扎接头

绑扎接头是在钢筋搭接处用铁丝绑扎而成。采用绑扎搭接接头时，钢筋间力的传递是靠钢筋与混凝土之间的粘结力，因此必须有足够的搭接长度。与锚固长度一样，钢筋强度越高，直径越大，要求的搭接长度就越长。

国内工程界有一比较普遍且根深蒂固的观念，即在一个受力跨内钢筋不能间断，否则必须采用焊接或机械连接将其连接起来才能发挥作用，不允许采用跨中绑扎搭接做法。其实，绑扎搭接连接与焊接或机械连接在一定程度上是等效的，而且搭接连接只要搭接长度、搭接接头位置在符合规范要求的前提下，不至于因钢筋太密集而影响混凝土的浇筑质量，搭接连接反而是最可靠的连接方式。在目前我国焊工水平参差不齐，像图4-21（a）所示的焊接水平的焊工不多，而图4-21（b）～（d）所示的夹渣、焊瘤、不均匀、不饱满的焊缝较普遍，除了采用机械连接外，绑扎搭接连接减少了焊接那样的人为失误的可能性。

图 4-21　钢板和钢筋焊接照片
(a) 钢板焊接焊缝；(b) 接桩焊接焊缝；(c) 箍筋搭接焊焊接；(d) 板钢筋在支座处焊接

一般而言，判断一种连接方式是否可靠的主要指标有[13]：强度、刚度、延性、恢复性能和疲劳性能。连接接头的强度即一端钢筋的承载力通过接头区域能等强地传递到另一钢筋上；接头的刚度是指接头区域的变形模量不能低于被连接钢筋的弹性模量，否则将可能在接头区域因伸长变形过大而产生明显的裂缝，还有可能导致在同一区域与未被连接的钢筋之间产生应力重分配而削弱截面的整体受力性能；接头的延性即断裂形态是指被连接的钢筋（母材）应具有良好的延性，在发生颈缩变形后才可能被拉断，有明显的破坏预兆，在接头区域不允许因焊接、挤压等加工手段引起的材性变化而发生无预兆的脆性断裂；接头的恢复性能是指在钢筋屈服之前，作用于结构上的偶然超载消失后，钢筋的弹性回缩可以基本闭合超载引起的裂缝并恢复超载引起的挠度，否则如接头区域在超载消失后存在残余变形，则接头区域将成为裂缝宽大、变形集中的薄弱区段；接头疲劳性能是指在高周期性交变荷载作用下，钢筋连接区段抵抗疲劳的能力。

根据上述接头连接性能要求，搭接连接的强度是比较容易得到满足的，只要遵循规范的有关规定，搭接接头一般可以满足钢筋等强传力的基本要求。对于搭接连接的刚度问题，确实是需要慎重对待的问题，因为如果在同一区域内搭接钢筋占有较大的比例，虽然其等强传力的强度要求可以得到满足，但如果搭接钢筋之间的相对滑移超过整筋的弹性变形，则造成连接区段变形过大。为控制接头区域刚度不至于降低过多，《混凝土结构设计规范》GB 50010—2010 第 8.4.3 条要求"同一构件中相邻纵向受力钢筋的绑扎搭接接头宜互相错开"，第 8.4.4 条在试验研究的基础上提出了根据接头百分率的大小，相应加大搭接长度的办法，来弥补接头百分率较大时，接头刚度降低过多的问题，见表 4-2。

纵向受拉钢筋搭接长度修正系数　　　　　　　　　　　　　表 4-2

纵向搭接钢筋接头面积百分率（%）	≤25	50	100
纵向受拉钢筋搭接长度的修正系数 ζ_l	1.2	1.4	1.6

再则，由于在搭接接头的筋端是内力突变部位，如同一区域内搭接接头较多，则有可能产生搭接端头横向裂缝和沿搭接钢筋之间纵向劈裂裂缝，这些裂缝在试件破坏前，还会形成整个接头区域的龟裂鼓出[13]，在受弯构件挠曲后还可能发生翘曲变形，因此，搭接连接区域应有很强的约束，必须设置箍筋。《混凝土结构设计规范》GB 50010—2002 第 9.4.5 条规定"在纵向受力钢筋搭接长度范围内应配置箍筋，其直径不应小于搭接钢筋较大直径的 0.25 倍。当钢筋受拉时，箍筋间距不应大于搭接钢筋较小直径的 5 倍，且不应大于 100mm；当钢筋受压时，箍筋间距不应大于搭接钢筋较小直径的 10 倍，且不应大于 200mm。当受压钢筋直径 $d>25mm$ 时，尚应在搭接接头两个端面外 100mm 范围内各设置两个箍筋。"而《混凝土结构设计规范》GB 50010—2010 则将其拆分在第 8.3.1 条、第 8.4.6 条中，并修改为："当锚固钢筋保护层厚度不大于 $5d$ 时，锚固长度范围内应配置横向构造钢筋，其直径不应小于 $d/4$；对梁、柱等杆状构件间距不应大于 $5d$，对板、墙等平面构件间距不应大于 $10d$，且均不应大于 100mm，此处 d 为锚固钢筋的直径。""在梁、柱类构件的纵向受力钢筋搭接长度范围内的构造钢筋应符合本规范第 8.3.1 条的要求。当受压钢筋直径大于 25mm 时，尚应在搭接接头两个端面外 100mm 的范围内各设置两道箍筋。"《高层建筑混凝土结构技术规程》JGJ 3—2010 第 6.5.1 条、《混凝土结构工程施工规范》GB 50666—2011 第 5.4.6 条也给出了相同的规定。

试验表明[13]：混凝土保护层厚度对光圆钢筋的粘结强度没有明显的影响，而对变形钢筋却十分明显。当相对保护层厚度 $c/d>5\sim6$（c 为混凝土净保护层厚度，d 为钢筋直径）时，变形钢筋的粘结破坏将不是劈裂破坏，而是肋间混凝土被刮出的剪切型破坏，后者的粘结强度比前者大。同样，保持一定的钢筋净距，可以提高钢筋外围混凝土的抗劈裂能力，从而提高粘结强度。由于搭接传力的本质是钢筋的锚固作用，所以搭接钢筋还应采取适当增加混凝土保护层厚度，加大钢筋间的净距等措施以加强锚固作用。

采取上述措施后，完全可以在受弯构件的跨中受力较小部位设置搭接接头，《混凝土结构设计规范》GB 50010—2010 第 8.4.2 条："轴心受拉及小偏心受拉杆件的纵向受力钢筋不得采用绑扎搭接；其他构件中的钢筋采用绑扎搭接时，受拉钢筋直径不宜大于 25mm，受压钢筋直径不宜大于 28mm"，而不必要求所有钢筋均在支座处锚固。《混凝土结构设计规范》GB 50010—2002 第 10.4.2 条及《混凝土结构设计规范》GB 50010—2010 第 9.3.5 条均明确指出，框架梁或连续梁下部纵向钢筋在中间节点或中间支座处可采用直线锚固形式（图 4-22a），也可采用带 90°弯折的锚固形式（图 4-22b），也可伸过节点或支座范围，并在梁中弯矩较小处设置搭接接头（图 4-22c），框架梁底部钢筋的搭接，应位于距支座边不小于 $1.5h_0$ 处。

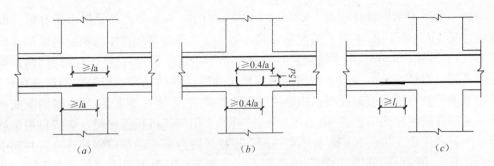

图 4-22　梁下部纵向钢筋在中间节点或中间支座范围的锚固与搭接
(a) 节点中的直线锚固；(b) 节点中的弯折锚固；(c) 节点或支座范围外的搭接

美国规范关于抗震设计的框架梁其纵筋搭接位置在距支座边$\geq 2h$ 处[33]，并要求搭接处箍筋按要求加密，见图 4-23 (a)。此外，美国规范不一定要求将要搭接的两根钢筋在接头处绑扎在一起，两钢筋在接头处可错开一定的距离[33]，见图 4-23 (b)。这种做法是符合粘结锚固理论的，因为绑扎搭接钢筋之间是靠钢筋与混凝土之间的粘结锚固作用传力的。两根相背受力的钢筋分别锚固在搭接连接区段的混凝土内，通过钢筋与混凝土之间的胶结力、摩擦力、咬合力和机械锚固等作用，两根钢筋都将各自的应力传递给混凝土，从而实现了两钢筋间的应力过渡。当两根钢筋绑扎在一起时，由于搭接钢筋的缝间混凝土只有少量水泥浆充填，强度低，极易因剪切而迅速破坏，握裹力受到削弱。此外，由于锥楔作用所引起的径向力使得两根钢筋之间产生分离趋势。因此，搭接钢筋之间容易发生纵向劈裂裂缝。为此，工程中，常采取加长锚固长度以弥补握裹力受到削弱的不利影响，通过设置较强的箍筋约束以减缓或避免劈裂裂缝的发生。当按图 4-23 (b) 所示，将两根要搭接在一起的钢筋在接头处错开一定的距离时，搭接钢筋的缝间有一定的含骨料混凝土充填，其抗剪切强度得到加强，不易被剪坏，握裹力受到削弱程度也大为减缓，同时由于锥楔作用所引起的纵向劈裂也相对减缓，所以更有利于实现两钢筋间的应力过渡。但如两根钢筋间距太大，也容易引起因搭接接头截面一侧的钢筋合力偏离整筋截面处的钢筋合力过大，而产生较大的偏心作用。因此，搭接接头处两钢筋错开的距离也应有一定的限度，且应注意加强横向钢筋，例如设置箍筋加密区段等。11G101-1 第 5.4.2 条："当板纵向钢筋采用非接触方式的绑扎搭接连接时，其搭接部位的钢筋净距不宜小于 30mm，且钢筋中心距不应大于 $0.2l_l$ 及 150mm 的较小者。"

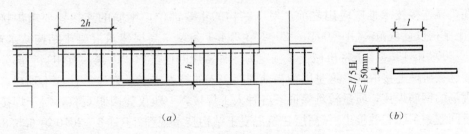

图 4-23　美国规范纵筋搭接做法[33]

构件中的纵向受压钢筋，当采用搭接连接时，其受压搭接长度不应小于纵向受拉钢筋搭接长度的 0.7 倍，且在任何情况下不应小于 200mm。在纵向受压钢筋搭接长度范围内应配置箍筋，箍筋间距不应大于搭接钢筋较小直径的 10 倍，且不应大于 200mm。

新版《混凝土结构设计规范》GB 50010—2010 的一个突出之处是提出了并筋（即钢筋束，详见 11G101-1 第 56 页）的配筋方式，第 4.2.7 条明确构件中的钢筋可采用并筋的配置形式，"直径 28mm 及以下的钢筋并筋数量不应超过 3 根；直接 32mm 的钢筋并筋数量宜为 2 根；直径 36mm 及以上的钢筋不应采用并筋。并筋应按单根等效钢筋进行计算，等效钢筋的等效直径应按截面面积相等的原则换算确定。"第 9.2.1 条："在梁的配筋密集区域可采用并筋的配筋形式。"第 8.4.3 条："并筋采用绑扎搭接连接时，应按每根单筋错开搭接的方式连接。接头面积百分率应按同一连接区段内所有的单根钢筋计算。并筋中钢筋的搭接长度应按单筋分别计算。"规范第 4.2.7 条条文说明中明确"相同直径的二并筋等效直径可取为 1.41 倍单根钢筋直径；三并筋等效直径可取为 1.73 倍单根钢筋直径。二并筋可按纵向或横向的方式布置；三并筋宜按品字形布置，并均按并筋的重心作为等效钢筋的重心。"又指出："并筋等效直径的概念适用于本规范中钢筋间距、保护层厚度、裂缝宽度验算、钢筋锚固长度、搭接接头面积百分率及搭接长度等有关条文的计算及构造规定。"根据这一说法，并筋也可以按单根钢筋一样的方式搭接，只是搭接接头面积百分率及搭接长度要按并筋等效直径来考虑，这是规范规定不一致的地方。从工程实际情况来说，还是执行规范第 8.4.3 条比较可靠，故 11G101-1 第 56 页提出并筋等效直径适用于"钢筋间距、保护层厚度、钢筋锚固长度等的计算中"，没有包括搭接连接。

2. 机械连接

《钢筋机械连接通用技术规程》JGJ 107—2010 第 2.1.1 条将钢筋机械连接定义为："通过钢筋与连接件的机械咬合作用或钢筋端面的承压作用，将一根钢筋中的力传递至另一根钢筋的连接方法。"在结构的重要部位，宜优先选用机械接头。目前机械连接的技术已比较成熟，可供选择的品种较多，质量和性能比较稳定。《高层建筑混凝土结构技术规程》JGJ 3—2010 第 13.7.3 条："粗直径钢筋宜采用机械连接。机械连接可采用直螺纹套筒连接、套筒挤压连接等方法。焊接时可采用电渣压力焊等方法。"由于锥螺纹接头现在已基本不使用，故规程中不再列入。机械接头一般分为 I、II、III 三个等级，设计中可根据《钢筋机械连接通用技术规程》JGJ 107—2010 中的相关规定，选择与受力情况相匹配的接头。应注意的是，依据《钢筋机械连接通用技术规程》JGJ 107—2010 第 4.0.3 条："接头宜避开有抗震设防要求的框架的梁端、柱端箍筋加密区；当无法避开时，应采用 II 级接头或 I 级接头，且接头百分率不应大于 50%。"《高层建筑混凝土结构技术规程》JGJ 3—2010 第 6.5.3 条第 6 款也给出了同样的规定。

在机械连接技术推广应用之前，对于结构的重要部位，钢筋的连接皆要求焊接，自《混凝土结构设计规范》GB 50010—2002 第 9.4.1 条及《高层建筑混凝土结构技术规程》JGJ 3—2002 第 13.4.2 条将机械连接确定为一种常规的连接形式以来，有相当一部分的焊接连接已被机械连接取代，这是因为当前焊接工人的技术水平、素质等往往不理想，目前施工现场的钢筋焊接，质量较难保证。各种人工焊接，一般仅凭肉眼观察，对于焊接的内在质量问题，不能有效检出。《高层建筑混凝土结构技术规程》JGJ 3—2010 第 6.5.3 条条文说明中指出："1995 年日本阪神地震震害中，观察到多处采用气压焊的柱纵向钢筋在焊接部位拉断的情况。"更重要的是，近年来机械连接技术尤其是直螺纹套筒连接技术的快速发展，质量可靠的机械连接技术的成本大幅降低，施工效率也越益提高，使该项技术得到普遍推广。

对于剪力墙的端柱及约束边缘构件的纵筋，也应优先选用机械接头。但直径不大于25mm的纵筋，也可选用搭接接头。剪力墙的水平与竖向分布筋，一般直径较小，且数量多，不宜采用机械接头，可采用搭接接头。

目前直螺纹接头施工质量也易出现一些质量缺陷，《钢筋机械连接通用技术规程》JGJ 107—2010第6.1.2条要求直螺纹接头的现场加工应符合下列规定："（1）钢筋端部应切平或镦平后加再工螺纹；（2）镦粗头不得有与钢筋轴线相垂直的横向裂纹；（3）钢筋丝头长度应满足企业标准中产品设计要求，公差应为$0\sim2.0p$（p为螺距）；（4）钢筋丝头宜满足6f级精度要求，应用专用直螺纹量规检验，通规能顺利旋入并达到要求的拧入长度，止规旋入不得超过$3p$。抽检数量10%，检验合格率不应小于95%。"据作者了解，实际工程中，钢筋端部未切平、未镦就工螺纹的现象比较常见，钢筋丝头长度不足的也时有发生，专用直螺纹量规检验也没有严格按规范的要求执行。规程第7.0.2条要求："钢筋连接工程开始前，应对不同钢筋生产厂的进场钢筋进行接头工艺检验；施工过程中，更换钢筋生产厂时，应补充进行工艺检验。"实际工程中，接头工艺检验未做的也未引起重视，主要是觉得直螺纹接头施工工艺已经很成熟了，没这个必要。因此，在现场验收时，应对照规范的要求，加强对直螺纹接头的施工质量检验，详见《钢筋机械连接通用技术规程》JGJ 107—2010第7章和《混凝土结构工程施工规范》GB 50666—2011第5.5.5条。

3. 焊接接头

焊接接头是最常见的一种连接方式，也是最为经济的一种连接方式，虽然焊接存在一些问题，但至少目前，焊接还是工地上不可或缺的施工工艺，缺少了焊接，很多钢筋绑扎和连接施工中的技术缺陷将无法得到弥补。《全国民用建筑工程设计技术措施》[33]第2.4.4条要求钢筋焊接可采用在工厂进行的有可靠工艺保证的焊接接头，如闪光对焊。工地宜少采用焊接接头；如有少量接头需采用人工电弧焊接，必须具备可靠的质量检查制度。《混凝土结构工程施工规范》GB 50666—2011第5.4.4条："直接承受动力荷载的结构构件中，不宜采用焊接；当采用机械连接时，接头百分率不应超过50%。"

对于闪光对焊，《钢筋焊接及验收规程》JGJ 18—2012第5.3.2提出闪光对焊接头外观检查结果，应符合下列规定："（1）对焊接头表面应呈圆滑、带毛刺状，不得有肉眼可见的裂纹；（2）与电极接触处的钢筋表面不得有明显烧伤；（3）接头处的弯折角不得大于2°；（4）接头处的轴线偏移不得大于钢筋直径的1/10，且不得大于1mm。"其要求比原来标准JGJ 18—2003高了，JGJ 18—2003第5.3.2条要求："接头处的弯折角不得大于3°；接头处的轴线偏移不得大于钢筋直径的0.1倍，且不得大于2mm。"

电弧焊接在钢筋连接中是少不了的，它既可以是主要的连接方式，也可以是绑扎搭接、机械连接的一种补充。《钢筋焊接及验收规程》JGJ 18—2012第4.5.3条："钢筋电弧焊包括帮条焊、搭接焊、坡口焊、窄间隙焊和熔槽帮条焊5种接头型式。"实际工程中最常用的是搭接焊，规程第4.5.5条要求："搭接焊时，宜采用双面焊。当不能进行双面焊时，方可采用单面焊。"搭接焊的搭接长度：对于HPB300级钢单面焊≥8d、双面焊≥4d；对于HRB335、HRB400、HRB500级钢单面焊≥10d、双面焊≥5d，d为主筋直径（mm）。规程第4.5.7条还要求："搭接焊时，焊接端钢筋应预弯，并应使两钢筋的轴线在同一直线上。"但实际工程中，焊接端钢筋未按要求预弯比较常见，见图4-24。这种偏差，对于轴拉及小偏心受拉构件的影响较大，可能造成轴拉构件轴向拉力与构件重心偏移而改变受力性质或加大小偏心受拉构件的偏心率；对于梁柱四角的纵筋来说影响也较大，因为两钢筋的轴线的偏差不仅造成纵筋与箍筋的结合不紧密，而且对于力的传递也有不利影响；对于板及位于梁柱内部的纵筋来说，其实际影响可能并不是很明显。

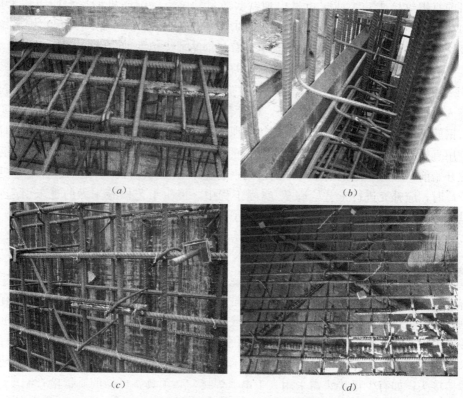

图 4-24　搭接焊焊接端钢筋未预弯的实际做法
(a) 梁纵筋搭接焊；(b) 柱箍筋搭接焊；(c) 墙水平筋搭接焊；(d) 板筋搭接焊

《钢筋焊接及验收规程》JGJ 18—2012 第 5.5.2 条：钢筋电弧焊接头外观检查结果，应符合下列规定：(1) 焊缝表面应平整，不得有凹陷或焊瘤；(2) 焊接接头区域不得有裂纹；(3) 坡口焊、熔槽帮条焊接头的焊缝余高不得大于 3mm；(4) 焊接接头尺寸的允许偏差及咬边深度、气孔、夹渣等缺陷允许值，应符合该规程表 5.5.2 的规定。规程第 5.5.3 条："当模拟试件试验结果不符合要求时，应进行复验。复验应从现场焊接接头中切取，其数量和要求与初始试验时相同。"外观检查不合格的电弧焊接头，经修整或补强后，可提交二次验收。

《全国民用建筑工程设计技术措施》[33]第 2.4.4 条强调"柱子钢筋接头的现场焊接应特别注意不能采用搭焊。"《高层建筑混凝土结构技术规程》JGJ 3—2010 第 13.7.3 条："粗直径钢筋……焊接时可采用电渣压力焊等方法。"《钢筋焊接及验收规程》JGJ 18—2012 第 4.1.3 条："电渣压力焊应用于柱、墙、烟囱等现浇混凝土结构中竖向受力钢筋的连接；不得用于梁、板等构件中水平钢筋的连接。"且该规程将适用于电渣压力焊的钢筋直径从 14mm 下调为 12mm。

电渣压力焊比电弧焊节省钢材、工效高、成本低，对于柱子钢筋接头，电渣压力焊是比较好的连接方式。根据《钢筋焊接及验收规程》JGJ 18—2012 第 2.1.12 条，所谓电渣压力焊就是"将两钢筋安放成竖向对接形式，利用焊接电流通过两钢筋端面间隙，在焊剂层下形成电弧过程和电渣过程，产生电弧热和电阻热，熔化钢筋，加压完成的一种压焊方法。"在供电条件差、电压不稳、雨期或防火要求高的场合电渣压力焊应慎用。在钢筋电渣压力焊的焊接过程中，容易出现轴线偏移、接头弯折、结合不良、烧伤、夹渣等缺陷，见图 4-25（c）。《钢筋焊接及验收规程》JGJ 18—2012 第 5.6.2 条要求电渣压力焊接头外观检查结果应符合下列规定："（1）四周焊包凸出钢筋表面的高度，当钢筋直径为 25mm 及以下时，不得小于 4mm；当钢筋直径为 28mm 及以上时，不得小于 6mm；（2）钢筋与电极接触处，应无烧伤缺陷；（3）接头处的弯折角不得大于 2°；（4）接头处的轴线偏移不得大于 1mm。"这一规定比原来标准 JGJ 18—2003 高，JGJ 18—2003 第 5.5.2 条："接头处的弯折角不得大于 3°；接头处的轴线偏移不得大于钢筋直径的 0.1 倍，且不得大于 2mm。"外观检查不合格的接头应切除重焊，或采用补强焊接措施。

图 4-25　钢筋电渣压力焊的实际效果
（a）墙竖筋电渣压力焊；（b）柱纵筋电渣压力焊；（c）钢筋电渣压力焊轴线偏移情况

　　焊接连接的质量检验与验收的要求是比较高的，除了外观检验外，还应作相应的力学性能检验，详见《钢筋焊接及验收规程》JGJ 18—2012 第 5 章及《混凝土结构工程施工规范》GB 50666—2011 第 5.5.5 条。

4. 框架柱纵筋接头位置

　　框架结构计算简图中，柱子按层分界，柱子计算出的配筋以层为界，柱子上、下楼层纵筋计算值往往是不一样的，可能上柱钢筋比下柱多，也可能下柱钢筋比上柱多，也可能上柱钢筋直径比下柱钢筋直径大或下柱钢筋直径比上柱钢筋直径大，这时柱子纵筋搭接接头并不以楼层板面或梁底为界限，需要满足钢筋的连接要求。《高层建筑混凝土结构技术规程》JGJ 3—2010 第 6.5.1 条："受力钢筋的连接接头宜设置在构件受力较小部位；抗震设计时，宜避开梁端、柱端箍筋加密区范围。"第 6.5.3 条提出抗震设计时，现浇钢筋混凝土框架梁、柱纵向受力钢筋的连接方法，应符合下列规定：

（1）框架柱：一、二级抗震等级及三级抗震等级的底层，宜采用机械连接接头，也可采用绑扎搭接或焊接接头；三级抗震等级的其他部位和四级抗震等级，可采用绑扎搭接或焊接接头；（2）框支梁、框支柱：宜采用机械连接接头；（3）框架梁：一级宜采用机械连接接头，二、三、四级可采用绑扎搭接或焊接接头；（4）位于同一连接区段内的受拉钢筋接头面积百分率不宜超过 50%；（5）当接头位置无法避开梁端、柱端箍筋加密区时，应采用满足等强度要求的机械连接接头，且钢筋接头面积百分率不宜超过 50%。

根据规范的这一规定，11G1010-1 第 57 页给出了抗震框架柱钢筋连接做法，见图 4-26；第 63 页给出了非抗震框架柱钢筋连接做法，两者的唯一区别就在于抗震框架柱接头需避开柱端箍筋加密区。

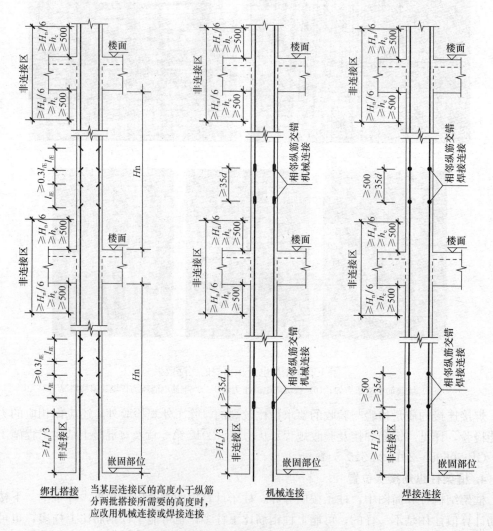

图 4-26 抗震框架柱钢筋连接接头设置要求

214

图 4-26 是上、下楼层柱钢筋数量和直径不变时的做法。当上、下楼层柱钢筋数量或直径发生变化时的做法见图 4-27。当上柱钢筋比下柱多时见图 4-27 中的图（*a*），上柱钢筋直径比下柱钢筋直径大时采用图 4-27（*b*），下柱钢筋比上柱多时见图 4-27（*c*），下柱钢筋直径比上柱钢筋直径大时见图 4-27（*d*）。图 4-27 中为绑扎搭接，也可采用机械连接和焊接连接。

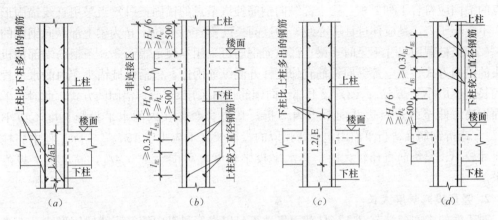

图 4-27　上、下楼层柱钢筋数量或直径发生变化时连接接头设置要求

由此可见，结构设计时，上、下楼层钢筋数量不同时，不同的配筋组合其连接做法是不一样的，实际消耗的钢材也不一样。上、下楼层钢筋数量不同时，既可以采用变更钢筋根数的做法，也可以变更钢筋直径。仔细比较图 4-27 中（*a*）～（*d*）的四种做法，变更钢筋直径的做法钢筋的搭接长度要比钢筋根数变化时的搭接长度更长些，实际耗费的钢材也更多些。也就是说，上、下楼层钢筋直径不同时的浪费更明显。因此，当计算出的上、下楼层配筋数量不同时，应根据实际变化的情况仔细分析，当上、下楼层配筋数量变化不大时，可以不变，上下层配同样数目的钢筋，这种配筋方式不仅耗费的钢材有限，而且便于施工；当上、下楼层配筋数量变化较大时，应优先考虑变化钢筋的根数，当根数的变化不满足箍筋的设置要求或纵筋的间距过小等要求时，应尽量保持柱子四角钢筋直径不变。

四、框架中间层端节点梁纵筋锚固机理及一些不合理做法辨析

工程实践中，钢筋混凝土框架节点配筋目前存在的主要问题有：钢筋拥挤（见图 4-28 照片）、钢筋锚固做法不符合规范和节点传力要求等。为此，必须分析节点传力机理。

图 4-28　顶层框架端节点和中间层中节点实际配筋

215

工程实践中，框架中间层端节点处梁支座负筋锚固做法常出现以下不合理现象：

（一）锚固长度取值不符合规范的要求

主要有以下两种情况：

1. 水平投影段太短

《混凝土结构设计规范》GB 50010—2010 第 9.3.4 条："梁纵向钢筋在框架中间层端节点的锚固应符合下列要求：梁上部纵向钢筋伸入节点的锚固：（1）当采用直线锚固形式时，不应小于 l_a，且应伸过柱中心线。伸过的长度不宜小于 $5d$，d 为梁上部纵向钢筋的直径；（2）当柱截面尺寸不足时，梁上部纵向钢筋可采用本规范第 8.3.3 条钢筋端部加机械锚头的锚固方式。梁上部纵向钢筋宜伸至柱外侧纵筋内边，包括机械锚头在内的水平投影锚固长度不应小于 $0.4l_{ab}$；（3）梁上部纵向钢筋也可采用 90°弯折锚固的方式，此时梁上部纵向钢筋应伸至节点对边并向节点内弯折，其包含弯弧在内的水平投影长度不应小于 $0.4l_{ab}$，弯折钢筋在弯折平面内包含弯弧段的投影长度不应小于 $15d$。"实际工程中当柱截面尺寸较小、梁负筋直径较大时，其水平投影长度就可能小于 $0.4l_{ab}$，满足不了规范的要求。

2. 竖直投影长度太长

对于框架中间层端节点，当柱截面尺寸不足以设置梁纵向钢筋直线锚固形式，而必须采用带 90°弯折段的锚固方式时，《混凝土结构设计规范》GB 50010—2010 第 9.3.4 条的条文说明中已明确指出，国内外的试验结果表明，在承受静力荷载为主的情况下，水平段的粘结能力起主导作用。当水平段投影长度不小于 $0.4l_{ab}$，弯弧—垂直段投影长度为 $15d$ 时，已能可靠保证梁筋的锚固强度和抗滑移刚度，故取消了要满足总锚固长度不小于 l_a 的要求。但由于受原"89 规范"的影响，一些文献仍要求总锚固长度不小于 l_a，工程技术人员对规范的这一修订也没太留意，所以一些工程中仍要求总锚固长度不小于 l_a，不仅浪费不少钢材，而且也不便于施工，尤其是当梁高较小时，如竖直投影长度按 $15d$ 考虑，可满足负筋竖直段≤梁高，柱混凝土施工缝可设在梁底标高处；但如要求总锚固长度不小于 l_a 且 $0.4l_{ab}+15d<l_a$ 时，则竖直投影长度大于 $15d$ 时就有可能出现负筋竖直段大于梁高，柱混凝土施工缝就得设在梁底标高以下某一位置。导致施工单位内部出现混凝土工与钢筋工的要求不一致现象，实际工程中易发生因柱混凝土打高而没有给下弯钢筋留出足够的下插空间的失误。

3. 支座负筋竖直段向上锚固

支座负筋竖直段向上锚固主要出现在负筋竖直段长度大于梁高时，如负筋向下弯折，则柱混凝土施工缝就不可能设在梁底标高处，影响柱混凝土浇筑。如将负筋向上弯折则柱混凝土浇筑与梁钢筋绑扎的矛盾便迎刃而解了，见图 4-29（b）。初看起来，负筋向上弯折和向下弯折都是将梁负筋锚入柱内，应不会有多大问题。但仔细分析，将负筋向下弯折改为向上弯折后，对地震区框架端节点的受力还是产生了较大的不利影响。为此，须分析一下抗震框架中间层端节点的受力机构。

1967 年美国 N. W. HANSEN 和 H. W. CONNER 的试验研究表明[6]柱轴向力对节点核心区箍筋应力影响很小，因此由梁荷载传到节点的剪力是引起箍筋高应力的主要原因。震害结果均表明，在强烈地震下，节点核心区将因交替受剪而可能出现较严重损伤甚至剪切失效。试验研究表明[6]，框架节点核心区的受力与破坏过程可分为弹性阶段、通裂阶

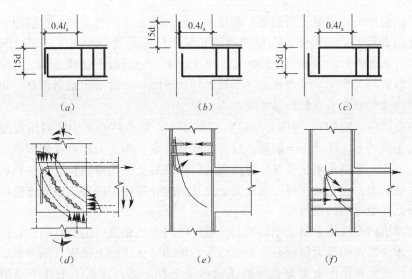

图 4-29　框架中间层端节点几种钢筋锚固做法

段、破裂阶段直至最后破坏。相应的剪力传递机制分别为[6,12]斜压杆机构、桁架机构或组合块体机制、约束效应（也称约束机构）。随着节点受力条件的变化，这些机构传递节点剪力的作用将此消彼长。

（1）斜压杆机构。节点核心区混凝土未开裂前，处于弹性阶段，试验测得在弹性阶段核心区箍筋拉应力很小，作用于核心区的斜压力由跨越核心区对角的混凝土斜压柱来承担，称为混凝土斜压杆机构。由光弹试验测得[6]，核心区在弹性阶段，沿对角方向有近似平行的主压应力等值线，构成对角压力区，证明了斜压杆的存在。斜压杆机构传递的斜向压力，在抵抗节点水平和竖向剪力的过程中始终发挥重要作用，见图 4-29（d）。希腊 I. A. Tegos 对配有不同数量斜向钢筋的 10 个节点试件的试验结果表明[2]，在节点域配置斜向交叉钢筋（图 4-30），与普通配置水平箍筋的节点相比，受剪承载力提高较多，是改善节点耐震性能的一个有效构造方案。这从另一个角度说明了斜压杆机构在抵抗节点水平和竖向剪力过程中的重要作用。

（2）桁架机构。当作用于节点核心区的剪力达到其最大受剪承载力的 60%～70% 时，在节点核心区产生很大的斜拉力和斜压力，核心区混凝土突然出现对角贯通裂缝，箍筋应力突然增大，个别达到屈服，节点剪切刚度明显下降，节点核心区进入通裂阶段。在反复荷载持续作用下，梁纵筋屈服，箍筋应力不断增大并相继达到屈服，核心区混凝土出现多条平行于对角线的通长裂缝。此时，作用于核心区的剪力

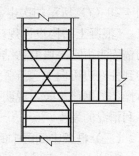

图 4-30　斜向交叉钢筋

主要通过梁纵筋与核心区混凝土之间的粘结力来传递，由核心区混凝土与箍筋共同承担，形成以箍筋为水平拉杆、柱纵筋为竖向拉杆、斜裂缝间的混凝土为斜压杆的桁架机构[12]。胡庆昌[6]将桁架机构称之为组合块体机制。随着反复荷载的不断作用，节点核心区的梁纵筋进入屈服强化阶段，梁纵筋在核心区的锚固逐渐破坏并产生滑移，此时核心区剪力一部分由梁纵筋与混凝土之间的剩余粘结力传递，一部分通过梁与核心区交界面裂缝闭合后混凝土局部挤压来传递，同时，在反复荷载作用下，核心区斜裂缝不断加宽，且由于箍筋屈

服所引起的钢筋伸长，混凝土沿裂缝互相错动，使裂缝不能闭合，核心区混凝土被多条交叉斜裂缝分割成若干菱形块体，在横向箍筋和纵向柱筋的共同约束下，形成组合块体机构，核心区进入破裂阶段。如再继续加载，则变形更大，混凝土块体压碎，缝间骨料不断磨损脱落，散失咬合作用，节点核心区承载力开始下降，导致节点最后破坏。可见，桁架机构与组合块体机制在节点最后破坏前基本一致。

（3）约束效应（机构）。国内外的试验结果证实，节点核心区中的斜压混凝土将沿与其受压方向垂直的另外两个方向膨胀，这种膨胀从节点开始受力起就受到节点水平箍筋各肢的约束，因此，节点水平箍筋各肢将形成对斜压混凝土的约束机构。这一机构，不直接参与抵抗节点剪力，但它是在核心区混凝土交叉斜向开裂后保持斜压混凝土抗压能力的关键因素，所以一般称为约束效应。

上述几种机构在框架中间层中间节点、顶层中间节点和顶层端节点的核心区也同样存在。根据上述端节点的受力机制分析，如将支座负筋竖直段向上锚固（图 4-29b），则其弯入上柱下端的弯弧将把由弯弧筋产生的压力传至上柱下端，在抵消上柱下端相应的剪力后，所剩余部分通过柱水平箍筋的附加拉力传至左侧柱端，再与上柱下端截面受压区混凝土压力合成后再进入节点核心区的平衡机构。试验结果表明，这一传力途径对节点核心区的斜压杆机构和桁架机构都有一定程度的不利影响，并有可能产生图 4-29 (e) 所示的从节点区延伸到上柱内的斜裂缝。因此，一般情况下，梁上、下筋均应向节点核心区弯折，以便于形成良好的传力机构。

4. 梁上部支座负筋未伸至节点对边就向下弯折

梁上部支座负筋未伸至节点对边就向下弯折主要出现在现场下料时梁负筋偏短或者柱筋、梁负筋太多，梁支座负筋要伸至节点对边有一定的困难，见图 4-29 (c)。此时，弯弧力将使其附近的水平箍筋产生附加水平力，不仅人为增加了水平箍筋的负担，而且弯弧力需要通过箍筋才能转移到节点核心区的左侧，在抵消相应部分的上柱剪力后，再与柱上端受压区的压力合成为核心区斜压杆压力。这种做法还有可能在节点上部弯弧附近产生如图 4-29 (f) 所示的次生斜裂缝，将斜压杆"一分为二"，对节点受力产生不利影响。所以，《混凝土结构设计规范》GB 50010—2010 第 9.3.4 条条文说明中明确指出这种锚固端的锚固力由水平段的粘结锚固和弯弧一垂直段的挤压锚固作用组成。规范强调此时梁筋应伸到柱对边再向下弯折。设计人员在施工交底的时候，一定要向有关施工人员，尤其是具体操作的钢筋工长，说明支座负筋未伸至节点对边的危害性，以引起他们重视，避免这种不利情况的发生。

（二）框架中间层中间节点和顶层中间节点梁纵筋在核芯区的滑移问题

有抗震设防要求的框架中间层中间节点，在水平地震作用下，在节点左、右梁端产生符号相反的弯矩，而且随着地震的反复作用，左、右梁端的地震作用弯矩是交替变化的。水平地震弯矩与竖向荷载弯矩叠加后，视水平地震作用的大小，可能形成以下三种情况[12]：

（1）当地震作用较小时，与非抗震情况类似，节点两侧梁端仍受竖向荷载引起的负弯矩作用，但左、右负弯矩不相等；

（2）当地震作用较大时，将形成节点一侧作用有较大负弯矩，另一侧作用有较小正弯矩的状态。抗震设计时，对于抗震等级为一级及二、三级的框架梁，规范要求梁端下部钢筋截面面积分别不小于上部梁筋截面面积的 50％和 30％，以保证梁端具有足够的抵抗正弯矩能力和必要的延性；加之梁跨中正弯矩钢筋通常全部伸入节点，故在正弯矩作用的梁端，下部实际配筋量一般常会多于正弯矩所需的受拉钢筋量。这时，节点一侧上部梁筋在负弯矩作用下将受拉屈服（形成负弯矩塑性铰）；而正弯矩一侧的下部梁筋则离屈服可能还有较大距离。

（3）当地震作用很大时，负弯矩一侧上部梁筋已充分屈服（负弯矩塑性铰充分转动），正弯矩一侧下部梁筋也有可能进入屈服后状态（形成正弯矩塑性铰）。

在上述（2）、（3）两种情况下，节点左、右梁端弯矩反号，与之平衡的上、下柱端弯矩也相应较大。非线性动力反应分析结果及试验结果表明，当框架设计满足"弱梁强柱"的有关规定时，梁端先于柱端形成塑性铰的可能性很大，但不排除在某些节点处仍出现柱端先于梁端屈服的情况，或在梁端屈服后框架侧向位移进一步增大的过程中，柱端也随之屈服。在梁端进入屈服状态后，贯穿节点的梁筋将在节点一侧受拉，另一侧受压，从而处于较为不利的粘结状态；在柱端未屈服时，柱筋贯穿段的粘结条件尚好，一旦柱端屈服，柱筋贯穿段的粘结条件也颇为不利。不论梁端还是柱端先行屈服，节点作用剪力较大，从而使节点核心区处于不利的受剪状态；加之，水平作用剪力又是左、右交替作用的，就使节点核心区受力更加不利。试验及震害结果均表明，在强烈地震下，节点核心区将因交替受剪而可能出现较严重损伤甚至剪切失效[12]。

对于抗震框架顶层中间节点，由于节点上部无柱，节点两侧梁端传入的弯矩需由下柱上端弯矩来平衡。在竖向荷载作用为主的情况下，其左、右梁端弯矩差仅由下柱上端弯矩平衡。因此，左、右梁端和下柱上端受力都相当充分。在同等条件下，节点中作用的剪力与中间层中间节点相比并未减小，即在各类节点中属于作用剪力相对较大的情况。在地震作用下，随着地震强烈程度的不同，左、右梁端可能出现与中间层中间节点处相同的三种典型状态。此时，下柱上端作用的弯矩必然较大，出现塑性铰的可能性很大，故应特别关注柱筋在反复拉、压条件下在节点中的锚固。同时，因节点上部无柱，梁贯穿段上面只有一层保护层混凝土，加之贯穿段粘结应力很高，故粘结状况非常不利。由于这类节点中作用剪力较大，内力交替作用，试验显示，在梁上部纵筋尚未屈服之前，沿上部梁筋贯穿段就已经形成了粘结劈裂裂缝。随着梁端纵筋屈服，贯穿段粘结迅速退化，粘结滑移增大，上部保护层混凝土向上剥裂。粘结退化使贯穿段逐步变为全长受拉，并进一步使另一侧梁端的上部钢筋也在梁端一定长度内处于受拉状态，从而增大了该侧梁端上部受压区混凝土传入节点核心区的压力和核心区斜压杆机构的负担。但试验实测结果表明，上部梁筋贯穿段粘结逐步退化后，直到组合体达到很大的位移延性系数时，仍有剪力通过摩擦由梁筋贯穿段传入核心区，故核心区桁架机构还不致完全消失[12]。

上部梁筋贯穿段的粘结退化，梁纵筋在核芯区滑移，除使上部保护层混凝土过早剥裂而形成可视损伤外，过大的粘结滑动还将使组合体抗水平力刚度显著下降，造成节点刚度退化，梁纵筋不能充分发挥超应力，从而降低了梁截面后期受弯承载力及梁铰的耗能能力。产生滑移的原因主要是反复循环荷载作用下钢筋混凝土框架梁塑性铰将在邻近柱面处出现，随着循环次数的增加，梁纵向钢筋的屈服逐渐深入节点核芯，引起梁筋粘结破坏而产生滑移[6,12]。采取较小直径的梁纵筋可以适当推迟和减轻滑移的程度。故《建筑抗震设计规范》GB 50011—2010 第 6.3.4 条要求："一、二、三级框架梁内贯通中柱的每根纵向钢筋直径，对框架结构不应大于矩形截面柱在该方向截面尺寸的1/20，或纵向钢筋所在位置圆形截面柱弦长的1/20；对其他结构类型的框架不宜大于矩形截面柱在该方向截面尺寸的1/20，或纵向钢筋所在位置圆形截面柱弦长的1/20。"这一规定是基于对梁、柱配335MPa级钢筋的节点试验结果给出的偏松的要求。《混凝土结构设计规范》GB 50010—2010第11.6.7条根据400MPa级和500MPa级钢筋的节点试验结果提出了略偏严格的要求："框架中间层中间节点处，框架梁的上部纵向钢筋应贯穿中间节点。贯穿中柱的每根梁纵向钢筋直径，对于9度设防烈度的各类框架和一级抗震等级的框架结构，当柱为矩形截面时，不宜大于柱在该方向截面尺寸的1/25，当柱为圆形截面时，不宜大于纵向钢筋所在位置柱截面弦长的1/25；对一、二、三级抗震等级，当柱为矩形截面时，不宜大于柱在该方向截面尺寸的1/20，对圆柱截面，不宜大于纵向钢筋所在位置柱截面弦长的1/20。"更有效的办法是通过合理的配筋方式在柱面以外形成一个相对薄弱的受弯部位，将梁铰转移到距柱面不小于一个梁高范围，使梁筋不在柱面处屈服，可以基本解决滑移问题[6]。

（三）框架顶层中间节点和端节点的柱纵筋锚固问题

与框架中间层端节点处相类似、在实际工程经常发生且对结构受力产生不利影响的情况还有框架顶层中间节点和端节点的柱纵筋伸不到柱顶和柱纵向钢筋向节点外水平弯折的问题。《混凝土结构设计规范》GB 50010—2010第9.3.6条明确指出，顶层中间节点的柱纵向钢筋及顶层端节点的内侧柱纵向钢筋可用直线方式锚入上层节点，其自梁底标高算起的锚固长度不应小于 l_a，且柱纵向钢筋必须伸至柱顶。当顶层节点处梁截面高度不足时，柱纵向钢筋应伸至柱顶并向节点内水平弯折。当充分利用柱纵向钢筋的抗拉强度时，柱纵向钢筋锚固段弯折前的竖直投影长度不应小于 $0.5l_a$，弯折后的水平投影长度不宜小于 $12d$。在框架顶层端节点处，规范第9.3.7条要求顶层端节点柱外侧纵向钢筋可弯入梁内作梁上部纵向钢筋；也可将梁上部纵向钢筋与柱外侧纵向钢筋在节点及附近部位搭接，具体的搭接做法可采用图4-31所示的两种方式中的一种。

可见，根据《混凝土结构设计规范》GB 50010—2010第9.3.6条和第9.3.7条的规定，框架顶层中间节点和端节点的柱纵筋均必须伸到柱顶后再弯折，然而实际工程中柱纵筋顶端距柱上皮约在50～250mm，以150mm左右居多，见图4-32（b）。

此外，《混凝土结构设计规范》GB 50010—2010第9.3.6条的要求，柱纵向钢筋锚固段竖直投影长度小于 l_a 时，柱纵向钢筋伸至柱顶后应向节点内水平弯折不小于12d，只有梁宽范围以外的柱纵向钢筋才可以向外弯折锚入厚度不小于80mm、混凝土强度等级不低于C20的现浇板中，但由于国家标准图集03G329-1和03G101-1均将柱纵向钢筋示意为向外弯折，所以实际工程中，柱纵向钢筋几乎一律向外弯折（图4-32a），很少有向节点内弯折的做法。前述抗震框架中间层端节点的受力机理分析的主要结论也同样适用于框架顶层中间节点和端节点。已有大量的试验表明[41]，中间层中间节点和顶层中间节点核心区的抗震抗剪性能主要是由核心区沿两个对角斜向交替受压的混凝土，在核心区水平箍筋对其发挥一定作用的条件下，是否压溃来控制的。因此，在框架顶层中间节点和端节点，柱纵筋伸不到柱顶、纵向钢筋向节点核心区外弯折，对节点核心区的斜压杆机构、桁架机构和约束机构均产生不利的影响，希望引起工程界的重视。11G101-1第60页和65页增加了柱纵向钢筋向内对抱的做法（图4-32b），希望11G101-1的这一改变能促使实际工程的钢筋能按该图集第60页和65页的要求正确施工。

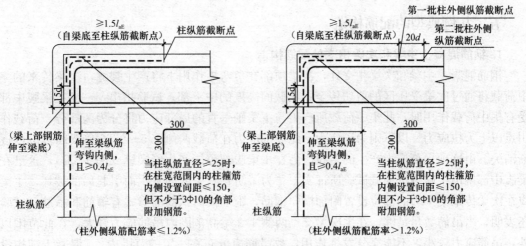

屋面框架梁WKL与
顶层框架柱KZ节点构造（一）

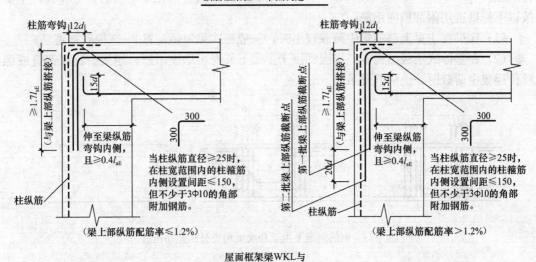

屋面框架梁WKL与
顶层框架柱KZ节点构造（二）

图 4-31　框架顶层端节点梁上部纵向钢筋与柱外侧纵向钢筋在节点及附近部位搭接做法

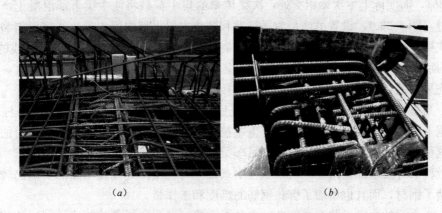

（a）　　　　　　　　　　　　　　（b）

图 4-32　柱顶纵向钢筋的两种不同弯折做法
（a）柱顶纵向钢筋向外弯折做法；（b）柱顶纵向钢筋向内对抱做法

五、几例典型的配筋构造

1. 钢筋混凝土主梁和次梁相交处配筋构造

钢筋混凝土主梁和次梁相交处，次梁顶部在负弯矩作用下将产生裂缝，次梁传来的集中荷载将通过次梁受压区的剪切传至主梁截面高度的中下部。试验指出[1]：当主梁腹中部受有集中荷载作用时，此集中荷载所产生与主梁轴垂直的局部应力将分为两部分，荷载作用点以上为拉应力，以下则为压应力，此局部应力在荷载两侧 0.5～0.65 倍梁高范围内逐渐消失。由这项局部应力产生的主拉应力在主梁腹部可能产生斜裂缝（图 4-33c），这已在梁腹中部挑出牛腿进行加载试验所证实[1]。为了防止斜裂缝的发生而引起局部破坏，主梁应在次梁传来集中力的部位设置附加横向钢筋，附加横向钢筋的形式有箍筋和吊筋。试验还表明，当吊筋数量足够，在主次梁交点两侧 1/2 梁高范围内吊筋应力较大，在此范围以外，吊筋应力较小，不能充分发挥作用，故吊筋应分布在一定的范围内。《混凝土结构设计规范》GB 50010—2010 第 9.2.11 条明确附加横向钢筋应优先采用箍筋，工程实践中常按以下原则选用附加横向钢筋：

（1）次梁在主梁上部或集中荷载较小时，一般在次梁每侧配置 2～3 根附加箍筋；

（2）在整体式梁板结构中，当次梁位于主梁下部时可增设吊筋，当梁中预埋钢管或螺栓传递集中荷载时，也应配置吊筋。

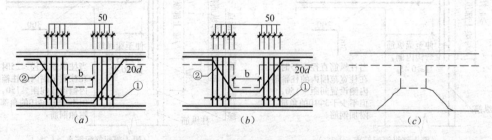

图 4-33 钢筋混凝土主梁和次梁相交处的配筋构造

但在实际工程往往存在以下误区或值得探讨之处：

（1）吊筋位置不当。也许是吊筋名称的误导，不少设计将吊筋设在次梁的下边缘（图 4-33b），而实际上主次梁相交处，次梁传来的集中荷载将使主梁下部混凝土产生八字形斜裂缝（图 4-33c），设置吊筋是为了抗剪和防止主梁下部混凝土产生八字形斜裂缝，而不是将次梁"吊"起来，所以吊筋不同于预制构件的吊钩，否则，吊筋与梁轴线的夹角 α 应取 90°而不是 45°或 60°，也不可能采取在梁两侧仅配置附加箍筋的做法，而这一做法是规范优先采用的，表明主梁与次梁之间是间接支承作用。

（2）当集中荷载作用于主梁截面高度范围之外时，如梁上托柱、基础梁与柱交接处等，根据上述讨论，就不存在梁腹部产生主拉应力的条件了，因而就不必配置附加横向钢筋了。这种情况相当于吊车荷载作用于吊车梁，只要配足抗剪钢筋就行了。由于一些构造手册、教科书等要求配置吊筋，所以工程中基础梁与柱交接处配置吊筋的实例仍较多，这不仅浪费了钢材，而且也增加了绑扎钢筋的难度和工作量。

（3）在主梁的次梁横截面宽度区域内是否需要配置主梁正常箍筋或加密区箍筋？即在与次梁相交接的区域内主梁还需要配置箍筋吗？笔者以为该区域不需要配置箍筋，因为前述试验结果表明，该区域不出现剪切斜裂缝，出现斜裂缝的区域转移到次梁两侧 0.5～0.65 倍梁高范围内（图 4-33c），所以可不必配箍筋，此外在该范围配箍筋施工较麻烦。国家标准图集 03G101-1 第 65 页和 11G101-1 第 87 页中要求在该范围内配置主梁正常箍筋或加密区箍筋，笔者以为对于次梁截面高度与主梁截面高度相差不大且梁顶标高相同时，因为次梁对主梁的约束作用较大可不必配置主梁正常箍筋；而当次梁截面高度较小而主梁截面高度较大或梁上托柱时，应配置主梁正常箍筋，因为此时次梁（或梁上柱）对主梁没有约束作用或约束作用较小。

2. 反梁结构板底纵筋锚固做法

根据目前工程界的普遍做法，当钢筋混凝土梁底标高与板底标高齐平即采用所谓的反梁结构时，板底钢筋一般要弯折后锚入梁内并放置在梁底筋的上面，见图 4-34 (a)。这种做法一是不便于施工，钢筋打弯费工时较多；二是在梁板交接处板底筋保护层厚度增大，而形成薄弱环节，在温度收缩应力作用下，有可能开裂。梁板交接处的作用力主要有支座负弯矩和剪力。板的剪切作用由板的混凝土承担，设计中一般不考虑，支座负弯矩由板的负筋承受与板底筋关系不大（因为板中不设箍筋，板配筋设计一般不考虑双筋作用），所以板底筋在此处只需解决锚固，不存在通过板底钢筋放置在梁底筋上面的支承关系来传递荷载的问题。因此如采用图 4-34 (b) 所示的做法，理论上也不会有问题，这正如板支座负筋放置在梁纵筋之上、剪力墙水平筋设置在暗柱纵筋之外一样。因为在梁底，虽然在荷载作用下，梁底会开裂，但只有在极端的情况下梁底混凝土才会脱落，况且梁底混凝土会脱落也只是跨中局部，不可能整跨梁底混凝土都脱落，理论上只要板底纵筋不与梁底混凝土相剥离，板底筋锚固也还算成立。即使结构已进入梁底混凝土局部脱落的状态，只要板支座负筋仍有可靠的锚固，而梁底混凝土未脱落部分板底筋仍与梁固定在一起（或假定在梁塑性铰区，板恰好在梁边开洞，洞宽等于梁塑性铰长度，所以梁底混凝土脱落对板筋没影响），所以理论上说只要此时梁未变成机动可变体系，板也不至于坍塌。当然这只是理论上的推论，鉴于结构安全问题的重要性，作者主张采用图 4-34 (c) 所示的做法，这种做法是在图 4-34 (b) 的基础上，在梁内增加了 10d 的竖直锚固段，因而当梁处于极限状态时，板底筋有一可靠的锚固，同时它又比图 4-34 (a) 更便于施工。这一做法 8 年前作者曾在某车库现浇空心楼盖中采用，施工单位比较欢迎。

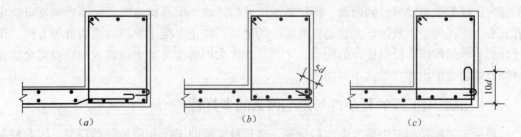

图 4-34　反梁结构板底纵筋锚固做法

3. 悬臂梁负弯矩筋截断问题

《混凝土结构设计规范》GB 50010—2010 第 10.2.4 条"在钢筋混凝土悬臂梁中，应有不少于两根上部钢筋伸至悬臂梁外端，并向下弯折不小于 12d；其余钢筋不应在梁的上部截断，而应按规范第 10.2.8 条规定的弯起点位置向下弯折，并按规范第 10.2.7 条的规

223

定在梁的下边锚固。"根据这一规定，国家标准图集03G101-1规定第二排钢筋只伸至悬臂净跨的3/4处就截断的做法，与规范的要求和相关的试验结果不相符。

试验结果表明[12]采用图集截断做法，在钢筋截断点处首先形成劈裂裂缝，随后出现一条坡度很小的主斜裂缝，最终发生沿该主斜裂缝的弯曲破坏（图4-35a），且破坏荷载远小于梁的正截面抗弯极限强度。如将需截断钢筋的截断点当作弯起点，将钢筋向下弯折（图4-35b），并按规范第10.2.7条的规定在梁的下边锚固。此时虽然在弯起点仍有可能开裂，但弯起钢筋阻止了裂缝向下延伸的可能，裂缝只局限于弯起点的表面，前述主斜裂缝也就不可能形成了，试验证明这种做法是可靠的。因此，悬臂梁负弯矩钢筋可以按弯矩图分批向下弯折，而不应分批截断，且必须有不少于两根上部钢筋伸至悬臂梁外端，并向下弯折不小于12d，详见11G101-1第89页。

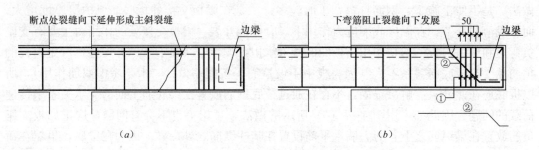

图4-35　悬臂梁负弯矩筋截断的两种做法

第四节　发挥设计在混凝土工程施工中的主导作用

在钢筋混凝土工程施工的各工种中，混凝土工相对于钢筋工、木工来说，需要计算的工作量少些，但技术含量并不低，混凝土的振捣、浇筑成型和养护，施工缝的留置和处理等，看似简单、粗放，其实其内在技术要素还是很丰富的，要使混凝土的振捣、浇筑成型和养护完全达到设计文件和规范的要求也不是那么容易的，而且需要设计的密切配合。混凝土工程的施工看似与设计关系不大，其实它是钢筋混凝土结构施工中与设计关系最密切的部分，混凝土强度等级的选取、构件断面尺寸的选取、配筋构造等，无不影响甚至决定着混凝土工程的施工质量，尤其是在混凝土的浇筑、防止混凝土早期收缩裂缝等方面，设计起到主导的作用，没有设计的配合，尤其是现代大坍落度混凝土浇筑成型后要完全防止早期收缩裂缝的出现几乎是不可能的。

一、混凝土工程的复杂性与影响因素的多样性

混凝土工程是施工中最复杂、最重要，也是最关键的工序和质量管理环节，因为混凝土工程施工中的每一环节和阶段都存在变数，这些因素既有人为的，也有自然条件和环境、社会因素，如原材料，气温，冬季、雨期施工，商品混凝土运输途中堵车，施工噪声扰民等。《混凝土结构工程施工规范》GB 50666—2011第8.1.2条："混凝土运输、输送、浇筑过程中严禁加水；混凝土运输、输送、浇筑过程中散落的混凝土严禁用于混凝土结构构件的浇筑。"第8.1.3条："混凝土布料应均衡。应对模板及支架进行观察和维护，发生

异常情况应及时进行处理。混凝土浇筑和振捣应采取防止模板、钢筋、钢构件、预埋件及其定位件移位的措施。"这两条看似老生常谈，实际工程中往往不容易做到，如板混凝土浇筑过程中的钢筋移位。从技术角度来说，无论是混凝土配合比设计，还是混凝土浇筑、振捣和养护，施工缝的留置和处理等，各个环环相扣的环节中一旦某一环节有疏忽，就可能留下质量隐患，这些都足以说明混凝土工程施工中的复杂性和质量管理、质量控制的流变性。说它重要，是因为混凝土的施工质量既体现观感质量上，也表现在实体质量上，强度不足，构件表面裂缝、漏振、蜂窝麻面及构件尺寸偏差等质量缺陷（图 4-36），均不同程度地反映和出现在混凝土工程中。混凝土结构外观缺陷详见《混凝土结构工程施工规范》GB 50666—2011 表 8.9.1。结构主体验收主要是看外观和标养试块及同条件养护试块的强度试验报告。说它关键，是因为混凝土工程一旦施工完毕，就没有修改的可能了，只能整改甚至是加固。《混凝土结构工程施工规范》GB 50666—2011 第 8.9 节给出了混凝土缺陷的修整的具体做法。因此，混凝土施工只能成功和一步到位，不能有失误，《混凝土结构工程施工规范》GB 50666—2011 第 8.3.2 条："混凝土浇筑应保证混凝土的均匀性和密实性。混凝土宜一次连续浇筑。"最重要的是混凝土的质量缺陷往往具有连片性和全局性的特征，例如，因配合比等造成混凝土强度不足的，往往是同一批次的混凝土均不足；养护不到位出现混凝土早期收缩裂缝的，也往往是某层甚至是连续几层均有同样问题，仅仅局部的反而是少数，这是与钢筋绑扎等施工环节质量缺陷具有本质区别的方面。

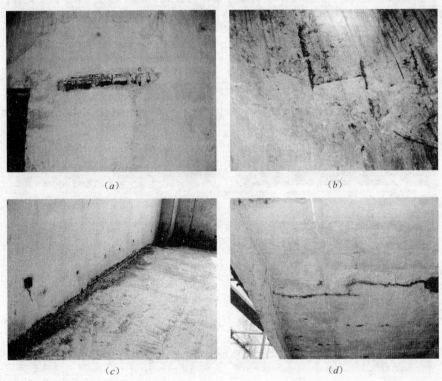

图 4-36　典型的混凝土质量缺陷

(*a*) 孔洞；(*b*) 麻面；(*c*) 墙根施工缝处露筋；(*d*) 边梁跑模、板底混凝土开裂

　　一栋建筑的所有混凝土不可能一次性浇筑完成，混凝土浇筑过程中不可避免要留置施工缝。但施工缝的留置部位、施工缝表明的处理与否，对结构受力影响很大。国内外的地

震灾害调查均表明，剪力墙结构是抗震性能较好的一种结构形式。剪力墙结构在强震作用下破坏部位除了常见的底部加强部位塑性铰区和连梁外，楼层水平施工缝处，如果没有作很好的处理，也是比较容易发生滑移破坏的，故《高层建筑混凝土结构技术规程》JGJ 3—2010 第 7.2.12 条给出一级剪力墙水平施工缝的抗滑移验算公式，验算通过水平施工缝的竖向钢筋是否足以抵抗水平剪力。如果抗滑移验算不满足规范的要求可以增设附加插筋，附加插筋在上下层剪力墙中都要有足够的锚固长度。《建筑抗震设计规范》GB 50011—2010 第 3.9.7 条也指出："混凝土墙体、框架柱的水平施工缝，应采取措施加强混凝土的结构性能。对于抗震等级一级的墙体和转换层楼板与落地混凝土墙体的交接处，宜验算水平施工缝截面的受剪承载力。"并在条文说明中给出了验算水平施工缝截面的受剪承载力的计算公式和相应的计算方法。可见，施工缝的处理对结构整体受力影响是很大的。图 4-37（a）中，基础梁与桩顶承台梁之间留置垂直的施工缝，由于承台梁表面比较光滑，基础梁后浇混凝土与已凝结硬化的承台梁混凝土之间的摩擦力和咬合作用很小，基础梁梁端的剪力只能靠预留纵筋的销键作用来承担，这在很多场合下是不能满足抗剪要求的，尤其是在梁剪力较大的情况下。因此，基础梁、剪力墙等要留置竖向施工缝时，必须在剪力比较小的部位，而且施工缝表面要粗糙，最好做成台阶或企口状，以增加销键和摩擦力，满足抗剪的需要。柱子施工缝也应作粗糙面处理，以增加销键和摩擦作用。图 4-37（b）是未处理的照片，图 4-37（c）是剪力墙水平施工缝处待混凝土有一定的强度后，经人工剔凿所形成的粗糙面，图 4-37（d）是剪力墙水平施工缝处在混凝土终凝前通过添加石子

图 4-37　施工缝的留置及处理

（a）基础梁留垂直施工缝；（b）柱根施工缝未作毛糙面处理；（c）人工剔凿后形成的粗糙面；
（d）在混凝土终凝前添加石子形成粗糙面

形成的粗糙面。相对来说图 4-37（c）中经人工剔凿后形成的粗糙面比较可靠，一方面通过剔凿可以剔除墙体顶部因混凝土振捣形成的素浆，另一方面剔凿后表明错落有致，摩擦和咬合作用更强。图 4-37（d）所示的处理方式虽然增加了粗糙的效果，但一方面因混凝土振捣而汇集在墙体顶部的素浆未剔除掉，素浆中虽然掺杂了石子，强度仍相对较低；另一方面，后加石子与混凝土的结合不是很牢靠。《混凝土结构工程施工规范》GB 50666—2011 第 8.3.10 条要求施工缝或后浇带"结合面应为粗糙面，并应清除浮浆、松动石子、软弱混凝土层……柱、墙水平施工缝水泥砂浆接浆层厚度不应大于 30mm，接浆层水泥砂浆应与混凝土浆液成分相同。"

二、混凝土强度等级的合理选取

当前，混凝土强度等级的选取存在一些误区。如梁板混凝土强度等级，无论是从强度还是从耐久性角度考虑，C25 是最合适的。混凝土提高一个等级，对现浇板的配筋几乎没变化，对梁的正截面和斜截面配筋的影响也较小，这一现象从工程算例中可以很直观地看出。对于现浇板，以板厚 $h=120mm$，有效高度 $h_0=100mm$ 为例，取特定的配筋率所对应的弯矩设计值作为参数，分析对比混凝土强度等级不同时，对板受拉钢筋面积的影响，见表 4-3。对于梁，以 $250×600$ 截面为例，取特定的配筋率所对应的弯矩设计值作为参数，分析对比混凝土强度等级不同时，对梁受拉钢筋面积、受压区高度的影响，见表 4-4。可见当梁的配筋率≤1.0%时，混凝土等级相差一级，对梁配筋的影响在工程精度内几乎可忽略不计。

混凝土等级对板受拉钢筋面积、受压区高度的影响　　　　　　　　　表 4-3

弯矩设计值 M（kN·m）	混凝土等级	配筋率 ρ（%）	受拉钢筋面积 A_s（mm²）	受压区高度 x（mm）
7.3	C20	0.253	253.44	7.92
	C25	0.251	251.49	6.34
	C30	0.250	249.77	5.24
14.20	C20	0.515	514.88	16.09
	C25	0.505	505.35	12.74
	C30	0.500	499.55	10.48
20.73	C20	0.788	788.16	24.63
	C25	0.765	764.77	19.28
	C30	0.750	749.80	15.73
26.85	C20	1.076	1075.84	33.62
	C25	1.028	1028.16	25.92
	C30	1.000	1000.05	20.98
31.47	C20	1.322	1322.24	41.32
	C25	1.244	1243.95	31.36
	C30	1.200	1200.25	25.18
37.92	C20	1.733	1733.44	54.17
	C25	1.578	1577.94	39.78
	C30	1.500	1500.07	31.47
43.8	C20	2.253	2253.44	70.42
	C25	1.929	1928.99	48.63
	C30	1.800	1799.89	37.76

弯矩设计值 M（kN·m）	混凝土等级	配筋率 ρ（%）	受拉钢筋面积 A_s（mm²）	受压区高度 x（mm）
69.57	C20	0.305	430.96	53.87
	C25	0.302	426.71	43.03
	C30	0.300	423.76	35.56
113.4	C20	0.515	727.60	90.95
	C25	0.506	714.60	72.06
	C30	0.500	706.06	59.25
165.44	C20	0.788	1113.12	139.14
	C25	0.765	1080.12	108.92
	C30	0.750	1059.39	88.9
214.4	C20	1.077	1520.72	190.09
	C25	1.029	1453.39	146.56
	C30	1.000	1413.20	118.59
251.1	C20	1.322	1867.04	233.38
	C25	1.244	1756.84	177.16
	C30	1.200	1694.67	142.21
302.6	C20	1.733	2448.32	306.04
	C25	1.578	2228.37	224.71
	C30	1.500	2118.55	177.78
349.6	C20	2.254	3183.92	397.99
	C25	1.929	2725.40	274.83
	C30	1.800	2542.66	213.37

　　实际工程中，混凝土强度等级提高后，出现混凝土早期收缩裂缝的几率就随之增加。一些工程由于采用预应力梁，梁板混凝土等级一般不低于 C40，这些工程据笔者的经验楼板均出现不同程度的混凝土早期收缩裂缝，而且混凝土等级越高，裂缝的数量越多且裂缝更宽，图 4-38 为文献中介绍的某 C60 混凝土楼面开裂的实际情况。《韩非子·外储说右上》给我们讲了一个"狗猛酒酸"的故事：宋人有酤酒者，升概甚平，遇客甚谨，为酒甚美，悬帜甚高，然而不售，酒酸。怪其故，问其所知闾长者杨倩，倩曰："汝狗猛耶？"曰："狗猛则酒何故而不售？"曰："人畏焉！或令孺子怀钱挈壶瓮而往酤，而狗迓而龁之，此酒所以酸而不售也"。为了避免混凝土等级选取中"狗猛酒酸"的现象出现，从经济性、耐久性以及减少和控制混凝土出现早期收缩裂缝的角度考虑，梁板混凝土等级以 C25 为最佳。

　　《全国民用建筑工程设计技术措施》第 2.6.4 条对混凝土构件的强度选择提出应满足下列要求[33]："剪力墙混凝土强度宜控制不超过 C40，挡土墙混凝土强度不超过 C30，楼板一般不超过 C35。超高层建筑如果需要可以采用较高强度。除柱外，墙尽量少用高强混凝土，因不易养护。一般情况下，不要因位移不够采用超过 C40 的墙体混凝土，更不要因连梁不够而用超过 C40 的混凝土，C60 混凝土的弹性模量只比 C40 提高 10% 左右，对减小整体位移的贡献有限。地下室挡土墙一般长度较大且对混凝土强度的要求不高，因此混凝土强度不宜超过 C30。有的工程地下室有五层，所有墙体包括挡土墙和上部落下的剪力墙都采用 C50，这样设计很不合理，因为施工中很容易出现干缩裂缝，关键是根本没有

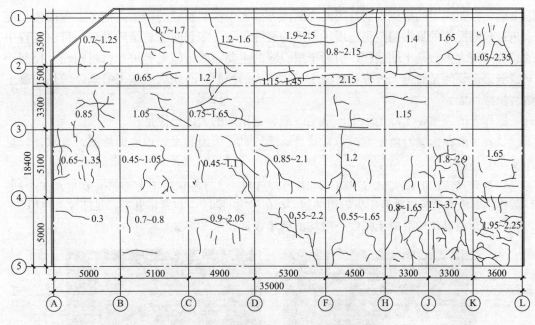

图 4-38　某工程 C60 混凝土楼面裂缝情况

必要用这么高强度。"该措施还指出："如混凝土墙体因抗震抗剪承载力不够需要采用高强度等级混凝土，则必须注意加强施工措施。例如有一个工程，混凝土墙体因为抗震抗剪承载力验算不够，不得已采用了高强度等级混凝土，设计人员和施工单位都高度重视，各项施工措施完善，墙体施工后未出现开裂问题。该工程采用了 90d 强度，并有一项施工规定：拆模前螺栓松动后，立即从墙面上大量向模板内浇水。拆模后用塑料薄膜包严，防止水分蒸发，效果很好。"

此外，对于地下室底板、外墙等部位的抗渗混凝土的抗渗等级也没必要人为提高，一些工程就一两层地下室，基础埋深并不大，抗渗等级却选 P8。《建筑地基基础设计规范》GB 50007—2011 第 8.4.4 条、《人民防空地下室设计规范》GB 50038 第 4.11.2 条均根据工程埋置深度确定设计抗渗等级，埋置深度<10m 时，抗渗等级为 P6；埋置深度在 10～20m 时，抗渗等级为 P8。

三、减少和控制早期收缩裂缝的综合措施

1. 问题的由来

近年来一些工程中，基础底板、地下室外墙及现浇楼板出现早期收缩裂缝的比例有较大幅度的增加。2000 年 3 月《混凝土结构设计规范》管理组召开的"混凝土结构裂缝"研讨会纪要指出："混凝土结构裂缝之多，触目惊心，下决心减少和抑制混凝土裂缝发展，已是推动住房货币化进程中刻不容缓的政治任务。"为此，建设部质量安全监督与行业发展司 2000 年下达了"建筑工程裂缝机理与防治的研究"课题[17]。《全国民用建筑工程设计技术措施》指出[33]："除了荷载作用下的受力裂缝，混凝土的开裂主要包括两方面：一是混凝土浇筑后硬化过程中的干缩裂缝，二是使用过程中外界温度变化导致的伸缩裂缝。规范对于伸缩缝最大间距的要求主要是为了减少后一种裂缝的产生。这两类裂缝，产生的原

因不同，需要应对的措施不同，因此应从两方面入手控制裂缝的产生。很多工程即使长度未超过规范推荐的最大间距仍出现了严重的裂缝问题。多起问题总结后发现：目前工程中的裂缝问题大多数是干缩裂缝，引起干缩裂缝的主要原因是施工养护和材料问题。控制干缩裂缝最重要的是对施工过程和混凝土材料构成的控制，必须加强施工措施，增强混凝土防裂抗渗性能。"

据作者的观察，实际工程中，早期收缩裂缝出现的大体规律是：

（1）一般在拆模时就发现，常常是贯通缝，只要板面有水，板底即渗漏，有水迹，见图 4-39。

（2）裂缝往往平行于板的短边，见图 4-39（a）。这与荷载作用下的裂缝分布完全不同，荷载作用下板底裂缝以垂直于板短边的居多。在房屋的四角，也常常开裂，见图 4-39（b）。

（3）开裂部位的混凝土强度一般均不低于设计要求的等级。

图 4-39　现浇混凝土楼板早期收缩裂缝的分布规律

(a) 楼板收缩裂缝平行于短边；(b) 楼板角部收缩裂缝；(c) 楼板收缩裂缝始于电线盒；
(d) 板底收缩裂缝杂乱无章

早期收缩裂缝大致包含以下 4 种裂缝形式，实际工程中的裂缝常常是这 4 种裂缝的不同组合：

（1）塑性塌落裂缝。一般多在混凝土浇筑过程或浇筑成型后，在混凝土初凝前发生，由于混凝土拌合物中的骨料在自重作用下缓慢下沉，水向上浮，即所谓的泌水，若是素混凝土，混凝土内部下沉是均匀的，若是钢筋混凝土，则混凝土沿钢筋下方继续下沉，钢筋上面的混凝土被钢筋支顶，使混凝土沿钢筋表面产生顺筋裂缝。这种塑性塌落裂缝，对于大流动性混凝土或水灰比较大的混凝土尤为严重。

（2）塑性收缩裂缝。一般多在混凝土浇筑后，还处于塑性状态时，由于天气炎热、蒸发量大、大风或混凝土本身水化热高等原因，而产生裂缝。

（3）干缩裂缝。一般多在混凝土硬化过程中，由于混凝土失水干燥，引起体积收缩变形，这种体积变形受到约束时，就可能产生干缩裂缝。混凝土干缩裂缝，一般有两种形状：一种为不规则龟纹状或放射状裂缝（图 4-39d）；另一种为每隔一段距离出现一条裂缝（图 4-39a）。

（4）温度裂缝。一般是由于外界温度变化，使混凝土产生胀缩变形，这种变形即为温度变化，当混凝土构件受到约束时，将在混凝土构件内产生应力，当由此产生的混凝土内部的拉应力超过混凝土抗拉强度极限值时，混凝土便产生温度裂缝。混凝土在浇筑、成型、养护过程中，由于混凝土水化热及外界温度的变化，均可能产生温度裂缝。因此，温度作用是引发混凝土早期收缩裂缝的主要原因之一。

早期收缩裂缝的最大危害在于观感差、引起渗漏而影响正常使用，其中楼板裂缝对正常使用的影响最大。由于结构的破坏和倒塌往往是从裂缝的扩展开始的，所以裂缝常给人一种破坏前兆的恐惧感，对住户的精神刺激作用不容忽视。有无肉眼可见的裂缝是大部分住户评价住宅质量好坏的主要标准，而墙体和楼板裂缝是住户投诉住房质量的主要缘由之一。据报道，1999 年住户（业主）入住投诉率比 1998 年增加了 44%，而 2000 年则比 1999 年增加了 136%。

据统计，现浇钢筋混凝土结构构件出现早期收缩裂缝的常见部位按出现的几率排序大致为[28,53]：地下室外墙大于基础底板，基础底板大于楼层楼板。地下室外墙和基础底板一般均双层配筋且配筋率远大于楼层楼板，其厚度至少为 200mm，比一般的楼板厚得多，而其开裂的几率反而高于楼层楼板，说明单纯增加楼层楼板的板厚或提高板的配筋率均不是减少现浇板出现早期收缩裂缝的最有效措施。

2. 混凝土早期收缩裂缝增多的主要原因

20 世纪 80 年代末以前，在民用建筑中，混凝土早期收缩裂缝出现的几率是比较小的，自 20 世纪 90 年代初以来，随着我国泵送流态混凝土的施工工艺的逐步推广，工程中出现早期收缩裂缝的比例逐渐增多，说明钢筋混凝土结构早期收缩裂缝的增多与泵送及商品混凝土的广泛使用，是有一定的对应关系的。曾经有一典型的工程，采用商品混凝土，一层顶板混凝土浇筑至楼层的约 2/3 时，由于特殊的原因商品混凝土供应不上，临时采用现场搅拌混凝土浇筑余下部位。拆模后发现采用商品混凝土的部位，混凝土早期收缩裂缝较多，而现拌混凝土部位则基本未裂。泵送流态混凝土由于流动性及和易性的要求，坍落度增加、水灰比增大、水泥强度等级提高、水泥用量增加、骨料粒径减小、外加剂增多等诸多因素的变化，导致混凝土的收缩及水化热作用都比以往的低流动性混凝土大幅度增加，例如过去流动性混凝土及低流动性混凝土的收缩变形约为[28]$2.5 \times 10^{-4} \sim 3.5 \times 10^{-4}$，而现在泵送流态混凝土的收缩变形约为 $6.0 \times 10^{-4} \sim 8.0 \times 10^{-4}$，收缩变形值大为增加。

收缩变形导致结构开裂的机理十分简单，即在给定的环境中，不受约束的混凝土都有潜在的一定程度的收缩，这种不受约束的自由收缩是不会导致构件开裂的，问题是几乎所有实际工程中的混凝土结构或构件都毫无例外地存在约束，约束限制混凝土收缩，因而产生收缩拉应力，当收缩拉应力达到或超过混凝土凝结硬化过程那一刻的极限拉应力时，就会产生开裂。在混凝土凝结硬化过程中，混凝土的极限拉应力是随时间的推移而变化并趋于平稳直至稳定的变量，而混凝土的抗拉极限强度非常低，仅为抗压强度的 1/10 左右。影响干缩的主要因素有：混凝土拌和成分的特性及其配合比、环境的影响、设计和施工等。此外，施工中不合理地浇筑混凝土，例如，在施工现场重新加水改变稠度，而引起收缩值增大。周围环境的相对湿度极大地影响着收缩的大小，相对湿度低则收缩值增大。

此外，"建筑工程裂缝机理与防治的研究"课题组进行了砌体结构现浇板约束刚度对非荷载裂缝影响的试验研究，通过设置构造柱、圈梁的结构与取消构造柱、圈梁使直接嵌入墙体内的两种三层砌体结构模型试验的比较，得出了以下结论[17]：（1）楼板出现非荷载性裂缝与混凝土收缩有关，与板上承受的可变荷载大小无关。（2）设置圈梁和构造柱对结构刚度有一定提高作用，但楼板裂缝即使在没有圈梁和构造柱的情况下也可发生，且发生的裂缝可能更多更严重。（3）裂缝出现时间大约在混凝土龄期的 3～4 个月左右，也有提前或延后出现的情况。裂缝一旦出现，经一段时间发展后，可基本达到稳定，不再有新裂缝出现。（4）非荷载裂缝一般是贯穿性裂缝，可引起渗漏。板面与板底裂缝形态大致相当，板面与板底裂缝位置相近，但一般不完全吻合，所以裂缝截断面一般不是规则平面，且不垂直板面。（5）板角 45° 角裂缝出现的可能性最大。（6）砌体结构房屋的室内温度随房屋外界环境温度的变化而变化，室内温度的变化规律与室外温度变化规律相近；室内温度变化要滞后于室外温度变化 1～2d；当外界环境温差较大时，室内可出现的温差较小，为室外温差的 2/3～1。

由于产生早期收缩裂缝部位在温度、外荷载、徐变等共同作用下，裂缝宽度不断变化，修补较困难，采用化学灌浆修补后不久，裂缝往往又重新出现。因此，为减少和控制裂缝的危害程度，应倡导从源头上采取综合措施来减小混凝土的收缩变形值、控制现浇板出现早期收缩裂缝。混凝土结构裂缝是由混凝土材料、施工、设计、管理等综合因素造成的，必须进行综合治理才有成效。因此要控制和减少混凝土早期收缩裂缝，仅从施工的角度解决不了问题，仅从设计的角度也同样解决不了问题，必须由设计牵头，精心设计、施工密切配合才能解决问题。具体地说有以下几个方面：

3. 减少和控制混凝土早期收缩裂缝的设计技术措施

（1）合理选取构件截面最小尺寸

对收缩影响最大的设计参数是钢筋用量和混凝土构件的尺寸、形状以及表面积与体积的比值。在相同的周围环境中，混凝土表面积与体积的比值越大，构件的收缩变形值也越大。对混凝土表面积与体积的比值较大的楼板，其最小厚度不宜小于 80mm；对筏板基础，垫层厚度不宜小于 70mm，底板厚不宜小于 200mm，底板下最好做一道柔性防水层，以减弱地基对基础底板的约束程度，减少混凝土收缩拉应力。

（2）合理选取混凝土强度等级

提高混凝土强度等级，势必增加水泥用量或提高水泥强度等级，混凝土的收缩及水化热作用也随之增加。水泥用量及水泥强度等级的提高，对混凝土抗压强度的增长较大，而其抗拉强度则变化甚微，因而产生钢筋混凝土结构的早期收缩裂缝的几率反而随之增大，所以在满足耐久性要求的前提下，应尽量采用中低档混凝土强度等级（C20～C30），以减少混凝土的收缩及水化热作用。

（3）加强薄弱环节减少应力集中效应

由于泵送流态混凝土的收缩变形及水化热作用均比以往的低流动性及预制混凝土大量

增加，为避免和减少钢筋混凝土结构的早期收缩裂缝，对结构和构件的凹角等薄弱部位应采取相应的补强措施，减少应力集中。图4-40为某塔楼基础底板尖角（阴角）处减缓应力集中的补强做法。

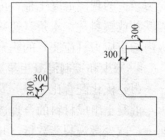

图4-40　基础底板凹角补强措施

（4）适当增配构造钢筋

配筋能减少混凝土的收缩作用，因为钢筋能起一定的约束作用。自2002版混凝土设计规范开始，受弯构件的最小配筋率已由0.15%提高到0.20%。适当增配构造配筋有利于防止结构裂缝的出现。《建筑工程裂缝防治指南》[17]第7.2.10条："在温度、收缩应力较大的现浇板区域内，钢筋间距宜取为150～200mm，并应在板的未配筋表面布置温度收缩钢筋。板的上、下表面沿纵、横两个方向的配筋率均不宜小于0.1%。对屋面板等部位，还应适当增加配筋率。"再如在现浇板中内埋电管较多的部位适当配置构造钢筋（图4-41）、增大板孔洞边的加强筋、不规则板角隅应力集中区的配筋（图4-42）。《建筑工程裂缝防治指南》[17]第8.1.5条："混凝土板、墙中的预埋管线宜置于受力钢筋内侧，当置于保护层内时，宜在其外侧加置防裂钢筋网片。混凝土板、墙中的预留孔、预留洞周边应配有足够的加强钢筋并保证足够的锚固长度。"地下室外墙墙体水平筋应特别加强，不少文献建议其配筋率宜＞0.50%。

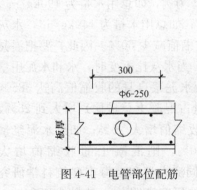

图4-41　电管部位配筋

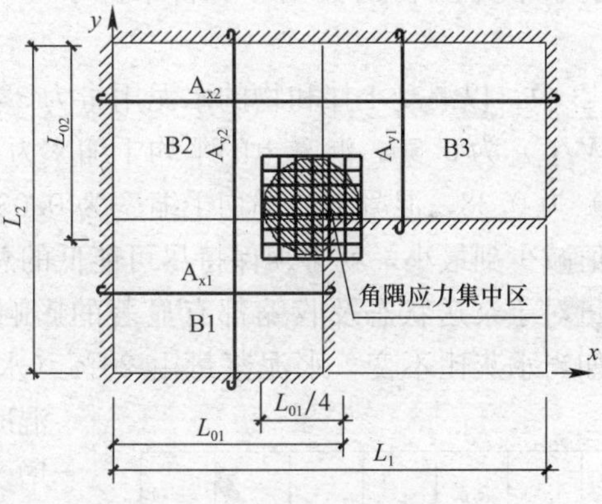

图4-42　板角隅应力集中区配筋

（5）增设施工后浇带

混凝土收缩变形的大小与时间有关。从长达30年的综合研究中获得的平均数据可知，在前20年中，约50%的干缩是在头两个月内产生的，而将近80%的干缩是在第一年内完成的。因此，在结构的长度方向，每隔20～30m设一道800mm宽后浇带，将楼层划分为若干流水作业段，待该部位混凝土浇灌45～60d并完成大部分收缩变形后，用比原设计高一等级、坍落度30～80mm的流动性补偿收缩混凝土浇灌密实，并确保湿养不少于14d。

（6）减少结构所受到的约束程度

混凝土收缩变形的大小与结构所受到的约束程度有关，不受约束的自由收缩是不会引发开裂的。所以减少结构所受到的约束程度，有助于减少混凝土收缩变形值，进而可以减少和控制混凝土早期收缩裂缝。最常见的措施就是在基础底板设置卷材防水材料，以减少基础地板与地基之间的摩擦力。《建筑工程裂缝防治指南》[17]第7.2.9条："对温度、收缩应力较大的现浇混凝土板，可在周边支承梁、墙中心线处设置控制缝。在浇筑混凝土后插入铁片或塑料片、木条（初凝后取走），引导混凝土裂缝在梁、墙轴线部位出现，以减小板内约束应力（应变）的积聚。而控制缝则在以后浇筑混凝土加以掩盖。"

4. 减少和控制混凝土早期收缩裂缝的施工措施

（1）优化配合比

混凝土组成材料的合理选择和配合比优化设计，可以控制混凝土的干缩变形量和增长速率，减少微观裂缝数量，并提高混凝土的抗裂性能。

混凝土拌和成分的特性及其配合比是影响混凝土干缩的主要因素之一。混凝土硬化时，混凝土基料中一些过剩自由水蒸发导致体积减小，称为收缩。体积减小发生在混凝土硬化以前，就称作塑性收缩；在混凝土已经硬化以后，主要是由于水分损失而引起的体积减小则称为干缩。对于路面、桥梁和平板等构件，塑性收缩和干缩的可能性比温度收缩、碳化收缩大得多。混凝土干缩是不可避免的，除非混凝土完全浸泡在水中或处于相对湿度为100%的环境中。因此，设计和施工过程中，都必须考虑收缩的不利影响。干缩产生的真实机理是复杂的，一般认为当混凝土表面暴露在干燥状态下，混凝土首先失去自由水，继续干燥的话，则导致吸附水损失，无约束的水泥浆的体积改变和水化产物C—S—H键之间的引力增大而导致收缩。吸附水层的厚度随着含水量的增大而增厚，因此含水量越高，收缩越大。混凝土拌和物的总用水量对干缩的影响见图4-43（阴影面积为从大量不同配合比的拌和物中获得的数据，资料来源于美国《混凝土国际设计与施工》1998年第4期）。

图4-43中，以混凝土拌和物的水泥用量为380kg/m³为例，如总用水量为190kg/m³，水灰比（W/C）为0.50，混凝土的平均干缩率为0.06%；如总用水量为145kg/m³，水灰比（W/C）为0.38，混凝土的平均干缩率为0.03%，收缩值减少50%。因此，要把混凝土的干缩值减少到最小，就必须保持尽可能低的总水量。当水灰比不变时，水和水泥用量即水泥浆量对于泵送状态及收缩都有显著的影响，因为水泥浆自身的收缩值高达385×10⁻⁴。例如当水灰比不变，水泥浆量由20%（水泥浆量占混凝土总量比）增大到25%，混凝土的收缩值增大20%；如果水泥浆量增大到30%，则混凝土的收缩值增大45%[28]。同济大学和上海市建筑科学研究院等单位的研究表明[17]：骨料体积含量一定时，0.50～0.60为较佳水灰比（水胶比）范围，在较佳水灰比（水胶比）下，单位用水量的变化对混凝土收缩变形的影响并不显著。

因此，在保证可泵性和水灰比一定的前提下，应尽可能地降低水泥浆量。搅拌站和施工单位应根据结构强度需要和流动度的要求确定较低的坍落度，根据施工季节及运输距离选择一定的出厂坍落度和送到浇筑地点的坍落度，并根据现场坍落度信息，随时调

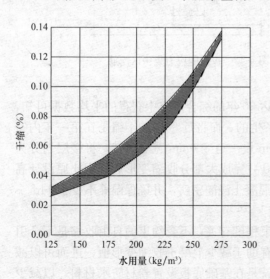

图4-43 混凝土拌和物总用水量对干缩的影响

234

整搅拌站水灰比。由于泵送混凝土的流动性要求与混凝土抗裂要求相矛盾，应选取在满足泵送的坍落度下限条件下，尽可能降低水灰比。为降低用水量，保证泵送的流动度，应选择对收缩变形有利的减水剂。研究结果指出，掺加中等范围减水剂和高效减水剂可大幅度减少总水用量，因而可减少干缩。而掺加氯化钙、磨细粒状高炉矿渣和某些火山灰时，混凝土的干缩增大，应尽量少用。

水泥品种对收缩的影响主要体现在矿物组成和细度两个方面。不同水化产物失水时的收缩不同，其次序为$C_3A>C_3S>C_2S>C_4AF$。此外，所有碱含量高的水泥收缩值都较大。一般认为，不同品种水泥对混凝土收缩影响的大小顺序是[31]：大掺量矿渣水泥＞矿渣水泥＞普通硅酸盐水泥＞早强水泥＞中热水泥＞粉煤灰水泥。

粗骨料对干缩的影响有两层意思：一是提高粗骨料的用量，可使混凝土拌和物的总用水量及水泥浆量相应减少，从而减小混凝土的干缩；二是由于粗骨料的约束作用减少了水泥浆的干缩。粗骨料的约束作用取决于骨料的类型和刚度、骨料的总量和最大粒径。坚固、坚硬的骨料，如白云石、长石、花岗石和石英等，对水泥浆的收缩将起更大的约束作用。而砂岩和板岩对水泥浆的约束作用较弱，应尽量避免使用。同时应避免使用裹有黏土的骨料，因为黏土降低了骨料对水泥浆的约束作用。骨料体积含量对混凝土的收缩具有显著的影响。在完全自然养护条件下，胶凝材料浆体组成确定，以骨料等量代替浆体进行收缩试验表明：混凝土干燥收缩伴随骨料体积含量的增大持续减小，但当混凝土中骨料体积含量较低时，增大骨料体积含量，混凝土收缩量的减少并不显著；而当骨料体积含量从66％增大到68％时，对混凝土收缩的影响最为敏感，收缩值显著降低；而当骨料含量大于68％以后，减少混凝土收缩的作用又开始趋缓[31]。而同济大学等单位的研究则认为[17]："在胶凝材料浆体组成一定时，骨料体积含量越大，混凝土的收缩值越小。骨料体积在68％～70％范围内变化时，对收缩的影响最为敏感。从减少混凝土收缩的角度看，当骨料体积含量大于70％时，最为有效。"目前，国内商品混凝土生产所使用的碎石普遍存在粒径分布集中、中间粒级少的特点，2.5～10mm粒级的骨料含量不足，使骨料的堆积孔隙率增大，骨料体积含量受到限制，使混凝土的收缩变形值偏大。因此，应尽量避免使用粒径分布集中、中间粒级颗粒少的的粗骨料，条件允许时根据粗骨料的级配情况，掺加一定比例的5～16mm的瓜子片对粗骨料进行优化，提高混凝土骨料的体积含量，减少混凝土的收缩值。

砂石的含泥量对于混凝土的抗裂强度与收缩的影响很大，我国对含泥量的规定比较宽，但实际施工中还经常超标。砂石骨料的粒径应尽可能大些，以达到减少收缩的目的。以砂的粒径为例，有资料表明，采用细度模数为2.79、平均粒径为0.381的中粗砂，比细度模数为2.12、平均粒径为0.336的细砂，每立方混凝土可减少用水量20～35kg、减少水泥用量28～35kg。

砂率过高意味着细骨料多、粗骨料少，收缩作用大，对抗裂不利。砂率一般不宜超过45％，以40％左右为好。砂石的吸水率应尽可能小一些，以利于降低收缩。《混凝土结构工程施工规范》GB 50666—2011第7.2.4条："细骨料宜选用Ⅱ区中砂。当选用Ⅰ区砂时，应提高砂率，并应保持足够的胶凝材料用量，同时应满足混凝土的工作性要求；当采用Ⅲ区砂时，宜适当降低砂率。"

天津建筑科学研究院的研究表明[17]：掺入化学减缩剂可以不同程度地降低混凝土的

干缩率，早期减缩率可达 30%～75%，后期减缩率达 20%～40%。

减水剂对水泥石收缩的影响有两方面：一方面减水剂可有效降低水的表面张力，有减少收缩的作用；另一方面，由于包裹水的释放，减水剂使水泥石孔隙分布细化，有增大水泥石收缩的趋势。两者的共同工作决定水泥石收缩的变化，而作用的结果与减水剂的种类、掺量等有关。表 4-5、表 4-6 给出的是试验结果[31]。

掺加减水剂对水泥石圆环开裂时间的影响　　　　　　　　　　表 4-5

减水剂的种类、掺量	未掺减水剂	萘系减水剂 0.50%（粉剂）	三聚氰胺系减水剂 2%（液剂）
开裂时间（h）	22	18	14
	39	23	—
	32	21	—
试验条件	水灰比 0.32，温度（20±2）℃，湿度（60±5）%，P·O 42.5 水泥		

减水剂掺量对水泥石开裂时间的影响　　　　　　　　　　表 4-6

序　号	1	2	3	4	5	6
减水剂掺量（%）	0.30	0.40	0.50	0.60	0.70	0.80
开裂时间（h）	21.5	15	15	15	7	7
试验条件	水灰比 0.30，温度（20±2）℃，湿度（60±5）%，萘系减水剂					

可见，减水剂对混凝土的抗裂性能产生不利的影响。因此，在高强混凝土中，减水剂对混凝土的初期龄期抗裂性能更为不利，这也就是高强混凝土容易开裂的主要原因之一。而且水灰比越小，减水剂的不利影响就越大。

粉煤灰是泵送混凝土的重要组成部分。由于粉煤灰的火山灰活性效应及微珠效应，具有优良性质的粉煤灰（不低于Ⅱ级），在一定掺量下（水泥重量的 15%～20%），其强度还有所增加（包括早期强度，见表 4-7），密实度也增加，收缩变形有所减少，泌水量下降，坍落度损失减少。但当粉煤灰的掺量增大到 25% 时，强度有所降低。

粉煤灰、UEA 及减水剂的不同掺量对混凝土（C60）强度的影响[38]　　　　表 4-7

编号	水泥 C（kg/m³）	粉煤灰 F 掺量（%）	UEA 掺量（%）	减水剂掺量（%）	水胶比 W/(C+F+U)	坍落度（mm）	抗压强度（MPa） 7d	28d	60d
1	481	15	0	0.55	0.300	140	52.5	68.0	80.0
2	447	15	0	0.55	0.305	160	57.6	72.2	83.0
3	433	15	0	0.55	0.310	180	56.8	71.3	82.0
4	421	20	7	0.60	0.305	110	52.8	69.0	81.3
5	408	20	7	0.60	0.310	130	51.7	71.9	76.1
6	453	20	7	0.60	0.309	160	54.2	68.5	71.1
7	382	25	10	0.65	0.307	110	41.9	62.6	77.2
8	425	25	10	0.65	0.300	140	48.6	59.3	81.3
9	474	25	10	0.65	0.304	150	41.8	59.2	62.3

由表 4-8 可见，同等条件下，不掺减水剂时，粉煤灰替代水泥的替代率越大，水泥圆环试件开裂时间不断延长，掺量越高越有利于提高混凝土初龄期的抗裂性能，当粉煤灰替代率达到一定值（25%～35%）后趋于稳定。减水剂的颗粒分散作用能使水泥石孔隙均化

和细化，Ⅰ级粉煤灰与减水剂双掺时，如粉煤灰替代率较低，减水剂的孔隙细化作用抵消了部分粉煤灰孔隙粗化作用，粉煤灰的抗裂缝效果降低；当粉煤灰替代率较高时，减水剂的孔隙细化作用被粉煤灰孔隙粗化作用抵消，减水剂的孔隙均化作用则有利于粉煤灰的均匀分布，使水泥粗化孔隙孔径分布集中，反而有利于提高水泥石的抗裂性能。Ⅱ级粉煤灰与减水剂双掺时，减水剂的孔隙细化作用可有效修正粉煤灰孔隙粗化作用，减少水泥石的早期收缩，在所有掺量下均有利于提高水泥石的初龄期抗裂性能，但抗裂效果不如Ⅰ级粉煤灰。此外，采用粉煤灰与减水剂掺入混凝土的"双掺技术"可取得降低水灰比，减少水泥浆量，提高混凝土的可泵性的良好效果，特别是可明显延缓水化热峰值的出现，降低温度峰值。同济大学等单位的研究表明[17]：加入一定量的Ⅰ级或Ⅱ级粉煤灰对提高混凝土的开裂性能是有好处的，其适宜掺量为20%～30%。尤其在掺加高效减水剂时，更宜同时掺用粉煤灰。

粉煤灰、粉煤灰减水剂双掺对水泥石开裂性能的影响[31]　　　　　　　表 4-8

序号	水灰比	减水剂掺量（%）	粉煤灰掺量（%）	开裂时间（h）	备 注
1	0.32	—	—	22	
2	0.32	—	20	91	Ⅰ级粉煤灰
3	0.32	0.5	0	18	萘系减水剂
4	0.32	0.5	20	91	Ⅰ级粉煤灰、萘系减水剂
5	0.32	2	0	14	三聚氰胺系减水剂
6	0.32	2	20	91	Ⅰ级粉煤灰、三聚氰胺系减水剂
7	0.32	—	—	39	
8	0.32	—	15	55	Ⅰ级粉煤灰
9	0.32	0.5	—	23	萘系减水剂
10	0.32	0.5	15	39	Ⅰ级粉煤灰、萘系减水剂
11	0.32	—	15	87	Ⅰ级粉煤灰
12	0.32	—	25	111	Ⅰ级粉煤灰
13	0.32	—	35	＞240	Ⅰ级粉煤灰
14	0.32	—	45	＞240	Ⅰ级粉煤灰
15	0.32	0.5	—	24	Ⅰ级粉煤灰、萘系减水剂
16	0.32	0.5	15	42	Ⅰ级粉煤灰、萘系减水剂
17	0.32	0.5	25	＞240	Ⅰ级粉煤灰、萘系减水剂
18	0.32	0.5	35	＞240	Ⅰ级粉煤灰、萘系减水剂
19	0.32	0.5	45	＞240	Ⅰ级粉煤灰、萘系减水剂
20	0.32	—	15	27	Ⅱ级粉煤灰
21	0.32	—	25	62	Ⅱ级粉煤灰
22	0.32	—	35	71	Ⅱ级粉煤灰
23	0.32	—	45	74	Ⅱ级粉煤灰
24	0.32	0.5	15	27	Ⅱ级粉煤灰、萘系减水剂
25	0.32	0.5	25	74	Ⅱ级粉煤灰、萘系减水剂
26	0.32	0.5	35	95	Ⅱ级粉煤灰、萘系减水剂
27	0.32	0.5	45	＞120	Ⅱ级粉煤灰、萘系减水剂

对大体积混凝土应优先采用矿渣水泥或掺入矿渣掺合料。矿渣掺合料等量取代水泥，

能起到降低黏度和大幅度提高强度的作用，据文献资料介绍，主要有以下三方面的原因：

① 形貌效应，掺合料颗粒形状大多为珠状，在集料间起着滚珠的作用，润滑集料表面，从而改善混凝土的流动性；

② 微集料效应，掺合料比较细，能够填充在集料的空隙及水泥颗粒之间的空隙中，使得颗粒级配更趋理想化，达到较密实状态，减少了用水量；

③ 火山灰效应，这是掺合料对混凝土贡献最大的效应。掺合料本身不具活性或活性很低，起不到胶凝作用，但其中有部分活性 SiO_2、Al_2O_3 等，在碱性环境下，受到激发，可表现出胶凝性能。水泥中有调凝作用的石膏，水化后能产生碱石灰，在这样的环境中，掺合料的活性成分发生反应，生成具有胶凝能力的水化硅酸钙、水化铝酸钙和水化硫铝酸钙，提高了混凝土的强度。

掺合料这三个效应同时作用即润滑、细化孔隙、胶凝作用，使水化热降低，坍落度损失减少，碱度降低，后期强度仍有所增长，达到改性的目的。同济大学等单位的研究表明[17]：矿粉等量替代水泥会导致混凝土收缩的增大，掺量小于 15% 时，对收缩影响较小，对控制收缩有利。《混凝土结构工程施工规范》GB 50666—2011 第 7.2.7 条："矿物掺合料的选用应根据设计、施工要求，以及工程所处环境条件确定，其掺量应通过试验确定。"

（2）施工缝的加强措施

为缩短施工周期、便于模板周转、减少夜间施工扰民以及缓解混凝土收缩和水化热对结构的不利影响，在结构楼层中留设施工缝和后浇带是不可避免的。由于施工缝两侧混凝土浇灌的时间差，引起施工缝两侧混凝土的收缩变形不一致，因而易于在施工缝处形成一条贯通裂缝而影响使用，因此施工缝处应采取相应的加强措施，尽量减少和避免在施工缝处形成贯通裂缝而影响使用，常见的加强措施有：

① 加强配筋。对楼板，施工缝部位应设双层钢筋且钢筋间距以 100～150mm 为宜；加密剪力墙水平筋间距，以 100～150mm 为宜；梁的箍筋也应适当加密。

② 优化混凝土配合比。如条件允许，施工缝两侧各 2m 范围内的混凝土采用特殊的配合比，即在满足泵送要求的前提下，尽量选用较低的坍落度值、降低水灰比、减少水泥用量、增大粗骨料的粒径和提高骨料的用量，添加 UEA、HEA 等微膨胀剂配置补偿收缩混凝土，并加强养护，做到湿养不少于 14d。

③ 界面剂。界面剂的抗拉强度大于素水泥浆一倍以上，使用合适的界面剂有助于增加施工缝处新老混凝土结合面的粘结力，减缓混凝土在新老混凝土结合面处开裂的可能性。

④ 施工缝构造。采取上述措施后，施工缝处因混凝土早期收缩而形成贯通裂缝的可能性大为降低，但在温度、徐变等的作用下，仍有可能形成贯通裂缝。为减少和避免施工缝处贯通裂缝渗漏水而影响使用，对于现浇板可采用企口缝（图 4-44），避免裂缝处渗漏水。

⑤ 施工缝位置的选择。上下楼层施工缝的平面位置应错开一段距离，避免沿竖向形成上下贯通的通缝而出现薄弱环节集中在竖向同一断面。由于施工缝毕竟是薄弱部位，在选择施工缝的位置时，应尽量避开厨房、卫生间等经常处于潮湿环境的部位。《混凝土结构工程施工规范》GB 50666—2011 第 8.6.1 条："施工缝留设位置应经设计单位确认。"并在第 8.6.2 条和 8.6.3 条分别给出水平施工缝和竖向施工缝的设置要求。

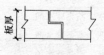

图 4-44　企口缝示意

（3）混凝土养护不充分对收缩的影响

国外由于研制开发了减小混凝土收缩的外加剂（其主要成分为聚氧化烯烃烷基醚与低醇类次烷基醇的加成物），所以其泵送流态混凝土的收缩变形值能得到有效地控制。国内由于缺乏类似的外加剂，虽然通过添加 UEA、HEA 等微膨胀剂，可从某种程度上减少混凝土的收缩变形，但由于 UEA、HEA 等的限制膨胀率指标是在水养 14d 的情况下获得的，如果养护条件跟不上，则其限制膨胀率明显降低而失去减少混凝土收缩变形的作用。工程实践中，出现添加微膨胀剂对防裂无效，甚至反而开裂更甚，并产生后期强度倒缩等的事例时有发生[37]。所以目前减少混凝土收缩变形的主要措施还是应加强混凝土的养护。正常级配的混凝土，根据养护条件的不同，其混凝土极限拉伸 ε_p 一般为[28]：$0.5 \times 10^{-5} \sim 2.0 \times 10^{-4}$。而当混凝土的收缩变形值大于混凝土极限拉伸 ε_p 时，混凝土即开裂。研究表明，当混凝土内外温差为 10℃时，产生的冷缩变形约为 1.0×10^{-4}，而当混凝土内外温差为 20～30℃时，产生的冷缩变形约为 $2.0 \times 10^{-4} \sim 3.0 \times 10^{-4}$。因此，如果按控制混凝土的收缩变形值为指标进行换算，则泵送流态混凝土的养护要求即相当于大体积混凝土的养护要求。但实际工程中，对大体积混凝土一般都能严格按规范规定的要求进行特殊的养护，以控制混凝土的内外温差和收缩变形值，但对泵送流态混凝土的养护，通常仍采用过去流动性及预制混凝土的养护要求，这是目前设计和施工单位容易忽视的一个关键因素。混凝土表面的相对湿度关系到混凝土表面蒸发速度或失水程度，当混凝土刚开始失水时，首先失去的是较大孔径中的毛细孔隙水，相应的收缩值较小。

图 4-45 表示固体水泥浆的干燥收缩量与失水比例的关系[40]。当失水率从 0 增加到17%（相应的相对湿度从 100%降至 40%左右）时，收缩量约为 0.6%。如失水量继续增加，则收缩量迅速增加（相应于图 4-44 中陡然下降折线段），因为这一阶段的收缩多为胶体孔隙水散失所致。这就是工程实践中当某些部位混凝土养护不当时，发生大面积干缩龟裂裂缝的主要原因。文献［31］给出了相对湿度、失水类型与收缩量的关系，见表 4-9。

美国 ACI305 委员会 1991 年发表的《炎热气候下的混凝土施工》中指出，混凝土入模温度高、环境气温高、风速大、环境相对湿度低和阳光照射引起混凝土表面水分蒸发快是产生混凝土早期干缩裂缝的原因，混凝土早期干缩开裂的临界相对湿度如表 4-10 所示。可见虽然自然养护的形式为浇水，但对混凝土收缩直接有影响的是混凝土表面的相对湿度。因此，混凝土浇筑成型后及时覆盖很重要，因为仅浇水，未必能达到表面相对湿度的要求。作者从实际工程中总结出的浇水养护要诀是：不发白、均匀且不间断。有的工程也浇水而且浇水量也很大，但就是开裂，其主要原因是时机没掌握好，时机的掌握主要表现在以下三个方面[39]：

① 初次浇水时间偏晚，一旦混凝土表面

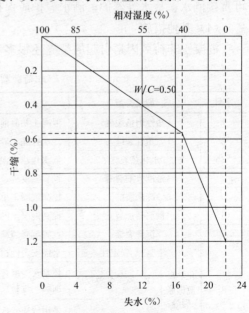

图 4-45 水泥浆干燥收缩量与失水比例关系

发白，混凝土表面与其内部的毛细管通道被堵绝，再浇水，水很难由毛细管通道进入混凝土内部，对其凝固所需水的补充作用不大。

② 浇水不能间断，间断后表面与其内部的毛细管通道同样被堵绝。

③ 浇水如果不均匀，以出现局部薄弱部位而率先开裂，也达不到防裂的目的。

相对湿度、失水类型与收缩量　　　　　　　　　　　　表 4-9

相对湿度（%）	100～90	90～40	40～20	20～0	0 和升温
失水类型	自由水和毛细水	毛细水	吸附水	层间水	化合水
收缩大小	无收缩或很小	大	较大	很大	很大

混凝土早期干缩开裂的临界相对湿度　　　　　　　　表 4-10

混凝土温度（℃）	40.6	37.8	35.0	32.2	29.4	26.7	23.9
相对湿度（%）	90	80	70	60	50	40	30

《全国民用建筑工程设计技术措施》指出[33]："结构表层混凝土的耐久性质量在很大程度上取决于施工养护过程中的湿度和温度控制。暴露于大气中的新浇混凝土表面应及时浇水或覆盖湿麻袋，湿棉毯等进行养护，如条件许可，应尽可能蓄水或洒水养护（反梁式筏基采用蓄水最好），但在混凝土发热阶段最好采用喷雾养护，避免混凝土表面温度产生骤然变化。对于大掺量粉煤灰混凝土，在施工浇筑大面积构件（筏基，楼板等）时，应尽量减少暴露的工作面，浇筑后应立即用塑料薄膜紧密覆盖（与混凝土表面之间不应留有空隙）防止表面水分蒸发，并应确保薄膜搭接处的密封。待进行搓抹表面工序时可卷起薄膜并再次覆盖，终凝后可撤除薄膜进行水养护。"《混凝土结构工程施工规范》GB 50666—2011 第 8.3.7 条："混凝土浇筑后，在混凝土初凝前和终凝前，宜分别对混凝土裸露表面进行抹面处理。"第 8.5.3 条："洒水养护宜在混凝土裸露表面覆盖麻袋或草帘后进行，也可直接洒水、蓄水等养护；洒水养护应保持混凝土表面处于湿润状态。"

（4）其他措施

混凝土非荷载因素引起的裂缝还很多，详见表 4-11。

非荷载裂缝及其控制措施　　　　　　　　　　　　　表 4-11

序号	裂缝类型		控制措施
1	塑性坍落裂缝		混凝土初凝前二次振捣、分批浇筑
2	塑性裂缝		二次抹光、养护、覆盖防风吹、日晒
3	水化热裂缝		低水化热水泥、控制混凝土入模温度、掺加缓凝剂、人工冷却、分批浇筑
4	温度收缩裂缝		设置温度缝、设置温度钢筋、采取保温措施减少温差
5	冻融裂缝		提高混凝土早期强度、保温措施、掺加引气剂、防冻剂、早强剂
6	钢筋锈蚀裂缝		提高混凝土的密实度、保证钢筋保护层厚度、阻锈剂
7	沉降裂缝		设置沉降裂缝、加固地基
8	化学反应膨胀裂缝	（1）安定性不良	水泥安定性检测、控制
		（2）碱—骨料反应	控制水泥碱含量、控制骨料活性氧化硅含量、掺加活性矿质掺合料、掺加碱—骨料反应抑制剂
		（3）硫酸盐侵蚀	采用抗硫酸盐水泥、提高混凝土密实度、掺加引气剂、防水剂、矿物掺合料、混凝土加保护层

《建筑工程裂缝防治指南》[17]第8.2.5条："楼板混凝土浇筑完成到初凝前，宜用平板振动器进行二次振捣。终凝前宜对表面进行二次搓毛和抹压，避免出现早期失水裂缝。"第8.2.6条"现浇混凝土楼板可在拌合物下料时预备出一定厚度，待浇筑完毕后于初凝前在表面掺入清洗干燥后的小颗粒碎石，并与底层混凝土搅拌后作二次振捣，避免板面裂缝。浇筑时厚度的预备量10～20mm、每平方米石子的掺入量、二次搅拌后的混凝土试件取样、相应的混凝土强度等均应事先确定并满足设计要求。"这些都是比较简单易行且有效的措施。

《混凝土结构工程施工规范》GB 50666—2011第8.7.1条："基础混凝土，确定混凝土强度时的龄期可取为60d（56d）或90d；柱、墙混凝土强度等级不低于C80时，确定混凝土强度时的龄期可取为60d（56d）。确定混凝土强度时采用大于28d的龄期时，龄期应经设计单位确认。"《全国民用建筑工程设计技术措施》第2.6.2条指出[33]："混凝土采用60～90d强度。建筑物底部结构承受全部荷载，都在60d以后，采用后期强度，可少用水泥，利用粉煤灰，是减少裂缝很有效的方法……国外用90d强度已很普遍。这样既可以节约水泥用量，降低造价，又可以减少混凝土的收缩，减少由此而产生的开裂。为限制混凝土的早期开裂，可控制混凝土的早期强度，在不掺缓凝剂的情况下，可要求12h抗压强度不大于8kN/mm² 或24h不大于12kN/mm²，当抗裂要求较高时，宜分别不高于6kN/mm² 及10kN/mm²。尽可能晚拆模，拆模时的混凝土温度（由水泥水化热引起的）不能过高，以免接触空气时降温过快而开裂（拆模后混凝土表面温度不应下降15℃以上），更不能在此时浇筑凉水养护。混凝土的拆模强度不低于C5。"

以上从工程应用的角度分析探讨了减少混凝土早期收缩裂缝出现的几率、控制不可避免混凝土早期收缩裂缝危害程度的综合技术措施，它再次表明，裂缝控制技术是设计施工共同的任务，必须双方协作才能见效。

参 考 文 献

[1] 天津大学等. 钢筋混凝土结构（下册）[M]. 北京：中国建筑工业出版社，1980

[2] 刘大海等. 高层建筑抗震设计 [M]. 北京：中国建筑工业出版社，1993

[3] 方秦，柳锦春. 地下防护结构（简明土木工程系列专辑）[M]. 北京：中国水利水电出版社，2010

[4] 丁大钧. 现代混凝土结构学 [M]. 北京：中国建筑工业出版社，2000

[5] 江见鲸. 混凝土结构工程学. 北京：中国建筑工业出版社，1998

[6] 胡庆昌. 建筑结构抗震设计与研究 [M]. 北京：中国建筑工业出版社，1999

[7] 《钢结构设计手册》编辑委员会. 钢结构设计手册（上册）（第三版）[M]. 北京：中国建筑工业出版社，2004

[8] 北京市城乡建设委员会. 北京市建设工程间接费及其他费用定额 [M]，1996

[9] 北京市城乡建设委员会. 北京市建设工程概预算定额建筑工程（第一册）[M]. 1996

[10] 顾晓鲁，钱鸿缙，刘惠珊等. 地基与基础（第三版）[M]. 北京：中国建筑工业出版社，2003

[11] 沈聚敏，周锡元，高小旺等. 抗震工程学 [M]. 北京：中国建筑工业出版社，2000

[12] 中国建筑科学研究院. 混凝土结构设计 [M]. 北京：中国建筑工业出版社，2003

[13] 中国建筑科学研究院. 混凝土结构研究报告选集 3 [M]. 北京：中国建筑工业出版社，1994

[14] [英] John S. Scott. 科技英语读物：土木工程 [M]. 清华大学土木与环境工程系卢谦，罗福午等译注. 北京：中国建筑工业出版社，1982

[15] 高立人，方鄂华，钱稼如. 高层建筑结构概念设计 [M]. 北京：中国计划出版社，2005

[16] 徐培福. 复杂高层建筑结构设计 [M]. 北京：中国建筑工业出版社，2005

[17] 何星华，高小旺. 建筑工程裂缝防治指南 [M]. 北京：中国建筑工业出版社，2005

[18] 魏琏. 建筑结构抗震设计 [M]. 北京：万国学术出版社，1991

[19] 龚晓南. 地基处理技术发展与展望 [M]. 北京：中国水利水电出版社、知识产权出版社，2004

[20] 高立人，方鄂华，钱稼如. 高层建筑结构概念设计 [M]. 北京：中国计划出版社，2005

[21] 杨崇永等. 建筑工程施工及验收规范讲座：混凝土结构工程（第二版）[M]. 北京：中国建筑工业出版社，1993

[22] 沈恒范. 概率论讲义. 北京：人民教育出版社，1966

[23] 黄亮文. 抽样调查学习指导书. 北京：中央广播电视大学出版社，1984

[24] 池田尚治等. 日本土木工程手册《钢筋混凝土结构》[M]. 韩毅，李霄萍译. 北京：中国铁道出版社，1984

[25] [英] 罗杰·斯克鲁登. 建筑美学 [M]. 刘先觉译. 北京：中国建筑工业出版社，1992

[26] 殷瑞钰，汪应洛，李伯聪. 工程哲学 [M]. 北京：高等教育出版社，2007

[27] 李伯聪等. 工程创新：突破壁垒和躲避陷阱 [M]. 浙江：浙江大学出版社，2010

[28] 王铁梦. 工程结构裂缝控制 [M]. 北京：中国建筑工业出版社，1997

[29] 郭继武. 建筑地基基础设计及工程应用 [M]. 北京：中国建筑工业出版社，2008

[30] 蔡绍怀. 现代钢管混凝土结构（修订版）[M]. 北京：人民交通出版社，2007

[31] 张雄. 混凝土结构裂缝防治技术 [M]. 北京：化学工业出版社，2007

[32] 武藤清. 结构物动力设计 [M]. 滕家禄等译. 北京：中国建筑工业出版社，1984

[33] 住房和城乡建设部工程质量安全监管司，中国建筑标准设计研究院．全国民用建筑工程设计技术措施（2009）——结构（混凝土结构）［M］．北京：中国计划出版社，2012

[34] 住房和城乡建设部工程质量安全监管司，中国建筑标准设计研究院．全国民用建筑工程设计技术措施（2009）——结构（地基与基础）［M］．北京：中国计划出版社，2010

[35] 住房和城乡建设部工程质量安全监管司，中国建筑标准设计研究院．全国民用建筑工程设计技术措施（2009）——结构（结构体系）［M］．北京：中国计划出版社，2009

[36] 方鄂华．高层建筑钢筋混凝土结构概念设计［M］．北京：机械工业出版社，2005

[37] 廉慧珍等．影响膨胀剂使用效果的若干因素［J］．建筑科学，2000（4）

[38] 籍凤秋等．改性轨枕用高性能混凝土的研制与应用［J］．工程力学，增刊，2000

[39] 周献祥等．减少和控制混凝土早期收缩裂缝的综合技术研究，第八届高层建筑抗震技术交流会论文集，2001

[40] 陈肇元，崔京浩等．钢筋混凝土裂缝分析与控制［J］．工程力学，增刊（第一卷），2001

[41] 傅剑平，白绍良．钢筋混凝土框架顶层中间节点的设计与构造［J］．建筑结构，2003（2）

[42] 构件弹塑性计算专题研究组．钢筋混凝土连续梁弯矩调幅限值的研究［J］．建筑结构，1982（4）

[43] 王炼，武夷山．情报研究的设计学视角［J］．情报理论与实践，2007（3）

[44] 周献祥．塑性理论下限定理在钢筋混凝土结构设计中的若干应用［J］．工程力学，增刊，2000

[45] 丹，魏琏．关于建筑结构抗震设计若干问题的讨论［J］．建筑结构学报，2011（12）

[46] 孙金墀．剪力墙边缘构件配筋对结构抗震性能的影响［J］．第十二届全国高层建筑结构学术交流会论文集（第三卷），1992

[47] 《建筑材料》编写组．建筑材料（第二版）［M］．北京：中国建筑工业出版社，1985

[48] 混凝土结构工程施工及验收规范 GB 50204—92．北京：中国建筑工业出版社，1992

[49] 周献祥，王咏梅．养护措施对混凝土强度及收缩的影响［J］．工程力学，增刊，2002

[50] 王振铎等．关于混凝土最小水泥用量的讨论［J］．混凝土，2005（02）

[51] 王世昌，林鸿志等．集集大地震之建筑灾害探讨（一）［J］．建筑师，2000

[52] 胡庆昌．钢筋混凝土框剪结构抗震设计若干问题的探讨［J］．第十届高层建筑抗震技术交流会论文集，2005

[53] 王铁梦．工程结构裂缝控制的综合方法［J］．施工技术，2000（5）：5-9

[54] 周献祥．高层建筑柱下条形基础与扩底桩的经济技术性比较［J］．工程设计与研究，1996（1）

后　记

　　泰戈尔说"晨曦逝去，便成了阳光普照"，经过近一年的坚持，本书终于定稿了。说实在的，刚开始接手本书的写作计划的时候，觉得比较简单，容易上手，但要将设计活动中涉及的施工技术进行系统梳理，还真需要有一定的定力。今年年初以来，我白天从事施工图审查工作，晚上面对办公桌上的一堆图纸，回忆以前处理施工现场的经历，苦思结构设计中的施工技术问题并将其转换成文字记述下来，不知不觉中度过了一段难得的"耕读"岁月。这一工作，一方面让我静下心来，对以往 20 多年的设计活动进行梳理，象讲故事那样来叙述结构设计中的施工技术问题；另一方面，由于工作岗位的调整，我现在去施工现场的机会已经很少了，对施工中的技术问题也没机会作进一步的挖掘和核实，书中的照片是我以前在施工现场无意中拍摄的，现在要用来说明现场的问题，其中的一些照片难免在角度、内涵上有所缺失，但这种缺失已很难弥补了。就像一位厨师，我花了 11 个月的时间精心准备了一份份菜肴，当这些菜端上桌面的时候，能否符合读者的胃口，是我现在最为惦记的。

　　在施工图审查的活动中，我感到有些结构设计工程师尤其是一些刚毕业的工程师，对规范的理解和掌握不是很系统，有的对常用规范条文还比较生疏。有鉴于此，我将规范条文的讲述与设计要点、施工技术结合起来，在很多场合直接引用规范条文或条文解释，为了让年轻的工程师对不同规范的细微区别有直观的了解，我还特意将《混凝土结构设计规范》、《建筑抗震设计规范》、《高层建筑混凝土结构技术规程》、《建筑地基基础设计规范》及《北京地区建筑地基基础勘察设计规范》等常用规范针对同一内容的不同表述进行对比和罗列，为读者分析对比和理解提供方便。就是因为这一工作，花费了我大量的时间和精力。这一做法表面看在表述上略显啰嗦，但我认为这是对本书读者对象负责和题材的需要，是我作为作者所必须付出的。

　　设计是施工技术的源头和总纲，施工技术又是很复杂的，内容很多，从事本书的写作，对我的最大考验是题材的选取。首先，要介绍施工技术就不得不先介绍设计，由设计及结构验收，引出施工技术问题，由施工技术问题导出工程概念和工程观，这是我从黑格尔"概念是具体的"思想中获得的灵感。其次，对每一技术问题的叙述，详略要适宜，角度要精巧。短了，读者可能不理解，太多则影响读者的阅读兴趣，必须作精心的选择。可以说书中的每一节都是一个专题，有的是我的设计和科研成果，有的是文献的综述，这些内容有一些是相对抽象和概括的。克劳塞维茨说："如果从理论研究中自然而然地得出原则和规则，如果真理自然而然地凝结成原则和规则这样的晶体，那么，理论就不但不和智力活动的这种自然规律相对立，反而会像建筑拱门时最后砌上拱心石一样，把这些原则和规则突出起来。"（《战争论》第一卷第 98～99 页）为了增加读者的兴趣，我尽可能采用图文并茂的方式，给读者以直观的感觉。

　　人贵有自知之明，对于设计活动中的施工技术，我掌握得并不全面。乔布斯说："我并没有发明我用的语言和数学。我做的每一件事都有赖于我们人类的其他成员以及他们的贡献和成就。"在我从事 20 多年结构设计的执业生涯中，对施工技术的贡献很小，但以设计工程师的身份去施工现场处理了一系列的技术问题，积累了一些经验，但愿我在本书中所倾述的这些经历对年轻工程师的设计工作、对结构设计技术的传承有所增益。佛曰爱如一炬之火，万火引之，其火如故。在本书的写作过程中，我从中获益颇丰，既促使我阅读了大量的文献资料，又对自己的设计活动进行了系统的反思。"如果一个专家花费了半生的精力来全面地阐明一个本来是隐晦不明的问题，那么他对这一问题的了解当然就比只用短时间研究这一问题的人深刻得多。建立理论的目的是为了让别人能够不必从头整理材料和从头开始研究，而可以利用已经整理好和研究好的成果。"（《战争论》第一卷第 98 页）一个人的力量是有限的，一个人的经验也是不全面的。"群籁虽参差，适我莫非新"（王羲之《兰亭诗》），我深信技术是需要传承的，借助于写作这一平台，我把个人的些微经验和积累奉献出来，为年轻工程师们提供一些案例式的参考，使他们对设计活动、对结构验收，对处理施工现场技术问题不再感到陌生，并从中获益而走向创新之路。

2013 年 11 月 30 日于总后建筑工程规划设计研究院